水工建筑物
建设质量通病防治手册

主　编　朱炳喜　庄雪飞
副主编　蔡一平　高文达　陈　伟

中国水利水电出版社
www.waterpub.com.cn
·北京·

内 容 提 要

本书共分11章，详细阐述了水工建筑物建设质量通病防治的意义、原则、措施，提出了基坑开挖、地基与基础处理、防渗与排水、土方工程、模板与支架、钢筋、混凝土、砌石工程、金属结构制作与安装、机电设备制造与安装10大类346个常见质量通病。

本书内容丰富，可供水利工程建设、设计、施工、监理、质量监督、咨询、检测、科研、养护管理和其他行业土木工程技术人员使用，也可供高等院校和中等专业学校相关专业师生参考。

图书在版编目（CIP）数据

水工建筑物建设质量通病防治手册 / 朱炳喜，庄雪飞主编. -- 北京：中国水利水电出版社，2023.6
ISBN 978-7-5226-1568-4

Ⅰ. ①水… Ⅱ. ①朱… ②庄… Ⅲ. ①水工建筑物—工程质量—质量管理—手册 Ⅳ. ①TV6-62

中国国家版本馆CIP数据核字(2023)第112977号

书　名	水工建筑物建设质量通病防治手册 SHUIGONG JIANZHUWU JIANSHE ZHILIANG TONGBING FANGZHI SHOUCE
作　者	主　编　朱炳喜　庄雪飞 副主编　蔡一平　高文达　陈　伟
出版发行	中国水利水电出版社 （北京市海淀区玉渊潭南路1号D座　100038） 网址：www.waterpub.com.cn E - mail：sales@mwr.gov.cn 电话：（010）68545888（营销中心）
经　售	北京科水图书销售有限公司 电话：（010）68545874、63202643 全国各地新华书店和相关出版物销售网点
排　版	中国水利水电出版社微机排版中心
印　刷	天津嘉恒印务有限公司
规　格	184mm×260mm　16开本　20.5印张　493千字
版　次	2023年6月第1版　2023年6月第1次印刷
印　数	0001—3000册
定　价	98.00元

凡购买我社图书，如有缺页、倒页、脱页的，本社营销中心负责调换

版权所有・侵权必究

《水工建筑物建设质量通病防治手册》编委会

主　　编：朱炳喜　庄雪飞

副 主 编：蔡一平　高文达　陈　伟

编写人员：朱炳喜　庄雪飞　蔡一平　高文达
　　　　　陈　伟　黄根民　李进东　王小勇
　　　　　诸卫卫　吴凤先　徐　球　江　心
　　　　　储冬冬　许旭东　夏祥林　章新苏
　　　　　陆明志　陈艳丽　王延艳　杨博凯

前 言

在水利工程建设过程中，不同程度地存在着一些工程施工质量问题，如混凝土开裂、蜂窝、局部不密实、强度和耐久性能不满足设计要求等。这些质量问题既影响着结构的外观，给人心理不安全感，更重要的是还可能威胁施工安全、影响结构使用寿命，事关水利工程绿色、低碳、耐久要求，影响工程投资效益。工程实践也说明工程服役阶段出现的病害大多来自设计不够细致、施工不够规范、维护不够到位。

质量通病防治是水利工程质量管理和质量控制的一项重要的基础工作，也是决定工程内在质量的关键因素。质量通病防治需要对设计意图、施工工艺、规范规程全面了解，也需要对相关基本概念和基础知识理解深刻。为避免和消除工程施工过程中可能出现的质量通病，强化质量隐患的防治措施，进一步提升水利工程品质和工程实体质量，降低施工质量风险，促进水工建筑业绿色低碳发展，推动水利工程施工技术进步，在南京市水务科技基金资助下，南京市水务工程建设管理中心、江苏省水利科学研究院、南京市水利建筑工程有限公司等单位编制了《水工建筑物建设质量通病防治手册》（以下简称《手册》），可供水利工程建设、设计、施工、监理、质量监督、咨询、检测、科研、养护管理等单位技术人员使用。

《手册》较为详细地总结归纳了水利工程建设过程中基坑开挖、地基与基础处理、防渗与排水、土方工程、模板与支架、钢筋、混凝土、砌石工程、金属结构制作与安装、机电设备制造与安装 10 大类 346 个常见质量通病。其中，材料与设备 44 个，临时设施与措施 12 个，过程质量控制 94 个，实体质量 184 个，验收 12 个。对每个质量通病，从病害的宏观通病描述入手，具体描述了通病形式，主要从人、机、料、法、环五个方面分析了产生的主要原因，结合有关标准的要求、工程质量控制先进经验、推广工程质量通病治理活动成果，给出针对性强、易于操作的防治措施要点。《手册》也一定程度反映了新技术、新材料、新工艺发展状况。

实际上，大多数工程质量问题都与不规范施工密切相关，每个施工环节都可能出现问题。质量通病往往又与管理不到位、基础工作不扎实密切相关，而通过精细化施工、严格监理和管理可以消除。因此《手册》在质量通病主要原因分析中，也从管理角度分析问题成因，从细化质量要求、严格落实管理制度入手，提出加强工程监理和施工管理的要求。

工艺是工程建设最细节的实施单元，现有的工艺需要根据施工技术、施工设备的发展逐步完善，淘汰落后的施工工艺有利于施工作业过程中提高工程质量、提升全行业施工技术水平、改善作业环境和安全生产水平。因此积极消纳先进实用的施工工艺，创新施工工法，是施工技术人员的责任和追求。

工程施工是形成实体质量的重要过程，按照"行为与实体并重"的原则，既抓质量行为，又抓实体质量。"上工治未病"，做好质量通病防治，在设计、施工阶段提前规划；要以强化全员质量意识为核心，严格落实制度和责任。工程参建单位要加强宣贯，将质量意识深入到每位参建者心中，贯彻到每个操作步骤中。要结合工程特点，加强关键材料、关键施工工序、隐蔽工程的质量管理。要高度重视施工方案编制与审查，制定切实可行的施工方案，分析可能出现的质量问题，明确质量控制点，制定质量通病防治措施，落实责任到人。要认真开展技术交底，严格按照施工组织设计和施工方案开展施工，高度重视质量通病的防治。在已有经验和成果基础上，善于发现问题和总结质量通病防治好的做法，并在施工管理和质量控制过程中予以应用，超前管理和主动监控，以进一步提高工程建设质量水平。已产生的质量通病，要采取措施予以处理和消除。

希望《手册》能够成为一本指导水利工程参建人员开展质量通病防治非常实用的工具书和口袋书，降低常见质量通病发生率，使工程质量要求落实到每个项目、每个员工，落实到工程建设全过程。

不同的工程，建筑材料、施工工艺、施工机械、施工环境不尽相同，结构复杂程度不同，作业人员技术熟练程度不同、工作责任心不同，施工管理水平不同。因此，对于同一类型的质量通病，其产生主要原因、防治措施要点，不同专业背景和工作阅历的人，其看法有分歧甚至意见相左实属正常。本《手册》虽力求从多个角度分析常见质量通病表现形式、产生主要原因和防治措施要点，但仍不能保证看法客观、全面，只是希望为工程技术人员提供一个质量通病分析的视角、防治措施要点的思路。也祈望每个工程参建技术人员根据工程特点、施工环境，针对性地制定具体工程质量通病防治方案，并有效实施，不断创新质量通病防治手段。

《手册》由朱炳喜策划、提出编制大纲并撰写部分初稿，各章编写人员如下：第 1 章、第 2 章和第 5 章由庄雪飞编写；第 3.1 节、第 3.2 节和第 8.16 节由诸卫卫编写；第 3.3 节、第 3.4 节、第 3.6 节由杨博凯编写；第 4.1 节、第 4.2 节、第 6 章由高文达编写；第 7.1 节、第 7.2 节、第 7.3 节由黄根民编写；第 7.4 节、第 7.5 节和第 8.15 节由吴凤先编写；第 3.5 节、第 8.1 节、第 8.2 节、第 8.10 节、第 8.11 节由陈伟编写；第 8.3 节、第 8.4 节、第 8.6 节由蔡一平编写；第 4.3 节、第 8.5 节和第 8.12 节由江心编写；第 8.7 节、第 8.8 节、第 8.9 节由徐球编写；第 8.13 节、第 8.14 节和第 9 章由王小勇编写；第 10.1 节、第 10.2 节、第 10.3 节、第 10.4 节、第 10.5 节、第 10.6 节和第 11.5 节由陆明志编写；第 10.7 节、第 10.8 节、第 10.9 节、第 11.6 节、第 11.7 节由王延艳编写，第 11.1 节、第 11.2 节、第 11.3 节、第 11.4 节由李进东编写；储冬冬参与绪论、模板与支架、钢筋等章节的编写与统稿；许旭东参与金属结构制作与安装、机电设备制造与安装的编写与统稿；夏祥林参与基坑开挖、地基与基础处理、防渗与排水等章节的编写与统稿；章新苏参与土方工程和第 8.12 节~第 8.16 节等章节的编写与统稿；陈艳丽参与地基与基础处理和第 8.1 节~第 8.11 节等章节的编写与统稿。全书由朱炳喜最终统稿和核对。

《手册》编制过程中得到了南京市水务局的大力支持，还吸取了有关单位的研究成果，参考、引用了大量的文献资料。初稿约请袁承斌副教授、韦华正高、罗圣海高工、徐龙高级技师、王朝俊高工、邓传贵正高、舒兆亚高工、吴金甫高工、陈远兵高工、王兵高工、封荣东高工等审稿，他们提出了很好的修改意见和建议。中国水利水电出版社责任编辑为本书出版付出了辛勤劳动和指导帮助。在付梓之际，谨向为本书提供支持、帮助的单位和人员、已列出或未列出参考文献的作者、审稿专家等表示衷心感谢！

由于编写时间、施工经验有限，书中难免有不妥之处，敬请读者不吝赐教，提出宝贵意见和建议。也希望有关单位和从业人员在工程建设中注意积累资料，及时总结，归纳新出现的质量通病，提出新的防治措施。

编者
2023 年 3 月 20 日

目 录

前言

第 1 章 绪论 ⋯⋯⋯⋯⋯⋯⋯⋯⋯⋯⋯⋯⋯⋯⋯⋯⋯⋯⋯⋯⋯⋯⋯⋯⋯⋯ 1
  1.1 水利工程质量 ⋯⋯⋯⋯⋯⋯⋯⋯⋯⋯⋯⋯⋯⋯⋯⋯⋯⋯⋯⋯⋯⋯ 1
    1.1.1 定义 ⋯⋯⋯⋯⋯⋯⋯⋯⋯⋯⋯⋯⋯⋯⋯⋯⋯⋯⋯⋯⋯⋯⋯⋯ 1
    1.1.2 质量管理文件 ⋯⋯⋯⋯⋯⋯⋯⋯⋯⋯⋯⋯⋯⋯⋯⋯⋯⋯⋯⋯ 1
    1.1.3 质量管理违规行为 ⋯⋯⋯⋯⋯⋯⋯⋯⋯⋯⋯⋯⋯⋯⋯⋯⋯ 2
    1.1.4 质量通病 ⋯⋯⋯⋯⋯⋯⋯⋯⋯⋯⋯⋯⋯⋯⋯⋯⋯⋯⋯⋯⋯ 3
  1.2 质量通病防治 ⋯⋯⋯⋯⋯⋯⋯⋯⋯⋯⋯⋯⋯⋯⋯⋯⋯⋯⋯⋯⋯ 5
    1.2.1 意义 ⋯⋯⋯⋯⋯⋯⋯⋯⋯⋯⋯⋯⋯⋯⋯⋯⋯⋯⋯⋯⋯⋯⋯⋯ 5
    1.2.2 防治原则 ⋯⋯⋯⋯⋯⋯⋯⋯⋯⋯⋯⋯⋯⋯⋯⋯⋯⋯⋯⋯⋯ 5
    1.2.3 参建单位质量行为 ⋯⋯⋯⋯⋯⋯⋯⋯⋯⋯⋯⋯⋯⋯⋯⋯⋯ 5
    1.2.4 参建单位质量主体责任 ⋯⋯⋯⋯⋯⋯⋯⋯⋯⋯⋯⋯⋯⋯⋯ 9
    1.2.5 防治措施 ⋯⋯⋯⋯⋯⋯⋯⋯⋯⋯⋯⋯⋯⋯⋯⋯⋯⋯⋯⋯⋯ 11

第 2 章 基坑开挖 ⋯⋯⋯⋯⋯⋯⋯⋯⋯⋯⋯⋯⋯⋯⋯⋯⋯⋯⋯⋯⋯⋯ 13
  2.1 降排水 ⋯⋯⋯⋯⋯⋯⋯⋯⋯⋯⋯⋯⋯⋯⋯⋯⋯⋯⋯⋯⋯⋯⋯⋯ 13
    2.1.1 地下水位未降至基底面以下 ⋯⋯⋯⋯⋯⋯⋯⋯⋯⋯⋯⋯ 13
    2.1.2 基坑有积水 ⋯⋯⋯⋯⋯⋯⋯⋯⋯⋯⋯⋯⋯⋯⋯⋯⋯⋯⋯⋯ 13
  2.2 基坑开挖与防护 ⋯⋯⋯⋯⋯⋯⋯⋯⋯⋯⋯⋯⋯⋯⋯⋯⋯⋯⋯⋯ 14
    2.2.1 基坑开挖不符合要求 ⋯⋯⋯⋯⋯⋯⋯⋯⋯⋯⋯⋯⋯⋯⋯⋯ 14
    2.2.2 开挖尺寸不符合设计要求 ⋯⋯⋯⋯⋯⋯⋯⋯⋯⋯⋯⋯⋯⋯ 15
    2.2.3 基土扰动 ⋯⋯⋯⋯⋯⋯⋯⋯⋯⋯⋯⋯⋯⋯⋯⋯⋯⋯⋯⋯⋯ 16
    2.2.4 滑坡 ⋯⋯⋯⋯⋯⋯⋯⋯⋯⋯⋯⋯⋯⋯⋯⋯⋯⋯⋯⋯⋯⋯⋯⋯ 18
    2.2.5 边坡防护不及时、不到位 ⋯⋯⋯⋯⋯⋯⋯⋯⋯⋯⋯⋯⋯⋯ 20
  2.3 基坑监测与隐患管理 ⋯⋯⋯⋯⋯⋯⋯⋯⋯⋯⋯⋯⋯⋯⋯⋯⋯⋯ 21
    2.3.1 基坑监测不到位 ⋯⋯⋯⋯⋯⋯⋯⋯⋯⋯⋯⋯⋯⋯⋯⋯⋯⋯ 21
    2.3.2 基坑重大隐患管理不到位 ⋯⋯⋯⋯⋯⋯⋯⋯⋯⋯⋯⋯⋯⋯ 22
  2.4 基坑验收 ⋯⋯⋯⋯⋯⋯⋯⋯⋯⋯⋯⋯⋯⋯⋯⋯⋯⋯⋯⋯⋯⋯⋯ 23

  2.4.1 基坑验收不符合要求 ·· 23
  2.4.2 验收资料不全 ··· 24

第3章 地基与基础处理 ·· 25
3.1 灌注桩 ·· 25
  3.1.1 成孔常见质量通病 ··· 25
  3.1.2 钢筋笼制作与安装质量通病 ··································· 32
  3.1.3 混凝土浇筑质量通病 ······································· 35
  3.1.4 灌注桩常见质量通病 ······································· 36
  3.1.5 灌注桩验收不规范 ··· 39
3.2 沉入桩 ·· 40
  3.2.1 预制桩质量检验不符合要求 ··································· 40
  3.2.2 桩位偏差 ··· 41
  3.2.3 桩身倾斜 ··· 42
  3.2.4 桩接头松脱开裂 ·· 42
  3.2.5 桩身断裂 ··· 43
  3.2.6 桩顶碎裂 ··· 44
  3.2.7 沉桩达不到终桩条件 ······································· 45
3.3 水泥土搅拌桩 ··· 46
  3.3.1 配合比设计不符合要求 ····································· 46
  3.3.2 未进行工艺性试桩 ··· 47
  3.3.3 水泥浆质量不满足要求 ····································· 48
  3.3.4 施工过程质量控制不规范 ··································· 48
  3.3.5 抱钻、冒浆 ··· 49
  3.3.6 桩位偏差大 ··· 50
  3.3.7 桩径偏差大 ··· 50
  3.3.8 桩底与桩顶高程偏差大 ····································· 50
  3.3.9 桩身强度不合格、均匀性差 ··································· 51
3.4 高压旋喷桩 ·· 53
  3.4.1 桩身强度低、均匀性差、桩间结合不密实 ························· 53
  3.4.2 漏喷 ·· 53
3.5 沉井 ·· 54
  3.5.1 沉井偏斜 ··· 54
  3.5.2 沉井超沉、欠沉 ·· 55
  3.5.3 封底混凝土不密实 ··· 55
3.6 地基换填 ··· 56
  3.6.1 置换料不符合设计要求 ····································· 56
  3.6.2 换填土压实度不符合设计要求 ································· 56

第4章 防渗与排水 ··········· 57
4.1 水泥土搅拌桩防渗墙 ··········· 57
4.1.1 墙体水泥土质量不均匀 ··········· 57
4.1.2 墙体不连续 ··········· 57
4.1.3 墙体厚度小于设计值 ··········· 58
4.1.4 防渗墙深度不足 ··········· 58
4.1.5 防渗墙水泥土强度不合格 ··········· 59
4.1.6 防渗墙防渗效果不符合设计要求 ··········· 60
4.2 混凝土地下连续墙 ··········· 60
4.2.1 造孔成槽不符合要求 ··········· 60
4.2.2 钢筋笼制作安装不符合要求 ··········· 63
4.2.3 混凝土浇筑质量控制不严 ··········· 65
4.2.4 槽段接头混凝土绕流 ··········· 66
4.2.5 地连墙墙体混凝土不密实、几何尺寸不合格、墙体夹泥 ··········· 67
4.2.6 槽段接头漏水/墙体幅间形成渗水通道 ··········· 68
4.3 排水 ··········· 69
4.3.1 排水用材料不符合要求 ··········· 69
4.3.2 反滤料（垫层）铺设不规范 ··········· 70
4.3.3 排水孔、冒水孔失效 ··········· 70

第5章 土方工程 ··········· 71
5.1 河道开挖 ··········· 71
5.1.1 河道中心线偏移 ··········· 71
5.1.2 河道断面不符合设计要求 ··········· 71
5.2 土料填筑 ··········· 72
5.2.1 料场管理不规范 ··········· 72
5.2.2 土料不符合要求 ··········· 73
5.3 试验检测 ··········· 73
5.3.1 击实试验土样不具代表性 ··········· 73
5.3.2 未进行土方填筑工艺性试验 ··········· 74
5.3.3 现场干密度试验不规范 ··········· 74
5.4 墙后回填土 ··········· 75
5.4.1 基面处理不合格 ··········· 75
5.4.2 墙体结合面泥浆涂刷不规范 ··········· 76
5.4.3 墙后回填土压实质量不符合要求 ··········· 76
5.4.4 回填土出现弹簧土/橡皮土 ··········· 78
5.5 堤防填筑 ··········· 78
5.5.1 结合部位/建基面清理不规范 ··········· 78

		5.5.2	堤身填土出现弹簧土	79
		5.5.3	填筑质量不满足要求	80
		5.5.4	堤防沉降量大于设计控制值	81
	5.6	其他		81
		5.6.1	坝体灌浆不符合设计或规范要求	81
		5.6.2	土质施工围堰漏水、滑坡、倒塌	82

第6章 模板与支架 … 84

	6.1	设计		84
		6.1.1	模板及支架未进行设计	84
		6.1.2	对拉螺杆选用不当	84
	6.2	支架与脚手架		85
		6.2.1	架体材料和构配件不符合要求	85
		6.2.2	支架、脚手架搭设不规范	88
		6.2.3	使用不规范	91
	6.3	模板制作安装		91
		6.3.1	模板质量不符合要求	91
		6.3.2	模板几何尺寸控制偏差大	92
		6.3.3	模板刚度不足	93
		6.3.4	模板连接与支撑不牢固	94
		6.3.5	模板拼缝不严密	94
		6.3.6	模板上预留孔（洞）和预埋件安装尺寸控制不严、位置偏移	95
		6.3.7	脱模剂质量差、涂刷不到位	95
	6.4	不同部位模板制作安装		96
		6.4.1	格埂模板固定不牢靠	96
		6.4.2	梁、板模板安装不符合要求	96
		6.4.3	排架、柱模板安装不符合要求	97
		6.4.4	墩墙模板安装不符合要求	98
	6.5	模板与支架拆除		99
		6.5.1	模板拆除过早	99
		6.5.2	模板与支架拆除方法不当	100

第7章 钢筋 … 101

	7.1	钢筋采购与使用		101
		7.1.1	钢筋来源复杂	101
		7.1.2	进场钢筋未检查验收、质保文件不全	101
		7.1.3	钢筋储存与加工场设置不规范	102
		7.1.4	抗震钢筋性能不符合要求	103
		7.1.5	钢筋表面锈蚀	104

7.2 钢筋下料与加工 ·········· 105
7.2.1 钢筋下料不符合要求 ·········· 105
7.2.2 钢筋下料切割方式不正确 ·········· 106
7.2.3 钢筋加工不符合设计和规范要求 ·········· 106
7.2.4 直螺纹丝头加工不符合要求 ·········· 107
7.2.5 箍筋加工质量不满足要求 ·········· 108

7.3 钢筋焊接接头 ·········· 110
7.3.1 接头工艺性试验不符合要求 ·········· 110
7.3.2 电弧焊常见质量问题 ·········· 110
7.3.3 闪光对接焊常见质量问题 ·········· 115
7.3.4 电渣压力焊接头常见质量问题 ·········· 116
7.3.5 钢筋接头质量检验不规范 ·········· 118

7.4 钢筋安装 ·········· 120
7.4.1 钢筋规格、数量、间距不符合设计要求 ·········· 120
7.4.2 接头连接方式选择不当 ·········· 120
7.4.3 接头位置、数量不符合规范要求 ·········· 122
7.4.4 钢筋锚固质量不符合要求 ·········· 124
7.4.5 钢筋偏位 ·········· 125
7.4.6 钢筋的绑扎接头不符合要求 ·········· 125
7.4.7 机械连接接头安装不符合要求 ·········· 126
7.4.8 钢筋绑扎不符合要求 ·········· 127
7.4.9 骨架吊装变形 ·········· 129
7.4.10 钢筋表面黏附砂浆未清理 ·········· 129
7.4.11 不同结构部位钢筋安装常见问题 ·········· 130
7.4.12 钢筋安装质量检验不规范 ·········· 132

7.5 保护层厚度控制 ·········· 132
7.5.1 垫块质量差 ·········· 132
7.5.2 保护层厚度所指对象不准确 ·········· 133
7.5.3 保护层厚度合格率低 ·········· 133
7.5.4 板型构件底层和面层钢筋支撑安装不规范 ·········· 134

第8章 混凝土 ·········· 136

8.1 原材料管理 ·········· 136
8.1.1 原材料选用不当 ·········· 136
8.1.2 原材料样品不具代表性 ·········· 136
8.1.3 原材料抽检频率和检验项目不符合要求 ·········· 137
8.1.4 原材料中有害物质控制不严 ·········· 138
8.1.5 矿物掺合料品质差 ·········· 138

8.2 原材料品质 ……………………………………………………………… 139
8.2.1 水泥品质不良 ……………………………………………………… 139
8.2.2 粉煤灰与矿渣粉质量差 …………………………………………… 141
8.2.3 粗骨料品质差 ……………………………………………………… 146
8.2.4 机制砂品质差 ……………………………………………………… 149
8.2.5 使用钢渣细骨料引起表面爆裂 …………………………………… 151
8.2.6 外加剂使用不当 …………………………………………………… 151
8.2.7 拌和用水有害物质含量超标 ……………………………………… 156

8.3 配合比 ……………………………………………………………………… 157
8.3.1 配合比参数不满足要求 …………………………………………… 157
8.3.2 直接使用试验室配合比 …………………………………………… 159

8.4 混凝土生产管理 …………………………………………………………… 161
8.4.1 重要结构混凝土生产不驻厂监督检查 …………………………… 161
8.4.2 混凝土生产常见质量问题 ………………………………………… 162
8.4.3 现场添加外加剂搅拌不均匀 ……………………………………… 165
8.4.4 运输过程乱加水或送错混凝土 …………………………………… 166
8.4.5 混凝土性能不符合要求 …………………………………………… 167

8.5 出厂检验与交货检验 ……………………………………………………… 170
8.5.1 出厂检验不符合规范规定 ………………………………………… 170
8.5.2 交货检验不符合规范规定 ………………………………………… 171

8.6 混凝土施工缝 ……………………………………………………………… 174
8.6.1 施工缝留设位置不合理 …………………………………………… 174
8.6.2 结合面处理不到位 ………………………………………………… 174

8.7 混凝土浇筑 ………………………………………………………………… 176
8.7.1 润管砂浆进入仓内 ………………………………………………… 176
8.7.2 入仓混凝土自由下落高度偏大引起混凝土离析 ………………… 176
8.7.3 坯层偏厚 …………………………………………………………… 177
8.7.4 仓内混凝土加水、雨水进入仓面 ………………………………… 178
8.7.5 浇筑、振捣不规范 ………………………………………………… 178

8.8 混凝土养护 ………………………………………………………………… 180
8.8.1 保湿养护时间偏短、养护措施不到位 …………………………… 180
8.8.2 保温养护不到位 …………………………………………………… 181
8.8.3 低温季节混凝土早期受冻 ………………………………………… 182

8.9 止水 ………………………………………………………………………… 183
8.9.1 止水材料质量差 …………………………………………………… 183
8.9.2 止水加工与安装不符合要求 ……………………………………… 184
8.9.3 止水保护不符合要求 ……………………………………………… 189
8.9.4 止水制作、安装质量检查验收不重视 …………………………… 190

8.10 结构混凝土性能 ·· 190
8.10.1 强度不合格 ··· 190
8.10.2 混凝土耐久性能不符合要求 ······························· 193
8.11 保护层 ·· 197
8.11.1 垫块质量不合格 ·· 197
8.11.2 保护层厚度合格率低 ····································· 198
8.11.3 表层混凝土密实性低 ····································· 199
8.12 结构几何尺寸控制 ·· 201
8.12.1 几何尺寸偏差大 ·· 201
8.12.2 轴线偏移 ·· 202
8.13 外观缺陷 ·· 203
8.13.1 表面色差大 ·· 203
8.13.2 表面不光洁 ·· 203
8.13.3 表面云彩斑、水波纹 ····································· 204
8.13.4 面层起粉 ··· 205
8.13.5 表面平整度偏差大 ······································· 205
8.13.6 错台 ··· 206
8.13.7 疏松 ··· 208
8.13.8 烂根 ··· 209
8.13.9 烂脖子 ·· 210
8.13.10 松顶 ·· 211
8.13.11 蜂窝、孔洞、局部不密实 ······························· 211
8.13.12 表面气泡 ·· 212
8.13.13 露筋 ·· 214
8.13.14 夹渣 ·· 215
8.13.15 露砂、砂线 ·· 215
8.13.16 表面露石、麻面 ··· 216
8.13.17 混凝土破损 ·· 217
8.14 裂缝 ·· 218
8.14.1 荷载裂缝 ··· 218
8.14.2 变形裂缝 ··· 220
8.14.3 施工冷缝 ··· 233
8.15 渗水窨潮 ·· 233
8.15.1 结合面（施工缝）渗水窨潮 ······························ 233
8.15.2 伸缩缝渗水窨潮 ··· 235
8.15.3 对拉螺杆孔眼渗水窨潮 ·································· 238
8.15.4 墙体渗水窨潮 ··· 239
8.16 其他 ·· 240

| 8.16.1 砂浆强度不符合要求 ·· 240
        8.16.2 沉降观测钉设置不符合设计要求 ·· 241
        8.16.3 预埋钢板未进行防腐处理 ·· 241
        8.16.4 桥面泄水管设置不规范 ·· 241
        8.16.5 对拉螺杆孔眼封堵质量不良 ··· 242
        8.16.6 缺陷处理不规范 ·· 243

第9章 砌石工程 ·· 247
9.1 材料 ·· 247
        9.1.1 混凝土预制块质量不合格 ·· 247
        9.1.2 土工织物质量差 ·· 247
        9.1.3 石料质量不符合规定 ·· 248
        9.1.4 生态格网网垫、网箱材料质量不合格 ·· 248
9.2 滤层与垫层 ·· 249
        9.2.1 砂石垫层级配、厚度不符合要求 ·· 249
        9.2.2 土工织物铺设不符合要求 ·· 249
9.3 砌石施工 ·· 250
        9.3.1 坡面修整不符合要求 ·· 250
        9.3.2 干砌块石护坡质量不符合要求 ·· 251
        9.3.3 浆砌块石护坡质量不符合要求 ·· 253
        9.3.4 灌砌块石护坡质量不符合要求 ·· 254
        9.3.5 护坡预制块断裂、沉降 ·· 254
        9.3.6 护坡冒水孔设置不规范 ·· 255
        9.3.7 格埂断面尺寸、混凝土强度等不符合要求 ·· 256
        9.3.8 砌体表面不平整 ·· 257
        9.3.9 砌体不均匀沉陷 ·· 257
        9.3.10 水上抛体质量差、数量不足、厚度不均匀 ·· 257

第10章 金属结构制作与安装 ·· 259
10.1 材料与部件 ·· 259
        10.1.1 原材料不合格 ·· 259
        10.1.2 部件加工质量不符合要求 ·· 260
10.2 钢闸门制造 ·· 260
        10.2.1 闸门结构尺寸不符合设计要求 ·· 260
        10.2.2 焊缝缺陷 ·· 261
10.3 铸铁闸门制造 ·· 265
        10.3.1 设计责任未落实 ·· 265
        10.3.2 制造质量不符合要求 ·· 265
10.4 回转式清污机制造 ·· 266

	10.4.1	未针对工程运行特点进行设计	266
	10.4.2	清污机制造质量不符合要求	266
10.5	金属结构防腐		267
	10.5.1	表面预处理不合格	267
	10.5.2	金属涂层质量不满足要求	267
	10.5.3	复合涂层厚度不符合要求、外观有缺陷	268
10.6	闸门安装		269
	10.6.1	闸门埋件安装不符合要求	269
	10.6.2	闸门分节安装局部焊缝和防腐质量不符合要求	270
	10.6.3	弧形闸门安装不符合规范要求	271
	10.6.4	铸铁门安装质量差	272
	10.6.5	止水安装不符合要求	273
	10.6.6	闸/阀门漏水	274
	10.6.7	闸门启闭异常	275
	10.6.8	闸门开度显示器与荷载显示器不准确	275
10.7	启闭机制造		275
	10.7.1	外购件质量不符合要求	275
	10.7.2	启门力不满足要求	276
	10.7.3	启闭机安全装置设置不规范	276
	10.7.4	液压启闭机制造质量不符合要求	277
	10.7.5	卷扬式启闭机制造质量不符合要求	278
10.8	启闭机安装		278
	10.8.1	液压启闭机安装不符合要求	278
	10.8.2	卷扬式启闭机安装不符合规范要求	280
10.9	验收		281
	10.9.1	出厂验收不符合要求	281
	10.9.2	到工验收不规范	282
	10.9.3	闸门与启闭机试运行验收不符合规定	282

第11章 机电设备制造与安装 ... 284

11.1	水泵制造及采购		284
	11.1.1	主要部件材质不符合要求	284
	11.1.2	水泵铸件质量欠缺	285
	11.1.3	随意更改配件型号、规格	285
	11.1.4	零部件加工与装配质量不满足要求	286
11.2	电机制造		287
	11.2.1	电机制造质量不符合要求	287
	11.2.2	电机油箱渗油	288

11.2.3 电机定子绝缘电阻不满足要求 … 288
 11.3 电气设备制造与采购 … 289
  11.3.1 开关柜主要电气元器件型号、规格不符合要求 … 289
  11.3.2 出厂试验项目不全 … 289
  11.3.3 电气设备进场验收不规范 … 290
 11.4 主机组安装 … 291
  11.4.1 安装质量控制不严 … 291
  11.4.2 埋件安装不符合要求 … 292
  11.4.3 联轴器间隙偏差大 … 293
  11.4.4 填料函处漏水量偏大 … 293
  11.4.5 轴承渗漏油 … 294
  11.4.6 螺栓预紧力不符合要求 … 294
  11.4.7 轴承瓦温超过允许值 … 295
  11.4.8 主机组安装验收不规范 … 295
  11.4.9 机组运行振动、噪声偏大 … 296
 11.5 电气设备安装 … 297
  11.5.1 电缆电线敷设不规范 … 297
  11.5.2 配电箱（柜）选型与安装不符合要求 … 299
  11.5.3 设备保护不到位 … 300
  11.5.4 电缆桥架安装不规范 … 300
  11.5.5 接地安装不规范 … 300
  11.5.6 防雷系统安装不规范 … 301
  11.5.7 电气试验不规范 … 302
 11.6 辅机设备安装 … 302
  11.6.1 油、水管路渗漏 … 302
  11.6.2 辅助设备及管道内部清理不合格 … 303
 11.7 计算机监控系统 … 303
  11.7.1 设备规格型号不符合要求 … 303
  11.7.2 上位机软件显示与现场设备状态、数据不一致 … 304
  11.7.3 上位机监控画面不完整 … 304
  11.7.4 视频监控系统安装不规范 … 304

参考文献 … 306

第1章 绪　　论

1.1 水利工程质量

1.1.1 定义

（1）水利工程质量是指在国家和水利行业现行的有关法律、法规、技术标准和批准的设计文件及工程合同中，对兴建的水利工程的安全、适用、经济、美观等特性的综合要求。

（2）水利工程建设质量管理是指建设、勘察设计、监理、施工、质量检测等参建单位按照法律、法规、规章、技术标准和设计文件开展的质量策划、质量控制、质量保证、质量服务和质量改进等工作。

（3）工程施工质量，包括工序施工质量、单元工程质量、隐蔽工程质量、分部工程质量、单位工程质量和合同工程质量。

1.1.2 质量管理文件

质量管理文件是开展工程质量管理的依据，对提高工程建设质量、消除施工缺陷起到约束、规范和指导作用。包括：

（1）法律、法规，如：
《中华人民共和国建筑法》（2019年4月23日第2次修订）；
《建设工程质量管理条例》（国务院令第279号）；
《建设工程勘察设计管理条例》（国务院令第293号，2015年6月12日修订）。

（2）水利部颁布实施的规章文件，如：
《水利工程质量管理规定》（水利部令7号，2017年修正）；
《水利工程质量事故处理暂行规定》（水利部令9号）；
《水利工程建设项目验收管理规定》（水利部令46号）；
《水利工程责任单位责任人质量终身责任追究管理办法（试行）》（水监督〔2021〕335号）；
《水利工程建设质量与安全生产监督检查办法（试行）》（水监督〔2019〕139号）；
《水利工程建设与质量安全生产监督检查办法（试行）》问题清单（2020年版）；
《水利建设项目稽察常见问题清单（2021年版）》（办监督〔2021〕195号）。

（3）江苏省水利厅颁布实施的质量管理与指导性文件，如：
《加强金属结构和机电设备质量管理的若干意见》（苏水基〔2007〕31号）；
《加强水工建筑物止水和伸缩缝施工质量管理的若干意见》（苏水质监〔2009〕

21号）；

《水利建设工程应用预拌混凝土质量控制要点》（苏水基〔2009〕54号）；

《加强水利建设工程外观质量管理的若干意见》（苏水基〔2009〕79号）；

《加强铸铁闸门和启闭机质量管理的若干意见》（苏水基〔2010〕37号）；

《水利工程推广应用定型生产钢筋保护层混凝土垫块指导意见》（苏水科〔2013〕5号）；

《关于进一步加强土方工程质量管理的通知》（苏水基〔2013〕17号）；

《加强质量强水建设的指导意见》（苏水基〔2013〕52号）；

《关于进一步贯彻落实工程建设标准强制性条文的通知》（苏水规〔2014〕6号）；

《水利建设工程推广应用组合式对拉止水螺杆的指导意见》（苏水基〔2016〕4号）；

《加强水利建设工程钢筋制作与安装质量管理的意见》（苏水基〔2020〕2号）；

《加强水利建设工程混凝土裂缝预控、监测和修补质量管理的意见》（苏水基〔2020〕12号）；

《加强水利建设工程混凝土用机制砂质量管理的意见（试行）》（苏水基〔2021〕3号）。

(4) 施工合同约定执行的规范、标准，如：

《建筑地基基础工程施工规范》（GB 51004—2015）；

《水利水电工程钢闸门制作、安装与验收规范》（GB/T 14173—2008）；

《水闸施工规范》（SL 27—2014）；

《水利水电工程施工质量检验与评定规程》（SL 176—2007）；

《水利水电工程验收规程》（SL 223—2008）；

《堤防工程施工规范》（SL 260—2014）；

《水利水电工程启闭机制造、安装及验收规范》（SL/T 381—2021）；

《水利水电工程施工质量验收评定标准》（SL 631—2012）；

《水工混凝土施工规范》（SL 677—2014）；

《水利水电工程施工质量通病防治导则》（SL/Z 690—2013）。

(5) 施工企业制定的质量管理文件。

(6) 项目法人制定的质量管理文件。

1.1.3 质量管理违规行为

质量管理违规行为是指参建单位及其责任人在工程施工和质量管理过程中违反规程、规范和合同要求的各类行为，以及质量监督机构及其责任人履职不到位或未履职的行为。按轻重程度分为：

(1) 一般质量管理违规行为。参建单位及其责任人在工程施工、质量管理过程中违反规程、规范和合同要求，并能自觉整改的一般违规行为。

(2) 较重质量管理违规行为。参建单位及其责任人在工程施工、质量管理过程中明显违反规程、规范和合同要求，未能整改的违规行为。

(3) 严重质量管理违规行为。参建单位及其责任人在工程施工、质量管理过程中蓄意违反规程、规范和合同要求，骗取有关单位对工程质量的评价。

1.1.4 质量通病

1. 定义

"质量通病"是指工程施工过程中经常发生的常见病、多发病，往往是施工人员不够重视或习以为常，自认为出不了大事的问题，由于疏于管理而难以彻底根治的工程质量问题，且不符合国家或行业现行技术标准规定。

《水利水电工程施工质量通病防治导则》（SL/Z 690—2013）将质量通病定义为：水利水电工程施工过程中，经常发生和普遍存在的不符合国家或行业现行技术标准规定的质量问题。工程质量问题，包括质量管理违规行为、质量缺陷和质量事故。

本《手册》所指水工建筑物质量通病范围，既包括工程施工过程中材料使用、工序质量通病，又包括工程完工后影响安全和使用功能及外观质量常见的缺陷。

2. 分类

（1）按危害程度，质量通病可划分为：

1）可能引起质量隐患的质量通病。

2）可能引起一般质量缺陷的质量通病。

3）可能引起严重质量缺陷的质量通病。

4）可能引起质量事故的质量通病。

（2）按产生的主要原因，质量通病可划分为：

1）合同管理质量通病。包括合同订立质量通病、合同执行不力产生的质量通病。

2）质量管理通病。由于管理不善引起的质量通病。

a. 按责任主体细分为建设管理质量通病、设计管理质量通病、施工管理质量通病、监理管理质量通病。如盲目赶工、指定分包、指定采购、以包代管、质量责任不清、设计变更多、监理平行抽检频率不足、施工自检体系不健全、原始资料真实性差、材料质量源头控制不严、对设计文件及规范掌握不准确、试验数据失真、规模生产条件变异等。

b. 因施工组织安排或施工方法不当产生的质量通病。

c. 因施工管理不善或管理不到位产生的质量通病。

3）施工工艺通病。由于施工工艺问题引起的质量通病，如混凝土生产时计量不准确、拌和不均匀；混凝土外加剂品种选用、计量、掺配方法掌握不准确；预埋钢筋位置不准确；结构混凝土养护方法不当，养护时间不足；墙后回填土碾压设备配置不足，分层压实作业不规范；合同段、工作面、工序间衔接不当。

4）因施工操作不当或施工行为不规范产生的质量通病。

5）因未认真执行技术法规（强制性标准、强制性条文）、规范、规程产生的质量通病。

（3）按发生的工程部位，质量通病可划分为：

1）地基基础质量通病。

2）主体结构质量通病。

3）上下游连接段质量通病。

4）金属结构制作与安装质量通病。

5) 机电设备制造与安装质量通病。

6) 房屋建筑工程质量通病。

7) 管理设施质量通病。

（4）按实体质量（施工技术类型），质量通病可划分为：

1) 基坑（基槽）工程质量通病。

2) 地基与基础加固工程质量通病。

3) 防渗与排水工程质量通病。

4) 模板与脚手架工程质量通病。

5) 钢筋制作安装工程质量通病。

6) 混凝土与钢筋混凝土工程质量通病。

7) 土方工程质量通病。

8) 砌体与防护工程质量通病。

9) 金属结构制作与安装工程质量通病。

10) 机电设备制造与安装工程质量通病。

3. 产生主要原因

（1）质量第一的思想树立不牢，组织管理不严谨。

（2）来自建设主管部门、项目法人、设计单位、监理单位、施工单位或质量检测单位，也可能受技术水平、经济条件、施工环境的制约；工程规模大、技术复杂、质量控制难度大、工期紧张、造价低，经常遇到难以预测的外部环境变化。

（3）一些企业技术和管理力量薄弱或不重视技术工作，质量管理能力不足。工程技术人员知识更新慢，对新材料、新技术和新工艺跟踪、了解、掌握不够，不熟悉施工规范、工艺、材料特性，对如何消除工程质量通病、质量缺陷缺乏必要的理论知识、实践经验和业务培训。质量管理人员现场检查缺乏识别潜在质量问题的能力。

（4）施工技术未能全面掌握，人员操作精细化程度不够严谨，直接影响工程实体质量和外观质量。从业人员素质低，施工企业无技术工人等级评定，施工作业人员老龄化，大量年龄偏大的作业工人在施工一线。

（5）质量责任认识存在偏差，如认为机电设备、金属结构对制造企业而言，是产品，制造单位承担金属结构和机电设备设计、制造和质量检验的责任。又如施工单位与预拌混凝土生产企业签订采购合同，预拌混凝土生产企业有质量保证体系，也有建设系统的监管，因此，将预拌混凝土看成是免检产品。混凝土原材料质量、配合比、生产、运输等质量控制都由预拌混凝土生产企业负责，现场混凝土不进行交货检验，甚至混凝土试件制作、养护也由预拌混凝土公司代劳。

（6）设计单位设计深度不足、设计错误、设计未考虑施工方法；铸铁闸门、清污机、拦污栅、启闭机、机电设备的设计主要由制造单位负责，建设单位不组织审核把关。以监理组织设计审查的方式审查设计文件，至于设计文件是否真正满足使用要求，可能只有等到试运行或投入运行后才能发现。

（7）质量自律缺失、管理不严。施工单位是质量保证单位，但施工质量本质上是由施工和制造企业的质量管理行为来保证，如果以牺牲质量和信誉为代价，逐利取向明显，势必导致质量下降，通病频发。对原材料、半成品的质量要求不严，甚至使用不符合标准的原材料。工序过程控制不严，工序检验把关不严，有些是习惯性做法。制造单位对产品监造不理解，有些制造企业与监造单位不配合。

（8）低价中标。中标价与概算价相差较大，偏低的中标价格势必导致施工单位不能采购较优的原材料，设备元器件、部件制造质量缺陷增多。如某泵站改造工程清污机招标，某投标单位报价高出其他投标单位50%以上，仔细阅读其设计图纸，清污机材料总质量高出其他投标单位40%左右。可见低价中标必然会导致使用质量较差的材料、元器件，影响到使用安全性和耐久性。

（9）工程受季节、气候和社会因素的影响，未针对工程特点制定相应的施工方案。如为降低底板、闸墩、翼墙混凝土开裂风险，裂缝防治措施要点之一为在混凝土中掺入膨胀剂，但未考虑墩墙结构尺寸、施工环境、养护条件对膨胀剂使用效果的影响，反而导致墩墙、底板等结构产生严重裂缝。

（10）施工过程中检查力度不足，过程控制不力，三检制度不全。仅靠完成后验评，发现问题整改难度大。

1.2 质量通病防治

1.2.1 意义

工程质量通病如果不彻底根治，最终有可能形成缺陷、酿成事故，将会对建筑物的结构安全、使用功能、外观质量造成隐患，不同程度地影响到工程的服役寿命，严重者可能造成巨大的经济损失，给国家和人们的生命、财产构成巨大威胁。一旦发生任何一种质量通病，处理费工费时，严重的可能还会影响工期；如果施工资料不全，因质量通病引起的质量问题可能无法追溯主要原因。因此，质量通病防治是水利工程质量管理和质量控制的一项重要的基础工作，能够全面提高工程施工质量，提高工程安全性，延长使用年限，也是树立水利工程外观形象，提高民生水利在老百姓心中满意度的重要体现。

1.2.2 防治原则

程序合法、行为规范、执行标准、按图施工、严格监管、过程控制、严格验收。

1.2.3 参建单位质量行为

1.2.3.1 基本要求

（1）参建各方应执行《建设工程质量管理条例》《建设工程安全生产管理条例》《关于进一步贯彻落实工程建设标准强制性条文的通知》（苏水规〔2014〕6号）。

（2）建设、设计、勘察、施工、监理、检测等单位依法对工程质量负责。

（3）设计、勘察、施工、监理、检测等单位应依法取得资质证书，并在其资质等级许可的范围内从事建设工程活动。施工单位应当取得安全生产许可证。

（4）建设、勘察、设计、施工、监理等单位的法定代表人应当签署授权委托书，明确各自工程项目负责人。项目负责人应当签署工程质量终身责任承诺书。法定代表人和项目负责人在工程设计使用年限内对工程质量承担相应责任。

（5）从事工程建设活动的专业技术人员应当在注册许可范围和聘用单位业务范围内从业，对签署技术文件的真实性和准确性负责，依法承担质量责任。

（6）工程一线作业人员应当按照相关行业职业标准和规定经培训考核合格，特种作业人员应当取得特种作业操作资格证书。

（7）参建各方应按规定建立健全生产安全事故隐患排查治理制度，做好危大工程的交底、巡视、检查、验收。

1.2.3.2 质量行为

1.2.3.2.1 项目法人

（1）严格执行法定程序，依法办理施工许可、竣工验收备案手续；按规定办理工程质量监督手续。

（2）严格执行工程承发包制度，依法发包给具有相应资质的勘察、设计、施工、监理、检测等单位，不应肢解发包工程。

（3）保证合理工期和造价，不应任意压缩合理工期。

（4）按《水利工程施工质量项目法人委托检测规范》（DB32/T 2707—2014）委托具有相应资质的检测单位进行检测工作，组织编制检测计划。

（5）按规定将工程勘察报告、施工图设计文件委托咨询机构审查，审查合格方可使用。工程变更程序符合规定，对重大修改、变动的施工图设计文件应当重新进行报审，审查合格方可使用。

（6）向勘察、设计、施工、监理单位提供准确真实的原始资料，向施工、监理单位提供审查合格的施工图纸。

（7）依据《建设工程勘察设计管理条例》（国务院令第293号），组织图纸会审、设计交底工作。

（8）按合同约定由项目法人采购的建筑材料、建筑构配件和设备的质量应符合要求。

（9）不应指定应由承包单位采购的建筑材料、建筑构配件和设备，或者指定生产厂、供应商。

（10）按合同约定及时支付工程款。

（11）建立质量回访和质量投诉处理机制。

1.2.3.2.2 勘察设计单位

（1）在工程施工前，将审查合格的施工图设计文件向施工单位和监理单位作出详细说明，进行技术交底与答疑。

（2）及时解决施工过程中发现的勘察、设计问题，参与工程质量缺陷、事故调查分析，并对因勘察、设计主要原因造成的质量缺陷、事故等提出相应的技术处理方案。

（3）参与基坑验槽、关键部位单元工程、重要隐蔽单元工程、分部工程、单位工程和合同工程等质量验收。

1.2.3.2.3 施工单位

（1）建立健全质量管理制度；设置项目质量管理机构，配备质量管理人员；项目经理、技术负责人、质检员等有关人员的资格符合要求,并到岗履职。

(2) 编制并实施施工组织设计、施工方案;按规定进行技术交底。

(3) 严格按合同质量标准、相关施工技术规程、规范进行施工。配备齐全项目涉及的施工图集、规范、规程以及相关质量管理文件。

(4) 施工单位应按照工程设计要求、施工技术标准和合同约定,采购建筑材料、建筑构配件、设备和商品混凝土,并进行检验,检验应当有书面记录和专人签字;未经检验或者检验不合格的,不应使用。收集整理有关的质量证明文件,包括发货单、出厂合格证、检验单以及其他有关图纸、文件和证件(含按国家和相关部门规定对某些原材料、中间产品核定的生产许可证,如水工金属结构、安全帽、安全网、建筑扣件等)。

(5) 不应违法分包或者转包工程。

(6) 未经监理工程师签字,建筑材料、建筑构配件和设备不应在工程上使用或者安装,施工单位不应进行下一道工序的施工。未经总监理工程师签字,建设单位不应拨付工程款,不进行竣工验收。

(7) 严格按总监理工程师签发的施工图纸进行施工,不应擅自修改设计文件。

(8) 编制危大工程专项施工方案。达到一定规模的危险性较大的工程应编制专项施工方案。

注1 危大工程。主要包括:

1) 深基坑,是指开挖深度超过 5m 的基坑、或深度未超过 5m 但地质情况和周围环境较复杂的基坑。

2) 地下暗挖工程,是指不扰动上部覆盖层面,在地下通过开挖修建的建筑物或构筑物。

3) 高大模板工程,是指模板支撑系统高度超过 8m,或者跨度超过 18m,或者施工总荷载大于 $10kN/m^2$,或者集中线荷载大于 $15kN/m$。

注2 专项施工方案。按照《水利工程建设安全生产管理规定》,达到一定规模的基坑支护与降水工程、土方和石方开挖工程、模板工程、起重吊装工程、脚手架工程、拆除爆破工程、围堰工程和其他危险性较大的工程,施工单位应编制专项施工方案。

专项施工方案应当由施工单位技术负责人审核签字、加盖单位公章,并由总监理工程师审查签字后方可实施。

(9) 做好各类施工记录,实时记录施工过程质量管理的内容;按规定做好隐蔽工程质量检查和记录。

(10) 按规定做好工序、单元工程、分部工程和单位工程质量报验工作。

(11) 按规定及时处理质量问题和质量事故,做好记录,并形成处理报告、质量缺陷备案表。

(12) 实施首件、首个工序、首个单元工程验收制度。

(13) 按规定处置不合格试验报告。

1.2.3.2.4 监理单位

(1) 按合同要求配备足够的具备资格的监理人员,并到岗履职。

(2) 编制并实施监理规划、监理实施细则。

(3) 对施工组织设计、施工方案进行审查。

(4) 对建筑材料、建筑构配件和设备进行审查,做好平行检测、跟踪检测和见证检测工作。

(5) 对分包单位的资质进行审查。

(6) 对重点部位、关键工序实施旁站监理,形成旁站记录。

(7) 对施工质量进行巡视检查,形成巡视记录。

(8) 对施工质量进行平行检验,形成平行检验记录。

(9) 对工序、单元、分部工程按规定进行质量验收。

(10) 组织隐蔽工程验收;对关键部位和重要隐蔽单元工程进行验收签证。

(11) 在金属结构和设备安装调试完成后,应监督承包人按规定进行试运行和设备性能试验,并按施工合同约定要求承包人提交设备操作和维修手册。

(12) 签发质量问题通知单,复查质量问题整改结果。

1.2.3.3 质量行为通病防治清单

1.2.3.3.1 项目法人

(1) 工程质量管理制度不完善,或执行不到位。

(2) 设计变更管理不到位。

(3) 对参建单位的强制性标准、强制性条文执行情况检查不够。

(4) 未编制检测工作量清单或未将检测工作计划发送施工、监理等单位。

(5) 参建单位质量终身责任人档案和公示牌内容不完整。

(6) 项目划分及其调整和报备工作不规范。

(7) 工程质量巡视检查不到位,或记录不完整。

(8) 工程分包管理不规范。

(9) 重要隐蔽(关键部位)单元工程质量登记签证等未按规定报备有关单位。

(10) 对监督检查发现的问题整改不到位。

1.2.3.3.2 设计单位

(1) 施工图设计质量控制不严,存在错、漏、碰、缺等现象。

(2) 未按合同派驻现场代表机构或人员。

(3) 施工图设计和变更设计不及时。

(4) 执行或引用的技术标准等文件更新不及时。

(5) 施工图总说明编制内容不完整,缺少针对性。

(6) 施工图设计中未提供混凝土结构钢筋表。

(7) 未对铸铁闸门等金属结构生产厂商提供的设计文件进行复核审查。

(8) 未形成强制性标准执行情况检查记录表或检查内容不完整。

(9) 未派员参加工程质量评定和验收,或未按规定委派地质工程师参加基坑等重要隐蔽单元工程签证。

(10) 建基面地质未编录。

1.2.3.3.3 施工单位
(1) 原材料及中间产品质量检测内容、频次不满足规范要求。
(2) 施工组织设计和专项施工方案编制内容不完善，针对性差。
(3) 未认真贯彻设计要求，不按图施工（技术指标、结构尺寸等）。
(4) 未编制强制性条文执行计划表，或检测记录表条目、内容等不全面。
(5) 单元工程（工序）质量评定表中的检验项目、检验数量不符合规范要求，检测数据失真，备查资料不全。
(6) 施工用材料、设备进场报验工作不到位。
(7) 未认真执行"三检制"，原始数据不真实。
(8) 使用的计量器具、试验仪器设备未按规定进行检定和校准。
(9) 质量缺陷处理不规范。
(10) 商品混凝土未进行开盘鉴定和交货检验，交货检验未形成记录。
(11) 专业分包管理不到位，未报监理机构、项目法人批准。
(12) 钢筋等材料设备存放不规范。
(13) 质量管理制度不完善或执行不到位。
(14) 工地实验室设置及管理不规范。
(15) 重要隐蔽（关键部位）单元工程签证不规范或无备查资料。
(16) 施工日志记录内容不全。
(17) 未按规定开展工艺性试验及成果应用。
(18) 混凝土养护不符合规定。
(19) 施工过程资料收集不及时，档案管理不规范。
(20) 投标承诺的主要管理人员不到岗，擅自变更。

1.2.3.3.4 监理单位
(1) 监理规划和监理实施细则编制内容不全，或与工程实际不符，缺乏针对性。
(2) 监理实施细则未明确旁站监理的范围、内容和旁站监理人员职责，未对工程重要部位和关键工序实施旁站监理，或无监理旁站记录，记录内容不完整。
(3) 未审核专项施工方案或审核不严。
(4) 平行检测内容、频次不符合规范要求。
(5) 未按规范要求履行检查、巡视职责，记录内容不完整。
(6) 对"三检制"执行情况等重点环节检查不到位。
(7) 对止水、伸缩缝、埋件安装等关键部位检查不到位。
(8) 对施工单位存在的质量问题未及时督促处理。
(9) 监理日志填写内容不全或格式不符合规范要求。
(10) 监理跟踪检测、平行检测、见证检测未建立台账。

1.2.4 参建单位质量主体责任

1.2.4.1 项目法人
(1) 实行项目法人负责制，建立健全工程质量保证体系，并按照有关规定办理工程施工许可证、缺陷备案、竣工验收等手续。

（2）委托具有相应资质等级的勘察、设计、施工、监理和检测单位；合理确定施工标底。按照合同约定，由项目法人负责采购的建筑材料、建筑构配件和设备，应保证其符合设计文件和有关技术标准的要求。

（3）将质量通病防治列为工程检查验收内容，并在招标文件中明确相关要求和奖罚措施。

（4）将质量通病防治主要内容以及所发生的费用列入招标文件中。

（5）负责组织实施工程质量通病防治，并采取相关管理措施，加强对质量通病防治工作的组织领导与技术管理，组织实施质量通病防治研究与攻关，监督参建单位成立质量通病防治工作管理机构，履行质量通病防治质量责任主体相应职责。不应随意压缩工程合理工期，需要赶工时应采取必要的技术经济措施。

（6）督促参建单位制定相关的质量通病防治方案和实施细则。

（7）定期召开工程例会，协调和解决质量通病防治过程中出现的问题。

1.2.4.2 勘测设计单位

（1）设计文件中应采取控制、预防质量通病的相应设计措施，并对容易产生质量通病的部位和环节，明确具体做法。

（2）设计交底时将质量通病控制、预防的设计措施和技术要求向相关单位进行技术交底。

（3）采用新材料、新技术、新工艺、新设备时，应明确施工要求和验收标准。

（4）参与工程质量通病问题的分析，施工过程中产生的影响结构安全和使用功能的质量通病，提出相应的技术处理方案。

1.2.4.3 施工单位

（1）针对工程特点、施工环境，编制工程质量通病控制、预防方案与施工措施，经监理单位审查、项目法人批准后实施；必要时组织讨论或论证。

（2）建立工地试验室，建立健全质量保证体系，并保持有效运行。

（3）建立、健全施工质量检验制度，严格工序管理，做到精细化施工，做好隐蔽工程质量检查和记录。

（4）做好质量通病防治技术资料的收集、整理工作。

（5）专业分包单位应提出分包工程的质量通病防治措施，由总包单位审核，监理单位审查，项目法人批准后实施，总包单位应负责检查其实施情况。

（6）工程施工过程中，应做好以下工作：

1）原材料、构配件和工序质量报验。

2）在采用新材料、新技术、新工艺时，除应有产品合格证、有效的鉴定证书外，还应进行必要检测、试验、验证。

3）记录、收集和整理质量通病防治的方案、施工措施、技术交底和隐蔽验收等相关资料。

4）根据批准的质量通病控制、预防方案和施工防治措施要点，对作业班组进行技术交底。

5）样板引路，做好首件、首个工序、首个单元工程的质量检查验收。

（7）工程施工管理报告中，应总结工程质量通病防治经验教训。

1.2.4.4 监理单位

（1）应审查施工单位提交的质量通病控制、预防方案和施工措施，提出具体要求和监控措施。

（2）针对工程具体情况将易产生质量通病的工序、部位，作为监理工作质量控制重点，编写《工程质量通病预防监理实施细则》。

（3）加强原材料、成品、半成品、构配件、金属结构及机电设备的进场验收、检验工作。配备常规便携式检测仪器（如水准仪、经纬仪、卷尺、测温仪、环刀等），加强工程质量平行检测，发现问题及时要求处理。

（4）对容易产生质量通病的部位和工序，加强平行检验、跟踪检查，发现问题及时处理。

（5）做好易产生质量通病部位的隐蔽工序验收工作，并明确监理验收意见，上道工序不合格的，不允许进入下道工序施工。

（6）不断总结质量通病防治经验教训，定期组织召开质量通病防治工作例会。

（7）工程监理工作管理报告中，应总结质量通病防治经验教训。

1.2.5 防治措施

（1）工程施工过程中应对容易发生质量通病的工序、单元工程、分部工程进行重点监管，从设计、施工等方面着手，分析质量通病产生的主要原因和可能造成的危害，采取针对性预防措施。

（2）加强工程施工过程中技术管理，做到：

1）保证测量精度。做好测量控制桩的交接和复核工作，并使控制桩得到有效保护；定期对控制桩进行检查、复核；进场后对原始地形进行复核测量。

2）合理确定施工方法。应根据施工单位施工能力和装备水平，结合工程特点，选择安全、优质、环保的施工方法。

3）加强工序衔接。重视基础处理、结构尺寸控制、金属结构和机电设备制造与安装质量。

4）加强第三方质量检测。选择有相应能力的第三方独立检测机构承担施工质量检测。

5）做好关键部位和危险性较大的施工项目管控。应进行质量和安全分析、预测、评价，制定专项施工方案，强化防范措施。

6）加强施工机械管理。选用合适的施工机械，提高施工装备水平，做好日常维修保养。

7）推广"四新"技术。积极采纳、吸收先进实用的材料、技术、工艺和设备。

（3）做好施工过程控制，实现精细化管理。施工质量与过程控制密不可分，施工阶段质量控制关键是做好人、机、料、法、环境"4M1E"控制，主要体现在以下几方面：

1）重视培训。做好工程技术人员和施工作业人员的培训、教育与知识更新。

2）重视材料质量。包括混凝土、回填土料、金属结构、机电设备等所用原材料、半成品、构配件、元器件质量控制。

3）加强原材料质量抽检，限制有害物质含量，防止不合格材料用于工程。

4）加强施工过程质量控制和精细化施工，防止产生质量通病。以混凝土质量控制为例，施工过程中需要预防下列质量通病发生：模板接缝不严密，模板材料问题和支撑问题造成混凝土跑模、漏浆；钢筋制作加工和安装误差造成保护层厚度偏差大；钢筋密集部位浇筑振捣不充分，或因粗骨料粒径偏大、混凝土流动性不足、混凝土离析，造成蜂窝或局部不密实；施工过程中乱加水引起的强度和耐久性能降低；混凝土凝结缓慢造成塑性收缩裂缝和沉降裂缝增多；混凝土拆模过早，不能实现充足的湿养护，混凝土表面产生可见的和不可见的裂缝。

5）重视混凝土养护。将养护质量视为保证混凝土强度和耐久性的一道关键工序，延长带模养护时间，做到养护方法合适、养护时间足够。推广具有保湿、保温功能的新型模板结构和养护材料、养护技术。

6）加大质量通病防治投入。制定预防质量通病的施工方案，增加人、财、物等资源投入。

7）加强工序质量控制检验，预制构件、金属结构和机电设备重点做好出厂检验和进场验收，不符合设计和规范规定的，施工过程中产生的施工缺陷，应进行论证和处理。

（4）开展质量通病防治技术研究，积极吸收消纳防治质量通病好的做法，不断创新工程施工管理流程、施工工艺、质量通病防治措施。

（5）质量通病处理。工程施工过程中发生的质量问题，应按照情况调查、原因分析、方案编制与论证、过程控制、验收等程序进行处理；构成质量缺陷的，按《水利水电工程施工质量检验与评定规程》（SL 176—2007）、《水利工程施工质量检验与评定规范 第1部分：基本规定》（DB32/T 2334.1—2013）的规定进行质量缺陷处理与备案。

第2章 基坑开挖

2.1 降 排 水

2.1.1 地下水位未降至基底面以下

1. 通病描述

(1) 基坑中心地下水位未控制至底板底面高程-0.5m以下。
(2) 基坑顶面和底面未设置排水沟排除地表水和坑底积水。
(3) 施工期间场地内有地下水泉眼。

2. 主要原因

未采取降水措施，或降水措施不明显。

3. 防治措施要点

根据场地内地下水位情况，分别采取管井、轻型井点、开挖笼沟等措施，将基坑地下水位降至低于基底面500mm以下。

以某大型泵站工程为例，站身地基土为②$_6$层重粉质壤土，②$_6$层土底部高程为-5.00m～-8.36m，泵房地基该土层厚度1m～2m，最薄处仅30cm左右，其下伏的④$_1$、④$_2$、④$_3$等土层的下部为承压含水层，承压水头高达11.5m。基坑开挖范围为100m×180m，开挖深度至-5.9m左右，承压水层将会顶破其上覆盖的相对不透水层②$_6$层土。采取沿站身四周布置30口降水井降低承压水，相邻井井距约为20m，将基坑内地下水位降至-7m左右；基坑四周地表水通过截水沟排除，基坑底部设置排水沟。降水井材料及施工按《建筑地基基础工程施工质量验收标准》（GB 50202—2018）的规定执行。由于组成含水层的砂壤土、粉细砂颗粒都很细小、易流动，在降水井施工过程中，透水管处包裹反滤层，四周投放滤料，以免抽降地下水过程中产生大量的涌砂和土体松动而影响工程施工和降低地基土的强度。

2.1.2 基坑有积水

1. 通病描述

基坑开挖时伴随开挖高程的下降，基坑作业面严重积水，或雨水流入坑槽，基底长期被水浸泡。

2. 主要原因

(1) 有地下水的基坑开挖时，未有效降低地下水位。
(2) 未建立有效的施工排水系统，基坑周围地面未设置排水设施，或不符合规范及专项施工方案的要求，未有效控制地表水流入基坑。

3. 防治措施要点

(1) 基坑开挖前,应根据工程地质特别是地下水位情况编制降排水方案,建成有效的抽、排水设施。

(2) 沿基坑坡顶四周设置排水沟,防止地表水进入基坑;沿坡脚设置排水沟、集水坑(井),并对排水沟、集水坑进行硬化处理。

【相关文件规定】

《关于印发起重机械、基坑工程等五项危险性较大的分部分项工程施工安全要点的通知》(建安办函〔2017〕12号):基坑施工应采取基坑内外地表水和地下水控制措施,防止出现积水和漏水漏沙。汛期施工,应当对施工现场排水系统进行检查和维护,保证排水畅通。

2.2 基坑开挖与防护

2.2.1 基坑开挖不符合要求

1. 通病描述

(1) 基坑开挖不符合规范、设计及专项施工方案的要求。

(2) 基坑开挖未预留保护层,或保护层厚度小于0.5m。

(3) 基坑施工时对主要影响区范围内的建(构)筑物和地下管线保护措施不符合规范及专项施工方案的要求。

2. 主要原因

(1) 采用机械开挖,未控制好开挖深度;施工放样高程控制错误。

(2) 基坑开挖过程中,技术交底不严,高程控制不严。

3. 防治措施要点

(1) 设计单位应当按规定在设计文件中注明基坑开挖注意事项,提出保障工程周边建筑物和设施安全和工程施工安全的意见;提出基坑开挖预留保护层厚度、开挖边线、坡度等设计要求,必要时进行专项设计。

(2) 施工过程中应做到:

1) 基坑土方开挖前应编制专项施工方案,并按设计要求确定开挖边线、坡度。

2) 符合超过一定规模的危险性较大的分部分项工程的(如开挖深度大于5m),施工单位应组织专家论证。

3) 机械挖土时应避免超挖,场地边角土方、边坡修整等宜采用人工方式挖除。

4) 基坑开挖至坑底标高应在验槽后及时进行垫层施工。

5) 土方工程施工前,应采取有效的地下水位控制措施。基坑内地下水位应降至拟开挖下层土方的底面以下不小于0.5m。

6) 基坑开挖的分层厚度宜控制在3m以内,并应配合支护结构的设置和施工的要求,临近基坑边的局部深坑宜在大面积垫层完成后开挖。

7）基坑开挖过程中，进行技术交底。及时检查基坑的坡度、开挖边线，做到留足施工操作面，基底不扰动，预留保护层50cm以上。

8）认真执行开挖作业程序，加强管理和质量控制。

【相关规范及文件规定】

《水闸施工规范》（SL 27—2014）

1）土方明挖前，应降低地下水位，使其低于开挖面不少于0.5m。

2）基坑开挖宜分层分段依次进行，逐层设置排水沟，层层下挖。

3）根据土质、气候和施工机具等情况，基坑底部应留有一定厚度的保护层，在底部工程施工前，分块依次挖除。

4）在气温低于0℃时挖除保护层，应采取可靠的防冻措施。

《水利工程施工质量与检验评定规范 第2部分：建筑工程》（DB32/T 2334.2—2013）

1）基坑开挖前，应降低地下水位至低于基底面500mm以下。

2）基坑底部预留的保护层应在底部工程施工前挖除。

3）不应扰动基底土层，基底上软弱层等清除干净，不应欠挖。如发生欠挖的，按设计要求处理。

4）开挖尺寸、边坡坡度、高程等符合设计和规范规定。

5）基坑开挖后，应进行地基验槽。

《建筑地基基础工程施工规范》（GB 51004—2015）

8.1.4 基坑开挖期间若周边影响范围内存在桩基、基坑支护、土方开挖、爆破等施工作业时，应根据实际情况合理确定相互之间的施工顺序和方法，必要时应采取可靠的技术措施：

1）机械挖土时应避免超挖，场地边角土方、边坡修整等应采用人工方式挖除。基坑开挖至坑底标高应在验槽后及时进行垫层施工，垫层宜浇筑至基坑围护墙边或坡脚。

2）土方工程施工前，应采取有效的地下水控制措施。基坑内地下水位应降至拟开挖下层土方的底面以下不小于0.5m。

3）基坑开挖的分层厚度宜控制在3m以内，并应配合支护结构的设置和施工的要求，临近基坑边的局部深坑宜在大面积垫层完成后开挖。

《关于印发起重机械、基坑工程等五项危险性较大的分部分项工程施工安全要点的通知》（建安办函〔2017〕12号）

基坑工程应按照规定编制、审核专项施工方案，超过一定规模的深基坑工程要组织专家论证。基坑支护应进行专项设计。

2.2.2 开挖尺寸不符合设计要求

1. 通病描述

（1）基坑尺寸不符合设计要求，坡比不符合设计要求，边坡偏陡，甚至挖成90°垂直坡。

（2）存在超、欠挖情况。

(3) 基坑开挖时遇流沙、塌坡。

2. 主要原因

(1) 未根据土质和施工方案进行放坡。

(2) 采用机械开挖，操作控制不严，容易发生超挖或欠挖现象。

(3) 边坡上存在松软土层，受外界因素影响自行滑塌，造成坡面凹凸不平。

(4) 测量放线错误。

(5) 未降水，开挖时遇流砂。

3. 防治措施要点

(1) 土方施工前应先降低地下水位，降低土体含水量，便于土方施工；同时需注意降水对周边建筑物的影响观测。

(2) 开挖边坡应满足设计要求，同时加强基坑边坡观测。需要减少开挖边坡坡比时，应进行论证，并采取可靠的支护措施。

(3) 基坑开挖弃土应远离基坑边，禁止在坡顶堆土、堆物，重载车辆不在坡顶行走，防止造成塌坡事故。

(4) 不应扰动基底土层，基底上淤泥应清除干净；不应超挖，如遇工艺性超挖，用低标号混凝土或水泥土填平。

(5) 基坑开挖前重点控制与检查平面位置；基坑土方开挖过程中，重点检查放坡和开挖高程是否满足要求，现场平面控制网和临时水准点应定期进行复测和检查。加强测量复测，在坡顶坡脚设置明显标志和控制边线，并安排专人检查。

(6) 基坑开挖宜分层分段依次进行，开挖时预留 0.5m 保护层土方留待人工开挖或小型机具挖除。

(7) 基坑开挖出来的土方应考虑回填的要求，满足回填的质量和数量，不能好土和差土混杂堆放；含水率较高的淤泥质土通过晾晒等措施用于次要部位回填。

(8) 基坑开挖经验槽签证后，方可挖除保护层土方，进行封底混凝土施工。

(9) 基坑超挖范围较大时，在征得设计单位同意后，可适当改动坡顶线；边坡局部超挖部位可采用黏土、水泥土或袋装碎石、袋装砂等回填。

(10) 基坑开挖遇流沙时，采取下述措施：

1) 采用井点降水，使水位降至距基坑底 0.5m 以上，使动水压力方向朝下，坑底土面保持无水状态。

2) 沿基坑外围四周打板桩，深入基底下面一定深度，增加地下水从坑外流入坑内的渗流路线，减少渗水量，减小动水压力。

3) 采用化学压力注浆或高压水泥注浆，固结基坑周围粉砂层，形成防渗帷幕。

4) 往坑底抛大石块，增加土的压重和减小动水压力，同时组织快速施工。

5) 当基坑面积较小，也可采取在四周设钢板护筒，随着挖土不断加深，直至穿过流沙层。

2.2.3 基土扰动

1. 通病描述

基坑挖好后，地基土表层局部或大部分出现松动、浸泡或严重失水等情况，原土结构遭到破坏，造成承载力降低。

2．主要原因

（1）基坑周围未设排水沟等排水降水措施，地面水流入基坑，基坑土体被雨水、地表水或地下水浸泡。

（2）在地下水位以下挖土，未采取降水措施，将水位降至基底开挖面以下；施工中未连续降水，地下水位不稳定。

（3）基坑挖好后，未及时浇筑垫层；基坑基底土体被长时间暴晒、失水；冬期施工，地基表层受冻胀。

（4）膨胀土地基未采取边坡防护措施，基坑底部未留足足够的保护层。

3．防治措施要点

（1）严防基土受到扰动；施工期间应设置排水沟和集水井，以便及时将地下水和雨水排出，防止地面水流入基坑内，防止积水浸泡地基。挖土放坡时，坡顶和坡脚至排水沟均应保持一定距离，一般不宜少于 0.5m～1.0m。对已设置截水沟而仍有水从坡脚或坡面流出时，可用编织袋装土或砂石将水排出。

（2）在潜水层内开挖基坑时，根据地下水位高度、潜水层厚度和涌水量，在潜水层标高最低点设置排水沟和集水井，防止流入基坑。

（3）在地下水位以下挖土，可考虑设置明沟排水，在开挖标高坡脚设排水沟和集水井，并使开挖面、排水沟和集水井的深度始终保持一定差值，使地下水位降低至开挖面以下不少于 0.5m。当基坑深度较大，地下水位较高以及多层土中上部有透水性较强的土，或虽为同一种土，但上部地下水较丰富时，应采取分层明沟排水法，分层排除地下水。

（4）如果明沟排水不能满足开挖要求，应采用深井或轻型井点降水方法，将地下水位降至基坑最低标高以下再开挖。

（5）基坑土方开挖时，淤泥质土、膨胀土地基应预留保护层至少 0.5m 以上，其他土层基底应至少预留 200mm～300mm 厚度的保护层；验槽后立即挖除保护层土方，浇筑混凝土垫层。基坑开挖后，长时间不进行下道工序施工，将会导致基底失水龟裂，直接影响地基土持力层的质量；此时预留层厚度宜增加 150mm～200mm，且不应少于 500mm，待下道工序开始再挖至设计标高。

（6）冬期施工时，如基坑不能立即浇筑垫层，应在表面采取增加预留保护层、覆盖保温等措施，防止表层土体受冻。

（7）基底土层遭受扰动时，处理方法如下：

1）已被水浸泡的基坑，应立即检查排、降水设施，疏通排水沟，并采取措施将水引走、排净。

2）已被水浸泡扰动的土，可根据具体情况，采取排水晾晒后夯实，换土、换水泥土（3∶7灰土）、换填低标号的素混凝土、毛石混凝土，或挖去淤泥加深基础等措施处理。

3）膨胀土地基表层土失水的，应挖除后回填水泥土或低标号混凝土。

4）冬季施工地基表层土受冻的，应挖除后回填水泥土或低标号混凝土。

2.2.4 滑坡

1. 通病描述

(1) 基坑开挖时或开挖完成后,局部边坡或整体发生失稳,产生塌方或滑动。

(2) 基坑坡顶地面裂缝明显,基坑周边建筑物有沉降等明显变形。

(3) 边坡滑坡。在斜坡地段,土体或岩体受到水(地表水、地下水)、人的活动等作用的影响,边坡大量土或岩体在重力作用下,沿着一定的软弱结构面(带)整体向下滑动。

2. 主要原因

(1) 基坑开挖较深,挖方时没有根据土质的特性,进行放坡,边坡偏陡;挖方尺寸不够,将坡脚挖去;或通过不同土层时,没有根据土的特性分别放成不同坡度。土体因自重及地表水(或地下水)浸入,剪切应力增加,黏聚力减弱,使土体失稳而滑动。

(2) 排水设施不完善,地下水位高,雨水、生活用水浸泡基土,破坏了土的黏聚力,使坡底失稳,导致塌方。坡顶未采取有效排水措施,边坡浸水,土体力学参数降低,或在渗透水压力作用下,边坡产生塌方或滑坡。

(3) 在有地下水作用的土层开挖基坑时,未采取有效的降水措施,使土层黏聚力降低,在重力作用下失去稳定而引起塌方。

(4) 边坡顶部堆载过大,增加了坡体自重,使重心改变,在外力或地表、地下水作用下,使坡体失去平衡而产生滑动。

(5) 受车辆、施工机械等外力振动影响,产生不同频率的振荡,土体内摩擦力降低,使坡体内剪切应力增大,土体失去稳定而导致塌方、土体滑动。

(6) 土质松软,开挖次序、方法不当而造成塌方。

(7) 由于雨水冲刷,或坡体地下水位剧烈升降,增大水力坡度,使土体自重增加,抗剪强度降低,破坏斜坡平衡而导致边坡滑动。

3. 防治措施要点

(1) 边坡失稳、塌方,会扰动地基土,直接影响地基承载力,引起人的伤害,或相邻建筑物的安全和稳定性;如发生滑坡,处理影响工期,处理费用往往较大。因此,应高度重视基坑边坡稳定工作。

(2) 加强地质勘察和调查研究,注意地形、地貌、地质构造(如岩、土性质、岩层生成情况、岩层倾角、裂隙节理分布等)、滑坡迹象及地表、地下水流向和分布,采取合理的施工方法,消除滑坡因素,保持坡体稳定。

(3) 根据工程水文地质资料,开挖基坑四周设置井点降水和抽排水系统,地下水位降至基坑底面高程以下时,再进行开挖。

(4) 挖方前坡顶应设置排水沟,防止地面水流入基槽(坑)内,坡底宜设置排水沟和集水坑;排水沟和集水坑至坡底的距离,一般不宜少于 0.5m~1m;其深度应控制在地下水位以下 $-0.3m~-0.5m$;排水沟口应设在低洼点,确保排水畅通。

(5) 控制边坡坡顶施工荷载。基坑周边 1.5m 范围内不应堆载,3m 以内限制堆载;基坑四周不行走重型车辆,限行小型车辆。

(6) 根据土的种类、物理力学性质（如土的内摩擦角、黏聚力、密度、休止角等）确定适当的边坡坡度。对永久性挖方的边坡坡度，应按设计要求放坡。对临时性挖方边坡坡度可参考《建筑地基基础工程施工质量验收标准》（GB 50202—2018），见表2.1；且一次开挖深度，软土不应超过4m，硬土不应超过8m。

(7) 避免随意切割坡脚，土坡尽量制成较平缓的坡度，或做成阶梯形，使中间有1～2个平台以增加稳定。土质不同时，视情况制成2～3个坡度，一般可使坡度角小于土的内摩擦角，将不稳定的陡坡部分削去，以减轻边坡负担。

(8) 深基坑或容易塌方的部位，可加支撑。

表2.1 临时性挖方工程边坡坡率允许值

土 的 类 别		边坡坡率（高：宽）
砂土（不包括细砂、粉砂）		1:1.25～1:1.50
黏性土	坚硬	1:0.75～1:1.00
	硬塑、可塑	1:1.00～1:1.25
	软塑	1:1.50 或更缓
碎石土	充填坚硬黏土、硬塑黏土	1:0.50～1:1.00
	充填砂土	1:1.00～1:1.50

注 1. 本表适用于地下水位以上的土层、无支护措施的临时性挖方工程的边坡坡率。
　　2. 采用降水或其他加固措施时，可不受本表的限制，但应复核计算。
　　3. 设计有规定的，按设计要求执行。

(9) 土方开挖应自上而下分段分层、依次进行，随时作成一定的坡势，以利泄水，避免先挖坡脚，造成坡体失稳。相邻基坑和管沟开挖时，应遵循先浅后深或同时进行的施工顺序，尽量防止对地基的扰动。施工中尽量避免在坡脚处取土，在坡体上弃土或堆放材料。

(10) 发现坡顶有滑坡裂缝，应及时处理。

【相关规范及文件规定】

《建筑深基坑工程施工安全技术规范》（JGJ 311—2013）

8.1.2 当基坑开挖深度范围内有地下水时，应采取有效的降水与排水措施，地下水宜在每层土方开挖面以下800mm～1000mm。

11.2.2 坑边不应重型车辆通行。当支护设计中已考虑堆载和车辆运行时，应按设计要求进行，不应超载。

《水闸施工规范》（SL 27—2014）

土方开挖应制定合理的开挖施工方案，基坑边坡应根据工程地质、施工条件和降低地下水位措施等，经稳定验算后确定。

《关于印发起重机械、基坑工程等五项危险性较大的分部分项工程施工安全要点的通知》（建安办函〔2017〕12号）

基坑周边施工材料、设施或车辆荷载不应超过设计要求的地面荷载限值。

2.2.5 边坡防护不及时、不到位

1. 通病描述

(1) 砂性土边坡开挖后未及时防护,或防护不到位,产生雨淋沟、冲坑。

(2) 膨胀土边坡开挖后未及时防护,或防护不到位,边坡表层土失水干硬,浸水或泡水后失去强度。

(3) 冬季施工,边坡开挖时未留保护层,或未有效覆盖,边坡表层土受冻。

2. 主要原因

(1) 未针对边坡土层特点和施工环境、未按设计或规范的规定进行边坡防护。

(2) 冬季施工时未考虑边坡表层土可能受冻的情况。

3. 防治措施要点

(1) 设计宜提出基坑边坡防护措施。

(2) 根据边坡土质及气候情况,做好边坡防护,应紧随开挖深度实施边坡防护;根据现场情况,基坑开挖前先在坡顶设置排水设施,雨水不应顺坡流入基坑。随着开挖深度的增加,在适当的开挖深度位置设置坡脚排水沟、集水井。

(3) 膨胀土边坡坡面预留保护层,在晴天突击挖除保护层后按设计要求立即实施表面保护。

(4) 坡脚为粉质壤土或细砂土层时,应堆反滤料及砂石袋压脚防护。

(5) 冬季施工基坑保护层土方挖除后应采取防冻措施。

【相关规范规定】

《水闸施工规范》(SL 27—2014)

5.3.1 在温度低于0℃挖除保护层,应采取可靠的防冻措施。

5.3.4 膨胀土地区施工时应符合下列规定:

1 基础施工宜采用分段快速作业法。施工过程中不应使基坑曝晒或泡水;应及时采取措施防止边坡坍塌;验基后应及时浇筑混凝土垫层或采取封闭坑底措施。

2 在坡地施工时,挖方作业应由坡上方自上而下开挖;坡面完成后,应立即封闭。

5.5.1 当基坑边坡受外界条件影响不能满足设计要求时,应采用适当的防护措施,确保开挖边坡稳定。

5.5.2 周边有建筑物的基坑使用过程中,应制定包括基坑监测措施等内容的专项基坑围护方案。

5.5.3 坡脚为粉质壤土或细砂土层时,应堆反滤料及砂石袋压脚防护。

5.5.4 基坑开挖后应加强监测,发现影响安全的情况应及时处理。

《建筑基坑支护技术规程》(JGJ 120—2012)

8.1.6 基坑开挖和支护结构使用期内,应按下列要求对基坑进行维护:

1) 雨期施工时,应在坑顶、坑底采取有效的截排水措施;排水沟、集水井应采取防渗措施;

2) 基坑周边地面宜作硬化或防渗处理;

3) 基坑周边的施工用水应有排放系统,不应渗入土体内;

4）当坑体渗水、积水或有渗流时，应及时进行疏导、排泄、截断水源；

5）开挖至坑底后，应及时进行混凝土垫层和主体地下结构施工。

2.3 基坑监测与隐患管理

2.3.1 基坑监测不到位

1. 通病描述

（1）开挖深度大于等于5m的基坑，未开展基坑监测。

（2）基坑监测项目、监测方法、测点布置、监测频率、监测报警及日常检查不符合规范、设计及专项施工方案的要求。

2. 主要原因

（1）设计或招标文件中未提出基坑监测的要求。

（2）建设单位未根据基坑的复杂性委托第三方开展监测。

（3）基坑监测单位未根据合同和规范要求开展基坑监测，未及时分析监测成果。

3. 防治措施要点

（1）参建单位应重视深基坑、周边情况复杂基坑的边坡监测，特别是雨季、砂性土边坡、膨胀土地基。必要时建设单位委托第三方开展基坑监测。

（2）根据相关规范和经批准的专项施工方案，确定基坑监测项目、监测方法、测点布置、监测频率、监测预警。

（3）宜采用自动监测设备监测边坡的水平和垂直位移，超过设定阈值时，应及时采取措施，施工单位在限定时间内完成消警处理。

（4）深度大于10m的基坑，工程各方责任主体应及时完善监测平台中基坑工程具体信息，及时处理、闭合监测预警数据。

【相关规范规定】

《水闸施工规范》（SL 27—2014）

5.3.7 基坑开挖应进行安全检查，必要时应进行安全监测。

5.3.8 安全监测应符合下列规定：

1）主要内容包括基坑边坡稳定监测、爆破开挖时的有害效应监测、建基面岩体松弛范围监测、已灌浆部位和已浇筑混凝土质量监测。

2）监测（检测）仪器应满足安全监测要求。

3）基坑边坡稳定监测宜结合边坡的永久监测进行，其他相关监测内容及方法应符合国家现行有关标准的规定。

4）应做好安全监测资料的记录、分析整理工作，用以指导施工，在监测过程中发现异常情况，应及时处理。

《建筑基坑工程监测技术规范》（GB 50497—2019）

3.0.1 开挖深度大于等于5m或开挖深度小于5m，但现场地质情况和周围环境较复杂的基坑工程以及其他需要监测的基坑工程应实施基坑工程监测。

3.0.3 基坑工程施工前，应由建设方委托具备相应能力的第三方对基坑工程实施现场监测。监测单位应编制监测方案，监测方案应经建设方、设计方等认可，必要时还应与基坑周边环境涉及的有关管理单位协商一致后方可实施。

3.0.9 监测单位应及时处理、分析监测数据，并将监测结果和评价及时向建设方及相关单位做信息反馈，当监测数据达到监测报警值时应立即通报建设方及相关单位。

2.3.2 基坑重大隐患管理不到位

1. 通病描述

有下列情形之一的，未列入重大隐患管理：

（1）对可能损害毗邻建筑物、构筑物和地下管线等情况，未采取专项防护措施的。

（2）基坑土方开挖时，支护或降水不及时的。

（3）基坑土方超挖且未采取有效措施。

（4）深基坑未进行第三方监测或深基坑变形超过监测预警值未采取有效措施的。

（5）超过一定规模的深基坑边荷载值超过设计限值的。

（6）基坑周围地面截水与排水措施、开挖顺序和支护设计不符合设计要求的。

（7）有下列基坑坍塌风险预兆之一，且未及时处理：①支护结构或周边建筑物变形值超过设计变形控制值；②基坑侧壁出现大量漏水、流土；③基坑底部出现管涌；④桩间土流失、孔洞深度超过桩径。

2. 主要原因

未根据设计要求、规范的规定开展基坑重大隐患管理。

3. 防治措施要点

（1）基坑施工前应详细勘测、检查主要影响区范围内的毗邻建筑物、建（构）筑物和地下管线情况。

（2）基坑支护工程的设计图纸齐全有效。基坑开挖前编制基坑隐患治理计划。

（3）基坑支护体系施工和土方开挖前应编制专项施工方案并通过审核，符合超过一定规模的危险性较大的分部分项工程的，施工单位应组织专家论证。

（4）基坑工程施工过程中应采取有效措施，保护基坑主要影响区范围内的建（构）筑物和地下管线安全，保护措施应符合规范及专项施工方案的要求。

（5）基坑开挖及运行过程中，进行变形监测。

（6）专人巡视检查基坑边坡变形情况，发现异常或当变形监测数据接近阈值时及时采取措施消除隐患。

【相关规范及文件规定】

《建设工程安全管理条例》

第三十条 施工单位对因建设工程施工可能造成损害的毗邻建筑物、构筑物和地下管线等，应当采取专项防护措施。

《建筑与市政地基基础通用规范》（GB 55003—2021）

7.4.8 基坑工程监测数据超过预警值，或出现基坑、周边建（构）筑物、管线失稳破坏征兆时，应立即停止基坑危险部位的土方开挖及其他有风险的施工作业，进行风险评估，并采取应急处置措施。

《建筑基坑支护技术规程》（JGJ 120—2012）

8.2.23 基坑监测数据、现场巡查结果应及时整理和反馈。当出现下列危险征兆时应立即报警：①支护结构位移达到设计规定的位移限值；②支护结构位移速率增长且不收敛；③支护结构构件的内力超过其设计值；④基坑周边建（构）筑物、道路、地面的沉降达到设计规定的沉降、倾斜限值；基坑周边建（构）筑物、道路、地面开裂；⑤支护结构构件出现影响整体结构安全性的损坏；⑥基坑出现局部坍塌；⑦开挖面出现隆起现象；⑧基坑出现流土、管涌现象。

8.1.7 支护结构或基坑周边环境出现本规程第8.2.23条规定的报警情况或其他险情时，应立即停止开挖，并应根据危险产生的主要原因和可能进一步发展的破坏形式，采取控制或加固措施。危险消除后，方可继续开挖。必要时，应对危险部位采取基坑回填、地面卸土、临时支撑等应急措施。当危险由地下水管道渗漏、坑体渗水造成时，应及时采取截断渗漏水源、疏排渗水等措施。

《建筑深基坑工程施工安全技术规范》（JGJ 311—2013）

3.0.2 基坑工程施工前应具备下列资料：基坑支护及降水设计施工图。对施工安全等级为一级的基坑工程，明确基坑变形控制设计指标。明确基坑变形、周围保护建筑、相关管线变形报警值。

3.0.3 基坑工程设计施工图应按有关规定通过专家评审，基坑工程施工组织设计应按有关规定通过专家论证；对施工安全等级为一级的基坑工程，应进行基坑安全监测方案的专家评审。

2.4 基 坑 验 收

2.4.1 基坑验收不符合要求

1. 通病描述

（1）未根据《水利水电工程验收规程》（SL 223—2008）的规定和设计要求进行基坑（基槽）验收，未形成基坑（基槽）验收记录。

（2）基坑（基槽）验收时，勘察、设计单位未派员参加，或事后补签字。

2. 主要原因

（1）有些工程为了赶工期，就省略了验槽等流程；或建设单位、监理单位不熟悉建设基坑验收流程。

（2）未及时通知勘察设计单位参加基坑（基槽）验收。

3. 防治措施要点

（1）按照设计和规范规定进行轻型动力触探。《建筑地基基础工程施工质量验收标准》（GB 50202—2018）规定天然地基验槽前应在基坑或基槽普遍进行轻型动力触探检验，检验数据作为验槽依据。

（2）基坑（基槽）验收属于隐蔽工程验收，基础验槽是建设工程应进行的一道流程。建筑物基坑开挖至设计高程，经施工单位初验后，由项目法人、勘测单位、设计单位、监理单位、施工单位等组成联合小组，共同验槽并签证。勘测设计单位应派地质工程师参加地基验槽，及时解决工程设计和施工中与勘察工作有关的问题。验槽签证应报质量监督机构备案。

（3）验槽时，应检验基坑的位置、平面尺寸、坑底高程；基坑土质和地下水情况。基槽高程与尺寸应现场测量，并应在签证后附相应图纸、高程测量原始记录。地下水位的检查，可采用开挖探坑或观测井等方法进行。

（4）基坑工程验收应以确保支护结构安全和周围环境安全为前提。基坑变形监控指标应按设计要求执行；设计未明确的，可参照《建筑地基基础工程施工质量验收标准》（GB 50202—2018）第2.1.7条的规定执行（见表2.2）。

表 2.2　　　　　　　　　　基坑变形的监控量

基坑类别	围护结构墙顶位移 /mm	围护结构墙体最大位移 /mm	地面最大沉降 /mm
一级基坑	30	50	30
二级基坑	60	80	60
三级基坑	80	100	100

注1　符合下列情况之一，为一级基坑：
　　1）重要工程或支护结构做主体结构的一部分；
　　2）开挖深度大于10m；
　　3）与临近建筑物、重要设施的距离在开挖深度以内的基坑；
　　4）基坑范围内有历史文物、近代优秀建筑、重要管线等需要严格保护的基坑。
注2　三级基坑为开挖深度小于7m，且周围环境无特别要求时的基坑。
注3　除一级和三级外的基坑属二级基坑。
注4　当周围已有的设施有特殊要求时，尚应符合这些要求。

2.4.2　验收资料不全

1. 通病描述

地基验槽资料不全。

2. 主要原因

施工过程中未收集、整理归档相关施工资料。

3. 防治措施要点

根据《水利工程施工质量与检验评定规范　第1部分：基本规定》（DB32/T 2334.1—2013）附录B表B.1的规定，地基验槽签证需整理、归档的施工过程资料应包括：

（1）基槽底地质报告土质情况。

（2）基槽底实际情况。

（3）基槽高程与尺寸。

（4）降排水情况。

（5）附图及说明。

（6）建筑物基坑土方开挖单元工程质量检验评定表。

第3章 地基与基础处理

3.1 灌注桩

3.1.1 成孔常见质量通病

3.1.1.1 桩孔偏位

1. 通病描述

桩中心坐标与设计值偏差超出允许偏差范围。

2. 主要原因

(1) 施工放样不准确。

(2) 钢护筒中心对位偏差偏大,钻机定位不准确。

3. 防治措施要点

(1) 增强施工人员责任心,加强测量放样的复核,确保桩位中心测量放样精度。

(2) 钢护筒埋设前应复测护筒中心,保证钻机定位准确。

(3) 开钻前复核钻头中心与设计桩位偏差。

【相关规范规定】

《水利工程施工质量检验与评定规范 第2部分:建筑工程》(DB32/T 2334.2—2013)

(1) 灌注桩孔位偏差:垂直轴线和群桩基础边桩≤100mm;沿轴线和群桩基础中间桩≤150mm。

(2) 灌注桩施工应埋设钢护筒,护筒中心对位偏差不大于50mm。

3.1.1.2 护筒埋设不规范

1. 通病描述

(1) 护筒易变形。

(2) 灌注桩施工未安装护筒,或护筒埋置太浅。

(3) 护筒未埋入坚硬土层。

(4) 护筒周围填土未夯实。

2. 主要原因

护筒埋设不重视,未根据土质情况和规范要求埋设护筒。未埋设护筒或安装不符合要求,可能会导致钻孔过程中孔内水压不足或水位不稳定,钻孔过程中护筒以下孔壁坍塌、钻孔漏浆;桩混凝土灌注过程中易产生缩颈、断桩,桩顶混凝土出现严重露筋(见图3.1)。

图 3.1 灌注桩桩顶混凝土严重露筋

3. 防治措施要点

(1) 护筒宜采用钢板卷制,壁厚应能使护筒在埋设、受力时保持圆筒形且不变形。参照《城市桥梁工程施工与质量验收规范》(CJJ 2—2008),使用旋转钻机时,钢护筒内径应比钻头直径大 200mm;使用冲击钻机时,护筒内径应比钻头直径大 400mm。

(2) 护筒埋设应符合下列要求:

1) 护筒顶面宜高出地面 0.3m 以上,或水面 1.0m~2.0m,同时应高于桩顶设计高程 1m,以便孔内泥浆有一定的水头压力;当桩位土层有承压水时,应保护孔内泥浆面高出承压水位 1.5m~2.0m。护筒四周分层回填黏性土,对称夯实。

2) 在黏性土中护筒埋设深度不宜小于 1.0m,在砂性土中不宜小于 1.5m,在回填土中应高出填土层 0.2m;当表面土层松软时,护筒应埋入密实土层中不少于 0.5m,必要时在护筒底口换填黏土压实后埋设护筒。

3) 水中筑岛,护筒应埋入河床面以下 1m 左右。在水中平台上沉入护筒,可根据施工最高水位、流速、冲刷及地质条件等因素确定沉入深度,且宜沉入密实土层。护筒沉入后应采取稳固措施。

4) 护筒中心线与桩位中心线的允许偏差不大于 50mm,并保持护筒垂直,护筒倾斜度不宜大于 1%。

3.1.1.3 桩孔倾斜

1. 通病描述

桩孔倾斜,垂直度偏差大于 1%。

2. 主要原因

(1) 钻机型号选用不当。

(2) 钻机底座安装不水平或钻进过程中产生不均匀沉陷;桩架导向杆不垂直,下钻时未将钻杆稳定于垂直线上。

(3) 钻头、钻杆不同心,钻头的定位尖与钻杆中心线不在同一轴线上;初始钻进速度偏快，钻杆弯曲，接头不直。

(4) 钻孔过程中遇到坚硬的夹层、孤石或探头石等障碍物，导致钻杆偏移；在软硬地层交界处，或在粒径大小悬殊的卵石层中钻进，钻头所受的阻力不均。

(5) 扩孔较大，钻头偏离方向。

(6) 钻孔作业人员未按施工作业指导书进行灌注桩钻孔施工，钻进速度过快。

3. 防治措施要点

(1) 对施工作业人员进行岗前培训、考核，按施工作业指导书规范施工。

(2) 根据地质条件，选用合适的钻机、钻头和钻速；根据桩型、钻孔深度、土层情况、泥浆排放及处理条件综合确定钻孔机具及工艺。

(3) 安装钻机时要使转盘底座水平，起重滑轮、固定钻杆的卡具和护筒中心线三者在一条轴线上，并经常检查校正；旋钻时钻机要水平、平稳，钻杆要垂直，不符合要求的钻杆和钻头不应使用；旋钻时钻头尖与钻杆控制在同一轴线上。

(4) 钻机就位要求转盘中心与护筒中心偏差不大于10mm，用水平尺前后左右校正转盘水平度，确保钻机水平；钻杆垂直度偏差不大于1%。

(5) 桩孔开钻前及开钻4h后，对钻机整平，以防孔斜超限；开孔钻进时要轻压慢钻，控制进尺，确保钻孔垂直度。钻进过程中，及时、准确地做好钻进记录，达到设计孔深时，经监理工程师验收合格，方可进行下一道工序施工。

(6) 钻杆较长，转动时会造成上部摆动过大，应在钻架上设置导向架。

(7) 钻杆、接头及时检查，及时调整，发现钻杆弯曲用千斤顶及时调直或更换。

(8) 遇到难钻的坚硬土层，应放慢速度；遇到坚硬的障碍物时，应采取专门措施，并加强护壁。有孤石及有倾斜的软硬地层钻进时，应吊住钻杆控制进尺，低速钻进，必要时回填片石或卵石后冲平再钻进；遇坚硬土层或块石，钻进困难时可更换钻机型号、加大功率或改用冲击钻等机具穿透坚硬层，再用回旋钻机或其他钻机施工。

(9) 钻进过程中，如发生斜孔、塌孔等现象时，应停钻，采取相应措施再进行施工。

(10) 应针对不同硬度土层采用相应钻进速度，若无类似土层施工经验时，应在施工前进行钻孔工艺试验以确定合适施工参数。

(11) 成孔后，用测斜仪检查桩孔垂直度，发现桩孔倾斜度较大时处理方法如下：

1) 在偏斜处吊住钻头，上下反复扫孔，将孔校直。

2) 偏斜较大时，回填黏土，捣实后重新钻孔，并控制钻速，慢速上下提升、下降，往复扫孔纠正。

3.1.1.4 护壁泥浆质量差

1. 通病描述

泥浆密度等性能指标不符合要求，不能起到护壁作用。

2. 主要原因

未根据桩孔土质情况配置泥浆。

3. 防治措施要点

(1) 灌注桩钻孔宜采用高性能优质泥浆，泥浆的配合比宜通过试验确定，其性能应与钻孔方法、土层情况相适应。土质条件能满足要求的尽量采用原土造浆，如在黏性土中成孔时，可注入清水，以原土造浆护壁。否则，宜选用高塑性黏土（$IP \geqslant 17$）、掺入膨润土、纯碱、羧甲基纤维素、聚丙烯酰胺（PHP）等配制泥浆。配制时膨润土或聚丙烯酰胺水解后宜静置不少于24h，泥浆性能指标宜参照《公路桥涵施工技术规范》（JTG/T 3650—2020）执行。表3.1为某工程灌注桩泥浆配合比。

表3.1　　　　　　　　　　　某工程泥浆配制表

水	膨润土（钙土或钠土）	CMC	纯碱	其他外加剂
970	60～80	0～0.6	2.5～4.0	适量

（2）泥浆可采用原土造浆，不适于采用原土造浆的土层应制备泥浆，泥浆各项性能指标应符合表3.2的规定，成孔时应根据土层情况调整泥浆指标，排出孔口的循环泥浆性能指标应符合表3.3的规定。

表3.2　　　　　　　　　　　制备泥浆的性能指标

项　目	性能指标		检验方法
密度/(g/cm³)	1.10～1.15		泥浆比重计
黏度/s	黏性土	18～25	漏斗法
	砂土	25～30	
含砂率/%	<6		洗砂瓶
胶体率/%	>95		量杯法
失水量/(mL/30min)	<30		失水量仪
泥皮厚度/(mm/30min)	1～3		失水量仪
静切力/(mg/cm²)	1min：20～30 10min：50～100		静切力计
稳定性/(g/cm²)	<0.03		
pH值	7～9		pH试纸

表3.3　　　　　　　　　　　循环泥浆的性能指标

项　目	性能指标		检验方法
密度/(g/cm³)	黏性土	1.10～1.20	泥浆比重计
	砂土	1.10～1.30	
	砂夹卵石	1.20～1.40	
黏度/s	黏性土	18～30	漏斗法
	砂土	25～35	
含砂率/%	<8		洗砂瓶
胶体率/%	>90		量杯法

（3）钻进过程中应保持护筒内的水头高度高于地下水位1m～2m以上。

3.1.1.5　钻孔漏浆

1. 通病描述

成孔过程中或成孔后，孔内泥浆向孔外漏失。

2. 主要原因

(1) 护筒埋置深度不足，护筒周围未用黏土夯实，护筒刃脚或接缝处漏浆。

(2) 地下土层透水性强，地下水流动。

(3) 孔内漏浆压力偏大，孔壁渗浆。

3. 防治措施要点

(1) 孔内倒入黏土，慢速转动，或加大泥浆密度。

(2) 提高护筒埋置深度，护筒周围用黏土填封夯实紧密；地下水位较高或变化过大时，应垫土加高护筒以提高静水压力。

(3) 回填土中投入卵石、片石，反复冲击，增强护壁。

(4) 必要时采取孔下爆破挤密法，封闭漏浆通道。

3.1.1.6 孔底沉淀厚度超标

1. 通病描述

灌注桩孔底沉淀厚度超过设计或规范的要求。

2. 主要原因

(1) 成孔过程中，钻进速度过快，循环泥浆沉淀池容积小，不能及时将粗颗粒沉淀，导致钻渣不能很好地清除出孔。

(2) 成孔后提钻时，土从叶片和孔壁之间的空隙掉落到孔底；钢筋笼下放安装过程中，孔壁土被刮擦落入孔内。

(3) 含有流塑状淤泥、砂等松散土层，钻孔过程中未根据土层情况配制泥浆。

(4) 清孔后泥浆密度偏低引起孔壁坍塌，泥浆黏度偏小不能将孔内砂粒搬运至沉砂池，或沉砂池容积过小砂粒未沉淀又被循环至孔内。如果清孔时泥浆密度偏大，泥浆中含砂率超标，不能将孔内泥浆中粗颗粒带出孔外。

(5) 一次清孔后下放钢筋笼和导管时间过长。

(6) 二次清孔不彻底，孔底沉淀厚度不符合要求，或清孔后等待混凝土浇筑时间偏长。

3. 防治措施要点

(1) 根据土层情况配制泥浆，合理设置沉砂池，容积一般不小于单桩体积的 3 倍。控制钻进速度，及时补充新鲜泥浆。

(2) 钢筋笼宜整节制作，吊机吊装入孔。宜缩短安放钢筋笼和导管时间，宜采用钢筋机械连接接头，缩短现场钢筋接头连接时间。

(3) 首次清孔：采用泥浆循环清孔，要求一次清孔后孔底沉淀厚度≤20cm，孔内泥浆密度≤1.25g/cm³，黏度为 18s～22s，含砂率≤8%。清孔应符合下列规定：①钻孔至设计标高后，应对孔径、孔深进行检查，确认合格后即进行清孔；②清孔时，应保持孔内水头，防止坍孔；③清孔后应检测泥浆密度、含砂率等性能指标；④清孔后的沉淀厚度应符合设计要求；设计未规定的，根据《水利工程施工质量检验与评定规范 第 2 部分：建筑工程》（DB32/T 2334.2—2013）的规定，孔底沉淀厚度端承桩≤50mm，摩擦桩≤100mm，抗拔、水平力桩≤200mm。

(4) 导管使用前应进行密封性水压试验，导管下入时须对中、垂直，导管下口离孔底不超过50cm。

(5) 若地基土层较差、易塌孔，或清孔后安装钢筋笼和导管的时间过长，应进行二次清孔。二次清孔后沉淀厚度控制值：端承桩≤5cm，摩擦桩≤10cm，抗拔桩、水平推力桩≤10cm；泥浆密度≤1.25g/cm³，黏度≤28s，含砂率≤8%。

(6) 衔接好混凝土供料时间，二次清孔验收合格后，宜在0.5h内开盘灌注混凝土；超过1h的应重新清孔，合格后才能灌注混凝土。

(7) 必要时放置吸砂泵抽排孔底沉渣。

(8) 孔底沉淀厚度采用沉淀盒或测渣仪测试。

3.1.1.7 扩孔

1. 通病描述

桩孔扩大，或局部扩大。

2. 主要原因

(1) 护壁泥浆质量差，泥浆密度较低，起不到护壁作用，导致孔壁坍塌。

(2) 护筒埋置较浅，孔内水头压力不足。

(3) 钻头直径偏大。

(4) 钻机钻杆摆动偏大。

(5) 安装钢筋笼时刮擦孔壁。

(6) 局部流沙土层易引起扩孔。

3. 防治措施要点

(1) 选择符合要求的钻头直径，宜比设计桩径大10mm～20mm。

(2) 根据土质情况采用黏性土配浆，或掺入膨润土、羧甲基纤维素、纯碱、聚丙烯酰胺等增加泥浆密度，改善泥浆性能。

(3) 地下水位高时，抬高护筒安装高程，保证孔内水头压力。

(4) 控制钻进速度和钻杆摆度。

(5) 宜缩短安放钢筋笼和导管时间，钢筋笼宜整节制作，吊机垂直吊装入孔。

(6) 控制一次和二次清孔后孔内泥浆密度。

(7) 二次清孔合格后尽快浇筑混凝土。

3.1.1.8 缩孔

1. 通病描述

孔径小于设计值，或局部孔径小于设计值。

2. 主要原因

(1) 钻头直径不符合要求。

(2) 孔壁的塑性土膨胀，造成缩孔。

(3) 地层软弱，或局部土层软弱，钻孔时护壁泥浆、清孔后泥浆的密度偏低。

(4) 钻进速度偏快，大于规范或施工专项方案的要求。

(5) 清孔后等待浇筑时间较长。

3. 防治措施要点

(1) 钻孔前检查钻头直径。

（2）采用上下反复扫孔的办法，以保证孔径。
　　（3）抬高孔内泥浆面高程，适当提高泥浆密度，掺入羧甲基纤维素、膨润土、烧碱等材料配制优质泥浆。
　　（4）在软弱地层回填片石、卵石，冲平后再钻进。
　　（5）控制钻进速度；仔细观察出渣情况，发现缩孔后及时采取回填反复冲击挤压措施。
　　（6）宜采取整节钢筋笼制作后吊装入孔，或分节钢筋笼采用机械连接等措施，缩短钢筋笼安装时间；控制二次清孔后泥浆密度，采用井径仪和孔底沉淀仪分别测量孔径和沉淀厚度，合格后尽快浇筑桩身混凝土。

3.1.1.9 塌孔

　　1. 通病描述

　　成孔过程中或成孔后，孔壁坍塌。

　　2. 主要原因

　　（1）钻机选择不合理，如松软土层采用冲击式反循环钻机。
　　（2）松散砂土或流沙土层易引起塌孔。泥浆质量差，泥浆相对密度较小，起不到可靠的护壁作用。
　　（3）清孔换浆方法不当，破坏了孔壁，或清孔后泥浆密度偏低。
　　（4）孔内泥浆高度不够或孔内出现承压水、降低了泥浆压力。
　　（5）护筒埋置深度不足，护筒以下孔壁坍塌；或护筒周围未用黏土夯实紧密而漏水。
　　（6）在松散砂层中钻进时，进尺速度偏快或停在一处空转时间较长，转速偏快。

　　3. 防治措施要点

　　（1）选择合适的钻孔机械。
　　（2）埋深护筒，护筒周围用黏土填封夯实紧密；地下水位较高或变化过大时，应垫土加高护筒以提高静水压力。
　　（3）在松散砂土或流沙中钻进时，应控制进尺，选用相对密度较大、较高黏度和较高胶体率的优质泥浆，或投入黏土、卵石、小片石，使黏土、片石、卵石挤入孔壁。
　　（4）稳定掏渣筒（冲抓锥）的钢丝绳，防止碰撞孔壁。
　　（5）复杂地基应加密探孔，详细了解地质与水文地质情况，以便预先制定相应技术措施。施工中发现塌孔时，应停钻采取相应措施后再行钻进（如加大泥浆密度稳定孔壁，也可投入黏性土等材料，使钻机空转不进尺进行固壁）。
　　（6）采用适宜的清孔换浆方法。
　　（7）钻孔过程中发生坍孔的，处理方法如下：
　　1）先探明坍塌位置。
　　2）发生轻度坍孔时，采用加大泥浆密度和孔内泥浆面高度的方法。
　　3）坍孔严重的，投入黏土泥浆，待孔壁稳定后采用低速钻进进行钻孔；必要时用黏土（或砂砾拌黄土）回填到坍孔位置以上1m～2m，也可全部回填，等回填物沉积密实后再重新钻孔。发生严重孔口坍塌时，应采用黏土回填重新埋设护筒。

3.1.1.10 钻孔检测不规范

1. 通病描述

(1) 使用自制钢筋探笼检孔工艺，检测精度较低，且易刮擦孔壁，增加清孔量。

(2) 使用测绳检测孔底沉淀厚度。

2. 主要原因

未按规范要求进行成孔质量检测。

3. 防治措施要点

(1) 钻孔灌注桩在终孔后，应对桩孔的孔位、孔径、孔形、孔深和倾斜度进行检验。孔径、孔形、倾斜度和孔底沉淀厚度宜采用专用仪器检测；孔深可采用专用测绳检测。

(2) 清孔后，应对孔底的沉淀厚度进行检验，检测仪器有沉淀盒或测渣仪。

3.1.2 钢筋笼制作与安装质量通病

3.1.2.1 钢筋笼制作质量差

1. 通病描述

(1) 钢筋笼直径、长度以及钢筋规格、数量等不符合设计要求。

(2) 箍筋间距偏大，加密段箍筋未按设计要求加密（见图 3.2）。

(3) 成型后的钢筋笼在堆放、起吊、运输安装过程中变形。

(4) 现场安装时上下节钢筋笼主筋错位，不能搭接焊接或不能机械连接。

(5) 现场砂浆保护层垫块质量差，保护层垫块数量偏少。

图 3.2 不合格的钢筋笼

2. 主要原因

(1) 钢筋笼骨架人工加工工艺，传统手工焊接成型，制作质量受人为因素影响大。

(2) 钢筋放样长度错误，未考虑搭接长度。

(3) 加强箍间距大于 2m，加强箍与主筋之间焊接不牢，未采取防止钢筋笼变形的措施。

(4) 分节制作的钢筋笼主筋位置偏差大。

3. 防治措施要点

(1)《江苏省公路水运工程落后工艺淘汰目录清单（第二批）》提出：高速公路、一级公路、大型水运工程限制使用人工加工钢筋笼骨架工艺，推广应用绕筋机或胎架法等制作钢筋笼工艺。大中型水利工程宜参照执行。

(2) 钢筋笼应有钢筋放样图，分节钢筋笼长度应与起吊设备相适应，现场宜采用吊车起吊、安装，以减少钢筋笼分节长度，减少现场接头处理工作量。

(3) 对钢筋工技术交底；首件验收合格后再进行钢筋笼下料、制作，进行成批钢筋笼制作，加强制作过程质量检查，并分批验收合格后再使用。

(4) 钢筋笼箍筋、加密区箍筋安装应符合设计要求。

（5）分节制作的钢筋笼，当钢筋直径 $d \geqslant 20$ mm 时其接头宜采用焊接或机械连接接头；应确保上下纵筋位置准确，采用绑扎连接、焊接连接时搭接长度应符合要求；同一节钢筋笼有接头的主筋端部在同一平面上。

（6）钢筋笼每隔 2m～2.5m 设置加强箍一道，加强箍宜设在主筋外侧，加强箍筋应与主筋焊接牢固；必要时每 3m～4m 安装十字形临时加筋架，在钢筋笼吊入时再拆除；运输和安装过程中发生变形的钢筋笼应进行修复。

（7）钢筋笼应焊接牢固，并采用套于加强箍上的饼形保护层垫块（每 5m 长度不少于 1 组，每组不少于 3 块，且应均匀分布于同一断面上），吊筋固定，以控制钢筋笼的位置。

（8）绑扎铁丝一律扭弯到钢筋笼内侧，防止扎丝头进入保护层。

【规范规定】

《水利工程施工质量检验与评定规范 第 2 部分：建筑工程》（DB32/T 2334.2—2013）对灌注桩钢筋笼质量要求如下：

1）主控项目：钢筋笼长度允许偏差为 ±100mm；主筋间距允许偏差为 ±10mm；钢筋连接接头相互错开，大于 $35d$，且 $\geqslant 500$mm；接头面积百分率 $\leqslant 50\%$；电弧焊焊缝外观无气孔，无焊瘤，无裂缝；焊缝长度：允许偏差为 $-0.3d$；闪光对焊接头处弯折角度：$\leqslant 3°$，接头处轴线偏移 $\leqslant 0.1d$，且 $\leqslant 2$mm；无横向裂纹、无明显烧伤。

2）一般项目：钢筋笼直径允许偏差为 ±10mm，箍筋间距允许偏差为 ±20mm，保护层垫块厚度允许偏差为 0～5mm。

3.1.2.2 钢筋笼安装不符合要求

1. 通病描述

（1）钢筋笼底高程不符合设计要求。

（2）钢筋笼偏位，不居钻孔中心，保护层厚度不符合要求。

（3）钢筋笼变形。

（4）混凝土浇灌过程中，钢筋笼出现上浮现象。

2. 主要原因

（1）清孔时孔底沉渣未清理干净，或泥浆密度偏大，钢筋笼安装过程中刮擦孔壁，导致孔底沉淀厚度偏大，造成实际孔深与设计要求不符，钢筋笼放不到设计深度。

（2）在钢筋笼外侧焊接耳筋，用于定位并控制保护层，钢筋笼下放过程中耳筋刮擦孔壁，定位效果差；钢筋笼上保护层垫块数量偏少；桩孔本身偏斜。钢筋笼吊点中心线与桩孔中心线不重合；吊挂钢筋笼的装置产生不均匀沉降。

（3）造成钢筋笼变形原因有：

1）钢筋笼制作质量不合格，加强箍间距偏大，刚度不够。

2）钢筋笼运输、起吊变形；钢筋笼下放困难强行冲击下放引起变形；采用钻机起吊钢筋笼，钢筋笼起吊高度不足，钢筋笼吊放入孔时不是垂直缓慢放下，而是斜插入孔，引起钢筋笼变形。

（4）引起钢筋笼上浮的主要原因有：

1）钢筋笼内径与导管外壁间距小，粗骨料粒径偏大，混凝土坍落度偏小，和易性不良。

2）在提升导管过程中，法兰盘挂带钢筋笼。

3）钢筋笼主筋弯曲、骨架整体扭曲，箍筋变形脱落或导管倾斜，使得钢筋笼与导管外壁接触。

4）混凝土面升至钢筋笼底部时，导管埋深不够，浇灌速度过快，导致钢筋笼浮上来。

5）导管埋深过大，底部混凝土上升带动钢筋笼上浮。

6）钢筋笼未采取有效固定措施。

3. 防治措施要点

(1)《江苏省公路水运工程落后工艺淘汰目录清单（第一批）》（苏交质〔2018〕24号）将灌注桩钢筋笼分节制作，现场吊装接长，主筋现场焊接工艺，列为淘汰工艺。宜整节制作钢筋笼，减少分节制作，只有当钢筋笼长度不能满足一次吊装入孔时才允许分节，其接头宜采用机械连接。

做好二次清孔、泥浆护壁，控制沉淀厚度；桩孔本身偏斜、偏位应在下钢筋笼前往复扫孔纠正。

(2) 防止钢筋笼偏位措施：

1）在钢筋笼加强箍筋上每隔 5m 间距设置饼形混凝土垫块，混凝土垫块还应满足保护层厚度控制要求。

2）用导向钢管控制保护层厚度，钢筋笼顺导管放入，导向钢管长度宜与钢筋笼长度一致，在浇筑混凝土过程中再分段拔出导管或浇筑完混凝土后一次拔出。

3）安装时采取有效的定位措施，减少钢筋骨架中心与桩中心的偏位；采取措施防止吊挂钢筋笼的装置产生不均匀沉降。

(3) 搬运和吊装钢筋笼时，应防止变形；钢筋笼吊装入孔宜使用吊车，让钢筋笼垂直入孔，安放应对准孔位，避免刮擦孔壁，就位后应立即固定。运输、堆放及吊装过程中已经变形的钢筋笼，应修整后再使用。

钢筋笼下放困难切不可强行冲击下放，必要时将钢筋笼拎出，采用钻机扫孔、清孔后重新放置。

(4) 防止钢筋笼上浮主要施工措施：

1）导管放置应居中，在沉放导管过程中应注意控制其垂直度，钢筋笼内径与导管外壁之间的最小间距宜大于粗骨料最大粒径的 2 倍。浇灌前应确认导管与钢筋笼之间无接触、碰擦现象。

3）钢筋笼放入孔内后，在孔口固定，或底部配重，防止混凝土浇筑过程中上浮。

4）浇筑前应检查钢筋笼的固定情况，浇筑过程中应加强监测。

5）在浇灌混凝土过程中，随时观测混凝土面上升位置，接近钢筋笼底时，控制混凝土浇灌量及浇灌速度，控制导管埋深 2m～6m。

【规范规定】

《建筑地基基础工程施工规范》（GB 51004—2015）

6.4.10 防止钢筋笼上浮措施：

1）混凝土配制宜选用 5mm～20mm 粒径碎石，并可调整配比确保其和易性。

2）钢筋笼底部宜设置配重。
3）钢筋笼可设置导正定位器。
4）采用导管法浇筑时不宜使用法兰式接头的导管，导管埋深宜为2m～6m。

3.1.3 混凝土浇筑质量通病

3.1.3.1 拌和物性能不满足浇筑要求

1．通病描述

（1）混凝土坍落度或扩展度偏小，流动性差，和易性不良。

（2）混凝土坍落度偏大。

2．主要原因

（1）原材料选用不当，粗骨料粒径偏大。

（2）混凝土配合比不良，砂率偏低，坍落度损失大。

（3）混凝土现场坍落度比出机大。

（4）到工混凝土等待浇筑时间较长，坍落度损失大。

3．防治措施要点

（1）根据混凝土性能要求和浇筑气候情况，合理选择原材料和配合比，宜掺入缓凝剂和引气剂，掺入粉煤灰等矿物掺合料，砂率宜为42%～45%，混凝土含气量宜达到2.0%～3.0%，坍落度宜为180mm～220mm，扩展度宜为340mm～380mm；钢筋密集时宜采用自密实混凝土。

（2）粗骨料最大粒径不大于导管内径的1/6和钢筋最小间距的1/3，且不宜大于31.5mm。

（3）混凝土配合比设计时进行坍落度损失试验，选择合适的配合比组成和外加剂。

（4）混凝土装料前倒转搅拌罐，将余水倒排干净。

（5）合理控制到工混凝土数量，防止到工混凝土等待时间过长引起坍落度损失大。

3.1.3.2 混凝土浇筑过程控制不符合要求

1．通病描述

（1）首盘混凝土量不能满足导管埋深的要求。

（2）导管拔管超出混凝土面，或埋置深度偏大不能拔动，导管堵塞。

（3）充盈系数不符合设计要求。

（4）桩顶混凝土密实度差，甚至出现松散、夹泥等现象。

2．主要原因

（1）未计算首盘混凝土量，或储料斗容积小于首盘混凝土量。

（2）未根据导管埋深确定拔管高度。

（3）桩孔缩颈导致混凝土实际浇筑量小于设计用量；扩孔塌孔导致实际浇筑量大于设计用量。

（4）混凝土灌注到桩顶时，导管内混凝土压力趋小。

3．防治措施要点

（1）灌注首盘混凝土所需要的数量要通过导管内混凝土柱平衡导管外泥浆压力所需的

高度进行计算确定，导管下部底口至孔底距离宜为 0.3m~0.5m；初灌混凝土时储料斗的混凝土储料量应使导管初次埋入深度不小于 1m。灌注首批混凝土所需数量可参照《公路桥涵施工技术规范》(JTG/T 3650—2020) 计算确定。

（2）连续进行混凝土灌注，控制导管提升和拆除，保证导管埋入混凝土深度 2m~6m，每次拆除导管长度不应大于 6m，在每次拔管和拆除导管前，应测量导管内外的混凝土标高。在拔管过程中观测每米高度内混凝土用量并换算出灌注直径。桩顶灌注高度比设计高程加高 0.5m~0.8m。

（3）混凝土灌注前泥浆密度应符合要求。灌注过程中应保持孔内水头高度，控制到工混凝土质量。

（4）混凝土灌注到桩顶时，应适当增加混凝土灌注量以保持导管内混凝土压力；灌注将近结束时，应核对混凝土灌入量，确定灌注高度正确。

（5）当导管阻塞而混凝土未初凝时，可吊起一根钢管，用重物冲击导管，进行疏通；或迅速拔出导管用高压水冲通导管后下到已浇混凝土面以下 0.5m，重新下隔水球灌注，浇筑时当隔水球冲出导管后应迅速将导管继续下沉直到导管不能插入时，然后稍许提升导管继续浇筑混凝土。

（6）控制清孔后泥浆密度，二次清孔后宜在 0.5h 内浇筑混凝土，防止坍孔或缩孔。

3.1.4 灌注桩常见质量通病

3.1.4.1 断桩

1. 通病描述

桩身夹有泥浆渣土，桩身不连续。

2. 主要原因

（1）混凝土坍落度偏小，骨料粒径偏大。

（2）首盘混凝土灌注量不足，导管埋置深度小于 0.8m。

（3）混凝土中断灌注的时间过长，孔壁塌方将导管卡住，强力拔管时，泥浆混入混凝土内。

（4）导管挂住钢筋笼，提升导管时没有扶正；钢筋笼上提移位形成泥浆夹入混凝土中。

（5）导管接头不密封，或导管局部损伤，漏泥浆。

（6）混凝土灌注过程中因护筒底脚周围漏水，孔内水位降低；或在潮汐河流中，当涨潮时，孔内水位差减小，不能保持原有静水压力；由于护筒周围堆放重物或机器振动等引起坍孔，致使桩基混凝土夹泥而产生断桩。

（7）未及时提升导管，使导管堵塞，拔出导管再安装不符合要求，使桩身混凝土断裂。

（8）导管埋深过大，以及灌注时间过长，导致已灌混凝土流动性降低，混凝土与导管壁的摩擦力增大，导管在提升时连接螺栓拉断或导管破裂而产生断桩。

（9）施工人员操作失误，过量上拔导管导致导管埋深过小，或导管底口拔出混凝土面，出现拔脱提漏现象形成夹层断桩。

3. 防治措施要点

(1) 做好混凝土配合比设计，选用合适原材料，控制粗骨料粒径（见3.1.3.1），混凝土中宜掺入引气剂和缓凝剂，新拌混凝土工作性能满足浇筑要求，初凝时间满足设计要求。

(2) 计算初灌量，储料斗容积应大于初灌量。

(3) 做好混凝土浇筑前各项准备工作：

1) 应保证导管连接部位的质量，导管进行水密承压试验和接头抗拉试验，试水压力可取0.6MPa～1.0MPa。

2) 衔接好混凝土供料，并有防止供料中断的预案。

3) 护筒埋入深度应符合要求，汛期或潮汐地区水位变化过大时，应抬高护筒，增加水头；护筒周围一定范围内不应堆放重物，不应有机器振动。

4) 钢筋笼主筋接头要焊平，避免提导管时，法兰挂住钢筋笼。

(4) 做好浇筑过程质量控制：

1) 开始浇筑混凝土时，导管底部至孔底距离宜为300mm～500mm。

2) 控制导管上拔速度，及时适当提动导管，勤提勤拆导管，在提升前应准确测量混凝土面高度，计算导管埋入混凝土中长度及本次可提升高度，避免导管埋入过深，或拔出导管脱离混凝土面，确保导管埋深在2m～6m范围内。

3) 当导管接头法兰挂住钢筋笼时，如果钢筋笼埋入混凝土不深，则可提起钢筋笼，转动导管，使导管与钢筋笼脱离；或采取其他方法使导管与钢筋笼脱离。

4) 当混凝土在地下水位以上中断时，如果孔径较大，孔壁较好，可抽掉孔内积水对原混凝土进行冲毛并清洗钢筋后再继续浇筑混凝土。

5) 当混凝土在地下水位以下中断时，可用比钢筋笼稍小的钻头在原桩位上钻孔到断桩部位以下适当深度，或用冲击钻机清除断桩以下1m深度的混凝土。重新清孔，在断桩部位增加一节钢筋笼，其下部埋入新钻的孔中，然后继续浇筑混凝土。

(5) 当导管堵塞而混凝土尚未初凝时，可采用下列两种方法：

1) 用钻机起吊设备，吊起一节钢轨或其他重物冲击导管，把堵塞的混凝土冲击开。

2) 迅速提出导管，用高压水冲通导管，重新下隔水球灌注。浇筑时，当隔水球冲出导管后，应将导管继续下降，直到导管不能再插入时，然后再少许提升导管，继续浇筑混凝土。

3.1.4.2 缩颈

1. 通病描述

局部灌注桩直径小于设计值（见图3.3）。

2. 主要原因

(1) 钻头直径不符合要求。

(2) 塑性土膨胀，土层软弱，钻进速度快。

(3) 二次清孔后泥浆密度偏低。

图3.3 灌注桩缩颈情况

3. 防治措施要点

（1）按桩孔中最薄弱的土层土质配制泥浆，控制泥浆密度，提高泥浆黏度。

（2）钻前检查钻头直径。

（3）软弱土层钻孔过程中控制钻进速度，必要时可向孔中回填黏土、碎石、卵石等再钻孔。钻孔过程中出现缩孔可采用上下反复扫孔以扩大孔径。

（4）现场采用钢筋焊制的、与桩孔径相同、5倍桩径高度的圆柱钢筋笼检查孔径。

（5）宜整节制作钢筋笼吊装入孔，减少分节钢筋笼安装连接时间，缩短钻孔后浇筑混凝土时间。

3.1.4.3 桩底高程偏高、桩长偏短

1. 通病描述

桩底高程高于设计值；灌注桩桩长不符合设计要求，偏短。

2. 主要原因

（1）灌注桩成孔深度不满足设计和规范规定；钻孔时孔底高程测量错误。

（2）二次清孔后混凝土浇筑等待时间较长，孔壁坍塌，孔底沉淀厚度偏大。

3. 防治措施要点

（1）桩基施工期间，应定期检查、校核桩控制高程点，每根桩结束钻孔时应检测孔底高程。

（2）设计要求以有效桩长和进入持力层深度控制桩长时，应对持力层岩（土）层性质进行鉴别验收，可通过泥浆所含成分和颜色的变化、钻进的进尺和勘察时地质剖面图等综合鉴别判定。

（3）在二次清孔孔底沉淀厚度满足设计要求后，及时浇筑混凝土。

【规范规定】

《建筑桩基技术规范》（JGJ 94—2008）

6.2.3 成孔的控制深度应符合下列要求：

1）摩擦型桩：摩擦桩应以设计桩长控制成孔深度；端承摩擦桩应保证设计桩长及桩端进入持力层深度。

2）端承型桩：当采用钻（冲）、挖掘成孔时，应保证桩端进入持力层的设计深度。

3.1.4.4 桩顶高程偏低、混凝土质量差

1. 通病描述

桩顶高程低于设计标高，桩顶混凝土质量差。

2. 主要原因

（1）护筒四周未夯实，混凝土浇筑过程中护筒四周发生坍塌，桩顶混凝土中混入泥土。

（2）浇筑过程中混凝土浇筑量不足，桩顶标高计算错误，混凝土浇筑时的预留高度不足。

（3）灌注将近结束时，浆渣过稠，用测深锤探测难以判断浆渣或混凝土面，或由于测深锤质量偏轻，沉不到混凝土表面，发生误测。

（4）桩头超凿。

3. 防治措施要点

（1）浇筑混凝土前应检查护筒周边填土有无塌陷，如有塌陷的应进行处理。

（2）混凝土浇筑时保证预留高度，浇筑顶面应高出桩顶设计标高0.5m～1.0m；水下灌注混凝土时超灌高度不宜少于设计桩长的5%，且不应少于1.5m；当混凝土充盈系数小于1.0时，应分析是否为混凝土灌注高度不足所致。

（3）灌注将近结束时可加注清水稀释泥浆并掏出部分沉淀土，以便准确测量桩顶混凝土高程；测深锤宜加重。

（4）凿除桩头时应控制好标高，避免出现欠凿、超凿现象。

（5）灌注桩开挖后桩顶质量较差的，凿除桩顶混凝土，立模重新浇筑混凝土。

3.1.4.5 桩身保护层控制不良、露筋

1. 通病描述

桩身局部保护层偏薄、露筋。

2. 主要原因

(1) 钢筋笼与桩孔中心偏差较大，偏位严重。

(2) 保护层垫块偏少。

3. 防治措施要点

(1) 钢筋笼安装时应居于桩孔中心，钢筋笼吊点中心与桩孔中心偏差应符合要求（见3.1.2.2)。

(2) 每5m长度内垫块数量不少于1组，每组不少于3块，且应均匀分布于同一断面上。

(3) 发现桩身有露筋时，将露筋部位混凝土凿除，凿除面清理干净，立模浇筑灌浆料或细石混凝土。

3.1.4.6 桩头凿除受损伤

1. 通病描述

灌注桩桩头直接由人工采用风镐等工具凿除，桩头混凝土凿除过程中受损伤。

2. 主要原因

在未对桩头进行预先切割处理的情况下，桩头混凝土采用直接凿除法工艺。

3. 防治措施要点

(1) 灌注桩桩头混凝土"直接凿除法工艺"已被住房和城乡建设部《房屋建筑和市政基础设施工程危及生产安全施工工艺、设备和材料淘汰目录（第一批）》（2021年214号）列为限制使用技术。

(2)《关于在水利建设中做好施工工艺、设备和材料淘汰更新的通知》（苏水基函〔2023〕7号）将"直接凿除法"桩头处理工艺列入施工工艺、设备和材料淘汰目录，大型水工建筑物推荐采用"预先切割法＋机械凿除"桩头处理工艺、"环切法"整体桩头处理工艺、割刀等工具预先切割后人工凿除等施工工艺。

3.1.5 灌注桩验收不规范

1. 通病描述

未对灌注桩桩径、桩位等进行检查验收，桩身完整性和桩承载力检验不符合规范规定。

2. 主要原因

灌柱桩验收未按规范要求组织验收；项目划分未将灌注桩明确为重要隐蔽单元工程，未组织验收签证。

3. 防治措施要点

（1）施工单位按规范和招标文件技术条款的要求进行桩身完整性、承载力检验。

（2）列为重要隐蔽单元工程的灌注桩，经施工单位自评合格、监理单位抽检后，由项目法人（或委托监理单位）组织设计、施工、工程运行管理等单位成立联合小组，共同检查核定其质量等级，形成重要隐蔽单元工程质量等级签证。

【规范规定】

《水利工程施工质量检验与评定规范 第2部分：建筑工程》（DB32/T 2334.2—2013）

6.5.1 钻孔灌注桩一般以工程结构或5根～20根为1个单元工程，宜为重要隐蔽单元工程。

6.5.2 钻孔灌注桩单桩施工分为成孔、钢筋笼制作与安装、水下混凝土浇筑等3个工序，钢筋笼制作与安装、水下混凝土浇筑2个工序为主要工序。

6.5.3.5 钻孔灌注桩桩身质量检测、承载力检测按设计和规范规定进行。

《建筑与市政地基基础通用规范》（GB 55003—2021）

5.4.3 桩基工程施工验收检验，应符合下列规定：

1 施工完成后的工程桩应进行竖向承载力检验，承受水平力较大的桩应进行水平承载力检验，抗拔桩应进行抗拔承载力检验。

2 灌注桩应对孔深、桩径、桩位偏差、桩身完整性进行检验，嵌岩桩应对桩端的岩性进行检验，灌注桩混凝土强度检验的试件应在施工现场随机留取。

《建筑地基基础工程施工质量验收标准》（GB 50202—2018）

5.1.7 工程桩的桩身完整性的抽检数量不应少于总桩数的20%，且不应少于10根。

5.6.2 施工中应对成孔、钢筋笼制作与安装、水下混凝土灌注等各项质量指标进行检查验收；嵌岩桩应对桩端的岩性和入岩深度进行检验。

5.8.2 施工中应对桩位、桩长、垂直度、钢筋笼顶标高等进行检查。

3.2 沉 入 桩

3.2.1 预制桩质量检验不符合要求

1. 通病描述

（1）方桩、管桩等预制桩出厂前未组织验收，或验收时未形成检验记录；进场后未组织到工交货验收。

（2）预制桩的质量、标识不符合设计和规范规定。

2. 主要原因

（1）未按规范要求进行预制桩质量检查验收。

(2) 项目法人未委托第三方进行预制桩质量检验。

3. 防治措施要点

(1) 预制桩生产过程中应进行工序质量检验，包括模板尺寸、钢筋规格、数量、保护层厚度等，并形成检验记录。

(2) 预制桩出厂前应进行出厂检验；除施工自检外，项目法人委托第三方检测机构对外观质量、尺寸偏差、混凝土强度、主要钢筋规格、数量、保护层厚度等进行检测；产品经检验合格后方可出厂。

(3) 预制桩出厂前项目法人或委托监理单位组织出厂验收，检查预制单位提供的产品合格证书、混凝土强度检验报告等出厂质量合格证明文件，有效期内的型式检验报告，以及生产过程质量验收记录、第三方检测报告。出厂验收应形成记录。

(4) 对进场时不做结构性能检验的预制桩，应采取下列措施：

1) 施工单位或监理单位代表应驻厂监督预制过程，或重要工序隐蔽前组织检查验收。

2) 未开展驻厂监督时，预制桩进场时应对钢筋配置（牌号、规格、数量、位置、主筋间距、箍筋间距）、箍筋弯钩的弯折角度与平直段长度以及混凝土强度等进行实体检验。检验数量：同一类型预制桩不超过1000根为一批，每批随机抽取1根进行破坏性试验，检验钢筋的规格、数量、制作与安装质量，随机抽取10根～20根检测混凝土的强度、钢筋保护层厚度。

(5) 进场预制桩应有标识。

3.2.2 桩位偏差

1. 通病描述

沉入桩桩位偏差不满足《水利工程施工质量检验与评定规范 第2部分：建筑工程》（DB32/T 2334.2—2013）的规定。

2. 主要原因

(1) 桩位放样不准，沉桩前未进行桩位校核。施工中桩位标志丢失或挤压偏离，施工人员未进行复核、随意定位。

(2) 沉桩工艺不良，如桩身倾斜造成桩位出现较大的偏差。

(3) 桩数较多，土层饱和密实，桩间距较小，在沉桩时挤土效应使桩位发生偏差。

(4) 在软土地基施工较密集的群桩时，沉桩引起的孔隙压力把相邻的桩推向一侧或涌起。

(5) 对于摩擦桩，桩尖落在软弱土层中，或遇到不密实的回填土（枯井、洞穴等），在锤击振动影响下使桩顶下沉、偏位。

3. 防治措施要点

(1) 按设计图纸放好桩位，做好明显标志；沉桩前校核桩位。

(2) 合理确定打桩顺序及进度，避免挤土效应使桩位发生偏差；必要时进行预钻孔辅助沉桩，也可设防挤沟、应力释放孔以减少土的挤密及孔隙水压力的上升。

(3) 沉桩期间不应同时进行开挖基坑，需待沉桩完毕后相隔适当时间方可开挖，相隔时间应视具体地质条件、基坑开挖深度、面积、桩的密集程度及孔隙压力消散情况等确定，不宜少于 14d。

3.2.3 桩身倾斜

1. 通病描述

桩身垂直度偏差大于规范规定值。

2. 主要原因

（1）预制桩质量差，其中桩顶倾斜和桩尖位置不正或变形，最易造成桩倾斜。

（2）桩机安装不正，桩架与地面不垂直。

（3）稳桩时桩不垂直，桩锤、桩帽、桩身的中心线不重合，产生锤击偏心。

（4）桩端遇块石或坚硬的土层。

（5）桩距过小，打桩顺序不当而产生强烈的挤土效应。

3. 防治措施要点

（1）加强预制桩质量控制，桩尖外形尺寸符合设计要求。

（2）场地要平整。如场地不平，在打桩机行走轮下加垫板等物，使打桩机底盘保持水平。

（3）沉桩时控制桩的垂直度，桩锤、桩帽、桩身的中心线在同一直线上。

（4）遇坚硬土层，可先引孔再沉桩。

（5）合理确定打桩顺序，避免或减少挤土效应。

3.2.4 桩接头松脱开裂

1. 通病描述

桩分段预制，分段沉入，各段之间常用钢制焊接连接件做桩接头。接头经过锤击后，出现松脱开裂等现象。

2. 主要原因

（1）上、下节桩中心线不重合。上下桩对接时，未做严格的双向校正，两桩顶间存在缝隙。锤击时接桩处局部产生集中应力而破坏连接。

（2）连接处的表面没有清理干净，留有杂质、雨水和油污等。

（3）桩接头焊缝尺寸不符合要求，焊缝不连续、不饱满，焊缝中央有焊渣等杂物。焊接后冷却时间偏短。

（4）采用硫磺胶泥接桩时，硫磺胶泥配合比不合适，没有严格按操作规程熬制，以及温度控制不当等，造成硫磺胶泥达不到设计强度，在锤击作用下产生开裂。

3. 防治措施要点

（1）上下节桩中心重合，接点弯曲矢高应不大于单节桩长的 0.1%。检查校正垂直度后，两桩间的缝隙应用薄铁片垫实，必要时要焊牢。

（2）接桩前，对连接部位上的杂质、油污等应清理干净，保证连接部件清洁。

（3）焊接应双机对称焊，一气呵成。加强接桩焊接质量检查；焊毕停歇时间不少于 8min，以免焊接处变形过多。接桩时，两节桩应在同一轴线上，法兰或焊接预埋件应平整服贴，焊接或螺栓拧紧后，锤击几下再检查一遍，看有无开焊、螺栓松脱、开裂等现象，如有应立即采取补救措施，如补焊、重新拧紧螺栓并把丝扣凿毛或用电焊焊死。

（4）采用硫磺胶泥接桩法时，应严格按照操作规程操作，特别是配合比应经过试验，熬制及接桩作业时的温度应控制好，保证硫磺胶泥达到设计强度。

3.2.5 桩身断裂

1. 通病描述

桩身完整性检测为缺陷桩，桩身断裂。

2. 主要原因

（1）沉桩过程中在反复的集中荷载作用下，桩身受到较大的弯曲应力，当桩身不能承受抗弯强度时，即产生断裂。桩身产生弯曲的主要原因有：

1）一节桩的细长比过大；沉桩过程中，桩尖土软硬不均匀，或遇到坚硬土层，把桩尖挤向一侧。

2）桩制作时，桩身弯曲超过规定，桩尖偏离桩的纵轴线较大，沉入时桩身发生倾斜或弯曲。

3）稳桩时不垂直，打入地下一定深度后，再用移动桩架的方法校正，使桩身产生弯曲。

4）两节桩或多节桩施工时，相接的两节桩不在同一轴线上，产生了曲折，或接桩方法不当（一般多为焊接，个别地区使用硫磺胶泥法接桩）。

（2）桩在反复长时间打击中，桩身受到拉、压应力，当拉应力值大于混凝土抗拉强度时，桩身某处即产生横向裂缝；如拉应力过大，混凝土发生破碎，桩即断裂。

（3）桩身局部强度不够，或桩身混凝土强度等级未达到设计强度即进行运输与施打；桩在堆放、起吊、运输过程中，产生裂纹或断裂。

（4）锤击能量过大，偏心击打，桩受锤击产生的（竖向、环向）应力超过设计桩型的极限应力，或桩身在贯入过程中出现回弹现象。

（5）地下有障碍物。

3. 防治措施要点

（1）单节桩的细长比不宜过大，一般不宜超过30，单节桩长度不宜超过15m。

（2）按批次核验出厂合格证、试验报告，进场或出厂验收前检查桩身质量，混凝土强度应满足设计要求。桩身弯曲超过规定，或桩尖不在桩纵轴线上时，不宜使用；混凝土强度达到设计强度的70%以上方可起吊，达到100%方可运输和施打。

（3）预制桩按要求进行堆放，禁止堆放过高，运输吊装过程中防止桩身断裂。

（4）检查桩帽、桩垫、锤垫是否平整，不平整时应及时处理。

（5）遇有地质比较复杂的工程，应适当加密地质探孔；施工前应将旧墙基、条石、大块混凝土等地下障碍物清理干净，必要时可对每个桩位实施钎探；地面承载力需满足桩基施工要求。

（6）在初沉桩过程中采用2台以上经纬仪观测，如发现桩不垂直应及时纠正，如有可能，应把桩拔出，清理完障碍物并回填素土后重新沉桩。桩打入一定深度发生严重倾斜时，不宜采用移动桩架来校正。接桩时要保证上下两节桩在同一轴线上，接头处严格按照设计及操作要求执行。

(7) 当桩已达到终桩条件，但未达到设计深度时，应研究处理办法。

(8) 出现断桩时，应会同设计人员研究处理办法。根据工程地质条件、荷载及桩所处的结构部位，可以采取补桩处理；补1根桩时可在轴线内、外补桩，补2根桩时可在断桩两侧补桩。

3.2.6 桩顶碎裂

1. 通病描述

锤击桩沉桩过程中，桩顶出现混凝土掉角、碎裂，桩顶钢筋外露。

2. 主要原因

(1) 设计时，没有考虑到工程地质条件、施工机具等因素，混凝土设计强度等级偏低，或者桩顶抵抗冲击的钢筋网片不足，或者混凝土中粗骨料粒径偏大，桩顶混凝土不密实。

(2) 养护时间短或养护措施不当，桩顶混凝土未达到设计强度。钢筋与混凝土在承受冲击荷载时，不能很好地协同工作，桩顶容易发生碎裂。

(3) 桩顶面不平，顶面与桩轴线不垂直，桩顶保护层偏厚。

(4) 施工机具选择或使用不当。打桩时原则上要求锤重大于桩重，但须根据桩断面、单桩承载力和工程地质条件来考虑。桩锤小，桩顶受打击次数过多，桩顶混凝土容易产生疲劳破坏而打碎。桩锤大，桩顶混凝土承受不了过大的冲击力也会发生破碎。

(5) 桩顶与桩帽的接触面不平，替打木表面倾斜，桩沉入土时桩身不垂直，使桩顶面倾斜，造成桩顶局部受集中应力而破损。

(6) 沉桩时，桩顶未加缓冲垫或缓冲垫损坏后未及时更换，使桩顶直接承受冲击荷载。

(7) 设计要求进入持力层深度过多，施工机械或桩身强度不能满足设计要求。

3. 防治措施要点

(1) 桩制作时，要振捣密实，主筋不应超过第一层钢筋网片；提高桩预制质量，做到顶面平整，顶面与桩轴线垂直。

(2) 加强桩混凝土养护。管桩经过蒸养后还宜有28d的自然养护，使混凝土能较充分地完成硬化过程，以增加桩顶抗冲击能力。施工前桩身强度应达到设计强度。

(3) 根据工程地质条件、施工机械能力及桩身混凝土耐冲击的能力，通过沉桩工艺试验合理确定施工控制标准。

(4) 应根据工程地质条件、桩断面尺寸及形状，合理选择施工机械、桩锤。

(5) 沉桩前应对桩质量进行检查，尤其需要检查桩顶表面平整度、有无凹凸情况，桩顶平面是否垂直于桩轴线，桩尖是否偏斜。对不符合设计和规范要求的预制桩不宜使用，或经过处理后再使用。

(6) 安装好桩帽和替打木，检查桩帽与桩的接触面处及替打木是否平整，如不平整应进行处理后方能施工。

(7) 沉桩时稳桩要垂直；桩顶应加草帘、纸袋、胶皮等缓冲垫，桩垫失效应更换。

(8) 桩顶有破碎现象应及时停止沉桩，更换并加厚桩垫。如有较严重的桩顶破裂，可把桩顶剔平补强，再重新沉桩。

（9）如因桩顶强度不够或桩锤选择不当，应换用养护时间较长的"老桩"或更换合适的桩锤。

（10）沉桩完成后，将破损部位桩头凿除，补浇混凝土。

3.2.7 沉桩达不到终桩条件

1. 通病描述

（1）锤击桩、静压桩沉桩达不到终桩条件。

（2）沉入深度达不到设计要求。

2. 主要原因

（1）勘探点不够或勘探资料粗略，对工程地质情况不明，尤其是持力层的起伏标高不明，致使设计考虑持力层或选择桩尖标高有误。勘探工作深度不够，对局部硬夹层或软夹层不能全部了解清楚。

（2）群桩布桩过密互相挤实，选择施打顺序又不合理。

（3）桩锤选择偏小，使桩沉不到要求的控制标高。

（4）桩顶打碎或桩身打断，致使桩不能继续打入。

（5）因土质变化、遇障碍物，沉桩达不到终桩条件。

3. 防治措施要点

（1）详细探明工程地质情况，必要时应作补勘；正确选择持力层或标高，根据工程地质条件、桩断面及自重，合理选择施工机械、施工方法及行车路线。

（2）正式施打前，应进行工艺性试桩，以校核勘探与设计的合理性，桩承载力是否满足设计要求，并确定终桩条件。

（3）选择合理的打桩顺序，特别是群桩基础，如若先打中间桩，后打四周桩，则桩会被抬起；相反，若先打四周桩，后打中间桩，中间桩可能很难打入。因此，宜选用"之"字形打桩顺序，或从中间分开往两侧对称施打的顺序。沉桩顺序应在施工组织设计或施工方案中确定，当打桩可能影响临近构建筑物时，应采取减少振动或挤土影响的措施。可参照《建筑地基基础工程施工规范》（GB 51004—2015）第5.5.16条的规定。

（4）遇有硬夹层时，可采用植桩法、射水法成孔，但应保证桩尖至少进入未扰动土6倍桩径。

（5）选择桩锤应以重锤低击的原则，这样容易贯入，可减少对桩头的损伤。桩如打不下去，可更换能量大一些的桩锤打击，并加厚缓冲垫层。

（6）沉桩过程中应严格控制压力值（电流值、锤击数）来确保进入持力层和进入入力层的深度。

（7）当采用引孔沉桩工艺时，预钻孔孔径可比桩径（或方桩对角线）小50mm～100mm，深度可根据桩距和土的密实度、渗透性确定，宜为桩长的1/3～1/2，或根据有关规范确定。施工时应随钻随打，桩架宜具备钻孔锤击双重性能。

【规范规定】

《建筑桩基技术规范》（JGJ 94—2008）

7.5.9 终压条件应符合下列规定：

1 应根据现场试压桩的试验结果确定终压标准。

2 终压连续复压次数应根据桩长及地质条件等因素确定。对于入土深度大于或等于8m的桩，复压次数可为2次～3次；对于入土深度小于8m的桩，复压次数可为3次～5次。

3 稳压压桩力不应小于终压力，稳定压桩的时间宜为5s～10s。

《建筑地基基础工程施工规范》（GB 51004—2015）

5.5.24 锤击桩终止沉桩的控制标准应符合下列规定：

1 终止沉桩应以桩端标高控制为主，贯入度控制为辅，当桩端达到坚硬、硬塑的黏性土，中密以上粉土、砂土、碎石类土及风化岩时，可以贯入度控制为主，桩端标高控制为辅。

2 贯入度已达到设计要求而桩端标高未达到时，应继续锤击3阵，按每阵10击的贯入度不大于设计规定的数值予以确认，必要时施工控制贯入度应通过试验与设计协商确定。

5.5.25 静压桩终压的控制标准应符合下列规定：

1 静压桩应以标高为主，压力为辅。

2 静压桩终压标准可结合现场试验结果确定。

3 终压连续复压次数应根据桩长及地质条件等因素确定，对于入土深度大于或等于8m的桩，复压次数可为2次～3次，对于入土深度小于8m的桩，复压次数可为3次～5次。

4 稳压压桩力不应小于终压力，稳定压桩的时间宜为5s～10s。

《预应力混凝土管桩技术标准》（JGJ/T 406—2017）

8.1.12 沉桩的控制深度应根据地质条件、贯入度、压桩力、设计桩长、标高等因素综合确定。当桩端持力层为黏性土时，应以标高控制为主，贯入度、压桩力控制为辅；当桩端持力层为密实砂性土时，应以贯入度、压桩力控制为主，标高控制为辅。

8.1.13 采用引孔辅助沉桩法时，引孔的直径、孔深及数量应符合下列规定：

1 引孔直径不宜超过桩直径的2/3，深度不宜超过桩长的2/3，并应采取防塌孔的措施。

2 引孔宜采用长螺旋钻机引孔，垂直偏差不宜大于0.5%，钻孔中有积水时，宜用开口型桩尖。

3 引孔作业和沉桩作业应连续进行，间隔时间不宜大于12h。

4 采用引孔辅助沉桩法的终压（锤）标准应根据相应的沉桩工艺，依据本标准第8.4节、第8.5节的有关规定执行。

3.3 水泥土搅拌桩

3.3.1 配合比设计不符合要求

1. 通病描述

（1）配合比设计试验用土不具代表性。

（2）仅仅根据设计文件提出的水泥掺入量进行试验。

（3）试验龄期偏短，仅仅根据7d强度进行水泥土搅拌桩施工。

2. 主要原因

（1）未取最软弱层土样进行水泥土配合比试验。

（2）一般水泥土强度设计龄期为90d，由于工期紧张，人为缩短水泥土试件试验龄期。

3. 防治措施要点

（1）配合比设计试验用土应具有代表性，应取加固土体中最软弱的土层进行室内配合比试验。

（2）根据设计水泥掺入量进行7d、14d、28d和90d强度试验，得出强度发展规律。受工期等因素的影响，初定配合比时可取14d、28d水泥土强度。在其他条件相同时，不同龄期水泥土无侧限抗压强度间关系大致呈线性关系，可根据《建筑地基处理技术规范》（JGJ 79—2012）给出的经验关系式［见式（3.1）～式（3.5）］推算水泥土90d强度：

$$f_{cu7} = (0.47 \sim 0.63) f_{cu28} \tag{3.1}$$

$$f_{cu14} = (0.62 \sim 0.80) f_{cu28} \tag{3.2}$$

$$f_{cu60} = (1.15 \sim 1.46) f_{cu28} \tag{3.3}$$

$$f_{cu90} = (1.43 \sim 1.80) f_{cu28} \tag{3.4}$$

$$f_{cu90} = (1.73 \sim 2.82) f_{cu14} \tag{3.5}$$

式中：f_{cu7}、f_{cu14}、f_{cu28}、f_{cu60}、f_{cu90}分别为水泥土7d、14d、28d、60d和90d的无侧限抗压强度，MPa。

3.3.2 未进行工艺性试桩

1. 通病描述

未进行水泥土搅拌桩施工工艺性试验。

2. 主要原因

（1）按经验进行水泥土搅拌桩施工，套用其他工程的成桩工艺。

（2）对试桩目的和意义未弄清楚。

3. 防治措施要点

（1）施工单位编制水泥土搅拌桩试桩方案，进行成桩工艺试验，数量不应少于3根。

（2）根据试桩进一步完善施工方案，选择合适的机型，并确定水灰比、水泥掺量、钻进和提升速度、单桩输浆量、过程输浆量比例等施工技术参数。

（3）开挖检查桩身质量均匀性、桩身水泥土强度。

（4）检验单桩承载力和复合地基承载力应符合设计要求。

【规范规定】

《水利工程施工质量检验与评定规范 第2部分：建筑工程》（DB32/T 2334.2—2013）

6.3.3 基本要求：

6.3.3.1 施工前应进行成桩工艺试验，验证并确定掺入比、掺入量等施工技术参数。

6.3.3.2 水泥的掺入量及浆液水灰比符合设计和工艺试验要求。

《水闸施工规范》（SL 27—2014）

工艺试桩目的：

1) 提供满足设计固化剂掺入量的水泥浆配比、提升速度。
2) 验证搅拌均匀程度及成桩直径。
3) 掌握钻进及提升的阻力。

3.3.3 水泥浆质量不满足要求

1. 通病描述

(1) 水泥浆的水灰比不满足施工配合比的要求。
(2) 水泥浆密度不满足配制要求。
(3) 浆液停滞时间过长，水泥已开始水化，浆液离析。

2. 主要原因

(1) 水泥用量不足，用水量大。
(2) 未按检测频率要求进行浆液密度测试。
(3) 因故停机，浆液没有用完，浆液停留时间长。

3. 防治措施要点

(1) 水泥掺入量、浆液水灰比应符合设计和工艺试验要求，按配合比的用量，计量后用灰浆搅拌机拌制，搅拌时间不应少于 3min。

(2) 拌制好的浆液在带搅拌叶的贮浆池中备用，贮浆池的容量应大于一根桩的水泥浆用量，并确保浆液不沉淀。制备好的浆液不应离析，停置时间不应过长。

(3) 每根桩施工过程中采用泥浆密度仪测试泥浆密度，允许偏差不应大于 0.02g/cm^3。

3.3.4 施工过程质量控制不规范

1. 通病描述

(1) 单根水泥搅拌桩输浆量不满足设计和工艺性试验结果的要求。
(2) 水泥搅拌桩"四搅两喷"施工过程质量控制不符合规范和工艺性试验结果要求。
(3) 注浆作业时喷浆突然中断。

2. 主要原因

(1) 输浆量不满足要求的原因有：机械故障；在喷射过程中钻头提升速度过快；机械操作人员失误，在浆液还没有进行喷射时就提升了钻头；浆液中含有块状体，致使喷口变小，喷射不畅；浆液密度偏低；施工人员人为偷工减料。

(2) 未按施工规范和施工方案进行搅拌桩施工质量控制。

(3) 喷浆作业突然中断主要原因有：注浆泵损坏；喷浆口被堵塞；管路中有硬结块及杂物；水泥浆停置时间偏长，发生离析。

3. 防治措施要点

(1) 每个工作班开工前认真检查设备，特别是检查空压机运行状况，输气管道的密封情况，喷嘴进行清理。

(2) 单根桩输浆量应满足要求。计算单桩水泥用量和水泥浆量，核查每个工作班水泥用量和水泥浆量，均应满足要求。桩机安装搅拌桩监测仪、流量计，反映全桩各段长度上的输浆量。

桩机搅拌桩记录仪应有国家计量部门的检定认证证书，不应采用由施工单位自制的记录仪。这是由于搅拌机械通常采用定量泵输送水泥浆，转速又是恒定的，灌入桩土中的水泥量完全取决于搅拌机的提升速度和复搅次数，施工过程中不应随意变更，并应保证水泥浆能定量不间断供应。因此，应采用自动记录仪降低人为干扰施工质量。

（3）在操作过程中，随时记录压力、喷入量、提升速度等有关资料，随时进行检查分析，发现喷入量不足时，立即进行下沉复喷。

（4）检查浆液密度等指标，不允许使用过期、受潮变质的水泥。

（5）搅拌桩"四搅二喷"过程控制应符合规范及工艺性试桩成果要求。

（6）为防止喷浆过程突然中断，主要防治措施要点有：

1）施工前对搅拌机械、制浆设备、注浆设备等进行检查维修、试运转，使其处于正常状态。

2）喷浆口采用逆止阀（单向球阀），不应倒灌。

3）注浆应连续进行，不应中断。高压胶管搅拌机输浆管与灰浆泵应连接可靠。

4）泵与输浆管路用完后要清洗干净，并在集浆池上部设细筛过滤，防止杂物及硬块进入管路，造成堵塞。

【规范规定】

《建筑地基基础工程施工规范》（GB 51004—2015）

4.10.3 三轴水泥土搅拌法施工应符合下列规定：施工深度大于30m的搅拌桩宜采用接杆工艺，大于30m的机架应有稳定性措施，导向架垂直度偏差不应大于1/250。

4.10.4 水泥土搅拌桩基施工时，停浆面应高于桩顶设计标高300mm～500mm。开挖基坑时，应将搅拌桩顶端浮浆桩段用人工挖除。

《建筑基坑支护技术规程》（JGJ 120—2012）

4.11.1 施工前应检查水泥及外掺剂的质量、桩位、搅拌机工作性能，并应对各种计量设备进行检定或校准。

4.11.2 施工中应检查机头提升速度、水泥浆或水泥注入量、搅拌桩的长度及标高。

4.11.3 施工结束后，应检验桩体的强度和直径，以及单桩与复合地基的承载力。

3.3.5 抱钻、冒浆

1. 通病描述

搅拌桩施工中有抱钻或出现冒浆现象。

2. 主要原因

（1）工艺性试桩试验确定的施工工艺不适当。

（2）由于加固土层中含黏土层，其土体颗粒之间黏结力强，不易拌和均匀，搅拌过程中易产生抱钻现象。

（3）加固土层砂土层较厚，土体颗粒较大，施工过程中，砂粒快速沉淀引起钻杆、钻头摩阻力增加、电流增大，引起跳闸、抱钻、埋钻现象。

(4) 有些土层虽不是黏土,也容易搅拌均匀,但由于其上覆盖层压力较大,持浆能力差,易出现冒浆现象。

3. 防治措施要点

(1) 通过工艺性试桩选择合适的施工工艺,如遇较硬土层及较密实的粉质黏土,可采用"输水搅动—输浆拌和—搅拌"施工工艺,或输浆搅动下沉工艺。

(2) 搅拌机沉入前,桩位处要注水,使搅拌头表面湿润。地表为软黏土时,还可掺加适量砂子,改变土中黏度,防止土抱搅拌头。

(3) 在搅拌、输浆、拌和过程中,要随时记录孔口所出现的各种现象(如硬层情况、注水深度、冒水、冒浆情况及外出土量等)。

(4) 由于在输浆过程中土体持浆能力的影响出现冒浆,使实际输浆量小于设计量,这时应采用"输水搅动—输浆拌和—搅拌"工艺,并适当提高搅拌速度,控制钻进速度,可使拌和均匀,减小冒浆。

3.3.6 桩位偏差大

1. 通病描述

水泥土搅拌桩实测桩中心坐标与设计值偏差超出允许偏差范围50mm。

2. 主要原因

(1) 施工放样不准确;施工过程中未对每根桩进行桩位校核。

(2) 桩机垂直度偏差大。

3. 防治措施要点

(1) 施工所测放的轴线经复核后应妥善保护,桩位放样与设计图偏差不应大于50mm。施工过程中对每根桩位进行校核,保证桩机定位准确。

(2) 控制主机导向架的垂直度,垂直度偏差不应大于1.0%。

3.3.7 桩径偏差大

1. 通病描述

水泥土搅拌桩桩径不符合设计要求,正偏差或负偏差大于桩径的0.04倍。

2. 主要原因

水泥土搅拌桩的搅拌叶片磨损,直径不符合要求。

3. 防治措施要点

每工作班应检查搅拌头叶片长度,要求搅拌叶片磨损量不大于10mm,磨损大时需进行修补。

3.3.8 桩底与桩顶高程偏差大

1. 通病描述

(1) 桩底高程不满足设计要求,偏差大于±200mm。

(2) 桩顶高程不满足设计要求,偏差超出-50mm或+100mm的控制要求。

2. 主要原因

(1) 桩顶和桩底高程控制不严；桩顶预留高度不足。

(2) 喷浆量未到达设计桩底高程。

3. 防治措施要点

(1) 每班校核控制高程。

(2) 每根桩均应用水准仪测量桩顶高程，预留高度30cm～50cm。

(3) 喷浆搅拌下沉到设计深度后应在桩底部喷浆停留不少于30s，使桩底部浆液均匀。

(4) 每根桩均应测量钻杆入土深度，桩机操作人员应认真记录每根桩的入土深度。

3.3.9 桩身强度不合格、均匀性差

1. 通病描述

桩身水泥土强度未达到设计要求，局部钻取的芯样不成型，取芯率低，甚至没有强度（见图 3.4）。

2. 主要原因

(1) 加固地基土层含有泥炭土、有机质土、塑性指数 I_p 大于 25 的黏土、地下水具有腐蚀性的土、地下障碍物多的杂填土、欠固结的淤泥和淤泥质土，上述土质影响水泥凝结硬化，固结体不成形，水泥土不能形成固结强度，或固结强度较低。

(2) 浆液配制质量不符合要求，密度偏低，浆液浓度不匀。

(3) 未采用电子流量计监控供浆的均匀性。喷浆过程中，出现浆液已经没有或浆液输送管道

图 3.4 某工程取出的水泥土搅拌桩芯样

堵塞、喷头堵塞没有及时发现而继续施工。输入浆液的管道有轻微的堵塞，造成气压不稳定，从而使得浆液的流量不稳，时高时低，从而强度不均匀。

(4) 搅拌轴（头）下沉和提升速度快，不符合工艺性试桩成果中速度控制要求；提升速度不均匀，注入的水泥浆偏多或偏少，水泥土体强度波动性大。

(5) 搅拌机械、注浆机械中途发生故障，造成注浆不连续，无水泥浆注入或注入的水泥浆过多。

(6) 由于地基土层各层的密度不同，虽然钻头的钻进速度和提升速度均衡，但是浆液的喷入量却不同。

(7) 由于地基表面覆盖压力小，在拌和时土体上拱，不易拌和均匀，造成桩顶强度低。

3. 防治措施要点

(1) 水泥固化剂一般适用于正常固结的淤泥与淤泥质土、黏性土、粉土、素填土（包括冲填土）、饱和黄土、粉砂、中粗砂、砂砾以及无流动地下水的饱和松散沙土等地基加固。水泥固结剂对于含有伊利石、氯化物和水铝石等矿物的黏性土、有机质含量高、pH值较低的酸性土加固效果较差；泥炭土、有机质含量大于 5%、pH 值小于 4 的酸性土中

水泥有可能不凝固或后期发生崩解；塑性指数 I_p 大于 25 的黏土容易在搅拌头叶片上形成泥团，无法完成水泥土的均匀拌和；当地基土的含水率小于 30% 时，由于不能保证水泥充分水化，不宜采用干法施工。因此，工程勘测阶段，应对拟建场地地基土情况进行试验，查明地基土层的有机质含量、pH 值、塑性指数、软土分布、土体含水率等。当加固地基土层含有泥炭土、有机质土、pH 值小于 4 的酸性土、塑性指数 I_p 大于 25 的黏土、地下水具有腐蚀性，应通过室内和现场试验确定其适用性。

施工过程中发现加固土体含有泥炭土、有机质土、塑性指数 I_p 大于 25 的黏土、地下水具有腐蚀性，以及影响固结剂固化的土质，应停止水泥土搅拌桩施工，研究处理方案。

当土体中含有硬塑、坚硬性的黏性土，含有孤石以及大块建筑垃圾的土层，不应使用水泥土搅拌桩。

（2）当地下水中含有大量硫酸盐时，因硫酸盐与水泥发生反应时，对水泥土具有结晶性侵蚀，会出现开裂、崩解而丧失强度。因此，宜使用抗硫酸盐水泥，或普通硅酸盐水泥中掺入粉煤灰等矿物掺合料。

（3）配合比试验时取加固土体最软弱土层的土样，取样应有代表性，按《水泥土配合比设计规程》（JGJ/T 233—2011）的规定进行配合比试验。需要注意的是现场搅拌桩体水泥土的强度一般不能达到同龄期室内标准养护水泥土试块强度，有时只有 2/3 左右，因此在选用试桩配合比时应考虑这个因素。根据土层情况，浆体中可以适当掺入粉煤灰、矿渣粉、减水剂，改善浆液性能；对于影响水泥凝结硬化的土层选用合适的原材料和配合比，并适当增加搅拌次数。

（4）施工前应进行成桩工艺性试验以确定合理的施工工艺参数，并检验桩身水泥土固结情况、桩身强度、复合地基承载力等。

（5）严格控制原材料的质量和浆液配制质量，加强浆液密度检测，按施工配合比配制浆液，不应任意加水，以防改变水灰比影响水泥搅拌桩体强度。

（6）施工前地基表层局部存在的泥碳土、有机质土、暗塘（浜）先进行挖除换土，对松散填土区宜采取压实处理措施。

（7）开始施工前，对施工机械进行详细的检查，不得使用带病机械进行作业，保持制浆设备、注浆设备、水泥土搅拌桩机等施工机械完好性，检查管道、喷头是否堵塞。计量器具应经计量部门标定合格。

（8）详细掌握需要处理的软土层各层密度情况，控制好不同密度层次的浆液的喷入量，不宜笼统地控制匀速提升钻头。

（9）将桩顶标高 1m 内作为加强段，增加一次复搅和注浆量；施工时桩顶控制高程，应考虑比设计桩顶高程超高 0.5m（需凿除部分），以加强桩顶强度。

（10）严格执行"四搅二喷"工艺。重复搅拌下沉及提升各一次，以反复搅拌法解决钻进速度快与搅拌速度慢的矛盾，即采用一次喷浆二次补浆或重复搅拌的施工工艺。

施工中保证供浆的连续性，控制水灰比、喷浆压力（0.4MPa～0.6MPa）、喷浆提升速度（0.3m/min～0.5m/min）和每米每次的喷浆量，并专人记录；因故停浆时，应将搅拌头下沉至停浆面以下 0.5m 处，再提升喷浆。软土层中有黏土层时，在钻进和提升钻头时，严格控制速度，逐步缓慢提升，保证将黏土搅碎并拌和均匀。

（11）采用电子流量计监控供浆的均匀性。在喷入过程中，仔细观察和记录气压、喷入量、搅拌时间、提升速度等情况，有问题及时复喷。

【规范规定】

《建筑地基基础工程施工规范》（GB 51004—2015）

4.10.4 水泥土搅拌桩基施工时，停浆面应高于桩顶设计标高 300mm～500mm。开挖基坑时，应将搅拌桩顶端浮浆桩段用人工挖除。

3.4 高压旋喷桩

3.4.1 桩身强度低、均匀性差、桩间结合不密实

1. 通病描述

成桩直径不一致，桩身强度低、均匀性差，局部不密实。

2. 主要原因

(1) 使用的水泥实际强度低，用量不足；浆液搅拌不均匀。
(2) 施工机具和方法没有根据地质条件选择。
(3) 旋喷设备出现管路堵塞、串浆、漏浆、卡钻等故障而中断施工。
(4) 旋喷的水泥浆与切割的土体混合不充分、不均匀。
(5) 穿过硬质土层时产生缩径。

3. 防治措施要点

(1) 选用强度符合要求的水泥；浆液拌制均匀；水泥用量符合要求；浆液密度符合要求。
(2) 根据设计要求和地质条件选择旋喷方法和机具。
(3) 施工前应做压水、压浆和压气检验，检查各部件的密封性和高压泵钻机的运转情况，保证旋喷作业连续。
(4) 每一孔的高压喷射注浆完成后，应及时清洗灌浆泵和输浆管路，防止清洗不及时、不彻底浆液在输浆管路中沉淀结块，堵塞输浆管路和喷嘴，影响下一孔的施工。
(5) 必要时可适当调整桩间距。

3.4.2 漏喷

1. 通病描述

未根据地质条件选择旋喷参数，局部无水泥浆，或浆液数量不足。

2. 主要原因

(1) 勘测深度不够，没有详细的地质资料，施工前未做补充探测。
(2) 未进行工艺试验，或未根据试验结果确定旋喷速度、提升速度、喷射压力和喷射浆量。
(3) 管路或喷嘴堵塞。

3. 防治措施要点

(1) 施工前应进行补充探测,详细了解加固土层的地质条件。

(2) 施工前应进行工艺性试验,按试验结果确定旋喷参数,施工过程中可根据实际情况调整旋喷速度、拉升速度、喷射压力和喷射浆量。

(3) 每次喷射前后,对喷管、管路和机械设备进行检查;发生堵塞的应及时疏通;喷射过程中发生堵塞的,应拔出喷管、折卸喷管或喷嘴,进行清洗或更换。

(4) 必要时进行风管、水管和浆管压力调整,使三者相匹配。

(5) 加强过程检查和控制,各项高喷参数满足设计和工艺性试验成果的要求。

3.5 沉　　井

3.5.1 沉井偏斜

1. 通病描述

沉井筒体偏斜超过设计允许偏差值。

2. 主要原因

(1) 沉井制作场地土质不良,未进行地基处理。

(2) 未对称均匀抽除承垫木,抽除后又未及时回填夯实,致使沉井制作和初沉阶段出现偏斜。

(3) 刃脚与井壁施工质量差,刃脚不平、不垂直,刃脚和井壁中心线不垂直,刃脚失去导向的功能。

(4) 开挖面偏挖;局部超挖过深;沉井正面阻力不均匀、不对称;下沉中途停沉或突沉。

(5) 沉井壁后减阻措施局部失效,侧向摩阻力不对称。

(6) 采用不排水下沉沉井时,沉井内补水不及时,中途盲目排水迫沉。

(7) 下沉过程中,未及时采取防偏、纠偏措施。

3. 防治措施要点

(1) 沉井的制作场地应预先清理平整夯(压)实;对土质不良或软硬不匀的场地,应采取换填等加固措施。

(2) 抽除承垫木应依次、对称、分区、同步地进行;垫木抽出后,刃脚下应立即用砂或砂砾填实;定位支点处的垫木,应最后同时抽除。

(3) 刃脚和井壁施工质量应符合设计要求。

(4) 按合理顺序挖土,使沉井正面阻力均匀和对称。

(5) 沉井壁后的环形空间应充填减阻介质,如壁后充填浆、施放压缩空气、充填卵石或砂等。

(6) 不排水下沉沉井时井内水位不应低于井外水位,挖除流动性土时,应使井内水位高出井外水位1m以上,否则,应向沉井内及时灌水。

(7) 下沉过程中,应根据沉降和水平位移测量资料及时纠偏;初沉和终沉阶段应增加观测次数，必要时连续观测。

注：3.5.1～3.5.3主要参照《水利水电工程施工质量通病防治导则》（SL/Z 690—2013）。

3.5.2 沉井超沉、欠沉

1. 现象
(1) 沉井不均匀下沉。
(2) 沉井上浮。
2. 主要原因
(1) 封底前井底的积水和浮泥未清除干净；封底混凝土未按合理施工顺序进行。
(2) 含水地层井底未做倒滤层，封底时，集水井内抽水中断，停抽时未采取措施。
3. 防治措施要点
(1) 封底前把井内积水和浮泥排净；封底混凝土应均匀、对称，按照一定顺序施工。
(2) 含水地层中，井底先按设计铺设垫层，并设集水井不断排水，待封底混凝土达到设计规定强度后再停止排水；当沉井的抗浮稳定不满足要求时，应采取相应的技术措施。
(3) 井内涌水量很大无法排干，或井底严重涌水、冒砂，以及沉井不断自沉或倾斜时，均应向井内灌水，采取不排水封底。

3.5.3 封底混凝土不密实

1. 现象
(1) 混凝土与导管下口凝结在一起，不能提动。
(2) 混凝土在导管内堵塞。
(3) 导管漏水严重或断裂。
(4) 球塞卡堵。
2. 主要原因
(1) 导管埋入混凝土过深，提动不及时；混凝土配合比选择不当，初凝时间太短，和易性差。
(2) 导管埋入混凝土太浅，有水进入；混凝土含砂率偏低。
(3) 导管接头橡胶垫圈不平；接头螺栓未拧紧；导管组装后未经密封检验和拉力试验。
(4) 导管下口距基底面太近，球塞未出导管；储料时间过久；导管内径与球塞外径配合不当。
3. 防治措施要点
(1) 每隔20min测量一次导管内混凝土面标高，及时适量提动导管；混凝土配合比与搅拌应按规范执行。
(2) 导管最小埋入深度应不小于1m，混凝土面的平均升高速度应不小于0.25m/h；组装后应经密封检查。
(3) 导管法兰盘应平整，橡胶垫圈质量要合格，接头螺栓要拧紧。

(4) 导管下口距基底面宜为40cm，球塞挤出后应将导管降低15cm～20cm，使混凝土顺利向外扩散。

3.6 地 基 换 填

3.6.1 置换料不符合设计要求

1. 通病描述
(1) 素土和石灰土、水泥土的土料采用工地现场开挖的砂性土、淤泥质土等。
(2) 水泥土、石灰土的配合比不符合设计要求，拌和不均匀。

2. 主要原因
(1) 未外购黏性土。
(2) 配合比采用体积法，未采用质量法，用一层土和一层灰简单拌和。

3. 防治措施要点
(1) 素土和石灰土、水泥土的土料宜选用黏土、粉质黏土，不应采用冻土、膨胀土、盐渍土、淤泥质土，且不应含有影响水泥或石灰水化的有害成分。
(2) 水泥土、石灰土的配合比应符合设计要求，拌和应均匀。

3.6.2 换填土压实度不符合设计要求

1. 通病描述
素土和石灰土、水泥土的压实系数（密实度）不符合设计要求。

2. 主要原因
(1) 土料的有机质含量偏高，土料颗粒粒径偏大。
(2) 分层铺设的厚度不符合工艺要求。
(3) 夯实、碾压时的加水量、压实遍数不符合要求。

3. 防治措施要点
(1) 土料的有机质含量不大于5%；含水率控制在最优含水率±2%范围内；采用粉碎处理，使土料颗粒粒径小于15mm。
(2) 控制分层铺设厚度，需符合工艺试验要求。灰土的最大虚铺厚度可参考表3.4所列数值。

表3.4　　　　　　　　　灰 土 最 大 虚 铺 厚 度

夯实机具	质量/t	最大虚铺厚度/mm	备　　注
石夯、木夯	0.04～0.08	200～250	人力送夯，落距400mm～500mm，每夯搭接半夯
轻型夯实机械	—	200～250	蛙式或柴油打夯机
压路机	6～10（机重）	200～300	双轮

(3) 分层进行压实度检验，在施工结束后进行承载力检验。

第4章 防渗与排水

4.1 水泥土搅拌桩防渗墙

4.1.1 墙体水泥土质量不均匀

1. 通病描述

水泥分布不均匀，甚至出现无水泥浆的情况；取芯时局部芯样不成型，固结强度低，甚至为清水砂、淤泥。

2. 主要原因

（1）取芯时为清水砂，当施工过程中防渗墙体上下游方向有水位差形成渗漏通道时，水泥浆液随渗漏水流失。

（2）取芯时为淤泥，对于泥炭土、有机质含量大于5%或pH值小于4的酸性土，水泥在上述土层有可能不凝结硬化或发生后期崩解。

（3）水泥掺量不足，未根据规范或现场工艺性试验结果编制施工方案，且未得到有效实施。

（4）搅拌工艺不合理，致使桩体内水泥掺量不均匀。

（5）搅拌或注浆机械施工过程中出现故障，搅拌翼提升或旋转速度不均匀。

3. 防治措施要点

（1）施工前应根据加固土体地质情况，选择土质较差的部位进行工艺性试桩；确认水泥土搅拌桩防渗墙可行性，并选择合理的成桩工艺和搅拌参数。

（2）地基土层含有砂层、上下游有水位差时，需在水泥浆中加入适量速凝剂、早强剂或膨润土，以防止水泥浆随着渗漏水方向流失。

（3）地基土层含有泥炭土、有机质含量大于5%或pH值小于4的酸性土时，可通过试验，选用含铝酸三钙和铁铝酸四钙等矿物成分较少的水泥，以减少水泥土强度损失；或掺加石膏、三乙醇胺等外加剂以提高强度。

（4）加强制浆质量控制，并保证浆液质量的均匀性。

（5）检修、保养机械设备，保持完好状态。

（6）对取芯缺失、强度较低的水泥土搅拌桩防渗墙，参建单位需研究处理加固方法，可在试验基础上采取补桩等办法实施。

4.1.2 墙体不连续

1. 通病描述

（1）桩体上下未形成有效搭接。

(2) 相邻桩体之间未形成咬合，墙体不均匀、不连续。

2. 主要原因

(1) 未进行工艺性试桩，或直接套用其他工程的成桩工艺，或按施工经验成桩。

(2) 搅拌叶片磨损、直径偏小，成桩直径不满足设计要求。

(3) 桩位偏差过大，桩体偏斜，水泥土搅拌桩之间未形成有效搭接，桩中心距大于设计控制值；搅拌注浆中断时间偏长；无水泥浆搅拌。

3. 防治措施要点

(1) 水泥土搅拌桩防渗墙宜采用多头搅拌桩成墙工艺。

(2) 施工前进行成桩工艺试验，验证并确定掺入比、掺入量等施工技术参数，确定搅拌工艺和搅拌参数，并认真实施。

(3) 做好桩位测量放样。水泥土搅拌桩中心距应符合式（4.1）：

$$L \leqslant (R^2 - H^2)^{0.5} \tag{4.1}$$

式中：L 为水泥土搅拌桩中心距离；R 为水泥土搅拌桩桩径；H 为水泥土搅拌桩防渗墙体厚度。

(4) 班前检查叶片磨损情况、测量搅拌头叶片的直径，超过偏差应补焊处理。

(5) 按测量放线位置钻孔；钻孔前将搅拌机桩架底座调成水平，并保持稳定，使搅拌轴处于垂直状态。施工过程中，应控制主机导向架的垂直度，墙体垂直度应符合规范规定。

(6) 施工前检修好各种施工设备；采取浆液过滤、喷浆口安装单向阀等措施。

(7) 主机头提升速度应均匀、适度，减少溢浆量；采用电子流量计监控供浆均匀性。搅拌头注入和提升水泥浆应保持同步，一旦出现断浆，应立即停止提升，将搅拌头下沉 0.5m 以上，恢复注浆后再提升。

4.1.3 墙体厚度小于设计值

1. 通病描述

墙体厚度偏差大，不满足设计要求。

2. 主要原因

(1) 搅拌头叶片不断磨损或搅拌翼折断，喷浆压力低。

(2) 搅拌桩有效直径达不到设计要求；桩中心距偏大。

3. 防治措施要点

(1) 班前检查叶片磨损情况、测量搅拌头的直径，超过偏差或搅拌翼折断时应补焊处理。

(2) 复核搅拌桩桩位，桩中心距离根据式（4.1）计算确定。

(3) 加强注浆设备和管路、通道检查，提高注浆压力。

4.1.4 防渗墙深度不足

1. 通病描述

防渗墙深度未达到设计要求。

2. 主要原因

(1) 地层中有孤石等障碍物，搅拌头未达到设计深度即注浆提升。

(2) 机械润滑不良导致摩阻力急剧增加，搅拌桩机功能降低，达不到设计深度。

(3) 因深层搅拌机高度或扭距不足，电流过大，搅拌头难以搅拌到要求的深度。

(4) 浆液输送管路或喷头堵塞，施工过程中人为地在搅拌头未达到设计深度即注浆提升。

3. 防治措施要点

(1) 当地基中存在障碍物时，应采取其他防渗形式，或先引孔。

(2) 选用扭距较大、搅拌高度与处理深度相符的搅拌桩机。

(3) 保持机械各导向、传动部件充分润滑。

(4) 加强施工过程质量控制，测量钻杆入土深度，查阅施工记录，确保墙底高程控制在允许偏差范围内（-200mm～200mm）。

4.1.5 防渗墙水泥土强度不合格

1. 通病描述

防渗墙体水泥土强度不满足设计要求。

2. 主要原因

(1) 加固地基土层含有泥炭土、有机质土、塑性指数 I_p 大于 25 的黏土、地下水具有腐蚀性的土、地下障碍物多的杂填土、欠固结的淤泥和淤泥质土，上述土质影响到与固化剂的凝结硬化，固结体不成形，水泥土不能形成固结强度，或固结强度很低。

(2) 由于地基表面覆盖压力小，在搅拌时土体上拱，不易拌和均匀，造成墙体顶部强度低。

(3) 提升速度不均匀，注入的水泥浆不符合设计和工艺试验成果的要求。

3. 防治措施要点

(1) 应按规范和工艺性试桩成果进行施工质量控制，按 3.3.9 采取措施防止防渗墙水泥土强度不合格。

(2) 水泥强度等级每相差 10MPa，将影响水泥土抗压强度 20%～30%，因此，应确保水泥标号及强度等性能指标满足要求。加强水泥等材料计量，水泥、水的计量误差应控制在 2% 以内，掺入比应符合设计和工艺试验要求。

(3) 搅拌头宜采用双层（多层）十字杆形或叶片螺旋形，叶片呈 10°～20° 夹角，叶片长度偏差不应大于 0.04D（D 为水泥土搅拌桩桩径）。

(4) 当喷浆压力一定时，喷浆量多的成桩质量好；当喷浆量一定时，喷浆压力大的成桩质量好。因此，应根据工艺试桩成果选用 5MPa 及以上的灰浆泵。

(5) 搅拌旋转速度宜为 30r/min～50r/min，搅拌头旋转一周提升高度 10mm～15mm，确保加固范围内的土体的任何一点均能经过 20 次以上的搅拌；对加固深度每米土体的搅拌切土次数不少于 400 次。

(6) 根据加固土体性质选用合适的胶凝材料，一般水泥浆对含有高岭石、多水高岭石、蒙脱石等黏土矿物的软土加固效果较好；而对含有伊利石、氯化物和水铝石英等矿物的黏性土以及有机质含量高、pH值较低的酸性土加固效果较差，对于影响水泥水化的淤泥质土体加固效果差。

(7) 对取芯强度未达到设计要求的，按设计意见处理。

4.1.6 防渗墙防渗效果不符合设计要求

1. 通病描述

水泥土搅拌桩防渗墙防渗效果不符合设计或规范要求。

2. 主要原因

(1) 水泥土搅拌桩之间搭接长度不足，不满足设计要求的墙体最小厚度。

(2) 按二序法施工时，二序间隔时间大于24h；对于要求搭接的桩孔，桩与桩之间搭接间歇时间大于24h，但未采取局部补桩或注浆等措施。

(3) 墙体水泥土渗透系数不符合设计要求。

3. 防治措施要点

(1) 水泥浆密度、喷浆量应符合设计要求。

(2) 控制桩垂直度不大于1%，桩顶和桩底高程、桩的搭接长度应符合设计要求。

(3) 成桩7d后检查桩顶外观，桩顶应圆匀，无缩颈和回陷现象；水泥土搅拌均匀，桩间距、轴线偏差应符合设计或规范规定。

(4) 成桩7d后浅部开挖检查，桩与桩之间的搭接应良好，无开叉现象，量测成桩后的实际桩径、墙体厚度应达到设计要求。

(5) 取芯检测水泥土强度；依据《水利水电工程物探规程》（SL 326—2005）的规定采用弹性波、探地雷达、电法勘探等方法，检测墙体的连续性，应符合要求。

(6) 在现场取芯直接用试验环刀取样，在试验室按《土工试验方法标准》（GB/T 50123—2019）进行渗透试验，试样的渗透系数应符合设计要求。

(7) 现场注水试验。注水试验可在取芯时分段进行检测，当只需要整孔的渗透系数时，也可利用取芯的钻孔。在钻孔内注入清水，按照《水利水电工程注水试验规程》（SL 345—2007）进行"钻孔注水试验"，检验整个桩的渗透系数，应符合设计要求。

4.2 混凝土地下连续墙

4.2.1 造孔成槽不符合要求

4.2.1.1 导墙变形

1. 通病描述

导墙出现裂缝、断裂、倾斜、不均匀沉降。

2. 主要原因

(1) 导墙混凝土强度低，断面小，刚度低。

(2) 地基承载力差，作用在导墙上的施工荷载过大或集中，发生沉降导致坍塌。

(3) 导墙内侧无支撑，或支撑不牢固。

3. 防治措施要点

(1) 混凝土地下连续墙成槽应设置导墙或导向槽。宜采用钢结构导墙；如采用钢筋混凝土导墙，应按规范和设计要求进行导墙施工，且导墙内钢筋应按要求安装，接头经检查应合格。

(2) 适当提高导墙顶面高程，或增加导墙深度。导墙或导向槽顶面高于地面50mm～100mm，槽内泥浆液面高于地下水位500mm以上。

(3) 加固导墙下的软弱地基和基础。

(4) 施工平台周围设置排水沟或降水井、集水坑。

(5) 导墙内侧设土、木支撑。

(6) 减少或分散机械等施工荷载。

(7) 导墙局部破坏部位进行加固支撑，对导墙外塌陷的部位用木桩加固并加密枕木，以减少导墙的局部受压，提高导墙承载力。必要时重新修筑一段导槽，改善槽内泥浆性能，防止基础坍塌。

4.2.1.2 造孔过程质量控制不严

1. 通病描述

(1) 槽孔中心轴线、孔底高程偏差较大。

(2) 孔斜率超标。

(3) 孔底沉淀厚度超标。

2. 主要原因

(1) 槽孔中心轴线偏差较大与成槽时放样不正确，或未进行孔位校核有关。

(2) 地连墙成槽机械底座不水平，机架垂直度偏差大。

(3) 造成孔底沉淀厚度超标的主要原因有：

1) 泥浆质量不良，未用膨润土等材料制浆。

2) 清孔后泥浆密度偏小。

3) 钢筋笼安装后未进行二次清孔。

4) 清孔后等待浇筑混凝土时间过长，孔壁坍孔。

5) 液压抓斗法施工扫孔不彻底。

3. 防治措施要点

(1) 槽孔放样。槽孔中心定位偏差，射水法不应大于20mm，抓斗法不应大于30mm。

(2) 导墙。导墙高度宜在1.0m～2.0m之间；导墙轴线应与防渗墙轴线重合，其允许偏差为±15mm（下设钢筋笼的为±10mm），导墙内侧面竖直，墙顶高程允许偏差±20mm（下设钢筋笼的±10mm）；导墙内侧间距宜比防渗墙厚度大50mm～200mm；导墙基础牢固，防止机具失稳。

(3) 槽孔尺寸偏差。孔底高程偏差为-200mm～0mm，逐槽段用钢尺或测绳量测。槽孔宽度允许偏差为0～50mm，可逐段测量成槽器厚度。槽孔垂直度，射水法不应大于0.40%，抓斗法不应大于0.67%，可用线锤或测斜仪量测。

(4) 控制孔底沉淀厚度≤100mm，预防孔底沉淀厚度偏大的措施有：

1) 防止孔壁出现缩颈、扩孔、坍孔，宜采用膨润土、烧碱、羧甲基纤维素等材料配制泥浆，做好泥浆护壁，清孔后泥浆密度宜为 1.15g/cm³～1.25g/cm³。

2) 做好成槽时槽底标高控制。槽底沉淀厚度不大于 100mm，浇筑混凝土前进行二次清孔。

3) 钢筋笼垂直入槽，防止刮擦孔壁。

4) 清孔换浆完成 1h 后应进行检验，泥浆主要性能应符合表 4.1 的要求。

表 4.1　　　　　　　　混凝土浇筑前泥浆主要性能指标

项目	漏斗黏度/s	密度/(g/cm³)	含砂量/%
膨润土泥浆	32～50（马氏漏斗）	≤1.15	≤4
黏土泥浆	≤35（500/700mL）	≤1.30	≤8

注　当墙体深度小于 40m 时，可降低这个指标，其中膨润土泥浆含砂量可降低为 6%，黏土泥浆含砂量可降低为 10%。泥浆取样位置距孔底 0.5m～1.5m。

(5) 液压抓斗法施工时加强扫孔。

(6) 施工记录。造孔过程记录应齐全、准确、清晰，反映施工过程真实情况。

4.2.1.3　槽壁坍塌或槽孔内漏浆

1. 通病描述

(1) 成孔、清孔或混凝土浇筑时，槽段内局部孔壁坍塌，孔口冒水泡，孔底沉淀厚度增加。

(2) 钢筋笼下沉受阻。

2. 主要原因

(1) 地连墙地基土层含有淤泥、流沙等软弱土层，因其抗剪强度较低，易发生塌孔。

(2) 护壁泥浆质量差，泥浆密度小，黏度低、含砂量高；或泥浆在槽内高度不够，起不到护壁作用。

(3) 地下水位偏高；槽孔两侧地下水位差较大，槽孔附近有动水；槽孔内有承压水，渗漏引起坍孔。

(4) 在软弱地层中进尺速度偏快，未形成有效的固壁泥皮。

(5) 成孔时方法不当，钻头、抓斗撞击槽壁。提钻速度过快，对槽壁构成扰动。

(6) 成槽后至浇筑混凝土时间过长，泥浆质量变差，对槽壁失去有效支撑。

(7) 漏浆或施工操作不慎，造成槽内泥浆液面下降。

(8) 地下水位上升。

(9) 安装钢筋笼时刮擦孔壁。

(10) 单元槽段过长，或轨道枕木布置不匀或偏少，使基础局部承压过大；地面附加施工荷载过大。

3. 防治措施要点

(1) 成槽。根据地质条件和槽孔深度，确定单元槽段长度。成槽前需按施工方案要求设导墙，适当提高导墙顶高程，导墙或导向槽顶面高于地面 50mm～100mm，槽内泥浆液面高于地下水位 500mm 以上；承压水层或地下水位较高时，可采用适当加大泥浆密度或采取降水、排水措施。

在槽口两侧围子堰，高度高出地面 30cm。成槽过程中每小时测试一次泥浆的密度，成槽结束后，应按设计及规范规定检测槽位、槽深、槽宽和槽壁垂直度，检查合格后，才允许进入下一工序施工。

（2）软弱土层中造孔，应适当加大泥浆密度，制备泥浆的原料采用膨润土、优质黏性土，泥浆主要性能控制指标：密度 $1.15g/cm^3$～$1.25g/cm^3$，黏度 18s～25s，含砂率≤5%，稳定性≤$0.03g/cm^3$，pH 值 7.0～9.5，泥浆需存放 24h 以上。

现场应设置供浆池、贮浆池、循环池及沉淀池，单个沉淀池的容积应大于 $30m^3$；在泥浆循环过程中应做好泥浆质量控制，对超标泥浆，及时外运，防止废泥浆对环境的污染。泥浆应充分搅拌均匀，并经溶胀、膨化后使用。

（3）造孔成槽机具在槽内提升速度不应过快，并及时向槽孔内注入泥浆。

（4）槽段成孔后，应尽快下设钢筋笼、导管、浇筑混凝土。钢筋笼宜整片制作、吊车垂直入孔，避免与孔壁碰擦。可采用纵向钢筋桁架及斜向拉条等措施提高钢筋笼在吊装过程中的刚度。

（5）清孔换浆。清理槽底和置换泥浆结束 1h 后，检查清孔质量，要求槽底沉淀厚度≤100mm，槽底（设计标高）以上 20cm 处的泥浆密度≤$1.25g/cm^3$，槽壁应稳定。

（6）重型施工机械应远离槽孔口，或采取措施均匀分散施工机械和施工附加荷载。

（7）遇漏浆时迅速补充泥浆到导槽，查明主要漏浆范围，用导管或灌浆管将堵漏浆体直接送至漏浆部位；未能查明具体部位时可直接在槽内投入黏土、木屑、水泥等，在槽内搅拌使泥浆、木屑随渗漏水堵住漏洞，后续施工要提高泥浆的性能指标。

（8）槽壁坍塌时首先要查明坍塌位置，稳定掏渣筒的钢丝绳，防止碰撞孔壁，并进行堵漏处理。当还不能阻止漏浆和塌孔时，可用黏土（或砂砾拌黄土）回填到坍孔位置以上 1m～2m，如坍孔严重，可全部回填，等回填物沉积密实后再重新钻孔。

4.2.2　钢筋笼制作安装不符合要求

4.2.2.1　钢筋笼制作质量差

1. 通病描述

（1）钢筋笼尺寸偏差较大。

（2）保护层垫块偏少。

（3）扎丝外露。

（4）在堆放、起吊、运输过程中变形。

2. 主要原因

未按设计和规范要求制作钢筋笼；钢筋工水平低；未采取防止变形的措施。

3. 防治措施要点

（1）对钢筋工技术交底；首件验收合格后再进行钢筋笼下料、制作，加强制作过程质量检查，并分批验收合格后再使用。

（2）钢筋规格、数量、制作质量应符合设计要求；在平整地面或平台上加工钢筋笼，控制加工尺寸；焊接和绑扎牢固；笼体中部增设足够刚度的水平向和垂直向加固桁架、斜向拉条；拉筋处设置受力均匀的吊点。

（3）钢筋笼的外形尺寸应根据槽段长度、接头形式及起重能力等因素确定，一般要与槽段长度相对应，保护层厚度应符合设计要求。

（4）钢筋笼制作最大允许偏差应满足下列要求：

1）主筋间距为±10mm；箍筋和加强筋间距为±20mm。

2）钢筋笼长度为±50mm，宽度为±20mm，厚度为-10mm～+5mm。

3）钢筋笼弯曲度不大于1%。

（5）钢筋笼两侧面设置具有导向功能的圆饼形保护层垫块兼定位块，每3m～4m设立一层，每层3块～4块。

（6）运输和安装过程中发生变形的钢筋笼应进行修复。

4.2.2.2 钢筋笼安装不规范

1. 通病描述

（1）下设钢筋笼时，笼体被卡，难以全部放入孔内。

（2）钢筋笼偏位。

（3）分节制作的钢筋笼现场接头质量不符合规范规定。

（4）钢筋笼固定不牢固，浇筑混凝土时钢筋笼上浮或下沉。

2. 主要原因

（1）钢筋笼制作尺寸偏差较大；钢筋笼刚度差，运输和空中翻转起吊过程中钢筋笼扭曲、变形；钢筋笼宽度（包括定位块）超过槽孔宽度。

（2）槽孔孔壁平整度差，槽孔孔壁局部严重弯曲或倾斜。

（3）钢筋笼固定不稳固；钢筋笼重量偏轻；清孔换浆质量不好，泥浆中还有较多的泥沙沉淀于孔底，槽底沉淀偏厚；混凝土浇筑速度偏快，浇筑过程中导管埋深过大。

3. 防治措施要点

（1）钢筋笼制作尺寸应符合设计要求，包括定位块在内钢筋笼宽度应不大于槽孔宽度。

（2）钢筋笼应选择合适的起吊点；下设钢筋笼时，应对准槽段中轴线，吊直扶稳，缓慢下沉，避免碰撞刮擦孔壁，如遇阻碍，不可强行下沉，可对槽壁修整后再下送安装。

（3）钢筋笼入槽后，其定位允许最大偏差：钢筋笼顶高程为±50mm；钢筋笼平面位置垂直墙轴线方向为±20mm，沿墙轴线方向为±50mm。

（4）分节安装钢筋笼时，上下节钢筋笼均应处于垂直状态下对接，对接后对称施焊或机械连接，避免造成纵向弯曲。

（5）保证清孔、换浆质量，控制槽底沉淀厚度≤100mm。

（6）对于尺寸偏差较大、已严重变形的钢筋笼，重新加工或加固处理。

（7）控制混凝土拌和物的质量，控制浇筑速度，导管埋深不宜大于6m；混凝土均匀入仓，防止笼体倾斜上升；适当降低混凝土浇筑上升速度。

（8）导墙上设置锚固点固定钢筋笼。预防钢筋笼上浮，在钢筋笼上部进行压重、锚固；对于钢筋笼上浮的，应及时在上部压重使其回复复位，不能回复的应通知设计单位研究处理办法。

4.2.2.3 预埋灌浆管定位不准确

1. 通病描述

(1) 灌浆管间距偏差超过100mm。

(2) 灌浆管底部高程偏差超过规定。

2. 主要原因

(1) 受钢筋笼钢筋位置的影响。

(2) 未按设计要求布置预埋管，位置偏差大。

(3) 预埋管固定不牢固，管底位置移动。

3. 防治措施要点

(1) 测量定位预埋管位置，并与钢筋笼的钢筋间距协调。

(2) 预埋管固定应牢固，安装钢筋笼时检查固定情况，并校正使其位置准确无误。

4.2.3 混凝土浇筑质量控制不严

1. 通病描述

(1) 首盘混凝土不能满足导管埋深的要求。

(2) 混凝土浇筑过程中导管埋置深度偏大，或拔管时超出混凝土面。

(3) 导管阻塞。

(4) 混凝土浇筑不均匀，同一幅墙内混凝土面未同时均匀上升。

2. 主要原因

(1) 储料斗容量小。

(2) 未控制好导管埋深。

(3) 浇筑时混凝土供应中断时间过长引起导管内混凝土坍落度损失较大、甚至初凝，混凝土坍落度过小，或混凝土骨料级配不合理。

3. 防治措施要点

(1) 计算混凝土初灌量，保证初灌后导管埋入混凝土深度不小于1m。

(2) 合理布置导管数量，《水利水电工程混凝土防渗墙施工规范》(SL 174—2014)规定导管中心距不宜大于4.0m，当采用一级配混凝土时，导管中心距可适当加大，但不应大于5.0m。导管中心线至槽孔端部或接头管壁面的距离为1.0m～1.5m。当槽孔底部高差大于250mm时，导管应布置在其控制范围的最低处，并从最低处开始浇筑。现场可查阅槽段内各槽孔的深度，再根据导管布置情况，用钢尺量测是否达到要求。

(3) 开始浇混凝土时，先注入水泥砂浆润滑导管和料斗；混凝土初灌量应满足导管下口埋置深度大于1m的要求。

(4) 混凝土拌和、运输应保证浇筑能连续进行；因故中断，时间不宜超过60min。

(5) 混凝土浇筑过程质量控制要求如下：

1) 混凝土上升速度≥2m/h，现场可在混凝土每上升3m～5m量测1次。

2) 混凝土面高差≤0.5m，在浇筑过程中可用测锤量测槽内各点高程，保持混凝土浇筑面均匀上升。

3) 浇筑过程中控制导管埋深在2m～6m，现场可用测锤量测埋入深度。

4) 混凝土最终高度不小于设计高程 0.5m，在现场可查导墙的高程，再量测混凝土最终面与导墙顶面的高差计算得出。

5) 混凝土终浇顶面应高于设计高程 50cm。

4.2.4 槽段接头混凝土绕流

1. 通病描述

地下连续墙浇筑单元槽段混凝土时，流动的混凝土有时会在重力及侧向压力的共同作用下，绕过封头钢板或接头箱、接头管侧向缝流入到相邻的槽段（尚未开槽或已成槽的槽段）。

2. 主要原因

(1) 槽壁垂直度不满足要求，锁口管、接头箱吊入槽内摆正后与槽壁有空隙。

(2) 锁口管、接头箱吊放时，经过多次上下调整后就位，使锁口管、接头箱与槽壁间产生缝隙。

(3) 成槽过程中，槽壁土体产生局部塌方。

(4) 钢筋笼吊放困难，碰落槽壁土体。

(5) 钢筋笼外包罩面破损或外包铁皮不严，混凝土从施工槽段内溢出。

3. 防治措施要点

(1) 确保接头处成槽时的垂直度（一般要求槽孔垂直度射水法不大于 0.40%，抓斗法不大于 0.67%），接头管、接头箱摆放垂直并靠壁无空隙，防止混凝土绕流。成槽机挖掘过程中应用经纬仪跟踪导杆或抓斗吊索的垂直度；成槽后用电脑控制的测斜仪对每一幅槽段的垂直度或塌孔情况进行测试。

(2) 控制护壁泥浆密度等指标和泥浆液面高度，防止槽段塌方。

(3) 钢筋笼的加工尺寸与形状应便于吊装入槽，防止吊放钢筋笼时擦伤槽壁。钢筋笼外观应横平竖直，具有一定的刚度，钢筋笼周边两排钢筋交叉点应满焊，两侧纵筋间宜增加 2~4 排钢筋桁架，纵筋主平面内宜加设剪刀撑。纵向钢筋的底部应稍向内弯折（但应不影响插入混凝土导管）；保护层的垫块不宜用砂浆垫块，宜用薄钢板做成导向板焊于钢筋笼上，以免擦伤槽壁面。

(4) 封头钢板或接头箱、接头管安装完成后，在空槽侧抛填沙包压重，待浇筑完成槽段混凝土达到一定强度后抓取出沙包。

(5) 钢筋笼可选用 0.5mm 厚马口铁皮外包作罩面，外包铁皮之间应焊接连成一片，确保混凝土不从铁皮缝隙中绕流到接头内。

【接头混凝土绕流危害】

(1) 若绕流进入相邻槽段的混凝土一旦结硬，会使相邻槽段的挖槽增大困难，并延长了成槽的时间。

(2) 刷壁清浆工作难度增大，尤其是外伸钢筋（如榫形隔板接头等）的清理很困难，若清理不干净，将会影响接头连接质量。

(3) 使接头处放置的锁口管、接头箱提拔困难。

(4) 使后续施工钢筋笼提放困难。

（5）由于绕流带来的施工隐患，基坑开挖时，墙面接头处因有夹泥或混凝土疏松不密实而出现渗漏水，影响了墙体的防水效果。

（6）使地下连续墙的抗剪性、整体性受到削弱。

4.2.5 地连墙墙体混凝土不密实、几何尺寸不合格、墙体夹泥

4.2.5.1 混凝土不密实

1. 通病描述

地连墙墙体混凝土不密实，存在孔洞、蜂窝等内部缺陷。

2. 主要原因

（1）首盘混凝土量不足，或因浇筑操作不当、导管有孔洞等缺陷，浇筑混凝土时混入泥浆。

（2）混凝土配合比不良，骨料级配不好，和易性差，混凝土流动性差。

（3）清孔换浆不彻底，孔底沉淀厚度大，或泥浆内含砂量高，混凝土絮凝物或孔底沉淀混入混凝土中。

（4）混凝土浇筑过程中槽壁发生坍塌。

3. 防治措施要点

（1）按规范规定进行混凝土浇筑过程质量控制，二序孔浇筑前应完成接头处理。

（2）导管不应有孔洞等缺陷，使用前进行压水试验。

（3）按照经批准的施工配合比进行混凝土施工，混凝土坍落度180mm～220mm，掺粉煤灰和减水剂，提高混凝土和易性。

（4）清孔后4h内应浇筑混凝土，浇筑混凝土前应检查沉淀厚度、泥浆密度。

（5）直线段每6m～8m为一次浇筑段，各段之间先浇1m长模袋混凝土隔离体。

（6）导管法浇筑混凝土质量控制要求如下：

1）导管的连接应牢固，接头用橡胶密封，防止漏水。导管距槽端距离不大于1.5m，两导管间距不大于4m，导管下口距槽底不大于0.2m，两导管混凝土应同时浇筑，混凝土表面高差不大于0.3m。

2）槽段长度不大于6m时，混凝土宜采用两根导管同时浇筑；槽段长度大于6m时，混凝土宜采用三根导管同时浇筑。每根导管分担的浇筑面积应基本均等。钢筋笼就位后应及时浇筑混凝土。

3）隔离体施工时应注意浇实，防止混凝土绕过隔离体进入另一槽段。

（7）易坍塌地层中，应缩短二次清孔后混凝土浇筑时间。

4.2.5.2 地连墙墙体夹泥

1. 通病描述

地连墙墙体夹泥。

2. 主要原因

（1）拔管过快、导管埋入混凝土深度不足。

（2）浇筑时遇塌孔，造成墙体夹泥。

3. 防治措施要点

(1) 浇筑过程中遇塌孔时,可将混凝土上部的泥土吸出,再继续浇筑混凝土。

(2) 混凝土浇筑过程中导管堵塞、拔脱或漏浆需重新下设时,宜采用下列办法:将导管全部拔出、冲洗、并重新下设,抽净导管内泥浆继续浇筑;继续浇筑前应核对混凝土面高程及导管长度,确认导管的安全插入深度。

(3) 发生地连墙墙体断裂处理方法如下:

1) 在墙体内钻孔,用高压水冲洗后进行水泥灌浆。

2) 在上游侧进行水泥灌浆或高压喷射灌浆。

3) 在原有槽位凿除已浇混凝土,重新成槽、清孔、重新进行混凝土浇筑。

4) 在上游侧加做一段新墙。

4.2.5.3 墙体几何尺寸不符合要求

1. 通病描述

(1) 墙体厚度、底高程不符合设计要求。

(2) 墙体缩颈。

2. 主要原因

(1) 护壁泥浆质量不良,不能对孔壁起良好支撑作用。

(2) 混凝土浇筑前孔底沉淀厚度超标。

(3) 导管布置不合理,各个导管之间混凝土面上升高差过大。

3. 防治措施要点

(1) 使用膨润土、纤维素等配制泥浆,适当增加泥浆密度。

(2) 混凝土浇筑前孔底沉淀厚度应不大于100mm。

(3) 首盘混凝土应满足导管埋置深度大于1m。

(4) 混凝土浇筑过程中控制拔管速度,保证埋置深度,谨防导管拔脱。

(5) 合理选择浇筑导管直径、合理布置导管平面位置(一般6m槽段距槽段端部1.5m左右安装导管两根);浇筑过程中测量两导管外混凝土面上升高差,一般不超过0.5m。

(6) 每一槽段混凝土充盈系数应大于1.0。

4.2.6 槽段接头漏水/墙体幅间形成渗水通道

1. 通病描述

槽段或幅间接头处出现渗水、漏水或涌水等现象,或接头处有缝隙。

2. 主要原因

(1) 后续施工的槽孔清孔时,未将先浇墙体端头上的泥皮和钻渣刷洗干净。

(2) 槽孔清孔不彻底,部分孔底沉淀或混凝土絮凝物被推挤到墙段接头处,污染接头。

(3) 相邻槽段施工间隔时间小于12h,或超过48h。

3. 防治措施要点

(1) 清孔时,做好槽段间接头刷洗,采用与端头形状一致的钢丝刷或刮泥器紧贴接头进行刷洗，刷除接头上的泥皮等表面附着物。要求接头基本不沾泥，沉渣不增加。

（2）使用隔离管时，安装应牢固，防止混凝土浇筑过程中挤入相邻槽段；隔离管应在混凝土初凝后拔除，防止接头处混凝土受损。

（3）做好清孔换浆，孔内泥浆密度、黏度和含砂率等指标应满足表4.1的规定。

（4）相邻槽段施工间隔时间宜为12h～48h。

（5）接头渗漏水处理方法如下：

1）幅间宜进行灌浆或用高喷桩处理，每一转角接头处实施压力灌浆（直径20cm、长度同地连墙）进行加强处理。

2）开挖检查如接缝宽度大于2cm，采用旋喷桩、高压灌水泥浆处理；折线段及直角处为确保墙体的封闭性，采用高压灌水泥浆处理。

3）墙体较厚时可在接头位置钻孔灌水泥浆补强，墙体较薄或不宜钻孔时可在接缝上游面喷射灌浆或灌水泥浆，也可在上游侧钻孔补做一段新墙。

4.3 排　　水

4.3.1 排水用材料不符合要求

1. 通病描述

（1）排水工程用土工织物不符合设计要求。

（2）砂石滤料不符合设计要求，如反滤料或垫层料含泥量超标、超逊径超标、级配不良。

（3）塑料排水管、透水管等排水设施不符合设计要求。

2. 主要原因

（1）未按设计要求选用排水材料。

（2）未对排水用材料进行检测及报验，或检测项目、频次不符合规范及设计要求。

3. 防治措施要点

（1）按设计或施工规范的要求选用土工织物、砂石滤料。

（2）按设计要求选用塑料排水管、透水管。

（3）对进场排水材料进行检测与报验。

【规范要求】

《水利工程施工质量检验与评定规范　第2部分：建筑工程》（DB32/T 2334.2—2013）

7.1.3.3　垫层的黄砂、碎石应级配良好，含泥量不大于5%，碎石的粒径不大于50mm。铺设大面积坡面的砂石垫层时，应自下而上分层铺设，并随砌石面的增高分段上升。

7.1.3.4　反滤层滤料的粒径、级配应符合设计要求，黄砂含泥量不大于3%，碎石含泥量不大于1%。相邻层面平整，层次清楚。分段铺筑时，接头处各层应铺成阶梯状。

4.3.2　反滤料（垫层）铺设不规范

1. 通病描述

(1) 反滤料（垫层）铺筑厚度不足、不均匀。

(2) 不同粒径的反滤料混杂，平整度超标，不符合《堤防工程施工规范》（SL 260—2014）的规定。

2. 主要原因

未按照设计要求以及《堤防工程施工规范》（SL 260—2014）、《水利工程施工质量检验与评定规范　第2部分：建筑工程》（DB32/T 2334.2—2013）的规定进行反滤料（垫层）的铺设。

3. 防治措施要点

(1) 按设计和规范要求进行垫层（反垫层）的铺设，基面清理要求基面密实，无尖棱硬物，无凹坑，软弱基础处理符合要求；坡面修整表面平整度≤30mm，坡度为1：（1±2%）n（n 为设计坡度）。

(2) 垫层铺设时逐层分段铺填，阶梯衔接，层间分明，铺填范围符合设计要求；相邻层面平整，层次清楚。分段铺筑时，接头处各层应铺成阶梯状衔接。垫层总厚度：±15%δ，平均值允许偏差±5%δ（δ 为垫层设计总厚度）；垫层每层厚度允许偏差为±15%设计厚度。

(3) 坡面砂、石垫层铺设时，应自下而上分层铺设，做到垫层铺设平整、密实、厚度均匀。

(4) 坡面砂石垫层铺设后，不宜踩踏，在后序工序施工时应进行找平。

4.3.3　排水孔、冒水孔失效

1. 通病描述

(1) 翼墙等墩墙上安装的排水孔部分不排水。

(2) 护坡排水孔、冒水孔不排水。

2. 原因

(1) 墙后回填土未进行分层夯实，致使回填土形成较大的不均匀沉降，墙后排水盲孔高程低于排水孔。

(2) 排水孔堵塞。

(3) 护坡透水管安装不规范，接头包裹不严，未安装滤料，被堵塞。

3. 防治措施要点

(1) 墩墙后的回填土应分层夯实。

(2) 按设计要求进行墩墙后排水盲孔、透水管的安装。

(3) 护坡上安装的冒水孔应用土工布等包裹好，孔内先投放粗砂再装入瓜子片。

第5章 土 方 工 程

5.1 河 道 开 挖

5.1.1 河道中心线偏移

1. 通病描述

河道开挖或疏浚时，中心线偏移偏差值超过允许值。

2. 主要原因

未按设计要求进行放样、施工。

3. 防治措施要点

(1) 按设计要求进行中心线放样，施工过程中进行中心线校核。

(2) 河道陆上土方开挖时，全站仪每 50m 至少测 1 点，允许偏差为 200mm。

(3) 河道疏浚时，每 50m 至少测 1 点，且每个单元不少于 5 点，允许偏差为 1.0m。

5.1.2 河道断面不符合设计要求

1. 通病描述

(1) 陆上土方开挖时，河底高程、河底宽度和边坡坡度不符合设计要求；河口线、坡脚线不顺直，河底平整度偏差大，滩面、平台有明显起伏。

(2) 河道疏浚时，河底高程偏差大，超挖、欠挖，河底两侧底脚线 1/4 底宽范围内的超挖可能影响岸坡稳定性；河道横断面最大允许超深值和单边超宽值大于规范要求。

2. 主要原因

(1) 未按施工图施工作业，未按设计要求放样，开挖尺寸控制精度低；施工人员作业不认真、记录不实。

(2) 施工交接班时未及时校核断面。

(3) 河道疏浚过程中遇特殊地质情况。

3. 防治措施要点

(1) 了解地质和地形情况，必要时进行补充勘察；按实际地质条件制定施工工序。

(2) 加强岗前培训，熟悉设备情况，提高操作技能。

(3) 土方开挖和疏浚过程中，按施工图纸施工，及时检测高程、坡比、断面尺寸，并及时修正。

(4) 河道疏浚边坡宜采用阶梯形开挖，并掌握下超上欠、超欠平衡的原则，超挖与欠挖面积比控制在 1.0~1.5 之间。

5.2 土 料 填 筑

5.2.1 料场管理不规范

1. 通病描述

（1）不重视土方料场建设，未设置专用料场；料场面积偏小，料场四周未设排水沟，回填土方未采取防雨覆盖措施。

（2）回填土直接使用场地内开挖的土体，为过湿土、淤泥、腐殖土、冻土、有机物含量大于8%的土、砖块等杂质含量较多的土。

（3）拟用于回填的膨胀土未采取覆盖防雨水措施。

2. 主要原因

（1）用于填筑的土源质量未引起足够的重视。

（2）未对现场回填土源集中堆放、处理。

3. 防治措施要点

（1）在设计阶段即考虑回填土料场临时征用；加强回填土料场管理，四周设置排水沟。

（2）土方开挖过程中应将可用于回填的土方集中堆放于料场，并采取措施减少土方含水率，使其满足回填要求。不能用于回填的土方集中堆放于弃土区，或采取必要的措施用于非重要部位回填。

（3）回填土方含水率不在控制范围内的，回填前宜采取翻晒等措施。

（4）用于回填的膨胀土，应采取覆盖防雨水措施。如某闸站基坑土层中③$_2$、④$_2$层土具有膨胀性，基坑开挖后立即封底，不能封底的预留保护层后用塑料薄膜等材料覆盖。土方集中堆放于料场，并用复合土工膜覆盖，料场四周设立排水沟。

【膨胀土改良研究】

王振友等研究了南水北调东线一期工程洪泽站、刘老涧二站、睢宁站、解台站膨胀土特性及改良运用措施，形成以下几点结论：

（1）沿线建筑物地基土层主要为第四系上更新统（Q3）黏土、粉质黏土，矿物成分中含有15%~38%的伊利石（水云母）、蒙皂石，伊利石及蒙皂石具亲水性和膨缩性，使场地土具有膨胀性，膨胀性中—弱。

（2）膨胀土膨胀力一般在16.7kPa~140.7kPa之间，深下卧层局部达200kPa左右。建筑物主体持力土层处于大气影响深度以下，膨胀力基本小于设计荷载，不受膨胀性明显影响；河坡、消力池、铺盖处等荷载较小的部位可能会因地基土膨胀而产生变形甚至破坏。

（3）膨胀性黏性土即使被挖置地表多年，甚至进行压实处理，其膨胀性仍基本不变，故不能作为填筑土料直接使用。

（4）按实际填筑施工条件进行的大型模拟试验成果显示，石灰或石灰+水泥改良后的膨胀性土料，其膨胀性基本消除，能够满足工程设计强度、抗压和抗渗要求。

（5）综合考虑施工复杂性和运行安全性等因素，一般可选用2%石灰砂化后再掺入

3‰水泥作为膨胀土改良剂量,用于土方回填。

5.2.2 土料不符合要求

1. 通病描述

(1) 现场填筑土料为淤泥质土、砂砾料。

(2) 回填土料含水率不在击实试验最佳含水率控制范围内。

(3) 含有草根、砖块、碎石、冻土块等杂物。

(4) 土块粒径大于 50mm 的,或大于碾压试验要求的粒径,个别土块粒径达到 30cm～40cm,现场回填未采取破碎措施(见图 5.1)。

2. 主要原因

(1) 场地内可用于回填的土源数量少,未外购土源。

(2) 料场含水率偏高的回填土未能采取翻晒等措施降低含水率。

(3) 大粒径土料未进行破碎处理;土料中的杂物未清理。

3. 防治措施要点

(1) 土方开挖时,场地内可用于回填的土方集中堆放,不能用于回填的土方作为弃土处理,或经过改良后再用于回填;不足的土源应购置。

图 5.1 墙后回填土粒径偏大

(2) 粒径偏大的土料,应进行破碎。回填土中不应含有杂物;含有草根、砖块、碎石、冻土块等杂物时,应安排专人清除。

(3) 控制回填土方含水率在允差范围内,回填土含水率偏高时回填前宜采取翻晒等措施,含水率偏低时应洒水处理,使回填土料含水率处于击实试验最佳含水率控制范围内。

5.3 试 验 检 测

5.3.1 击实试验土样不具代表性

1. 通病描述

(1) 回填土击实试验或工艺试验时,选取的土样不具有代表性。

(2) 现场填筑土料与击实试验、工艺试验的不一致,击实试验结果不能用于施工质量控制。

2. 主要原因

(1) 击实试验取样时,未在监理见证下取样。

(2) 未取不同土样进行击实试验。

3. 防治措施要点

(1) 拟用于回填的土料，分类、就近堆放于料场。

(2) 回填土击实试验时土料取样应具有代表性，应选取场地内不同性质土源分别进行击实试验，通过击实试验确定回填土现场控制干密度。

(3) 施工过程中如发现施工用料发生变化，应进行补充试验，并根据试验结果确定回填土干密度等控制指标。

5.3.2 未进行土方填筑工艺性试验

1. 通病描述

(1) 未开展填筑工艺试验来确定压实参数。

(2) 土方填筑碾压工艺性试验不规范，试验结果不能作为施工质量控制依据。

(3) 填筑参数未履行报批手续。

2. 主要原因

(1) 凭施工经验确定施工工艺和碾压作业参数。

(2) 施工中填筑土料、碾压机具、碾压作业参数与碾压试验不一致。

3. 防治措施要点

(1) 进行土料的物理、力学性能试验，确定符合防渗、压实要求的土料。

(2) 填筑前，对不同土源应通过碾压试验确定压实参数，现场通过碾压工艺试验校核土干密度与含水率之间关系，确定每层铺土厚度、压实遍数、机械行驶速度等施工压实工艺与参数。土方工艺试验应履行报批手续。

(3) 土方碾压试验应考虑到各种可能出现的情况，如土料的不均匀性、含水率波动等差异。

(4) 当土料、设备等与工艺试验不一致时，应重新进行工艺试验。

5.3.3 现场干密度试验不规范

1. 通病描述

(1) 土工试验仪器未按期检定；环刀未校准，已变形或刀口损坏；试验天平未校准、检定。

(2) 土方干密度试验不规范，如含水率测试采用锅炒。

(3) 采用环刀法抽检土方压实度，取样部位位于填筑层的上中部，未在下部1/3范围内取样。

(4) 土方干密度试验未采用双环刀平行测定，不符合《土工试验方法标准》(GB/T 50123—2019) 第6.2.4条的规定。

(5) 试验检测报告、原始记录不符合规范规定，原始记录不全，无人员签字，无试验时间，试验仪器未登记台账。

2. 主要原因

(1) 试验室、试验人员资质不符合要求。

(2) 试验室未按照《土工试验方法标准》(GB/T 50123—2019) 的规定添置试验仪

器，仪器设备未检定。

(3) 试样取样、检验过程不规范。

(4) 未建立土方干密度试验检测制度，或执行不到位。

3. 防治措施要点

(1) 按有关要求设置土方干密度试验室，试验人员有相应试验资质，并进行岗前培训。

(2) 试验环境、试验仪器、试验设备应符合要求，试验仪器、设备应定期校准；天平每次称量前应用标准砝码校准。

(3) 试样取样、干密度试验方法应符合《土工试验方法标准》（GB/T 50123—2019）的规定。

(4) 建立土方干密度试验检测制度；试验人员签字，试验环境的温湿度、试验仪器名称与编号、试验时间等记录齐全。

5.4 墙后回填土

5.4.1 基面处理不合格

1. 通病描述

(1) 填方基面上的草皮、淤泥、杂物和积水未清除就进行填土。

(2) 在旧有沟渠、池塘或含水量很大的松散土上回填土方，基面未经换土、翻晒晾干等处理，就直接在其上填土。

(3) 在较陡坡面上回填时，填方未能与斜坡很好结合，在重力作用下，填方土体顺斜坡滑动。

(4) 冬期施工基面土遭受冻胀，未经处理就直接在其上填方。

2. 主要原因

(1) 未按规范和设计要求对基面、沟渠、池塘等进行处理。

(2) 较陡坡面未将斜坡挖成阶梯状就填土。

(3) 雨季施工未采取防雨措施；降排水措施不到位；冬季施工基面未采取防冻措施。

3. 防治措施要点

(1) 基面上的草皮、淤泥、杂物应清除干净，积水应排除，耕作土、松土应经清基、夯填压实处理，然后回填。基面清理符合规范规定后方可进行土方回填。

(2) 填土场地周围做好排水措施，防止地表水流入基面，浸泡地基，造成基面土下陷。

(3) 对于水田、沟渠、池塘或含水量很大的地段回填，基底应根据具体情况采取排水、疏干、挖去淤泥、换土、抛填片石、填砂砾石、翻松、掺石灰压实等措施处理。

(4) 当填方地面陡于1:5时，应先将斜坡挖成阶梯形，阶高0.2m～0.3m，阶宽大于1m，然后分层回填夯实，以利结合并防止滑动。

(5) 雨季施工采取防雨措施；冬期施工基面上应采取覆盖等措施防止受冻，如果基面土体受冻胀，应先解冻，夯实处理后再进行回填。

5.4.2 墙体结合面泥浆涂刷不规范

1. 通病描述

墙后回填土方前泥浆涂刷不均匀，厚度达不到3mm～5mm；或一次泥浆涂刷面积过大，泥浆已干涸（见图5.2）。

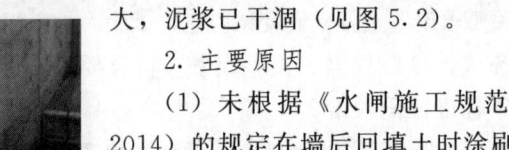

2. 主要原因

（1）未根据《水闸施工规范》（SL 27—2014）的规定在墙后回填土时涂刷泥浆。

（2）对墙后回填土与刚性混凝土墙体之间可能产生接触渗透性破坏的危害认识不到位。

3. 防治措施要点

（1）墙后回填土时，应对接触的混凝土墙体洒水湿润，并边涂刷浓浆、边铺土、边夯实。不应在泥浆干涸后再铺土和压实。泥浆的质量比（土∶水）可为1∶2.5～1∶3.0，涂层厚度可为3mm～5mm；在裂隙岩面上填土时，涂层厚度可为5mm～10mm。

图5.2 泥浆涂刷不均匀、涂刷面积过大

（2）墙后涂刷的泥浆干涸的，需铲除，墙体湿润后重新涂刷泥浆。

5.4.3 墙后回填土压实质量不符合要求

1. 通病描述

（1）回填土压实度不符合设计要求。

（2）墙后填土局部或大片出现沉陷，沉降量过大，严重的可能导致墙体前倾、错位。

2. 主要原因

（1）墙后的积水、淤泥、杂物未清除就回填。

（2）墙后作业面较小，采用人工回填夯实，未达到要求的密实度。

（3）填方土料不符合要求，采用了碎块草皮、有机质含量大于8%的土及淤泥、淤泥质土和杂填土；土的含水率过大或过小，超出含水率控制范围；回填土料中夹有大量干土块；土粒径大，未进行破碎处理。

（4）填筑方式、碾压工艺、压实质量不满足设计和施工规范的要求；有漏压、欠压现象；碾压或夯实机具能量不够，达不到影响深度要求；压实遍数、搭接未按照碾压试验确定的参数进行施工。

（5）墙后1m范围内未采取小型机械碾压或人工夯实；边角部位未碾压到位，与工程其他结合部的填筑质量控制不符合规范规定；回填速度偏快，一次回填坯层厚度偏大，未做分层夯实（压实），压（夯）实遍数不够。

（6）层间清基倒毛不满足要求，层间结合土有光面现象。

3. 防治措施要点

（1）土方回填重点控制回填土的土质、坯厚、含水率、基面清理以及回填土的干密度，按规定取样，严格每道工序的质量控制。

(2) 回填前，应将基面积水排净，淤泥、松土、杂物清理干净，如有地下水或地表滞水，应有排水措施。

(3) 墙后 2m 范围内采用人工回填时，应减少坯层厚度，铺土厚度宜为 150mm～200mm；采用小型压实机具夯实的，适当增加夯实遍数。

(4) 墙后回填土选用的土料，应符合设计和规范要求。土料含水率控制在击实试验最优含水率范围内（可参考表 5.1），当土料含水率偏高时，可采取翻晒、换土、风干等方法降低含水率，或均匀掺入干土、生石灰粉等吸水强的材料。填土土料最大粒径符合碾压试验要求，且不应含有大于 100mm 直径的土块（人工夯实时不宜大于 50mm），不应有较多的干土块；不应含有腐殖土、泥炭土、淤泥等土料。

表 5.1　　　　　　　　　土的最优含水量和最大干密度参考表

土的种类	最优含水量（质量比）/%	最大干密度/(g/cm³)	土的种类	最优含水量（质量比）/%	最大干密度/(g/cm³)
砂土	8～12	1.80～1.88	粉质黏土	12～15	1.85～1.95
粉土	16～22	1.61～1.80	黏土	19～23	1.58～1.70

(5) 回填土采取分层回填、夯实。填筑厚度、压实遍数应根据土质、压实系数及压实机具确定，且不应超过碾压工艺试验确定的厚度，允许偏差为 -50mm～0。回填土量较少，未开展工艺试验的，填筑厚度及压实遍数可按表 5.2 选用。当碾压机具能量过小时，可增加压实遍数、减少坯层厚度，或更换大功率压实机械。

表 5.2　　　　　　　　　填土施工时铺土厚度及压实遍数

压实机具	分层厚度/mm	每层压实遍数	压实机具	分层厚度/mm	每层压实遍数
平碾	250～300	6～8	蛙式打夯机	200～250	3～4
振动压实机	250～350	3～4	人工夯实	≤200	3～4

注　人工夯实土的最大粒径不宜大于 50mm。

(6) 保证碾压搭接带宽度符合要求，交接带碾压轨迹彼此搭接，垂直碾压方向搭接带宽度 1.0m～1.5m；顺碾压方向搭接带宽度 0.3m～0.5mm。做好碾压面处理，要求碾压表面平整、无漏压、个别弹簧、起皮、脱空、剪力破坏部分应进行处理。

(7) 加强结合面清基倒毛，要求结合层面无杂物、表面无松土、无剪切破坏、层间无光面。

(8) 回填土施工过程中需注意回填面的防雨、防水、防冻。

【规范规定】

《水利工程施工质量检验与评定规范　第 2 部分：建筑工程》（DB32/T 2334.2—2013）

5.3.3.3 回填时应按规范分层铺土和压实，并做好施工记录，经检测合格后方可进行后续施工。

5.3.3.4 建筑物墙后回填土，宜在建筑物强度达到设计强度的 70% 后施工；墙后 2m 范围内回填土的铺土厚度宜为 150mm～200mm，用人工或小型压实机具夯实。

5.4.4 回填土出现弹簧土/橡皮土

1. 通病描述

回填土方出现大面积"弹簧土"现象。

2. 主要原因

(1) 在含水量大的腐殖土、黏土、亚黏土、泥炭土、淤泥等原状土上填土。

(2) 采用含水率偏大的土料进行回填。

3. 防治措施要点

(1) 含水量偏大的地基原状土、软弱土层应先进行处理，再回填。

(2) 控制填土的含水率，通过击实试验确定填土的最佳含水率。

5.5 堤 防 填 筑

5.5.1 结合部位/建基面清理不规范

1. 通病描述

(1) 结合部位基面杂物未清理或清理不彻底。

(2) 结合部位填筑体结合不良，有缝隙；在水压力作用下可能出现渗水现象。

2. 主要原因

(1) 结合部位横向接缝未留槎，层间呈光面结合（见图 5.3）。

(2) 填土前未清基倒毛。

(3) 结合面土体含水量低，已晒干裂（见图 5.4）。

图 5.3 结合面未刨毛、光面结合　　图 5.4 结合面土体晒干裂

3. 防治措施要点

(1) 堤基清理。堤基处理是保证堤基与堤身结合面满足抗渗、抗滑要求的关键施工措施，应重点控制。

堤（坝）身、戗台、铺盖、压载基面的清理边界应在设计基面边线外 0.5m～1.0m。

老堤（坝）加高培厚的清理包括堤（坝）坡及堤（坝）顶等。堤基表层不合格土、附着杂物等应清除，清理深度以表层不合格土、淤泥、腐殖土、泥炭土、草皮、树根、建筑垃圾、废渣等全部清除为原则确定。清基后进行倒毛、平整、压实，表面无明显凹凸，无松土、弹簧土。

（2）堤基范围内的沟、塘应清至老土层，四周按规范规定削坡，坡度不应陡于 1∶3；对贯穿和半贯穿堤身的沟、塘，应清理至按堤坡设计坡度延伸至沟、塘底计算位置，清理边界应在实际堤脚线外 30cm～50cm。清淤后按堤身填筑要求进行回填处理。

（3）清除结合部表面杂物，并将结合部挖成台阶状或缓坡。

【规范规定】

《水利工程施工质量检验与评定规范 第 2 部分：建筑工程》（DB32/T 2334.2—2013）

5.4.3.1 筑堤（坝）清理的范围符合设计要求；堤（坝）基表层的不合格土及杂物应清除，并对清理区进行压实，压实后的质量符合设计要求。

5.4.3.2 堤（坝）基范围内的坑、槽、沟、穴应在清理后按堤（坝）身填筑要求回填处理。

5.4.3.5 堤（坝）身填筑边线应超出设计边线，堤（坝）身全断面填筑完毕后作削坡处理。

5.4.3.7 堤（坝）身与建筑物、建基面结合部应按 SL 260、DL/T 5129 的要求处理。

5.4.3.8 老堤（坝）加高培厚前，应清除其表面杂物，并将堤（坝）坡挖成台阶状，再分层填筑；新老堤（坝）结合，垂直堤（坝）轴线方向的各种接缝以斜面相接，坡度可采用 1∶3～1∶5，高差大时宜用缓坡。

5.5.2 堤身填土出现弹簧土

1. 通病描述

填土受碾压（夯实）后，基土发生颤动，受夯击（碾压）处下陷，四周鼓起，形成软塑状态，而体积并没有压缩，人踩上去有一种颤动感觉。

在人工填土地基内，成片出现这种弹簧土（又称橡皮土），将使地基的承载力降低，变形加大，地基长时间不能得到稳定。

2. 主要原因

在含水量很大的黏土或粉质黏土、淤泥质土、腐殖土等原状土地基土进行填筑作业，或采用这种土料进行回填时，由于原状土被扰动，颗粒之间的毛细孔遭到破坏，水分不易渗透和散发。当施工时气温较高，对其进行夯击或碾压，表面易形成一层硬壳，更加阻止了内部土体水分的渗透和散发，因而使土形成软塑状态的橡皮土。这种土埋藏越深，水分散发越慢，长时间内不易消失。

3. 防治措施要点

（1）堤防土方填筑时，应控制填土的含水量在最优含水量偏差范围，土的最优含水量通过击实试验确定。

（2）避免在含水量过大的黏土、粉质黏土、淤泥质土、腐殖土等原状土上进行回填，否则，应按设计要求进行基底处理。

（3）填方区如有地表水时，应设排水沟排走；有地下水应降低至基底 0.5m 以下。

（4）暂停一段时间回填，使橡皮土含水量逐渐降低。

（5）填土区或土料场开沟爽水，降低料场土含水量，采取翻晒等措施，使土料含水量控制在适宜范围。

（6）填方过程中出现弹簧土的，处理方法如下：

1）用干土、石灰粉等吸水材料均匀掺入弹簧土中，吸收土中水分，降低土的含水量。

2）将橡皮土翻松、晾晒、风干至最优含水量范围，再夯（压）实。

3）将弹簧土挖除，重新回填。

5.5.3 填筑质量不满足要求

1. 通病描述

（1）黏性土填筑压实指标未采用压实度，无黏性土填筑压实指标未采用相对密度。

（2）填筑土源来源较杂，不能判定填土压实度是否满足设计要求。铺土厚度偏大，碾压遍数不足。堤防填筑土方的压实度不符合设计要求。单元工程压实指标合格率未达到规范规定。

（3）堤防完工后相对沉降率大，产生裂缝等现象。

（4）断面达不到设计要求、有贴坡现象。

（5）填筑体纵横向结合部位发生裂缝、未压实。

2. 主要原因

（1）击实试验时未弄清压实度、相对密度的概念。

（2）施工中使用的碾压机具、碾压作业参数与碾压试验不一致，碾压施工不规范。

（3）填土面未均匀上升，铺料厚度不均匀，且超过允许偏差。

（4）压实度不满足设计和规范规定，主要原因有：

1）填方土料不符合要求，采用了含有碎块、草皮、有机质含量大于8%的土及淤泥、淤泥质土和杂填土。

2）土料的天然含水量偏离最优含水量范围，土的含水率过大或过小。

3）填土厚度过大，压（夯）实遍数不足，机械碾压行驶速度太快。

4）碾压或夯实机具能量不够，达不到影响深度要求，使密实度降低。

5）取样方法、取样部位、取样数量不符合规范规定。

（5）堤身填筑边线未超出设计坡线，未按设计或规范要求预留沉降超高。

（6）填土时纵向接缝、横向接缝未留槎，填筑未做到均衡上升，未跨缝碾压。

3. 防治措施要点

（1）选择符合填土要求的土料回填。根据设计压实指标，对土质进行物理力学性能试验，并进行击实试验，确定施工干密度控制指标。为使回填土在压后达到最大密实度，应使回填土的含水量接近最优含水量，偏差不大于±2%。含水量大于最优含水量范围时，应采用翻松、晾晒、风干方法降低含水量；或采取换土回填，或均匀掺入干土，或采用其他吸水材料等来降低含水量；含水量过低，应洒水湿润。

(2)开展碾压工艺试验,确定土料含水率控制范围、每层铺土厚度、压(夯)实遍数,严格进行水平分层回填、压(夯)实,使达到设计规定的质量要求。

(3)控制填筑土源质量。按碾压参数进行碾压作业,按规范要求进行压实度检测。控制黏性土料的含水率、土块直径;控制砾质黏土的粗粒含量、粗粒最大粒径;控制砂砾料级配、砾石含量、含泥量,使其达到设计和施工规范规定。

(4)及时进行填土干密度检测,取样部位应有代表性,检测方法和频次应满足规范或设计要求。

(5)堤身填筑边线应超出设计坡线,按设计或规范要求预留沉降超高;堤身全断面填筑完毕后作削坡处理。

(6)堤身填筑应避免纵向接缝;填筑作业按水平层次铺填,不应顺坡填筑;碾压机械行走方向平行于堤身轴线;横向接缝结合部位应留槎(见图5.5),相邻作业面应搭接,挖成台阶状或缓坡,结合坡度1:3~1:5。

图5.5 堤防结合部位留槎

(7)老堤加高培厚前,应清除其表面杂物,并将堤坡挖成台阶状,再分层填筑。

(8)铺土前作业面可适当洒水。

5.5.4 堤防沉降量大于设计控制值

1.通病描述

(1)堤防沉降量大。

(2)沉降速度快。

2.主要原因

(1)堤基持力层为淤泥质土质,含水率高,承载力低;地基未进行加固处理。

(2)填筑速度偏快,未分阶段填筑。

3.防治措施要点

(1)堤防设计时,应根据堤基土质情况,进行必要的加固处理,特别是对于淤泥层较厚、承载力较低的堤基,宜先加固后筑堤。

(2)堤(坝)身填筑按设计和规范规定预留沉降超高。

(3)控制填筑速度,分阶段填筑;并在堤防填筑过程中进行沉降观测。

5.6 其 他

5.6.1 坝体灌浆不符合设计或规范要求

1.通病描述

(1)孔口未编号标识,孔口未采取防护措施。

(2) 灌浆未按孔序依次施工，在未完成Ⅰ序孔施工的情况下，即进行Ⅱ序孔、Ⅲ序孔施工。

(3) 灌浆工艺试验不满足设计要求，灌浆试验资料无法确定灌浆参数的合理性，但试验参数已用于灌浆施工。

(4) 灌浆无孔序、钻孔孔底高程记录、钻孔垂直度检查记录，或记录不规范，单孔钻孔记录在一张表格内，未分别填写钻孔时间。

(5) 现场没有灌浆施工记录，或记录不及时、不完整且与实际不一致。

2. 主要原因

未按照《土坝灌浆技术规范》（DL/T 5238—2010）进行施工和质量检查控制。

3. 防治措施要点

(1) 依据设计文件和《土坝灌浆技术规范》（DL/T 5238—2010）等进行土坝灌浆施工。

(2) 施工前进行灌浆工艺性试验，确定灌浆技术参数。按设计和工艺性试验成果编制施工方案，并实施。

(3) 灌浆土料、掺合料等原材料符合设计及规范要求；浆液密度符合设计要求。

(4) 灌浆孔宜采用干法成孔，做好孔口标识、孔口保护。

(5) 施工过程中，应控制灌浆压力和观察裂缝开展情况，裂缝宽度不大于 30mm。

(6) 对照施工图检查孔序；钢尺量测孔位、孔径（直接测量或量钻头）应符合要求。

(7) 检查正在施工的工序施工记录表，记录内容应与现场实际一致，堤防劈裂灌浆、充填式灌浆的灌浆顺序、单孔灌浆次数、灌浆压力、持压时间、灌浆间隔时间以及灌浆量等应符合设计和工艺要求，终灌条件应符合要求。

(8) 依据《水利工程施工质量检验与评定规范　第 2 部分：建筑工程》（DB32/T 2334.2—2013）进行堤坝灌浆造孔工序质量检验、堤坝劈裂式灌浆工序质量检验、堤坝充填式灌浆工序质量检验。

5.6.2　土质施工围堰漏水、滑坡、倒塌

1. 通病描述

土质施工围堰使用过程中出现堰后渗漏水、滑坡、纵向裂缝甚至倒塌。

2. 主要原因

(1) 围堰填筑前未按设计要求进行清基；两岸接头处理不符合设计要求。

(2) 填筑土料不符合要求，未分层铺填、压实。

(3) 围堰断面尺寸不符合设计要求；围堰防护不符合要求。

(4) 围堰工程未经验收合格即投入使用。

(5) 邻近围堰有振动作业。

(6) 围堰使用过程中未定期观测和维护。

3. 防治措施要点

(1) 围堰填筑前应进行清障、清淤；两岸接头应清基，处理应符合设计要求。

(2) 填筑土料宜为黏性土，水下部分水中倒土，水上部分应分层铺填、压实，压实度

应大于等于 0.9 或符合设计要求。

（3）围堰顶高程、堰顶宽度、迎水面和背水面坡度应符合设计要求。

（4）根据所处环境做好围堰边坡防护。

（5）围堰工程应验收合格再投入使用。

（6）邻近围堰不应有振动作业，否则应加强监测。

（7）围堰使用过程中应定期进行沉降观测，检查观测堰后有无渗漏水，做好日常维护。

【规范规定】

《水利水电工程施工安全管理导则》（SL 721—2015）

7.3.1 施工单位应在施工前，对达到一定规模的危险性较大的单项工程编制专项施工方案；对于超过一定规模的危险性较大的单项工程，施工单位应组织专家对专项施工方案进行审查论证。达到一定规模的危险性较大的单项工程，主要包括下列工程：

7. 围堰工程。

7.3.11 危险性较大的单项工程完成后，监理单位或施工单位应组织有关人员进行验收。验收合格的，经施工单位技术负责人及总监理工程师签字后，方可进行后续工程施工。

第6章 模板与支架

6.1 设 计

6.1.1 模板及支架未进行设计

1. 通病描述

模板及支架系统未进行设计，高大模板未进行专项论证。

2. 主要原因

根据经验进行模板和支架的搭设。

3. 防治措施要点

(1) 模板及其脚手架支撑体系应进行设计，监理单位应进行审查；高大模板、超过一定规模的危险性较大的模板支架工程的专项施工方案，施工单位应组织专家技术论证。

(2) 模板及支架结构应具有足够的稳定性、刚度和强度。模板工程应按照相关要求编制专项施工方案，专项施工方案中应包括模板及支架的类型、材料要求、相关计算书和施工图、安装与拆除相关技术措施、施工安全和应急措施、文明施工、环境保护等技术要求。

【规范规定】

《水利工程施工质量检验与评定规范 第2部分：建筑工程》（DB32/T 2334.2—2013）

8.1.3.3.1 模板及支架材料应符合《水电水利工程模板施工规范》DL/T 5110 的要求，结构具有足够的稳定性、刚度和强度。模板表面光洁平整，接缝严密。

8.1.3.3.2 模板搭设跨度18m及以上，施工总荷载15kN/m^2及以上，集中线荷载20kN/m及以上，高度大于支撑水平投影宽度且相对独立无联系构件的混凝土模板支撑工程，施工单位应编制模板安装专项方案，并组织专家对专项方案进行论证。

8.1.3.3.3 泵站流道、船闸廊道等特种模板应符合有关技术标准和设计要求。有专门要求的高速水流区、溢流面等部位的模板，应符合有关专项设计的要求。

6.1.2 对拉螺杆选用不当

1. 通病描述

(1) 对拉螺杆未根据施工季节、混凝土坍落度和浇筑速度等进行设计。

(2) 实际使用的对拉螺杆截面积小于设计值。

2. 主要原因

未进行模板侧压力计算，根据经验选用对拉螺杆。

3. 防治措施要点

（1）混凝土浇筑速度越快，对拉螺杆的直径越大；冬季气温低，混凝土初凝时间长，同样浇筑速度下与夏季相比，需要选用直径较大的对拉螺杆。因此，应结合施工季节、混凝土坍落度和浇筑速度等，根据《水闸施工规范》（SL 27—2014）、《水工混凝土施工规范》（SL 677—2014）计算模板侧压力，确定对拉螺杆间距，选用对拉螺杆的规格。本《手册》推荐墩墙对拉螺杆直径不宜小于16mm，螺杆间距宜选用600mm×600mm。

（2）一直以来对拉螺杆主要采用无套管、无止水片的普通式对拉螺杆进行模板架立，在拆除模板、凿成孔眼和割除螺杆时，对拉螺杆及周围混凝土常因受到扰动而易形成渗水通道；人工凿成的对拉螺杆孔眼，其形状和深度不一，导致孔眼封堵质量难以保证。这在一定程度上影响了混凝土的耐久性能和工程外观质量。

（3）《江苏省公路水运工程落后工艺淘汰目录清单（第二批）》提出有防水要求的构筑物限制使用模板固定采用对拉螺杆工艺，推荐使用圆台螺母对拉工艺、止水螺杆对拉工艺。江苏省水利厅文件《水利建设工程推广应用组合式对拉止水螺杆的指导意见》（苏水基〔2016〕4号），推广应用组合式对拉螺杆。使用前检查螺母、螺杆螺纹情况，有损坏的不应使用。有防水要求的混凝土，宜使用中部设止水片的对拉螺杆，止水片应与对拉螺杆环焊。

6.2 支架与脚手架

6.2.1 架体材料和构配件不符合要求

1. 通病描述

（1）架体材料和构配件不符合规范及专项施工方案要求。

（2）架体材料和构配件未进行进场验收，未按规定进行抽样复试。

2. 主要原因

（1）根据经验选用架体材料和构配件，未按规范和经批准的专项施工方案选用架体材料和构配件。

（2）未跟上政策要求和新型脚手架技术进展，未根据住房和城乡建设部的指导意见大力推广新型脚手架。

（3）未向监理单位报验架体材料和构配件。

3. 防治措施要点

（1）按《建筑施工承插型盘扣式钢管支架安全技术规程》（JGJ/T 231—2021）、《建筑施工扣件式钢管脚手架安全技术规范》（JGJ 130—2011）、《建筑施工碗扣式钢管脚手架安全技术规范》（JGJ 166—2016）等标准的规定，选用架体材料。

（2）施工现场搭设超过一定规模的危险性较大的模板支撑系统，特别是属于超危大工程和参照超危大工程的模板支撑架工程，不应采用扣件式钢管支撑体系，应选用碗扣式、承插盘扣式等定型化工具式支撑体系。

（3）江苏省水利厅文件《关于在水利建设中做好施工工艺、设备和材料淘汰更新的通知》(苏水基函〔2023〕7号）提出竹（木）脚手架属于禁止使用淘汰类型，推广应用承插型盘扣式钢管脚手架、扣件式非悬挑钢管脚手架；门式钢管满堂支架属于禁止使用淘汰类型，推广应用承插型盘扣式钢管支撑架、钢管柱梁式支架、移动模架等。

（4）对进入施工现场的架体材料和构配件检查与验收应符合下列规定：

1）应有产品标识、质量合格证、型式检验报告、主要技术参数及产品使用说明书。

2）应在进场时和周转使用前全数检查外观质量。

3）当对质量有疑问时，应进行质量抽检和整架试验。

（5）架体材料和构配件每使用一个安装、拆除周期后，应专门安排人员进行检查、分类、维护、保养，对不合格品应及时报废。

（6）经验收合格的架体材料和构配件应按品种、规格分类码放，并应悬挂含有数量、规格等信息的铭牌。堆放场地应排水畅通、无积水。

（7）必要时，应对模板、支架杆件和连接件的力学性能进行抽样检查。

【规范规定】

《建筑施工脚手架安全技术统一标准》（GB 51210—2016）

4.0.1 脚手架所用钢管宜采用现行国家标准《直缝电焊钢管》（GB/T 13793）或《低压流体输送用焊接钢管》（GB/T 3091）中规定的普通钢管，其材质应符合现行国家标准《碳素结构钢》（GB/T 700）中 Q235 级钢或《低合金高强度结构钢》（GB/T 1591）中 Q345 级钢的规定。钢管外径、壁厚、外形允许偏差应符合表 4.0.1 的规定。

4.0.2 脚手架所使用的型钢、钢板、圆钢应符合国家现行相关标准的规定，其材质应符合现行国家标准《碳素结构钢》（GB/T 700）中 Q235 级钢或《低合金高强度结构钢》（GB/T 1591）中 Q345 级钢的规定。

4.0.3 铸铁或铸钢制作的构配件材质应符合现行国家标准《可锻铸铁件》（GB/T 9440）中 KTH-330-08 或《一般工程用铸造碳钢件》（GB/T 11352）中 ZG 270-500 的规定。

10.0.2 对搭设脚手架的材料、构配件和设备应进行现场检验。

10.0.3 搭设脚手架的材料、构配件和设备应按进入施工现场的批次分品种、规格进行检验，检验合格后方可搭设施工，并应符合下列要求：

1 新产品应有产品质量合格证，工厂化生产的主要承力杆件、涉及结构安全的构件应具有型式检验报告；

2 材料、构配件和设备质量应符合本标准及国家现行相关标准的规定；

3 按规定应进行施工现场抽样复验的构配件，应经抽样复验合格；

4 周转使用的材料、构配件和设备，应经维修检验合格。

10.0.4 在对脚手架材料、构配件和设备进行现场检验时，应采用随机抽样的方法抽取样品进行外观检验、实量实测检验、功能测试检验。抽样比例应符合下列规定：

1 按材料、构配件和设备的品种、规格应抽检 1%～3%；

2 安全锁扣、防坠装置、支座等重要构配件应全数检验；

3 经过维修的材料、构配件抽检比例不应少于 3%。

《建筑施工碗扣式钢管脚手架安全技术规范》（JGJ 166—2016）

3.2.10 脚手板的材质应符合下列规定：

1 脚手板可采用钢、木或竹材料制作，单块脚手板的质量不宜大于30kg；

3 木脚手板材质应符合现行国家标准《木结构设计标准》(GB 50005)中Ⅱa级材质的规定；脚手板厚度不应小于50mm，两端宜各设直径不小于4mm的镀锌钢丝箍两道；

4 竹串片脚手板和竹笆脚手板宜采用毛竹或楠竹制作；竹串片脚手板应符合现行行业标准《建筑施工竹脚手架安全技术规范》(JGJ 254)的规定。

3.3.1 宜采用公称尺寸为48.3mm×3.5mm的钢管，外径允许偏差应为±0.5mm，壁厚偏差不应为负偏差。

《建筑施工扣件式钢管脚手架安全技术规范》(JGJ 130—2011)

8.1.1 新钢管的检查应符合下列规定：

1 应有产品质量合格证；

2 应有质量检验报告，钢管材质检验方法应符合现行国家标准《金属材料室温拉伸试验方法》(GB/T 228)的有关规定，其质量应符合本规范第3.1.1条的规定；

3 钢管表面应平直光滑，不应有裂缝、结疤、分层、错位、硬弯、毛刺、压痕和深的划道；

4 钢管外径、壁厚、端面等的偏差，应分别符合本规范表8.1.8的规定；

5 钢管应涂有防锈漆。

8.1.2 旧钢管的检查应符合下列规定：

1 表面锈蚀深度应符合本规范表8.1.8序号3的规定。锈蚀检查应每年一次。检查时，应在锈蚀严重的钢管中抽取三根，在每根锈蚀严重的部位横向截断取样检查，当锈蚀深度超过规定值时不应使用。

2 钢管弯曲变形应符合本规范表8.1.8序号4的规定。

8.1.3 扣件验收应符合下列规定：

1 扣件应有生产许可证、法定检测单位的测试报告和产品质量合格证。当对扣件质量有怀疑时，应按现行国家标准《钢管脚手架扣件》(GB 15831)的规定抽样检测。

2 新、旧扣件均应进行防锈处理。

3 扣件的技术要求应符合现行国家标准《钢管脚手架扣件》(GB 15831)的相关规定。

《建筑施工承插型盘扣式钢管支架安全技术规程》(JGJ/T 231—2021)

3.2.1 承插型盘扣式钢管支架的构配件除有特殊要求外，其材质应符合《低合金高强度结构钢》(GB/T 1591)、《碳素结构钢》(GB/T 700)以及《一般工程用碳素铸钢件》(GB/T 11352)的规定。各类支架主要构配件材质应符合表3.2.1的规定。

表3.2.1 承插型盘扣式钢管支架主要构配件材质

立杆	水平杆	竖向斜杆	水平斜杆	扣接头	立杆连接套管	可调底座、可调托座	可调螺母	连接盘、插销
Q345A	Q235A	Q195	Q235B	ZG230-450	ZG230-450或20号无缝钢管	Q235B	ZG270-500	ZG230-450或Q235B

3.2.2 钢管外径允许偏差应符合表3.2.2的规定，钢管壁厚允许偏差为±0.1mm。

表 3.2.2　　　　　　　承插型盘扣式钢管支架主要构配件材质

外径/mm	允许偏差/mm	外径/mm	允许偏差/mm
32、38、42、48	+0.2，−0.1	60	+0.3，−0.1

3.2.3 连接盘、扣接头、插销以及可调螺母的调节手柄采用碳素钢制造时，其材料机械性能不得低于《一般工程用碳素铸钢件》(GB/T 11352) 中牌号为 ZG 230-450 的屈服强度、抗拉强度、延伸率的要求。

6.2.2 支架、脚手架搭设不规范

1. 通病描述

(1) 支架、脚手架未按规范要求搭设。

(2) 支架、脚手架失稳。

2. 主要原因

(1) 支架、脚手架未进行设计，支架、脚手架整体承载力不足。

(2) 支架基础强度不够，或支架基础未进行处理；模架支架立杆下缺少垫板或垫板损坏；支架立在回填土上，基础沉降不均匀，产生沉降后支架立杆脱空、支架不均匀沉降、变形，甚至出现歪斜、失稳、垮塌。

(3) 支架、脚手架基础排水不畅通，长期泡水，造成基础承载力下降。

(4) 钢管使用前未检查验收，周转次数多，钢管锈蚀严重，壁厚减薄，出现洞眼、破损等现象。

(5) 扣件损伤，与纵横杆连接不牢固，扣件螺栓紧固力不足。

(6) 支架扫地杆、剪刀撑未设置或设置不规范（见图6.1）。

图 6.1　支架搭设未设扫地杆

3. 防治措施要点

(1) 模板、支架、脚手架搭设和使用过程中，应避免构成重大事故隐患。下列情形应判为重大事故隐患：脚手架工程的地基基础承载力和变形不满足设计要求；模板支架承受的施工荷载超过设计值，且已有明显沉降；模板支架拆除时混凝土强度未达到设计或施工规范要求等。

(2) 模板及脚手架支撑体系应进行设计，负荷量超过 3.0kPa、高度超过 15.0m 和特殊部位的脚手架，应编制专项施工方案，并附安全验算报告，报监理单位审核；高大模板还应组织专项论证。

(3) 按《建筑施工承插型盘扣式钢管脚手架安全技术标准》(JGJ/T 231—2021)、《建筑施工扣件式钢管脚手架安全技术规范》(JGJ 130—2011) 等标准的规定，做好支架和脚手架基础处理。

(4) 模板支撑间距应保证在模板及支架自重、混凝土重量、钢筋重量及各项施工荷载作用下,模板及支架应稳定;其变形应符合《水工混凝土施工规范》(SL 677—2014)的规定。

(5) 模架支承在回填土上时:

1) 支撑体系的基础土层应夯实,在土层承载力达到设计要求后,再进行模板支撑体系的搭设工作;模架支撑在回填土上时,宜对地基的承载力进行验算。

2) 支架底部支撑结构应具有支撑上层荷载的能力,且能合理传递荷载。支架立柱和竖向模板安装在土层上时,应设置有足够强度和支承面积的垫板,禁止使用砖及脆性材料作为铺垫。

3) 模架基础应采取适当的排水措施,如加设排水沟,防止雨后基础被水浸泡。

4) 使用过程中经常巡视检查,发现因回填土沉降支架底端悬空时,应进行处理。

(6) 支架进场前,做好材料验收,检查材料是否破损,钢管的直径、壁厚和构配件应符合规范及专项施工方案要求;扣件按规定进行抽样复试,技术性能应符合《钢管脚手架扣件》(GB 15831—2023)的规定。扣件在使用前应逐个检查挑选,有裂缝、变形、螺纹滑丝的不应使用。螺栓拧紧力矩不应小于40N·m,且不应大于65N·m。

(7) 严格控制好围檩和对拉螺杆安装质量,对承重支撑体系脚手架要全面检查。

(8) 扣件式、碗扣式、承插型盘扣式钢管支架的步距、跨距、剪刀撑的设置以及扣件连接等应符合相关规范及专项施工方案要求。支架的竖向斜撑和水平斜撑应与支架同步搭设,支架宜与已成型的混凝土结构有可靠的拉结。

(9) 按规范或专项施工方案的要求,所有脚手架立杆均应设置纵向、横向扫地杆,离地面距离为200mm～300mm(见图6.2)。

(10) 脚手架上脚手板的设置符合规范及专项施工方案要求,脚手架上严禁集中荷载。

(11) 泵站流道层、联轴层,上、下层模板支架的立杆宜中心对准。

图6.2 支架扫地杆设置

(12) 固定在模板上的预埋件、预留孔和预留洞,应安装牢固、位置准确。后浇带模板及支架应独立设置。

【规范规定】

《施工脚手架通用规范》(GB 55023—2022)

4.1.3 脚手架地基应符合下列规定:

1 满足承载力和变形要求;

2 应设置排水措施,搭设场地不应积水;

3 冬期施工应采取防冻胀措施。

4.4.3 脚手架立杆间距、步距应通过设计确定。

4.4.4 脚手架作业层应采取安全防护措施，并应符合下列规定：

1 作业脚手架、满堂支撑脚手架、附着式升降脚手架作业层应满铺脚手板，并应满足稳固可靠的要求。当作业层边缘与结构外表面的距离大于150mm时，应采取防护措施。

2 采用挂钩连接的钢脚手板，应带有自锁装置且与作业层水平杆锁紧。

3 木脚手板、竹串片脚手板、竹笆脚手板应有可靠的水平杆支承，并应绑扎稳固。

4 脚手架作业层外边缘应设置防护栏杆和挡脚板。

5 作业脚手架底层脚手板应采取封闭措施。

6 沿所施工建筑物每3层或高度不大于10m处应设置一层水平防护。作业层外侧应采用安全网封闭。当采用密目安全网封闭时，密目安全网应满足阻燃要求。

8 脚手板伸出横向水平杆以外的部分不应大于200mm。

4.4.5 脚手架底部立杆应设置纵向和横向扫地杆，扫地杆应与相邻立杆连接牢固。

4.4.8 悬挑脚手架立杆底部应与悬挑支承结构可靠连接；应在立杆底部设置纵向扫地杆，并应间断设置水平剪刀撑或水平斜撑杆。

4.4.14 支撑脚手架的水平杆应按步距沿纵向和横向通长连续设置，且应与相邻立杆连接稳固。

《建筑施工扣件式钢管脚手架安全技术规范》（JGJ 130—2011）

6.3.2 脚手架应设置纵、横向扫地杆。纵向扫地杆应采用直角扣件固定在距钢管底端不大于200mm处的立杆上。横向扫地杆应采用直角扣件固定在紧靠纵向扫地杆下方的立杆上。

《建筑施工承插型盘扣式钢管脚手架安全技术标准》（JGJ/T 231—2021）

6.2.5 支撑架可调底座丝杆插入立杆长度不应小于150mm，丝杆外露长度不宜大于300mm，作为扫地杆的最底层水平杆中心线距离可调底座的底板不应大于550mm。

《建筑施工碗扣式钢管脚手架安全技术规范》（JGJ 166—2016）

6.1.3 脚手架的水平杆应按步距沿纵向和横向连续设置，不应缺失。在立杆的底部碗扣处应设置一道纵向水平杆、横向水平杆作为扫地杆，扫地杆距离地面高度不应超过400mm，水平杆和扫地杆应与相邻立杆连接牢固。

住房和城乡建设部《关于印发〈房屋市政工程生产安全重大事故隐患判定标准（2022版）〉的通知》（建质规〔2022〕2号）

第七条 脚手架工程的地基基础承载力和变形不满足设计要求，应判定为重大事故隐患。

《水利工程施工质量检验与评定规范 第2部分：建筑工程》（DB32/T 2334.2—2013）

10.7.3.1 施工常规负荷量应不超过3.0kPa。脚手架结构应根据施工荷载经设计确定。

10.7.3.2 负荷量超过3.0kPa、高度超过15.0m和特殊部位的脚手架，应编制专项施工方案，并附具安全验算结果，报监理审核。

10.7.3.3 从事脚手架工作的人员应持有国家特种作业主管部门颁发的相关证件。

10.7.3.4 脚手架基础应牢固，脚手架应架设在牢固的建筑物或其他稳定的物件之上。

10.7.4 钢管脚手架单元工程质量检验项目与标准

a. 主控项目：①杆间距：立杆≤2.0m，大横杆≤1.2m，小横杆≤1.5m；②钢管、扣件规格与质量：钢管无严重锈蚀、弯曲、压扁或裂纹，扣件无脆裂、气孔、变形、滑丝；③立杆地基：平整坚硬；土质地基立杆底部的垫块、垫木、槽钢等设置良好；④脚手板：铺设平稳，固定牢靠，无探头板。

b. 一般项目：①剪刀撑：外侧及每隔2道～3道横杆设剪刀撑；斜杆与水平面的交角：45°～60°；水平投影宽度：2跨（或4.0m）～4跨（或8.0m）；②杆件连接可靠，斜撑、扫地杆布置合理；③斜道板、跳板防滑条间距≤0.3m；④防护网布设：齐全、牢固，符合设计和安全要求。

6.2.3 使用不规范

1. 通病描述

（1）脚手架上有集中荷载。

（2）混凝土浇筑时，未按照专项施工方案规定的顺序进行，混凝土直冲模板，未指定专人对模板支撑体系进行监测。

（3）施工设备、材料碰撞模板、脚手架、支架。

（4）在回填土上安装支架、脚手架的，立杆底部出现悬空现象。

2. 主要原因

未按要求规范支架、脚手架的使用。

3. 防治措施要点

（1）按照《建筑施工脚手架安全技术统一标准》（GB 51210—2016）、《施工脚手架通用规范》（GB 55023—2022）、《建筑施工碗扣式钢管脚手架安全技术规范》（JGJ 166—2016）、《建筑施工承插型盘扣式钢管脚手架安全技术标准》（JGJ/T 231—2021）、《建筑施工模板安全技术规范》（JGJ 162—2008）、《建筑施工扣件式钢管脚手架安全技术规范》（JGJ 130—2011）、《建筑施工门式钢管脚手架安全技术标准》（JGJ/T 128—2019）等规范进行模板支撑体系使用管理。

（2）支架、脚手架搭设完成后，应按照《水利工程施工质量检验与评定规范 第2部分：建筑工程》（DB32/T 2334.2—2013）的规定，监理、施工及使用等单位按设计和规范检查验收，合格后投入使用。

（3）架体的安全防护、脚手板的设置应符合规范及专项施工方案要求。

（4）混凝土浇筑时，不应直接冲击模板，振动棒不应碰撞模板、对拉螺杆，并指定专人对模板支撑体系进行监测检查。

（5）脚手架上不应有集中荷载；如果需要承受集中荷载作用时，应进行加固处理。

6.3 模板制作安装

6.3.1 模板质量不符合要求

1. 表现特征

（1）模板翘曲、变形、破损。

（2）模板厚度偏薄，刚度低，浇筑的混凝土表面有不平整现象。

2. 主要原因

(1) 胶合板经日晒雨淋后变形，或使用已变形的旧胶合板。

(2) 模板多次周转使用，表面不光洁，表面黏附的水泥浆、油污等杂物未清理干净。

(3) 人为选择板厚较薄的模板。

3. 防治措施要点

(1) 模板材料的技术指标应符合下列规定：

1) 钢模板采用 Q235 钢材，质量应符合《碳素结构钢》（GB/T 700—2006）的规定。

2) 木质胶合板最小厚度不宜小于 16mm，质量应符合《混凝土模板用胶合板》（GB/T 17656—2018）的规定。

3) 竹材胶合板最小厚度不宜小于 12mm，质量应符合《混凝土模板用竹材胶合板》（LY/T 1574—2000）的规定。

(2) 为提高墩墙外露面外观质量，采用胶合板时宜优先选用新购置的模板，采用钢模板时应进行打磨、除锈、刷防锈油脂处理。模板的板面应光洁、平整，胶合板模板的胶合层不应脱胶翘角，边、角无损坏。

(3) 模板安装前应进行检查验收，不符合要求的不应使用；重复使用的模板应按规定拆除、堆放，防止模板损伤、污染，或因暴晒、雨淋发生变形；对已损伤、变形和污染的模板，再次使用前应进行调整、清污、保养、分拣。

(4) 接触混凝土的模板表面应平整，并应具有良好的耐磨性和硬度；清水混凝土模板的面板材料应能保证脱模后所需的饰面效果。

6.3.2 模板几何尺寸控制偏差大

6.3.2.1 轴线位置不符合设计要求

1. 通病描述

墩、墙、柱、板实际位置偏差较大。

2. 主要原因

插筋或立模时模板轴线位置不正确。

3. 防治措施要点

(1) 模板轴线测量放线后，组织技术复核验收，确认无误后才能支模。

(2) 墩墙、排架、柱模板根部和顶部设置可靠的限位措施。

(3) 支模时要拉水平、竖向通线，并设竖向垂直度控制线，以保证模板水平、竖向位置准确。

(4) 混凝土浇筑前，对模板轴线、支架、顶撑进行认真检查、复核，发现问题应及时处理。

(5) 混凝土浇筑时，应均匀对称下料，避免冲击模板。

6.3.2.2 模板尺寸控制偏差大

1. 通病描述

墩、墙、柱的垂直度、结构尺寸不满足设计或规范的要求，偏差较大。

2. 主要原因

(1) 墩、墙、柱等竖向构件模板根部和顶部没有限制模板水平位移的措施，水平构件侧面模板固定不牢。

(2) 未对模板安装尺寸、垂直度、表面平整度等进行检查。

(3) 模板刚度与强度不足，累计误差偏大。

(4) 对拉螺杆直径偏细，混凝土浇筑速度偏快。

3. 防治措施要点

(1) 模板加工前应绘制加工详图，并注明各部位编号、轴线位置、几何尺寸、剖面形状、预留孔洞、预埋件等，经复核无误后对生产班组及操作工人进行技术交底，作为模板制作、安装的依据。

(2) 施工过程中的测量放样应由专人负责，各种测量仪器应定期校验。

(3) 现场高程、轴线的控制线，应准确无误、标识清楚，监理工程师应复核确认。

(4) 模板放线均应由控制线向操作层引测，消除累计误差，保证模板位置准确。

(5) 模板支撑完成后，施工单位应对墩、墙、柱模板轴线、垂直度、结构尺寸等进行检测，校正模板的标高、平整度、垂直度，检查模板安装的牢固性、稳定性，对模板支架、顶撑、对拉螺杆安装质量进行认真检查、复核，发现问题及时解决，直至合格为止。

(6) 在施工单位模板工序自检合格基础上，监理工程师重点复查模板内部尺寸、相邻模板表面高差、表面局部不平度和直立面垂直度，模板支撑的强度、刚度和稳定性是否满足要求等。

(7) 底板、墩、墙、柱混凝土浇筑前，应做好浇筑高程控制标识，每6延米范围内设置不少于1处。

(8) 浇筑过程中应控制混凝土浇筑速度，防止模板变形。

6.3.3 模板刚度不足

1. 通病描述

混凝土浇筑过程中模板变形。

2. 主要原因

(1) 未对模板的刚度进行复核计算。

(2) 胶合板的厚度不足，围檩数量不足。

3. 防治措施要点

(1) 根据混凝土浇筑参数，通过刚度复核计算，选择满足刚度要求的模板及其支撑系统。

(2) 木质胶合板最小厚度不宜小于16mm，竹材胶合板最小厚度不宜小于12mm。模板围檩数量充足，保证混凝土浇筑过程中模板不变形。

(3) 浇筑过程中控制浇筑速度，混凝土入仓不冲击模板；振动棒不触碰模板。

6.3.4 模板连接与支撑不牢固

1. 通病描述

混凝土浇筑过程中模板松动，出现跑模。

2. 主要原因

(1) 未进行模板设计和编制专项方案，或施工过程中未得到有效实施。

(2) 模板安装时，模板撑拉位置设置不合理，撑拉力不均匀；混凝土浇筑过程中，模板侧压力不均匀。

(3) 支架强度和稳定性不符合要求；扣件数量不足，未上紧，或松紧不一，特别是采用电动螺栓拧紧机时，可能使螺栓紧固力不足；墩墙下端数排对拉螺杆未采用双螺帽。

(4) 混凝土入仓过程中，浇筑速度偏快，混凝土冲击模板，振捣器触动模板或对拉螺杆。

3. 防治措施要点

(1) 模板及其支架系统应进行设计，编制模板安装专项方案。

(2) 模板安装时，固定模板的拉杆应均匀和对称布置。按照江苏省水利厅《水利建设工程推广应用组合式对拉止水螺杆的指导意见》（苏水基〔2016〕4号）的要求，推广应用组合式对拉止水螺杆，螺杆直径不宜小于16mm，螺杆间距宜选用600mm×600mm。墩墙下端3排～5排对拉螺杆采用双螺帽。

(3) 混凝土浇筑前，应按规范和模板安装方案进行检查验收。

(4) 混凝土下料、平铺、振捣等工序均应均匀对称操作；控制混凝土浇筑速度，入仓混凝土不应冲击模板，振捣器离模板表面不少于10cm；浇筑过程中安排专人值班，发现模板变形过大、对拉螺杆螺母松动的应及时处理。

6.3.5 模板拼缝不严密

1. 通病描述

混凝土浇筑时水泥浆从模板接缝处漏出仓外，接缝处混凝土出现露砂、骨料裸露，甚至有蜂窝、孔洞等现象。

2. 主要原因

(1) 胶合板模板多次周转使用，四周边缘损伤。

(2) 模板拼装缝隙过大，模板间缝隙未堵塞。

(3) 胶合板模板安装周期过长，因模板干燥造成缝隙。浇筑混凝土时，木模板未提前浇水湿润，使其胀开。

(4) 围檩数量不足，拼缝处无围檩。

(5) 混凝土浇筑过程中未及时进行模板变形观测。

3. 防治措施要点

(1) 严格控制木模板含水率，制作时拼缝要严密。

(2) 提高模板拼装和安装水平。胶合板模板拼装、安装及混凝土浇筑，应考虑环境温湿度对模板的影响；除冬季外，混凝土浇筑前应浇水润湿，但不应有积水。

(3) 胶合板模板制作后要遮阳防雨，避免变形。安装周期不宜过长。
(4) 钢模板变形，特别是边框变形，要先修整再安装。
(5) 模板间用双面胶带或5mm～6mm厚海绵条堵塞缝隙。
(6) 模板交角或转角部位支撑要牢靠，拼缝要严密（缝间加双面胶带），发生的错位要校正好。
(7) 模板龙骨尺寸和安装密度应满足模板设计要求，保证面板受混凝土侧压力均匀。
(8) 混凝土浇筑过程中，注意变形观测，及时调整、处理不满足要求的变形和接缝。

6.3.6 模板上预留孔（洞）和预埋件安装尺寸控制不严、位置偏移

1. 通病描述
(1) 预留孔（洞）遗漏。
(2) 预留孔（洞）的位置（轴线、高程）、尺寸不符合设计要求。
(3) 预埋件的位置与设计不符或遗漏。

2. 主要原因
未按设计要求布置预留孔（洞）、安装预埋件。

3. 防治措施要点
(1) 绘制预留孔（洞）、预埋件图，混凝土浇筑前由机电或金属结构安装人员共同检查验收，监理工程师在承包人自检基础上复查预留孔（洞）、预埋件的位置、标高是否符合要求。
(2) 固定在模板上的预埋件、预留（洞），应检查其数量，不应遗漏，且应安装牢固。预埋件及预留孔洞的模板安装牢固，且不能横向和纵向位移，并应保证混凝土浇筑后不变形；安装完毕后应检查其标高和位置。
(3) 穿墙的各种电缆（包括动力、照明、通信、网络等）管线、排气管道和预留备用管道，按设计要求配置，并进行防护密闭。

6.3.7 脱模剂质量差、涂刷不到位

1. 通病描述
脱模剂品质不佳，阻止表层混凝土中的水泥水化，浇筑过程中气泡等不易排出，污染混凝土，影响混凝土外观。
脱模剂涂刷不到位，有漏涂现象，或涂刷后受雨水冲洗流失。

2. 主要原因
(1) 使用废机油或加工过的废机油、油性脱模剂。
(2) 模板表面未清理干净即涂刷脱模剂，造成混凝土表面出现麻面等缺陷。

3. 防治措施要点
(1) 水工混凝土一般有外观要求，脱模剂质量符合要求，涂刷均匀，无明显色差。宜选用石蜡类脱模剂、水性脱模剂或混凝土专用脱模剂；脱模剂应有出厂合格证。废机油用作脱模剂已被住房和城乡建设部列为禁止使用材料。
(2) 脱模剂应能有效减小混凝土与模板间的吸附力，并应有一定的成膜强度，且不应

影响脱模后混凝土表面的后期装饰。

（3）钢模板存放期间宜涂刷防锈油脂；胶合板模板宜使用水性脱模剂；水性脱模剂不应用于钢模板，因其易溶于水，不耐冲刷，怕雨淋；油性脱模剂振捣过程中粉煤灰吸附至混凝土表面，气泡难以排出，且污染模板，不宜使用。

（4）涂刷脱模剂前，应清除模板表面遗留的混凝土残浆、油污。

（5）模板安装时间较长时，宜涂刷长效脱模剂。

（6）脱模剂可辊涂或喷涂，应涂刷均匀，不应流淌；不应污染钢筋和混凝土。

6.4　不同部位模板制作安装

6.4.1　格埂模板固定不牢靠

1. 通病描述

（1）沿格埂通长方向模板上口不直，拆模后格埂不在一条直线上。

（2）模板宽度不准，造成格埂宽度不符合设计要求。

2. 主要原因

（1）土质松软、遇流沙、地下水位较高。

（2）格埂模板固定不牢固，混凝土浇筑过程中跑模。

3. 防治措施要点

（1）在土质松软、地下水位较高的软土地基上安装格埂模板前，宜先进行降水处理，必要时还需施打木桩、抛块石进行地基加固。

（2）模板安装牢固，固定模板的木桩、钢管桩密度和安装深度应符合施工方案要求。左右侧模板之间用木条、钢管等固定，保证格埂宽度符合设计要求。

（3）校直模板上口，成一条直线。

6.4.2　梁、板模板安装不符合要求

1. 通病描述

（1）混凝土浇筑时胀模，局部模板嵌入梁间。

（2）梁的底模起拱高度不够，承重立杆未支撑在坚实的地基或支承物上，支撑整体稳定性不够。

（3）模板拼缝不严，接缝未封闭。

（4）立模前或混凝土浇筑前，模板上杂物未清理干净；未使用隔离剂，或隔离剂品质较差。

（5）除冬季外，混凝土浇筑前未冲洗模板。

2. 主要原因

（1）模板安装不牢固，采用的模板厚度不足，高度较大的梁未在梁高度中心设置拉杆。

（2）未进行梁、板模板及其支撑系统设计。

(3) 梁、板模板安装时，未根据规范的规定进行起拱、接缝封闭、杂物清理。

(4) 梁、板模板支撑系统未与排架等结构可靠连接，未设置抗倾覆拉撑。

3. 防治措施要点

(1) 模板及支架设计时，应充分考虑模板自重、施工荷载、混凝土自重及浇捣时产生的侧向压力，保证模板及支架有足够的承载能力、刚度和稳定性。胸墙、工作桥大梁、屋面板梁（含行车梁）等大型现浇梁板结构应进行承重脚手架设计，必要时组织专家论证。

(2) 立杆应支撑在坚实地基或支承物上，支撑底部应认真夯实，铺放通长垫木或槽钢，确保支撑不沉陷；如为回填土地基，应考虑沉降的影响。在泥土地面上搭设承重脚手架，雨水、混凝土养护水不应流（渗）入地面。

(3) 模板支架立杆支设应符合要求。梁下设置单立杆时，立杆位置宜居中设置；梁两侧设计立杆时，立杆距梁边距离不应大于300mm。

(4) 梁底模应按设计要求起拱；当设计无具体要求时，起拱度宜为1‰~3‰。跨度大、荷载重、脚手架高的承重脚手架应设置抗倾覆拉撑，或与先期浇筑的排架等结构连接。脚手架宜进行堆载预压。

(5) 梁侧模板支设应有以下加固措施：

1) 梁侧模板与龙骨、围檩相互之间用木楔顶紧。

2) 梁侧模板厚度应符合设计要求；梁高超过70cm，应在梁中设置对拉螺杆，且对拉螺杆的设置应经过计算确定。

3) 梁模板采用卡具时，其间距应按规定设置，并卡紧模板，其宽度比截面尺寸略小。

4) 梁模板上部应有临时撑头，以保证混凝土浇捣时，梁上口模板不张开，宽度满足要求。

(6) 模板涂刷优质隔离剂，不应污染钢筋或混凝土。

(7) 在梁底设置清扫口，混凝土浇筑前安排专人清扫梁底模板，用气泵将杂物吹出。

(8) 梁、板模板安装时应控制模板接缝严密。

(9) 采用木模板、胶合板模板施工时，经验收合格后应及时浇筑混凝土，防止模板长期暴晒雨淋发生变形。除低温季节外，混凝土浇筑前冲洗模板。

6.4.3 排架、柱模板安装不符合要求

1. 通病描述

(1) 截面尺寸不准。

(2) 成排柱子支模不跟线、不找方，钢筋偏移未校正就套柱模；排架、柱不在同一轴线上。

(3) 梁柱接头模板缺少支撑，造成柱缩颈、变形、错台。

(4) 旧模板未清理干净；模板缝未封闭，不严密。

(5) 模板下口未设置清扫口。

2. 主要原因

(1) 未进行模板柱箍和对拉螺杆设计。

(2) 柱箍间距偏大，固定不牢，模板两侧松紧不一。

(3) 未按规范要求进行排架、柱模板安装与质量检查。

3. 防治措施要点

(1) 排架、柱在下部结构中插筋前,应找出中心线和插筋位置,保证插筋位置准确。

(2) 排架、柱立模前,应先在底部弹出中心线,将位置兜方找正。

(3) 立模前应先校正插筋位置。

(4) 排架、柱模支撑时,应先立两端模板,校直与复核位置无误后,顶部拉通长线,再立中间各排架、柱模。各个排架、柱模板的支撑相互之间宜搭设脚手架相互连接并用剪刀撑及水平撑搭牢。独立的或相互之间距离较大时,各排架、柱单独拉四面斜撑,既保证位置准确,又要保证支撑稳定性,提高抗倾覆能力。

(5) 根据排架、柱的断面大小及高度,柱模外面每隔500mm～600mm应加设牢固的柱箍;排架、柱的断面边长大于1m时中间增加对拉螺杆,防止炸模。

(6) 箍筋密集不能设置入仓导管时,根据需要沿排架或柱的高度方向留混凝土临时入仓口兼振动棒插入口。

(7) 梁柱接头位置以及排架、柱需分段浇筑时,排架或柱模板应下跨已成型混凝土600mm～800mm,并至少采用两道抱箍与排架或柱子锁紧。

(8) 模板上混凝土残渣应清理干净再立模;模板缝做到封闭严密;模板下口设置清扫口。

6.4.4 墩墙模板安装不符合要求

1. 通病描述

(1) 墩墙混凝土表面平整度偏差大,甚至有凹凸不平、错台。圆弧形翼墙弧度不符合设计要求、表面呈折线型。

(2) 板缝漏光。

(3) 保护层厚度偏差大,保护层垫块数量少于2个$/m^2$。

(4) 角模与平模支撑刚度不一致,或拼接不平整,阴阳角出现错台。

(5) 模板垂直度偏差较大。

(6) 模板根部、与先期浇筑的墩墙结合部位混凝土浇筑过程中张开、跑模。

2. 主要原因

(1) 模板厚度小,围檩数量不足,围檩间距过大,对拉螺杆选用过小或未拧紧;圆弧形翼墙围檩数量不足、板厚偏薄、与模板之间未用木楔等塞紧。

(2) 旧模板边角不齐,模板接缝封堵不严,相邻两块模板拼接不严、不平,支撑不牢。

(3) 角模与墙模板拼接不严;模板根部不平,缝隙过大。

(4) 混凝土浇筑速度偏快,使模板受到的侧压力较大。模板根部距底板的对拉螺杆高度偏大;与先期浇筑的墙体未固定连接,墩墙两端模板水平围檩成为悬臂段。

3. 防治措施要点

(1) 墙模板及支撑系统设计时,应根据模架系统施工荷载、侧压力计算结果,确定模板厚度、龙骨间距,以保证模板及支架有足够的承载能力、刚度和稳定性。

(2) 胶合板厚度应符合设计计算结果,模板材质不应过软,避免因模板本身变形造成混凝土表面凹凸不平。木质胶合板模板厚度不宜小于16mm，竹材胶合板最小厚度不宜小于12mm。

(3) 对拉螺杆数量应经计算确定；宜采用M16对拉螺杆固定，间距600mm×600mm。

(4) 圆弧形墙体模板安装可参考下述方法：水平围檩宜采用直径20mm~22mm的钢筋，弯制成所需的弧度；胶合板模板垂直于长边方向钉4根木方围檩（其中2根分别位于胶合板的2个短边，与短边相齐）。模板安装初步固定后，在胶合板木方围檩中间插入48.3mm×3.5mm钢管（用铁钉固定于模板上），再在木方围檩的内侧安装水平围檩钢筋，上下间距200mm~300mm；再用对拉螺杆和3形卡连接2根相邻平行的水平围檩的钢筋。

(5) 墙体分层浇筑时，上层模板加强背楞宜下跨至下层模板不小于100mm。上层模板支撑应与下层墙体的对拉螺杆连接固定。

(6) 墙体与墙体间，先浇筑墙体宜留置对拉螺杆，用于固定后浇筑墙体模板围檩。

(7) 墙体两个侧面模板之间，宜设置撑头，以保证墙体厚度一致。有防渗要求时，宜采用焊有止水片的螺杆。

(8) 为防止根部烂根或模板变形，模板施工采取以下措施：

1) 底板表面与模板接触部位不平整的，应进行处理；模板根部外侧用水泥砂浆等材料封堵，模板底口与混凝土接触面垫泡沫。

2) 下面一排对拉螺杆距离底板不宜大于200mm，下部5排对拉螺杆宜采用双螺母。

(9) 保护层垫块数量大于2个/m²。

(10) 涂刷优质隔离剂。

6.5 模板与支架拆除

6.5.1 模板拆除过早

1. 通病描述

模板拆除时混凝土表面损伤，缺棱掉角。

2. 主要原因

(1) 模板拆除时间偏早，甚至混凝土浇筑后不足1d即拆除模板。

(2) 未考虑带模养护对混凝土表层密实性、强度增长和裂缝控制的影响。

3. 防治措施要点

(1) 模板及其支撑体系的拆除应编制专项施工方案，并对工人进行技术交底。

(2) 现场制作同条件养护试件，底模及支架应在混凝土强度达到设计或规范要求后再拆除；侧面模板拆除应能保证混凝土表面及棱角不受损伤。

(3) 将带模养护视为提高结构混凝土耐久性、保证混凝土强度发展、防止表面产生收缩裂缝和温度裂缝重要的施工工序；大风、气温骤降等天气情况下应推迟拆模。

【规范规定】

《水工混凝土施工规范》(SL 677—2014)

3.6.1（强制性条文） 拆除模板的期限，应遵守下列规定：

1 不承重的侧面模板，混凝土强度达到 2.5MPa 以上，保证其表面及棱角不因拆模而损坏时，方可拆除。

2 钢筋混凝土结构的承重模板，混凝土达到规定的强度后，方可拆除。

《水利工程预拌混凝土应用技术规范》（DB32/T 3261—2017）

8.4.2 重要结构和关键部位带模养护时间宜不少于7d，拆模后应采取包裹、覆盖、喷涂养护剂、喷淋、洒水等保湿养护措施。

《水利工程混凝土耐久性技术规范》（DB32/T 2333—2013）

6.4.5.3 混凝土拆模时间宜不早于7d。带模养护期间宜松开模板补充养护水。

关于印发《加强水利建设工程混凝土用机制砂质量管理的意见（试行）》的通知（苏水基〔2021〕3号）

第9条：设计使用年限为100年、50年的混凝土带模养护时间宜分别不少于14d、10d，养护期间可松开模板补充养护水。

6.5.2 模板与支架拆除方法不当

1. 通病描述

(1) 模板支撑体系的拆除不符合规范及专项施工方案要求。

(2) 模板损伤严重，无法再次使用。

2. 主要原因

(1) 操作方法不当，违章操作。

(2) 野蛮拆除，如硬撬，从高处自由扔下模板。

3. 防治措施要点

(1) 做好拆模前的培训工作。

(2) 遵循"先支后拆、后支先拆"的原则，满堂支架拆除做到一步一清、一杆一清。

(3) 立模前，应对模板进行调整、清污、保养，涂刷优质脱模剂，防止拆模困难。

(4) 重复使用的模板应按有关规定拆除、堆放，防止模板变形、损伤和污染。

第7章 钢 筋

7.1 钢筋采购与使用

7.1.1 钢筋来源复杂

1. 通病描述

(1) 同一工程使用的钢筋生产企业较多，来源复杂。

(2) 未按施工合同和招标文件的要求购买品牌钢筋，随意更换不符合招标文件要求品牌的钢筋，甚至使用"瘦身"钢筋。

2. 主要原因

(1) 施工单位未按要求采购钢筋。

(2) 监理单位把关不严。

3. 防治措施要点

(1) 同一工程宜使用1家～2家企业生产的钢筋，按招标文件或施工合同的要求选用品牌企业生产的钢筋。

(2) 加强钢筋进场验收。监理单位严把钢筋验收关。

(3) 严禁"瘦身"钢筋等违法行为。钢筋应按批进行质量偏差检验。

7.1.2 进场钢筋未检查验收、质保文件不全

1. 通病描述

(1) 进场钢筋未对标识牌、外观质量进行检查验收。进库钢筋无生产厂标识牌。

(2) 钢筋出厂检验报告、合格证不全；或只有复印件，无可追溯性；或虽然具备必要的合格证件（出厂质量证明书或试验报告单），但证件与实物不符。

(3) 钢筋先使用后抽检；复检项目不全。

2. 主要原因

(1) 不重视钢筋入库验收。

(2) 钢筋抽检不重视，未按规范要求的抽检频率和抽检项目进行检验。

3. 防治措施要点

(1) 施工单位应组织钢筋进场验收，收集出厂标牌，核对钢筋的出厂质量证明文件。每批次进场钢筋应核查钢筋铭牌，检查原材上烙下的厂家标识、钢筋级别、钢筋直径及合格证和出厂检验报告是否符合设计、施工合同及招标文件的要求，并测量钢筋直径。检查钢筋铭牌是否齐全，悬挂方式是否正确，钢筋铭牌正确悬挂方式为用钢钉固定在钢筋上，不正确悬挂方式为用铁丝绑扎铭牌。如果钢筋无刻轧或铭牌失落，则应视为材质来源不明。钢筋合格

证应有可追溯性,合格证宜为原件,或复印件上盖有可追溯原件保管单位的印章。

(2) 检查每批钢筋的外观质量,包括:裂缝、结疤、麻坑、气泡、砸碰伤痕、锈蚀程度等,有明显外观质量缺陷的不应使用。

(3) 对同规格、同一企业生产的同批钢筋,按不大于60t为一批,检验钢筋的屈服强度、抗拉强度、伸长率、冷弯、质量偏差等,检验结果应符合《钢筋混凝土用钢 第1部分:热轧光圆钢筋》(GB/T 1499.1—2017)、《钢筋混凝土用钢 第2部分:热轧带肋钢筋》(GB/T 1499.2—2018)、《冷轧带肋钢筋》(GB/T 13788—2018)等标准的规定。

(4) 施工单位在材料报验时将钢筋质量证明文件、质量抽检报告上报监理工程师审查。

(5) 监理单位应对施工单位的钢筋检验结果进行检查确认,并按《水利工程施工质量监理检测规范》(DB32/T 2708—2014)的规定进行见证取样、跟踪检测和平行检测。

【规范规定】

《水利水电工程单元工程施工质量验收评定标准——混凝土工程》(SL 632—2012)

4.4.1 应逐批查验钢筋合格证、出厂检验报告和外观质量并记录,并按相关规定抽取试样进行力学性能检验,不符合标准规定的不应使用。

《水利工程施工质量检验与评定规范 第2部分:建筑工程》(DB32/T 2334.2—2013)

8.1.3.4.1 钢筋进场时,按不同钢号、批号、规格和生产厂家,查验产品合格证、出厂质保书和外观质量,并按相关规定抽取试样进行物理、力学性能检验。不合格钢筋不应使用。

7.1.3 钢筋储存与加工场设置不规范

1. 通病描述

(1) 钢筋加工场设计时,未预留足够的场地用于钢筋存放、加工。钢筋加工场面积不足。

(2) 钢筋加工场地面未硬化;露天堆放时,未架空、垫高、覆盖(见图7.1);场地排水不畅,有积水。

(3) 不同品牌、品种、规格、批号和强度等级的钢筋堆放在一起,未标识,钢筋铭牌缺失,混杂不清。

(4) 钢筋加工半成品未分类码放,标识不规范,引起错用。非同批原材料码放混堆。

2. 主要原因

不重视钢筋及其半成品储存条件、场地建设。

3. 防治措施要点

(1) 大中型工程应设置钢筋棚(见图7.2),合理布置钢筋加工场,地面硬化处理;钢筋堆场宜设置地垄墙、木方、混凝土块或周转型钢梁,分垛码放,或制作工具式钢筋堆放架;四周设置排水沟。

(2) 库内划分不同钢筋堆放区域,设置钢筋标识牌,注明产地、规格、品种、数量、进场时间、检验状态、复试报告单编号等;检验状态应标明待检、合格或不合格。

图 7.1　钢筋露天堆放未遮盖、未垫高　　　　图 7.2　设置钢筋棚贮存钢筋

（3）露天堆放钢筋的，场地应平整夯实，四周设置排水沟；钢筋应垫高，离地面 200mm 以上，加盖雨布覆盖保护。

（4）已进库或进入工地的钢筋标牌应妥善保管，并随时检查，以防止散落。如果钢筋标识牌缺失的，一般情况下按"混料"处理。每捆钢筋都需取样试验，以确定其强度级别；且不应用于重要承重结构作为受力主筋。

（5）建立钢筋半成品待检区和合格区，半成品加工完成及时检查合格放入合格区，不合格的返工处理。

（6）钢筋加工半成品宜分部位、分构件码放。码放高度不宜超过 1.2m，叠层堆放时，上、下垫木方。每垛半成品钢筋至少沿一个方向对齐，多排码放时应间距均匀，整齐有序。钢筋加工半成品应有吊牌标识，标识上注明编号、部位、规格、尺寸形状、数量。半成品吊牌采用防水、防撕的耐用布质材料，牢固地绑扎在钢筋半成品上。

【规范规定】

《混凝土结构通用规范》（GB 55008—2021）

2.0.11　当施工中进行混凝土结构构件的钢筋、预应力筋代换时，应符合设计规定的构件承载能力、正常使用、配筋构造及耐久性能要求，并应取得设计变更文件。

《水利工程施工质量检验与评定规范　第 2 部分：建筑工程》（DB32/T 2334.2—2013）

8.1.3.4.2　钢号不明或使用中发现性能异常的钢筋，应经复验合格后方能使用，但不应用于承重结构部位。

7.1.4　抗震钢筋性能不符合要求

1. 通病描述

（1）有抗震要求的结构，未采用抗震钢筋。

（2）抗震钢筋的抗拉强度和屈服强度实测值的比值低于规范规定，或钢筋的屈服强度实测值与标准值的比值，大于规范的规定。

第7章 钢筋

2. 主要原因

（1）未按设计要求选用抗震钢筋。

（2）钢筋未先抽检再使用。

3. 防治措施要点

（1）有抗震设防的结构纵向受力钢筋力学性能不符合标准的规定，将会影响结构的强度和稳定性，降低抗震能力。建筑物受到地震波冲击时，不能延缓建筑物断裂发生时间，建筑物有可能在瞬间整体倒塌。因此，应根据设计要求采购抗震钢筋，抗震钢筋的符号为钢筋牌号后加"E"，例如HRB400E，HRB500E。"E"为英语单词earthquake（地震）的第一个英文字母。

（2）钢筋应抽样检测，其性能应符合《钢筋混凝土用钢 第2部分：热轧带肋钢筋》（GB/T 1499.2—2018）、《混凝土结构通用规范》（GB 55008—2021）第3.2.3条的规定。

（3）钢筋下料前，应根据设计图纸选择抗震钢筋，审核所用钢筋的合格证和试验报告，核对抗震钢筋的标志、规格、型号。

【规范规定】

《混凝土结构通用规范》（GB 55008—2021）

3.2.3 对按一、二、三级抗震等级设计的房屋建筑框架和斜撑构件，其纵向受力普通钢筋性能应符合下列规定：

1 抗拉强度实测值与屈服强度实测值的比值不应小于1.25；

2 屈服强度实测值与屈服强度标准值的比值不应大于1.30；

3 最大力总延伸率实测值不应小于9%。

7.1.5 钢筋表面锈蚀

1. 通病描述

（1）钢筋原材及钢筋骨架有浮锈皮。

（2）现场安装的钢筋发生严重锈蚀的，未进行除锈处理即进行混凝土浇筑。

2. 主要原因

（1）钢筋储存时间较久，保管不良，露天堆放的钢筋未采取垫高和防雨防潮措施；仓库环境潮湿，通风不良。

（2）现场钢筋安装后放置较长时间，未采取涂刷防锈材料等必要措施。

3. 防治措施要点

（1）现场宜设置钢筋棚，场地四周设排水沟。

（2）露天堆放保管钢筋时，应选择地势较高的场地，并采用混凝土墩、砖或垫木垫高，高度在200mm以上，或存放于钢筋架上，并加盖苫布。

（3）用料时应先入库先使用，以降低钢筋表面氧化程度；钢筋加工前，应首先除去钢筋表面锈皮、油渍、污物等。

（4）尽量缩短钢筋安装与混凝土浇筑间隔时间。如果钢筋骨架安装后与混凝土浇筑间隔时间较长，应采取保护性措施，如钢筋表面涂刷苛性钠水泥净浆。

(5) 混凝土浇筑前应将已发生锈蚀的钢筋表面浮锈清理干净。视钢材锈蚀情况，分别采取如下处理措施：

1) 浮锈。浮锈处于铁锈形成的初期，在混凝土中不影响钢筋与混凝土黏结，除了焊接操作时在焊点附近需擦干净之外，一般可不作处理。

2) 陈锈。人工采用钢丝刷或麻袋布擦洗。盘条细钢筋可通过冷拉或调直过程除锈；粗钢筋采用专用除锈机除锈。

3) 老锈。对于有起层锈片的钢筋，先用小锤敲击，使锈片剥落，再用除锈机除锈；有严重锈蚀、麻坑、斑点的钢筋，应经鉴定后视锈蚀损伤情况确定降级使用或剔除不用。

【钢筋锈蚀分类】

(1) 浮锈。钢筋表面轻微锈蚀，附有较均匀的细粉末，呈黄色或淡红色。

(2) 陈锈。锈迹粉末较粗，用手捻略有微粒感，颜色转红，有的呈红褐色。

(3) 老锈。锈斑明显，有麻坑，出现起层的片状分离现象，锈斑几乎遍及整根钢筋表面；颜色变暗，深褐色，严重的接近黑色。

【规范规定】

《水工混凝土钢筋施工规范》（DL/T 5169—2013）

6.7.2 安装好的钢筋由于长期暴露而生锈时，应进行现场除锈。对于钢筋锈蚀截面面积缩小2%以上时，应采取措施或予以更换。

7.2 钢筋下料与加工

7.2.1 钢筋下料不符合要求

1. 通病描述

(1) 下料尺寸不正确，特别是箍筋下料长度偏长或偏短。

(2) 未按放样尺寸剪断钢筋。

2. 主要原因

(1) 重要结构部位钢筋没有放样图、下料单，或放样图未履行审核手续；未进行钢筋加工技术培训、交底。

(2) 定尺卡扳固定不紧、刀片间隙过大，造成钢筋剪断尺寸不准。

(3) 未依据审批后的钢筋下料单进行下料，造成箍筋成品尺寸不合格，无法使用。

(4) 首次加工同批钢筋前，未进行首件验收。

3. 防治措施要点

(1) 施工单位设钢筋放样师，编制钢筋放样图，并履行审核手续。

(2) 重要结构部位监理机构应审查承包人钢筋放样图、下料单，在各部位首次下料前专业监理工程师与承包人的质检人员、钢筋队长共同复核下料长度，检查复核钢筋加工尺寸。

(3) 剪断作业前确定钢筋尺寸，拧紧定尺卡扳紧固螺栓；严格按照下料单控制切断尺寸，调整固定刀片与冲切刀片间的水平间隙，对冲切刀片作往复水平动作的剪断机，间隙以 0.5mm～1mm 为合适。

（4）钢筋样架应报请监理工程师检查，钢筋制作过程中每个班班前应检验钢筋样架尺寸是否正确。

（5）同批钢筋制作应实行首件认可。

7.2.2 钢筋下料切割方式不正确

1. 通病描述

（1）未根据钢筋接头的连接方式，采用相应的下料切割方式。

（2）机械连接和定位用钢筋切断端头面不整齐，端面与钢筋轴线不垂直，呈斜口、马蹄口、扁头或劈裂头。

2. 主要原因

（1）未采用钢筋切割机切割下料；钢筋切割机未调整好或"刀口"已钝。

（2）下料时钢筋轴线与砂轮锯面或"刀口"不垂直。

3. 防治措施要点

（1）根据钢筋接头型式选择合适的切割方式，具体如下：

1）绑扎接头、帮条焊、单面（或双面）搭接焊的接头宜采用机械切割，如带锯、砂轮锯或带圆弧形刀片的专用钢筋切断机；当加工量少或不具备机械切割条件时，经论证后可采用其他方式切割。

2）电渣压力焊接头，应采用砂轮锯或气焊切割。

3）冷挤压连接和螺纹连接的机械连接钢筋宜采用专用砂轮切割机、数控激光切割机、等离子切割机、数控钢筋锯床等设备切割。切割后钢筋端头有毛边、弯折或纵肋尺寸过大者，用砂轮机修磨。

4）熔槽焊、窄间隙焊和气压焊连接的钢筋端头宜采用砂轮锯切割。

（2）钢筋切割前调试切断机，检查切片、钢筋切断刀头是否符合要求，及时更换已钝的刀片，检查钢筋原材限位装置是否完善，钢筋轴线垂直于切断工具断面放置，切割时不应发生位移。

（3）在切断过程中，如发现钢筋有劈裂头、扁裂头、弯头的，应切除。

7.2.3 钢筋加工不符合设计和规范要求

1. 通病描述

（1）采用调直机调直螺纹后产生扭曲和明显的伤痕；钢筋冷拉调直冷拉率超标。

（2）钢筋表面不洁净，使用有严重锈蚀、麻坑、斑点的钢筋。

（3）钢筋加工过程中，未采取防止油渍、泥浆等物污染和防止受损伤的措施。

（4）钢筋端头加工不符合设计或《水工混凝土施工规范》（SL 677—2014）的要求。

（5）钢筋弯折的弯弧内直径、纵向受力钢筋弯折后平直段长度以及钢筋加工的形状、尺寸不符合设计或规范的规定。

2. 主要原因

(1) 钢筋调直未采用机械设备，或调直机械性能不良；小型工程采用卷扬机拉直。
(2) 钢筋加工前表面锈蚀物和污物未清理干净。
(3) 钢筋未进行放样设计，下料不准确。
(4) 钢筋端头加工和弯折加工设备未进行检查。

3. 防治措施要点

(1) 钢筋应平直、无局部弯折。成盘的钢筋和弯曲的钢筋在加工前均应调直。现场用卷扬机拉直钢筋属于禁止工艺，应使用普通钢筋调直机、数控钢筋调直机进行钢筋调直，且宜采用无延伸功能的机械设备进行调直（通过机械设备使用说明书判断其有无延伸功能）。调直过程中不应损伤带肋钢筋的横肋。盘卷钢筋调直后应进行力学性能和质量偏差检验。加工后的钢筋表面不应有削弱钢筋截面的伤痕。

(2) 采用冷拉方法调直时，HPB300级钢筋冷拉率不宜大于2%，HRB400、HRB500钢筋的冷拉率不应大于1%。

(3) 钢筋加工前，应将表面的油渍、漆皮、鳞锈等清除干净，带有颗粒状或片状老锈的钢筋不应使用。加工过程中应防止油渍、泥浆等物污染和表面受损伤。

(4) HPB300级钢筋端头加工除设计另有要求外，受拉光圆钢筋的末端应做成180°的半圆弯钩，弯钩的内径不应小于2.5d，平直段长度不小于3d。

(5) Ⅱ级钢筋按设计要求弯转90°时，其最小弯转直径应满足：

1) 钢筋直径小于16mm时，最小弯转半径为5d，平直段长度不小于10d。
2) 钢筋直径大于等于16mm时，最小弯转内径为7d，平直段长度不小于10d。

(6) 各种钢筋中间弯折处圆弧内半径应大于12.5d。

(7) 钢筋加工宜在常温状态下进行，加工前应进行详细的技术交底，按照配料单加工。

(8) 钢筋加工的形状、尺寸以及弯起点位置等应符合设计要求，其偏差应符合有关标准的规定。

(9) 钢筋"热弯"加工工艺已被列为禁止使用技术，采用冷弯工艺，一次弯折到位。

(10) 钢筋端部加工后有弯曲时，应予矫正或割除（绑扎接头除外），端部轴线偏移不应大于0.1d，且不应大于2mm。端头面应整齐，并与轴线垂直。

7.2.4 直螺纹丝头加工不符合要求

1. 通病描述

(1) 钢筋原材端头的热轧弯头或劈裂头未切除。
(2) 钢筋直螺纹丝头加工长度不满足设计要求，端头丝头有毛刺，端头未磨平，不符合《水工混凝土施工规范》（SL 677—2014）第4.3.7条规定。
(3) 丝头不完整，钢筋直螺纹连接丝扣有效长度小于1/2套筒长度。
(4) 丝头未用塑料保护帽保护（见图7.3）。

2. 主要原因

(1) 操作人员不熟悉直螺纹钢筋丝头加工要领。

(a) 端头既未切平又未用保护帽保护　　(b) 现场安装时丝头未保护

图 7.3　钢筋端头未切平、丝头未用保护帽保护

(2) 不重视钢筋丝头保护。

3. 防治措施要点

(1) 应按照连接套筒型式检验报告和产品标准进行钢筋丝头加工，并经工艺检验合格后成批进行加工。当加工人员更换、加工机械更换或维修、钢筋或套筒生产厂家更换，应重新进行工艺检验。

(2) 钢筋原材端头的热轧弯头或劈裂头应采用带锯、砂轮锯或带圆弧形刀片的专用钢筋切断机切平，保证切口断面与钢筋轴线垂直，端头平齐无毛刺；钢筋与滚丝头不同心时，应重新调整刀片，校正同心度。

(3) 直螺纹钢筋丝头加工应在工厂内进行。

(4) 加工直螺纹丝头时，应用水溶性润滑液（削切液），严禁用机油作润滑液或不加润滑液加工丝头。

(5) 采用专用的直螺纹环规对直螺纹丝头进行检验，其环通规应能顺利地旋入，并达到要求的拧入长度；设计未具体要求的，丝头长度应满足 1/2 套筒长度＋1mm，且不大于 1/2 套筒长度＋2p。直螺纹丝头长度、丝头完整有效扣数应符合套筒厂家产品设计要求（型式检验报告）。

(6) 若委托场外加工的，应定期对丝头加工质量情况进行检查验收，严禁丝头加工过程中不检查，仅在半成品进场后验收检查。

(7) 丝头加工应逐个检查其外观质量，经自检合格的钢筋丝头，每种规格的加工批随机抽检 10%，且不少于 10 个，并填写丝头加工检验记录，如有 1 个丝头不合格，该加工批应全数检查。

(8) 已检验合格的丝头应戴上保护帽，保护帽在存放及运输装卸过程中不应取下。

7.2.5　箍筋加工质量不满足要求

1. 通病描述

(1) 箍筋加工的弯钩形式、弯钩平直段长度不符合设计或规范要求。

(2) 矩形箍筋成型后不方正，拐角不成 90°，两对角线长度不相等。

(3) 箍筋成型尺寸不正确，不符合设计或偏差要求。

2. 主要原因

(1) 不熟悉箍筋使用条件；忽视规范规定的弯钩形式应用范围。

(2) 配料任务多，各种弯钩形式弄错。

(3) 放样不准确，未能仔细核对构件尺寸及图纸和规范的要求，也没有制作样板检查，没有进行首件检查认可。

(4) 一次弯曲多根箍筋时没有逐根对齐。

3. 防治措施要点

(1) 箍筋加工前认真检查图纸、规范及相关标准，有详细的技术交底及加工翻样图，分别明示于操作台前。熟悉直弯钩（90°）、斜弯钩（135°）和半圆弯钩的应用范围、相关规定，特别是对于斜弯钩，是用于有抗震要求和受扭的结构，在钢筋加工的配料过程要注意图纸上的标注和说明。

(2) 每班箍筋加工前应熟悉生产任务单，先制作1个~2个样，经检查无误后再开展该班制作。

(3) 根据《水工混凝土施工规范》（SL 677—2014），箍筋的加工应符合设计规定，设计未做具体要求的，按下述方法处理：

1) 采用光圆钢筋制作的箍筋，末端应做成弯钩。大型梁、柱箍筋直径大于12mm时，应做成135°弯钩，平直段长度符合表7.1的规定。

2) 采用小直径Ⅱ级钢筋制作箍筋时其末端应有90°弯头，箍筋弯后平直部分长度不宜小于3倍主筋的直径。

表7.1 光圆钢筋制成箍筋的末端弯钩平直部分长度

箍筋直径 /mm	受力钢筋直径/mm	
	≤25	28~40
5~10	75	90
≥12	90	105

(4) 大中型工程箍筋宜采用数控钢筋弯箍机进行加工。小型工程为了保证箍筋加工的准确性，在加工机具的操作平台上用角钢焊出135°及弯钩平直长度控制定位块。

(5) 注意操作控制，保证钢筋成型尺寸准确，当一次弯曲多根箍筋时，应在弯折处逐根对齐。

(6) 对于已加工成型发现弯钩形式不正确的箍筋（包括弯钩平直段长度不符合要求），斜弯钩可代替半圆弯钩或直弯钩；半圆弯钩或直弯钩不能代替斜弯钩（斜弯钩误加工成半圆弯钩或直弯钩的应作为废品）。当箍筋外形误差超过质量标准允许值时，对于Ⅰ级钢筋，可以重新将弯折处直开，再行弯曲调整（只可返工一次）；对于其他品种钢筋，不应直开后再弯曲。

【规范规定】

《水工混凝土结构设计规范》（SL 191—2008）

9.3.1 绑扎骨架中的受力光圆钢筋应在末端做成180°弯钩，弯后平直段长度不应小于3d，带肋钢筋和焊接骨架以及作为受压钢筋时的光圆钢筋可不做弯钩。

《混凝土结构工程施工规范》（GB 50666—2011）

5.3.6 箍筋、拉筋的末端应按设计要求作弯钩，并应符合下列规定：

1 对一般结构构件，箍筋弯钩的弯折角度不应小于90°，弯折后平直段长度不应小于箍筋直径的5倍；对有抗震设防要求或设计有专门要求的结构构件，箍筋弯钩的弯折角度不应小于135°，弯折后平直段长度不应小于箍筋直径的10倍和75mm两者之中的较大值；

2 圆形箍筋的搭接长度不应小于其受拉锚固长度，且两末端均应作不小于135°的弯钩，弯折后平直段长度对一般结构构件不应小于箍筋直径的5倍，对有抗震设防要求的结构构件不应小于箍筋直径的10倍和75mm的较大值。

7.3 钢筋焊接接头

7.3.1 接头工艺性试验不符合要求

1. 通病描述

焊接接头正式施焊前未进行焊接工艺性试验，检验项目不全。

2. 主要原因

未制定焊接接头工艺试验计划、检验项目。

3. 防治措施要点

（1）设计文件提出钢筋接头的技术要求和工艺性试验要求。

（2）施工单位制定焊接接头工艺试验计划以及检验项目，并向监理单位上报焊接方案，监理单位应对工艺试验检验结果等进行检查确认。

（3）每批钢筋施焊前，应进行现场条件下的焊接性能试验，选定合适的焊接工艺和参数，钢筋焊接接头和机械连接接头的力学性能应符合要求。

（4）在钢筋工程焊接开工之前，参与该项工程施焊的焊工应进行现场条件下的焊接工艺试验，经试验合格后方准于焊接生产。

【规范规定】

《水工混凝土施工规范》（SL 677—2014）规定：

（1）工程开工或每批钢筋开焊前，应进行现场条件下的焊接性能试验，选定合适的焊接工艺和参数。

（2）接触电渣焊之前，采用同牌号、同直径的钢筋和相同的焊接参数，制作5个试件进行抗拉试验，合格后方可按确定的焊接参数施焊。

（3）采用机械连接时，每批进场钢筋进行接头工艺性试验。

7.3.2 电弧焊常见质量问题

7.3.2.1 焊接材料

1. 通病描述

（1）焊条规格与钢筋牌号不相符，使用时混淆。

(2) 焊接材料无出厂合格证。
(3) 焊条保管受潮，使用前未烘干处理。

2. 主要原因

(1) 质检人员、电焊工疏于电焊条质量检查。
(2) 拆包后焊条未妥善保管，焊条受潮，使用前未烘干处理。

3. 防治措施要点

(1) 焊接钢筋所用的焊条应符合设计要求，设计未作出明确规定的，施工单位应按《水工混凝土施工规范》（SL 677—2014）第4.4.3条的规定选用合适的焊条。以采用搭接焊、帮条焊为例，HPB300钢筋应选用E4303等焊条，HRB400、RRB400钢筋应选用E5003等焊条，HRB500钢筋应选用E6003等焊条。焊条应由专业厂家生产，有出厂合格证，并报监理工程师确认。

(2) 焊接前施焊人员应对焊条质量进行检查，焊条使用过程中不应混淆。
(3) 焊条妥善保管，受潮焊条先烘干再使用。

【规范规定】

《钢筋焊接及验收规程》（JGJ 18—2012）

3.0.8 焊条、焊丝、氧气、乙炔、液化石油气、二氧化碳、焊剂应有产品合格证。

7.3.2.2 手工电弧焊焊缝外形与尺寸不符合规范要求

1. 通病描述

(1) 搭接焊接两根钢筋的轴线不在同一直线上（见图7.4），接头处钢筋轴线弯折和偏移。
(2) 焊缝长度、宽度、高度不满足要求。
(3) 焊缝成型不良，焊缝表面凹凸不平，宽窄不匀；焊缝不饱满，有裂缝、脱焊、漏焊、夹渣、焊瘤，有明显的咬边、凹陷、气孔、烧伤等缺陷，焊渣未清除。
(4) 焊缝用小直径钢筋头填充焊接。

2. 主要原因

(1) 焊前准备工作没有做好，操作马虎，搭接接头没有预弯。
(2) 施焊前未在钢筋上做焊接长度标记。
(3) 焊工操作水平不高，施焊作业不认真。

图7.4 钢筋轴线不在同一直线上

(4) 大直径钢筋堵塞小直径钢筋，减少焊接工作量。

3. 防治措施要点

(1) 从事钢筋加工的施工人员应经过技术培训，焊工应持证上岗。焊接开工之前，参与施焊的焊工应进行现场条件下的焊接工艺试验，经试验合格后方准于焊接作业。

(2) 搭接焊接前，接头钢筋应预弯折，使两根钢筋轴线位于同一直线上。带肋钢筋电弧焊时，两根钢筋应纵肋对纵肋安放焊接，并确保钢筋对齐；帮条焊应在焊接处两侧对称布置帮条。

（3）按照焊接工艺试验确定的焊接参数施焊，并确保焊机电流稳定，电焊条使用前应焙烘。

（4）焊接接头宜采用双面焊缝，不能双面焊接的，才可采用单面焊缝。施焊前应按规范规定的搭接长度用画笔在钢筋上做好标记；双面搭接长度≥5d（HPB300级钢筋为≥4d）；单面搭接长度≥10d（HPB300级钢筋为≥8d）。

（5）大直径钢筋焊接时不应堵塞钢筋；焊缝表面应平整，不应有凹陷或焊瘤，焊药皮应清理干净。

（6）加强对钢筋焊接外观质量检查，不符合要求的应进行处理。

【规范规定】

《水工混凝土施工规范》（SL 677—2014）

4.4.3 手工电弧焊应遵守下列规定：

（1）Ⅰ级钢筋双面焊焊缝长度不小于4d，Ⅱ级、Ⅲ级钢筋不小于5d。单面焊焊缝长度应增加1倍，焊缝长度允许偏差为−0.50d。

（2）搭接焊接头的两根搭接钢筋的轴线，应位于同一直线上；接头处两根钢筋的曲折≤4°；大体积混凝土结构中，直径不大于25mm的钢筋搭接时，钢筋轴线可错可1倍钢筋直径。

（3）搭接和帮条焊接头的焊缝高度应为被焊接钢筋直径的0.25d，并不小于4mm，允许偏差为−0.05d；焊缝的宽度应为被焊接钢筋直径的0.7d，并不小于10mm，允许偏差为−0.1d。

7.3.2.3 电弧焊——咬边

1. 通病描述

焊缝与钢筋交界处烧成缺口，没有得到熔化金属的补充。

2. 主要原因

焊工操作不熟练；焊接电流过大，电弧过长。

3. 防治措施要点

（1）根据焊接位置、钢筋直径、焊缝型式等选用焊接电流等参数，避免电流过大。

（2）操作时电弧不能拉得过长，并控制好焊条的角度和运弧的方法。

（3）焊接过程中不应突然灭弧，收弧时弧坑应填满。

【规范规定】

《水工混凝土施工规范》（SL 677—2014）

4.4.3 焊缝咬边深度≤0.05d，并不大于1mm。

7.3.2.4 电弧焊——电弧烧伤钢筋表面

1. 通病描述

钢筋焊缝表面局部有缺肉或凹坑。

2. 主要原因

施焊操作不慎,焊条、焊把等与钢筋非焊接部位接触,短暂地引起电弧后,将钢筋表面局部烧伤,形成缺肉或凹坑。

3. 防治措施要点

(1) 电弧烧伤钢筋表面对钢筋有严重的脆化作用,尤其是Ⅱ级、Ⅲ级钢筋在低温焊接时表面烧伤,往往是发生脆性破坏的起源点。《江苏省公路水运工程落后工艺淘汰目录清单(第二批)》提出限制使用交流电焊机焊接工艺,推广使用CO_2保护焊等焊接工艺。

(2) 精心操作,避免带电金属与钢筋相碰引起电弧。

(3) 不应在非焊接部位随意引燃电弧。

(4) 焊接地线应与钢筋接触良好,不应因接触不良而烧伤钢筋;搭接焊时,应采用点固定。

(5) 钢筋电弧焊焊条直径与焊接电流选择见表7.2。

表 7.2　　　　　　　　　钢筋电弧焊焊条直径与焊接电流选择

搭接焊及帮条焊				坡 口 焊			
焊接位置	钢筋直径/mm	焊条直径/mm	焊接电流/A	焊接位置	钢筋直径/mm	焊条直径/mm	焊接电流/A
平焊	10~18 20~32 36~40	3.2 4.0 5.0	90~130 150~180 200~250	平焊	16~22 25~32 36~40	3.2 4.0 5.0	130~170 180~220 230~260
立焊	10~18 20~32 36~40	3.2 4.0 4.0	80~110 130~160 170~220	立焊	16~22 25~32 36~40	3.2 4.0 4.0	110~130 150~180 170~220

7.3.2.5　电弧焊——气孔

1. 通病描述

焊接熔池中的气体来不及逸出而停留在焊缝中所形成的孔眼。根据其分布情况,可分为疏散气孔、密集气孔和连续气孔。

2. 主要原因

(1) 碱性低氢型焊条受潮、药皮变质或剥落、钢芯生锈;酸性焊条烘焙温度过高,使药皮变质失效。

(2) 钢筋焊接区域内清理工作不彻底,空气湿度偏大。

(3) 焊接电流过大,焊条发红造成保护失效,使空气侵入。

(4) 焊条药皮偏心造成电弧不稳定。

(5) 焊接速度过快。

3. 防治措施要点

(1) 各种焊条均应按说明书规定的温度和时间进行烘焙。药皮开裂、剥落、偏心过大以及焊芯锈蚀的焊条不能使用。

(2) 钢筋焊接区域内的水、锈、油、熔渣及水泥浆等应清除干净;雨雪天气不应进行焊接作业。

(3) 引燃电弧后,应将电弧拉长些,以便进行预热和逐渐形成熔池;在焊缝端部收弧时,应将电弧拉长些,使该处适当加热,然后缩短电弧,稍停一会再断弧。

(4) 焊接过程中,可适当加大焊接电流,降低焊接速度,使熔池中的气体完全逸出。

【规范规定】

《水工混凝土施工规范》(SL 677—2014)

4.4.3 手工电弧焊缝在 $2d$ 长度上气孔数量不大于2个,直径不大于3mm。

7.3.2.6 电弧焊——弧坑过大

1. 通病描述

收弧时弧坑未填满,在焊缝上有较明显的缺肉,甚至产生龟裂。

2. 主要原因

焊接过程中突然灭弧。

3. 防治措施要点

(1) 焊条在收弧处稍多停留一会,或者采用几次断续灭弧补焊,填满凹坑。碱性直流焊条不宜采用断续灭弧法,以防止产生气孔。

(2) 焊接时应在帮条或搭接钢筋的一端引弧,并应在帮条或搭接钢筋端头上收弧,弧坑应填满。第一层焊缝应有足够的熔深,主焊缝与定位焊缝应熔合良好。

7.3.2.7 电弧焊——未焊透

1. 通病描述

焊缝金属与钢筋之间有局部未熔合,形成没有焊透的现象。根据未焊透产生的部位,分为根部未焊透、边缘未焊透和层间未焊透等几种情况。

2. 主要原因

(1) 在搭接焊及帮条焊中,电流不适当或操作不熟练。

(2) 坡口接头尤其是坡口立焊接头焊接时,如果焊接电流过小,焊接速度较快,钝边太大,间隙过小或者操作不当,焊条偏于坡口一边会产生未焊透现象。

3. 防治措施要点

(1) 钢筋坡口加工应由专人负责进行,宜采用锯割或气割,不应采用电弧切割。

(2) 气割熔渣及氧化铁皮焊前需清除干净,接头组对时应控制各部分尺寸,合格后方可焊接。

(3) 焊接时应根据钢筋直径大小,合理选择焊条直径。

(4) 焊接电流不宜过小;应适当放慢焊接速度,以保证钢筋端面充分熔合。

7.3.2.8 电弧焊——夹渣

1. 通病描述

焊缝金属中存在块状或弥散状非金属夹渣物,手工电弧焊缝在 $2d$ 长度上夹渣数量大于等于2个,直径大于等于3mm。

2. 主要原因

(1) 由于准备工作未做好或操作技术不熟练引起的,如运条不当、焊接电流小、钝边大、坡口角度小、焊条直径较粗等。

（2）来自钢筋表面的铁锈、氧化皮、水泥浆等污物，或焊接熔渣渗入焊缝。

（3）在多层施焊时，熔渣没有清除干净，造成层间夹渣。

3. 防治措施要点

（1）采用焊接工艺性能良好的焊条，正确选择焊接电流。

（2）焊接前应将焊接区域内的铁锈、氧化皮、水泥浆等清除干净。

（3）在搭接焊和帮条焊时，操作中应注意熔渣的流动方向，特别是采用酸性焊条时，应使熔渣滞留在熔池后面；当熔池中的铁水和熔渣分离不清时，应适当将电弧拉长，利用电弧热量和吹力将熔渣吹开。

（4）焊接过程中发现钢筋上有污物或焊缝上有熔渣，焊到该处应将电弧适当拉长，并稍加停留，使该处熔化范围扩大，以把污物或熔渣再次熔化吹走，直至形成清亮熔池为止。多层施焊时，应层层清除熔渣。

7.3.3 闪光对接焊常见质量问题

7.3.3.1 闪光对焊——未焊透、弯折、偏心

1. 通病描述

（1）接头弯折或偏心。

（2）接头根部未焊透。

2. 主要原因

（1）钢筋端头未切平，钢筋端面不平整，与钢筋轴线不垂直。

（2）钢筋直径偏粗，焊接电流不足。

3. 防治措施要点

（1）钢筋端头应切平，端面平整，端面与钢筋轴线垂直。

（2）带肋钢筋闪光对焊时，应纵肋对纵肋安放焊接，两根钢筋应卡牢并同轴。

（3）施焊前应根据钢筋直径选择焊接参数和焊接工艺；钢筋直径较大的应增加预热工艺。

（4）钢筋闪光对焊工艺已被住房和城乡建设部《房屋建筑和市政基础设施工程危及生产安全施工工艺、设备和材料淘汰目录（第一批）》（2021年214号）列为限制使用施工工艺，在非固定的专业预制厂（场）或钢筋加工厂（场）内，对直径 $d \geqslant 22mm$ 的钢筋进行连接作业时，不应使用闪光对焊工艺。宜优先采用套筒挤压连接、滚压直螺纹套筒连接等机械连接工艺。

【规范规定】

《水工混凝土施工规范》（SL 677—2014）

4.4.2 闪光对焊应遵守下列规定：

1 不同直径的钢筋进行闪光对焊时，直径相差以一级为宜，且不大于4mm。钢筋端头的弯曲应矫正或切除。

2 在每班施焊前或变更钢筋的类别、直径时，按实际焊接条件试焊2个冷弯及2个抗拉试件试验验证焊接参数，并检验试件接头外观质量。试焊质量合格和焊接参数确定后

方可成批焊接。

3 全部闪光对焊接头均应全部进行外观检查,可不做抗拉试验和冷弯试验。对焊接质量有怀疑或焊接过程中发现异常时,应随机抽样进行抗拉试验和冷弯试验。

4 外观检查应满足下列要求:

1) 钢筋表面没有裂纹和明显的烧伤。

2) 接头如有弯折,其角度不大于4°。

3) 接头轴线如有偏心,其偏移不大于0.1d,且不大于2mm。

5 外观检查不合格的接头,应剔出重焊。

6 接头抗拉试验成果均大于该级钢筋的抗拉强度,且断裂在焊缝及热影响区以外为合格。

7.3.3.2 闪光对焊——接头烧伤

1. 通病描述

钢筋与电极接触处在焊接时产生熔化,导致接头烧伤。

2. 主要原因

(1) 钢筋与电极接触处洁净程度不一致,夹紧力不足,局部区域电阻很大,因而产生了较高的电阻热。

(2) 电极外形不当或严重变形,导电面积不足,致使局部区域电流密度过大。

(3) 热处理时电极表面不洁净。

3. 防治措施要点

(1) 钢筋端部约130mm的长度范围内,焊前应清除锈斑、污物。

(2) 电极宜作成带三角形槽口的外形,长度应不小于55mm,使用期间应经常修整,保证与钢筋有足够的接触面积。电极表面应保持干净,确保导电良好。

(3) 在焊接或热处理时,应夹紧钢筋。

(4) 热处理时,电极表面应保持良好状态。

7.3.4 电渣压力焊接头常见质量问题

7.3.4.1 接头偏心、倾斜

1. 通病描述

(1) 上、下钢筋不处于同一直线上,轴线偏移大于0.1d或超过2mm。

(2) 接头处弯折角度大于2°。

2. 主要原因

(1) 钢筋端头未切平,在夹具中夹持不正;夹具在长期使用中磨损,使上下钢筋不同心;焊接中顶压用力过大,使上部钢筋晃动或移位。

(2) 上、下钢筋未顺肋、不处于同一直线上,操作时未使钢筋同心就施焊。

(3) 焊接完成后,卡具拆卸过早,接头处熔焊钢筋尚未冷却,致使钢筋在风力和人为作用下晃动产生弯心、倾斜。

3. 防治措施要点

(1) 钢筋宜用无齿锯切割,端面一定要平整;钢筋切断后,检查钢筋端头下料质量,

不符合要求的应进行切除或矫正。

(2) 夹具钳口安装应正确，上下夹钳应同时夹紧钢筋，上下钢筋同心对肋；焊接过程中上部钢筋应保持垂直稳定。

(3) 夹具的滑杆与导管之间如有缝隙要修理后再用。

(4) 焊接完成后，应停歇30s以上，待焊包固化后再拆卸焊接夹具。在焊接和拆卸夹具时，操作人员应扶持好上部钢筋，以免钢筋晃动造成弯折。

(5) 对偏心及倾斜度超过规定者应切除重新焊接。

7.3.4.2 接头咬边、气孔、夹渣、未熔合

1. 通病描述

电渣压力焊接头有咬边、气孔、夹渣和未熔合现象。

2. 主要原因

(1) 焊工未经培训或焊工操作不规范。

(2) 焊机电流不稳定。

(3) 咬边主要由于焊接时电流过大，通电时间过长；或上部钢筋端头没有压入熔池中或压入的深度不够。

(4) 气孔主要由于钢筋锈蚀严重或表面被污染；焊剂填入深度不足，焊剂受潮，焊接时产生大量气体进入熔池中。

(5) 夹渣主要由于焊接电流参数不正确，通电时间短，钢筋在熔化过程中未形成凸面；熔渣未流出即进行顶压，焊渣无法排除，焊剂熔化后焊渣黏度大，不容易流动或顶压力太小。

(6) 未熔合主要由于焊接电流小或通电时间短，钢筋端部未形成足够的熔化量，熔接中形成断弧；或上部钢筋提升过快或下送过慢。

3. 防治措施要点

(1) 焊工经岗前培训，规范焊工施焊过程。焊接前进行焊接工艺试验，即采用同牌号、同直径的钢筋和相同的焊接参数，制作5个试件进行抗拉试验，合格后方可按确定的焊接参数施焊。

(2) 钢筋切断后，钢筋端头下料质量不符合要求的应进行切除或矫正；焊接前将钢筋端部100mm范围内铁锈、污染物清除干净。

(3) 焊剂烘干，保证填药深度。

(4) 根据焊接工艺性试验和钢筋直径选择合适的焊接电流、通电时间。现场电压表、电流表和时间显示器应配备齐全。依据《钢筋焊接及验收规范》（JGJ 18—2012）第4.6.6条的规定，采用HJ431焊剂时宜符合表7.3的规定。采用专用焊剂或自动电渣压力焊机时，应根据焊剂或焊机使用说明书中推荐数据，通过试验确定。

(5) 根据焊接工艺性试验确定上部钢筋提升间隙和下送速度。

(6) 接头焊接挤压过程中，应逐渐下送钢筋，使上部钢筋把熔融的金属液体均匀挤压到钢筋周围形成适中的焊包。

(7) 焊接生产中发现焊接缺陷时，应查找原因，采取措施，及时消除。

7.3.4.3 焊包成形不好

1. 通病描述

焊包不均匀,有偏包、裂纹、烧伤,四周焊包凸出钢筋表面的高度不满足规范的要求。

表 7.3　　　　　　　　　　电渣压力焊焊接参数

钢筋直径 /mm	焊接电流 /A	焊接电压/V 电弧过程 $U_{2,1}$	焊接电压/V 电渣过程 $U_{2,2}$	焊接通电时间/s 电弧过程 t_1	焊接通电时间/s 电渣过程 t_2
12	280~320	35~45	18~22	12	2
14	300~350	35~45	18~22	13	4
16	300~350	35~45	18~22	15	5
18	300~350	35~45	18~22	16	6
20	350~400	35~45	18~22	18	7
22	350~400	35~45	18~22	20	8
25	350~400	35~45	18~22	22	9
28	400~450	35~45	18~22	25	10
32	450~500	35~45	18~22	30	11

2. 主要原因

钢筋端头不平,形成钢筋熔化量不均匀,加压时在接头周围的熔化物分布不均。

3. 防治措施要点

(1) 钢筋端头采用电锯切割平整。两根钢筋端部间隙宜为 5mm~10mm。

(2) 施焊时注意控制焊接电流、焊接通电时间,保证钢筋端面均匀熔化,挤压出的熔化金属均匀一致。

(3) 接头焊接挤压过程中,应逐渐下送钢筋,使上部钢筋把熔融的金属液体均匀挤压到钢筋周围形成适中的焊包。

(4) 敲去焊壳后,四周焊包凸出钢筋表面的高度,当钢筋直径≤25mm 时应不小于 4mm;当钢筋直径≥28mm 时应不小于 6mm。不满足要求的或兼有其他缺陷的应割掉重焊。

7.3.5 钢筋接头质量检验不规范

1. 通病描述

(1) 钢筋焊接接头、机械连接接头未分批进行力学性能检验。

(2) 接头未全部进行外观质量检查。

2. 主要原因

(1) 未制定焊接接头质量检验计划。

(2) 未按焊接接头质量检验计划进行接头质量检验。

(3) 接头外观质量检查不到位。

3. 防治措施要点

(1) 制定接头焊接质量检验计划。

（2）同规格、同类型焊接接头施工单位按照每 300 个取样 1 组进行焊接接头拉伸与弯曲性能试验。

（3）同规格、同类型机械连接接头施工单位按照每 500 个取样 1 组进行接头拉伸试验。

（4）所有接头均应进行外观质量检查。外观检查不合格的接头，焊接接头应剔出重焊，机械接头重新连接。

【规范规定】

《水工混凝土施工规范》（SL 677—2014）

焊接接头、机械连接接头应进行外观检查。

《混凝土结构通用规范》（GB 55008—2021）

5.3.1 钢筋机械连接或焊接连接接头试件应从完成的实体中截取，并应按规定进行性能检验。

《钢筋机械连接技术规程》（JGJ 107—2016）

7.0.1 工程应用接头时，应对接头技术提供单位提交的接头相关技术资料进行审查与验收，并应包括下列内容：

1 工程所用接头的有效型式检验报告；

2 连接件产品设计、接头加工安装要求的相关技术文件；

3 连接件产品合格证和连接件原材料质量证明书。

7.0.2 接头工艺检验应针对不同钢筋生产厂的钢筋进行，施工过程中更换钢筋生产厂或接头技术提供单位时，应补充进行工艺检验。工艺检验应符合下列规定：

1 各种类型和型式接头都应进行工艺检验，检验项目包括单向拉伸极限抗拉强度和残余变形；

2 每种规格钢筋接头试件不应少于 3 根；

3 接头试件测量残余变形后可继续进行极限抗拉强度试验，并宜按本规程表 A.1.3 中单向拉伸加载制度进行试验；

4 每根试件极限抗拉强度和 3 根接头试件残余变形的平均值均应符合本规程表 3.0.5 和表 3.0.7 的规定；

5 工艺检验不合格时，应进行工艺参数调整，合格后方可按最终确认的工艺参数进行接头批量加工。

7.0.5 接头现场抽检项目应包括极限抗拉强度试验、加工和安装质量检验。抽检应按验收批进行，同钢筋生产厂、同强度等级、同规格、同类型和同型式接头应以 500 个为一个验收批进行检验与验收，不足 500 个的也应作为一个验收批。

7.0.6 接头安装检验应符合下列规定：

1 螺纹接头安装后应按本规程第 7.0.5 条的验收批，抽取其中 10% 的接头进行拧紧扭矩校核，拧紧扭矩值不合格数超过被校核接头数的 5% 时，应重新拧紧全部接头，直到合格为止。

2 套筒挤压接头应按验收批抽取 10% 接头，压痕直径或挤压后套筒长度应满足本规程第 6.3.3 条第 3 款的要求；钢筋插入套筒深度应满足产品设计要求，检查不合格数超过

10%时，可在本批外观检验不合格的接头中抽取3个试件做极限抗拉强度试验，按本规程第7.0.7条进行评定。

7.0.7 对接头的每一验收批，应在工程结构中随机截取3个接头试件做极限抗拉强度试验，按设计要求的接头等级进行评定。当3个接头试件的极限抗拉强度均符合本规程表3.0.5中相应等级的强度要求时，该验收批应评为合格。当仅有1个试件的极限抗拉强度不符合要求，应再取6个试件进行复检。复检中仍有1个试件的极限抗拉强度不符合要求，该验收批应评为不合格。

7.4 钢 筋 安 装

7.4.1 钢筋规格、数量、间距不符合设计要求

1. 通病描述

(1) 钢筋品种、级别、直径、数量、间距与施工图不相符合，存在钢筋遗漏现象。

(2) 钢筋代换未征得设计单位同意，或代换后造成混凝土浇筑困难。

(3) 闸墩、翼墙、排架、柱等结构在底板或下部结构中插筋的数量不符合设计图纸的要求，插筋位置偏差较大。

2. 主要原因

(1) 未严格按施工图进行钢筋制作与安装。

(2) 钢筋代换未履行审批手续。

(3) 底板或下部结构钢筋间距偏差大，影响上部墩、墙、柱、排架竖向主筋插筋；墩、墙未按规范要求设架立筋。

3. 防治措施要点

(1) 钢筋安装时，钢筋的品种、级别、直径、根数、间距应符合设计要求，施工单位应加强自检，监理单位做好钢筋制作和安装工序验收。

(2) 一般结构部位钢筋代换应上报监理单位同意，重要结构、关键部位钢筋代换应得到设计单位书面认可。预制构件的吊环应采用未经冷拉的HPB300热轧光圆钢筋制作，不应用其他钢筋替代。

(3) 底板等下部结构钢筋安装时，应考虑到闸墩、翼墙、排架、柱插筋的位置，插筋数量应符合设计要求，插筋应按照设计位置进行定位放线，插筋固定绑扎后，应按照设计图纸要求进行全面验收。

(4) 钢筋安装前应设置架立筋，架立筋宜选用直径不小于22mm的钢筋。

7.4.2 接头连接方式选择不当

1. 通病描述

(1) 现场钢筋安装时，应采用机械或焊接连接的接头采用了绑扎连接；轴心受拉构件、小偏心受拉构件中的纵向受力钢筋，直径大于25mm的采用了绑扎连接。

(2) 现场具备双面焊条件的焊接接头采用了单面焊；直径大于28mm的钢筋采用电

渣压力焊工艺时未经试验论证。

（3）在非固定的钢筋加工场内，对直径大于或等于22mm的钢筋进行连接作业时，采用闪光对焊工艺。

（4）钢筋密集部位采用焊接接头，使混凝土难以浇筑密实。

2. 主要原因

（1）不熟悉《水工混凝土施工规范》（SL 677—2014）等规范对钢筋连接方式的要求，忽略了某些杆件不允许采用绑扎接头的规定。

（2）未编制钢筋放样图，放样图未履行审批手续。

3. 防治措施要点

（1）钢筋连接方式应符合设计和规范要求，钢筋接头应优先采用机械连接接头；施工单位应编制钢筋放样图，并履行审批手续。监理工程师审核时，应注意不宜使用搭接、焊接接头的情形和部位。

（2）轴心受拉构件、小偏心受拉构件和承受振动的构件，纵向受力钢筋接头不宜采用绑扎接头。绑扎接头仅当钢筋构造复杂、施工困难时方可采用，且当受拉钢筋的直径大于28mm以及受压钢筋的直径大于32mm时，不宜采用绑扎连接接头。

（3）采用闪光对焊工艺连接直径大于或等于22mm的钢筋时，应在固定的钢筋加工场内进行，否则宜优先采用机械连接方式。电弧焊宜采用双面焊，仅在双面焊无法施焊时，方可采用单面焊缝。

（4）钢筋焊接的接头形式、焊接方法和焊接材料应符合《钢筋焊接及验收规程》（JGJ 18—2012）的规定。电渣压力焊仅适用于柱、墙等现浇混凝土结构中竖向受力钢筋的连接，不适用于梁、板等构件中水平钢筋连接。

《江苏省公路水运工程落后工艺淘汰目录清单（第一批）》（苏交质〔2018〕24号）将钢筋闪光对焊工艺列入淘汰工艺；《江苏省公路水运工程落后工艺淘汰目录清单（第二批）》提出限制使用交流电焊机焊接工艺，禁止使用电渣压力焊接工艺，推广使用机械连接工艺、CO_2保护焊工艺等。水利工程钢筋连接宜参照执行。

【规范规定】

《水利工程施工质量检验与评定规范　第2部分：建筑工程》（DB32/T 2334.2—2013）

8.1.3.4.4　钢筋的制作与安装应符合设计要求。轴心受拉或小偏心受拉构件的钢筋，直径大于25mm的钢筋，应采用焊接或机械连接，不应采用绑扎搭接。

《水工混凝土结构设计规范》（SL 191—2008）

9.4.1　轴心受拉或小偏心受拉构件（如桁架和拱的拉杆）以及承受振动的构件的纵向受力钢筋，不应采用绑扎搭接接头。

双面配置受力钢筋的焊接骨架，不应采用绑扎搭接接头。

受拉钢筋直径$d>28$mm，或受压钢筋直径$d>32$mm时，不宜采用绑扎搭接接头。

9.4.2　纵向受力钢筋的焊接接头应相互错开。钢筋焊接接头连接区段的长度为$35d$（d为纵向受力钢筋的较大直径）且不小于500mm，凡接头中点位于该连接区段的接头均属于同一连接区段。

同一连接区段内纵向受力钢筋的接头面积百分率不应大于50%;纵向受压钢筋的接头面积百分率可不受此值限制。

钢筋直径 $d \leqslant 28mm$ 的焊接接头,宜采用闪光对焊或搭接焊;$d > 28mm$ 时,宜采用帮条焊,HPB300级钢筋的帮条截面面积不应小于受力钢筋截面面积的1.2倍,HRB400级、HRB500级、RRB400级钢筋的帮条截面面积不应小于受力钢筋截面面积的1.5倍;不同直径的钢筋不应采用帮条焊;搭接焊和帮条焊接头宜采用双面焊缝,钢筋的搭接长度不应小于 $5d$,当施焊条件困难而采用单面焊缝时,其搭接长度不应小于 $10d$;当焊接HPB300钢筋时,则可分别为 $4d$ 和 $8d$。

《水工混凝土施工规范》(SL 677—2014)

4.4.1 钢筋接头应遵守下列规定:

1 纵向受力钢筋接头位置宜设置在构件受力较小处并错开。钢筋接头应优先采用焊接接头或机械连接接头。轴心受拉构件、小偏心受拉构件和承受振动的构件,纵向受力钢筋接头不应采用绑扎接头;双面配置受力钢筋的焊接骨架,不应采用绑扎接头;受拉钢筋直径大于28mm或受压钢筋直径大于32mm时,不宜采用绑扎接头。

2 加工厂加工钢筋接头应采用闪光对焊。不能进行闪光对焊时,宜采用电弧焊和机械连接。

3 现场竖向或斜向钢筋的焊接宜采用接触电渣焊,但直径大于28mm时,应经试验论证后使用。可焊性差的钢筋接头不宜采用接触电渣焊。

4 钢筋的交叉连接,宜采用接触点焊,不宜采用手工电弧焊。

5 受施工条件限制,或经专门论证后,钢筋连接型式可根据现场条件确定。

《水工混凝土施工规范》(SL 677—2014)

4.4.8 钢筋接头应分散布置,并应遵守下列规定:

1 配置在同一截面内的受力钢筋,其接头的截面面积占受力钢筋总截面面积的百分率应满足下列要求:

1) 闪光对焊、接触电渣焊接头在受弯构件的受拉区,不超过50%,受压区不受限制。

2) 绑扎接头在构件的受拉区不超过25%,受压区不超过50%。

3) 机械连接接头,其接头分布应按设计文件规定执行;没有要求时,在受拉区不宜超过50%,在受压区Ⅰ级接头不受限制。

2 若两根相邻的钢筋接头中距小于500mm,或两绑扎接头的中距在绑扎搭接长度以内,均作为同一截面处理。

3 施工中分辨不清受拉区或受压区的,其接头的分布按受拉区处理。

4 焊接与绑扎接头距钢筋弯起点不小于 $10d$,也不应位于最大弯矩处。

7.4.3 接头位置、数量不符合规范要求

1. 通病描述

(1) 同一连接区段内纵向受力钢筋接头未相互错开。同一连接区段内受力钢筋接头未按照《水工混凝土施工规范》(SL 677—2014)的规定分散布置,或有接头的钢筋截面面

积占总截面面积的百分率超出规范规定的数值。

(2) 纵向受力钢筋接头位置不符合规定。

2. 主要原因

(1) 钢筋配料时疏忽大意，没有认真安排钢筋下料长度的合理搭配；错误取用有接头的钢筋截面面积占总截面面积的百分率数值。

(2) 设计文件未对钢筋接头位置提出要求。

(3) 分不清钢筋位于受拉区还是受压区。

3. 防治措施要点

(1) 施工单位应编制钢筋放样图，并上报监理单位审查，同截面接头数量应满足设计文件和《水工混凝土施工规范》(SL 677—2014) 的规定。同一连接区段内的纵向受力钢筋接头应相互错开，接头面积百分率不宜大于50%，钢筋机械连接接头、焊接接头同一连接区段长度为 $35d$，且不小于 500mm。

(2) 认真落实钢筋搭接、锚固等重要翻样尺寸，第一批钢筋加工后，按照交底和翻样单对钢筋下料尺寸进行预检。

(3) 纵向受力钢筋接头位置应符合设计和有关规范的规定，并宜设置在构件受力较小处并错开，避开结构受力较大的关键部位。

(4) 如果分不清钢筋所处部位是受拉区或受压区时，接头设置均应按受拉区的规定处理；如果在钢筋安装过程中安装人员与配料人员对受拉区或受压区理解不同，则应征询设计人员意见。

(5) 在钢筋骨架未绑扎时，发现接头数量、位置不符合设计或规范要求时，应立即通知配料人员重新考虑设置方案；如果已绑扎或安装完钢筋骨架才发现，则根据具体情况处理，一般情况下应拆除骨架或抽出有问题的钢筋返工；如果返工影响工时或工期太长，则可采用加焊帮条（个别情况下，经过研究，也可以采用绑扎帮条）的方法解决，或将绑扎搭接改为电弧焊搭接。

【规范规定】

《水工混凝土结构设计规范》(SL 191—2008) 对同一连接区段定义如下：

9.4.2 和 9.4.3 钢筋机械连接接头、焊接接头连接区段的长度为 $35d$（d 为纵向受力钢筋的较大直径）且不小于 500mm，凡接头中点位于该连接区段长度内的接头均属于同一连接区段。

9.4.5 同一构件中相邻纵向受力钢筋的绑扎搭接接头宜相互错开。

钢筋绑扎搭接接头连接区段的长度为 1.3 倍最小搭接长度，凡搭接接头中点位于该连接区段长度内的搭接接头均属于同一连接区段。

《水工混凝土施工规范》(SL 677—2014)

4.4.8 钢筋接头应分散布置，并应遵守下列规定：

1 配置在同一截面内的下述受力钢筋，其接头的截面面积占受力钢筋总截面面积的百分率应满足下列要求：

1) 闪光对焊、熔槽焊、接触电渣焊、窄间隙焊、气压焊接头在受弯构件的受拉区，不超过 50%，受压区不受限制。

2) 绑扎接头，在构件的受拉区不超过25%，在受压区不超过50%。

3) 机械连接接头，其接头分布应按设计文件规定执行；设计未提出要求的，接头布置应错开，同一断面在受拉区不宜超过50%；在受压区或装配式构件中钢筋受力较小部位，Ⅰ级接头不受限制。

2 若两根相邻的钢筋接头中距小于500mm，或两绑扎接头的中距在绑扎搭接长度以内，均作为同一截面处理。

3 施工中分辨不清受拉区或受压区时，其接头的分布按受拉区处理。

4 焊接与绑扎接头距离钢筋弯起点不小于10d，也不应位于最大弯矩处。

7.4.4 钢筋锚固质量不符合要求

1. 通病描述

(1) 梁钢筋端部锚固长度及位置不符合规定。

(2) 柱顶纵向钢筋平直段长度不满足要求。

(3) 边柱和角柱钢筋弯折位置和长度不满足要求。

(4) 墙体水平和竖向钢筋端部弯折位置和平直段长度不满足要求。

(5) 悬挑板钢筋位置不准确，锚固长度不符合规定。

(6) 墩、墙、柱钢筋插筋遗忘时，植筋采用有机材料锚固。

2. 主要原因

(1) 未理解规范或施工图对钢筋锚固的要求。

(2) 钢筋放样图未履行审批手续，钢筋下料时未考虑锚固长度。

(3) 插筋锚固采用有机锚固材料时未考虑其使用寿命低于工程设计使用年限的要求。

3. 防治措施要点

(1) 钢筋翻样下料前翻样人员应详细查看施工图纸，按照设计及标准要求对钢筋锚固长度进行计算，绘制钢筋加工下料大样图，并履行审批手续。

(2) 钢筋切断配料时，应以钢筋配料单提供的钢筋级别、直径、外形和下料长度为依据，在工作台上做出明显标识，确保下料长度准确，保证竖向钢筋在顶部、水平钢筋在端部的收头位置和平直段长度满足标准相关要求。

(3) 梁、柱主筋收头做法应符合设计要求，无论梁柱主筋端部是否弯折，主筋均应伸至梁端或柱顶。

(4) 钢筋的锚固长度应符合设计要求，设计未提出要求的应符合《水工混凝土结构设计规范》（SL 191—2008）第9.3节的规定。

(5) 植筋时钢筋锚固材料可选用水泥砂浆、无机锚固剂，不应选用有机锚固材料。

【规范规定】

《水工混凝土结构设计规范》（SL 191—2008）

9.3.1 绑扎骨架中的受力光圆钢筋应在末端做成180°弯钩，弯后平直段长度不应小于3d，带肋钢筋和焊接骨架以及作为受压钢筋时的光圆钢筋可不做弯钩。

9.3.2 钢筋最小锚固长度应根据混凝土强度等级、钢筋种类和受力特点等确定。

9.3.3 当HRB335级、HRB400级和RRB400级受拉钢筋锚固长度不满足第9.3.2条规定时，可采取附加锚固形式。

《混凝土结构通用规范》（GB 55008—2021）

4.4.5 混凝土结构中普通钢筋、预应力筋应采取可靠的锚固措施。普通钢筋锚固长度取值应符合下列规定：

1 受拉钢筋锚固长度应根据钢筋的直径、钢筋及混凝土抗拉强度、钢筋的外形、钢筋锚固端的形式、结构或结构构件的抗震等级进行计算；

2 受拉钢筋锚固长度不应小于200mm；

3 对受压钢筋，当充分利用其抗压强度并需锚固时，其锚固长度不应小于受拉钢筋锚固长度的70%。

7.4.5 钢筋偏位

1. 通病描述

结构构件内钢筋安装位置不准确。

2. 主要原因

(1) 钢筋位置放样偏差较大，或受下部结构钢筋位置的影响，墩、墙、柱插筋偏位。

(2) 钢筋绑扎不牢，人为踩踏或浇筑过程中混凝土受到振动棒冲击。

3. 防治措施要点

(1) 钢筋安装位置符合设计和规范的规定，钢筋安装偏差及检验方法应符合《水利工程施工质量检验与评定规范 第2部分：建筑工程》（DB32/T 2334.2—2013）等标准的规定。

(2) 保证钢筋位置的施工措施到位，如箍筋制作尺寸应符合设计要求；墙体设置水平梯子筋，排架、柱设置定位框，采用同等级且直径大一规格的钢筋制作，固定于墙、柱上口300mm～500mm处，用于控制竖向钢筋间距及位置，可周转使用。

(3) 按照施工图纸放好墩、墙、排架、柱的位置线及模板控制线，如钢筋位置有偏差，可按标准要求做不大于1∶6弯折调整，并将钢筋调至顺直后进行绑扎；如钢筋偏位较大，可采取植筋等处理方案。

(4) 墩、墙、柱插筋位置如遇到底板等下部结构钢筋位置的影响，宜适当调整下部结构钢筋的位置；插筋与下部结构钢筋点焊或绑扎连接，上部进行定位固定处理。

(5) 墙体钢筋绑扎铁丝扣不能一顺扣，应间隔采用正反8字扣；双向受力钢筋交叉点应全部绑扎，不应漏绑；柱的箍筋弯钩应沿纵向受力钢筋方向错开设置。

(6) 混凝土浇筑时，应专人检查钢筋位置，及时校正，避免碰撞钢筋，严禁砸压、踩踏和直接顶撬钢筋。

7.4.6 钢筋的绑扎接头不符合要求

1. 通病描述

(1) 接头位于构件最大弯矩处；接头的末端距钢筋弯折处的距离小于钢筋直径的10倍。

(2) 受拉区域 HPB300 光圆钢筋绑扎接头的末端未做成弯钩。
(3) 钢筋绑扎接头的搭接长度，不符合规范要求。
(4) 钢筋搭接处，未在其接头中点和两端用铁丝扎牢。

2. 主要原因

钢筋放样图未履行审批手续，下料长度不足。

3. 防治措施要点

(1) 做好钢筋放样图审查，钢筋下料长度应满足设置弯钩、绑扎长度等要求；绑扎接头不位于构件最大受力位置。
(2) 按规范要求进行钢筋弯钩加工。
(3) 钢筋绑扎接头最小搭接长度，宜符合表 7.4 的规定。
(4) 钢筋搭接接头的中点和两端用铁丝扎牢。

表 7.4　　钢筋绑扎接头最小搭接长度

项次	钢筋类型		混凝土设计龄期抗压强度标准值/MPa					
			25		30、35		≥40	
			受拉	受压	受拉	受压	受拉	受压
1		Ⅰ级钢筋	30d	20d	25d	20d	25d	20d
2	月牙肋	Ⅱ级钢筋	40d	30d	40d	25d	30d	20d
3		Ⅲ级钢筋	50d	35d	40d	30d	35d	25d
4	冷轧带肋钢筋		40d	30d	35d	25d	30d	20d

注　1. 月牙肋钢筋直径大于 25mm 时，最小搭接长度应按表中数值增加 5d。
　　2. 表中Ⅰ级光圆钢筋的最小锚固长度值不包括端部弯钩长度，当受压钢筋为Ⅰ级钢筋，末端又无弯钩时，其搭接长不小于 30d。
　　3. 如在施工中分不清受压区或受拉区时，搭接长度按受拉区处理。

7.4.7　机械连接接头安装不符合要求

1. 通病描述

(1) 安装前钢筋端头丝螺牙损伤。
(2) 丝扣外露长度不符合要求。
(3) 接头力学性能抽检不符合要求。

2. 主要原因

(1) 钢筋端头丝头保护不到位，未套保护帽。
(2) 未进行接头工艺试验，丝扣加工长度不符合要求。
(3) 接头未拧紧，拧紧力矩不符合要求。

3. 防治措施要点

(1) 设计文件应明确钢筋机械连接接头的性能指标。Ⅰ级、Ⅱ级、Ⅲ级接头的极限抗拉强度应符合《钢筋机械连接技术规程》(JGJ 107—2016) 或《水工混凝土施工规范》(SL 677—2014) 的规定。
(2) 每批进场钢筋应进行接头工艺检验，通过工艺性试验确定直螺纹加工方法、丝头长度、螺纹牙形、检验力矩值、选择的套筒型号等。

（3）直螺纹钢筋丝头长度偏差应为 $0\sim2.0p$（p 为螺纹的螺距）。

（4）进场的直螺纹连接套筒应由专业生产厂家生产供应，并有出厂合格证明资料。所有连接套筒的尺寸及材质、强度等均应满足《钢筋机械连接技术规程》（JGJ 107—2016）的有关规定，外观应无裂纹等缺陷。

（5）直螺纹接头外观质量和拧紧力矩检查应符合下列要求：

1）连接时可用管钳扳手施拧紧固，被连接钢筋的端头在套筒中央位置相互顶紧。

2）标准型、正反丝型、异径型接头安装后其单侧外露螺纹宜不超过 $2p$，且每侧宜有 $0\sim1$ 扣的丝扣外露，作为防止丝头没有拧入套筒的辅助性检查手段。对无法对顶的其他直螺纹接头，应附加锁紧螺母、顶紧凸台等措施紧固。

3）用扭矩扳手校核拧紧扭矩，直螺纹最小拧紧扭矩值应符合标准规定（见表7.5），不应超拧；钢筋连接接头应逐个自检校核，拧紧后的接头应标记。检测用的力矩扳手应为专用扳手。

表 7.5　　　　　　　　　　直螺纹接头安装拧紧力矩值

钢筋直径/mm	≤16	18～20	22～25	28～32	36～40	50
拧紧扭矩/(N·m)	100	200	260	320	360	460

（6）每一验收批中随机抽取 10% 的接头进行外观检查，抽检的接头应合格；如有 1 个接头不合格，该验收批接头应全数检查，对不合格接头应进行补强，并填写直螺纹接头质量检查记录。

【规范规定】

《钢筋机械连接技术规程》（JGJ 107—2016）

3.0.4　根据机械连接接头的抗拉强度、残余变形以及高应力和大变形条件下反复拉压性能的差异，将机械连接接头分为 3 个等级：

1　Ⅰ级：接头的抗拉强度不小于被连接钢筋的实际抗拉强度，或不小于 1.10 倍抗拉强度标准值，残余变形小并具有高延性及反复拉压性能。

2　Ⅱ级：接头的抗拉强度不小于被连接钢筋的抗拉强度标准值，残余变形较小并具有高延性及反复拉压性能。

3　Ⅲ级：接头的抗拉强度不小于被连接钢筋屈服强度标准值的 1.25 倍，残余变形较小并具有一定的延性及反复拉压性能。

《水工混凝土施工规范》（SL 677—2014）

4.4.1

8　采用机械连接的钢筋接头的性能指标应达到Ⅰ级标准，经论证确认后，方可采用Ⅱ级、Ⅲ级接头。

7.4.8　钢筋绑扎不符合要求

1. 通病描述

（1）绑扎搭接长度不足，不符合设计和《水工混凝土施工规范》（SL 677—2014）的要求。

(2) 绑扎接头松脱，浇筑混凝土时绑扣松脱。

(3) 受拉区域内光圆钢筋绑扎接头的末端未做成弯钩。

(4) 梁、柱钢筋绑扎接头的搭接长度范围内箍筋未加密。

(5) 箍筋与主筋间隙大，未紧贴主筋。

(6) 绑扎钢筋的铁丝和垫块上的铁丝伸入混凝土保护层内。

2. 主要原因

(1) 钢筋下料长度未经计算或计算错误，未按受拉区和受压区绑扎搭接长度规定进行下料。

(2) 钢筋绑扎点数量不足，绑扎钢筋的铁丝硬度过大或粗细不当，扎扣形式不正确。

(3) 钢筋下料、弯钩加工未进行检验验收。

(4) 设计文件未对梁、柱钢筋绑扎接头的搭接长度范围内箍筋加密提出要求，或施工时未按设计要求加密箍筋。

(5) 箍筋加工尺寸偏差大、变形，或钢筋安装时主筋、箍筋绑扎点数量偏少；绑扣形式不正确。

(6) 钢筋骨架上站人，堆入材料机具，造成钢筋骨架变形，钢筋移位。

3. 防治措施要点

(1) 应按照施工图纸、规范要求并考虑接头位置、搭接长度、弯折长度、弯钩尺寸等进行主筋、箍筋计算后下料。

(2) 绑扎前，应确定绑扎接头在结构中的位置及搭接长度，并做好标记。

(3) 设计文件对梁、柱钢筋绑扎接头的搭接长度范围内箍筋加密提出要求，施工时按设计要求加密箍筋。

(4) 现场绑扎钢筋应符合下列规定：

1) 绑扎前，按图纸要求，用石笔在纵横钢筋上画出尺寸间距的刻度记号，再把钢筋按尺寸记号线等距离绑扎，或者用专门的间距限位尺辅助扎筋。

2) 钢筋的交叉点应采用铁丝绑牢，必要时可辅以点焊。绑扎直径 12mm 以下钢筋宜用 22 号（直径 0.711mm）铁丝；绑扎直径 12mm～16mm 钢筋宜用 20 号（直径 0.914mm）铁丝；绑扎梁、柱等直径较大的钢筋可用两根 22 号铁丝。

3) 绑扎时选用不易松脱的绑扣形式，例如绑平板钢筋网时，除了用一面顺扣外，还应加一些十字花扣；钢筋转角处要采用兜扣并加缠；对竖向的钢筋网，除了十字花扣外，宜采取改变缠丝方向的 8 字形方式交错扎结，铁丝缠绕不少于二转半。

4) 钢筋网中钢筋交叉点连接应按设计要求进行；未具体提出要求的，除墩、墙、板靠近两端钢筋之相交点应逐点扎牢外，其余按每隔一个交叉点扎结一个进行绑扎。板内双向受力钢筋网，应将全部交叉点扎牢。柱与梁的钢筋，其主筋与箍筋的交叉点，在拐角处应全部扎牢，其余可每隔一个进行扎结。浇筑时需要站人或攀爬钢筋的构件钢筋网交叉点应全数绑扎。

5) 钢筋绑扎时，除设计有规定外，箍筋、分布筋等应与主筋垂直。

6) 钢筋骨架的多层钢筋之间，应用短钢筋支垫，确保位置准确。

7) 绑扎钢筋的铁丝和垫块上的铁丝不应伸入混凝土保护层内。

8）钢筋绑扎完成后，对预埋的钢筋要进行点焊，防止钢筋在振捣过程中移位走动，下沉倾斜，并要使用架立钢筋把外露的钢筋牵引固定，待浇筑完成后再拆除架立钢筋。

（5）安装好的钢筋骨架不应堆放材料和机具，不宜站人。

【规范规定】

《水工混凝土施工规范》（SL 677—2014）

4.4.5　采用绑扎接头应遵守下列规定：

1　受拉区域内光圆钢筋绑扎接头的末端应做弯钩。

2　梁、柱钢筋绑扎接头的搭接长度范围内应加密箍筋。绑扎接头为受拉钢筋时，箍筋间距不应大于 $5d$，且不大于 100mm；绑扎接头为受压钢筋时，箍筋间距不应大于 $10d$，且不大于 200mm。箍筋直径不应小于较大搭接钢筋直径的 0.25 倍。

3　搭接长度应根据混凝土强度等级和钢筋类型确定，并满足规定。

《水闸施工规范》（SL 27—2014）

7.3.10　铁丝不应伸入混凝土保护层内。

《水利工程施工质量检验与评定规范　第 2 部分：建筑工程》（DB32/T 2334.2—2013）

受力钢筋长度、箍筋各部位长度、钢筋安装位置、钢筋弯起点位置、同排箍筋和构造筋的间距、同排受力钢筋间距、双排钢筋排间距等检测项目，检测结果需满足要求。

7.4.9　骨架吊装变形

1. 通病描述

钢筋骨架用吊车吊装入模时发生扭曲、弯折、歪斜等变形。

2. 主要原因

骨架刚度不够；起吊后悠荡或碰撞；骨架钢筋交叉点绑扎不牢。

3. 防治措施要点

（1）钢筋骨架起吊挂钩点要预先根据骨架外形确定，刚度较差的骨架可绑木杆、钢管加固，或利用"扁担"起吊（即通过吊架或横杆起吊，使起吊力垂直作用于骨架）。

（2）骨架各水平和垂直钢筋交点都要绑扎牢固，必要时采用多点点焊固定。

（3）对集中加工、整体吊装的半成品钢筋和钢筋骨架，在运输时应采用适宜的装载工具，并应采取增加刚度、防止其扭曲变形的措施。

（4）起吊操作力求平稳。

7.4.10　钢筋表面黏附砂浆未清理

1. 通病描述

黏附在钢筋表面的砂浆未清理干净（见图 7.5）。

2. 主要原因

（1）混凝土浇筑前，未对钢筋表面进行防护。

（2）混凝土浇筑后，未及时清理钢筋表面黏附的砂浆。

3. 防治措施要点

（1）混凝土浇筑前，采取遮挡、包裹等措施（见图 7.6），尽可能避免砂浆黏附到未浇筑混凝土的钢筋上。

图 7.5 钢筋表面黏附砂浆未及时清理　　图 7.6 浇筑时采取措施防止钢筋表面黏附砂浆

（2）浇筑后及时清除黏附在钢筋上的砂浆。

7.4.11 不同结构部位钢筋安装常见问题

7.4.11.1 板钢筋安装不符合规定

1. 通病描述

（1）板顶面钢筋踩踏变形、移位。

（2）钢筋安装间距偏大。

（3）保护层厚度控制不良。

2. 主要原因

（1）钢筋安装偏差大。

（2）板顶面未铺走道板。

3. 防治措施要点

（1）按照设计要求在模板板面弹钢筋位置控制线，板钢筋按照位置线放置并绑扎牢固。

（2）板面层和底层钢筋支撑宜符合下列规定：

1) 厚度小于 0.5m 的板底筋与面筋之间设置马凳，间距 1.5m 左右，以控制两层钢筋间的距离和保护层厚度，且马凳与板筋绑扎牢固，施工荷载较大处应加密放置。

2) 厚度 0.5m～1.5m 的板上下层筋之间采用间距 1.4m～1.6m、直径不小于 22mm 的撑筋，撑筋应与上下层钢筋之间点焊连接。

3) 厚度大于等于 1.5m 的板宜搭设钢管支架，支撑面层钢筋，竖向钢管内先灌满水泥砂浆。

（3）板钢筋绑扎应间隔采用正反八字扣，不应一顺扣，双向受力钢筋绑扎时钢筋交叉点应全部绑扎，不应漏绑。

（4）板顶面设置供施工作业人员通行的马道。

(5) 宜采用成品保护层垫块，垫块与钢筋绑扎牢固。

7.4.11.2 梁钢筋安装不符合规定

1. 通病描述

(1) 多层受力钢筋的排距超出规范规定，各层之间的钢筋净距偏小。
(2) 梁箍筋的起步筋位置、主筋弯起点位置偏差大。
(3) 梁底主筋与箍筋、梁侧腰筋等未绑扎牢固。
(4) 钢筋保护层厚度不符合要求。

2. 主要原因

(1) 箍筋加工尺寸不符合要求。
(2) 梁钢筋密集，未按先后顺序进行钢筋绑扎安装。
(3) 梁底保护层垫块数量不足，或强度低被压碎。

3. 防治措施要点

(1) 施工人员应详细了解图纸及标准相关要求，并在方案及交底中详细说明梁钢筋安装的施工工艺流程及位置要求。当梁的主筋为双排或多排时，现场可用短钢筋头控制钢筋排距，直径不小于梁主筋直径，且不小于25mm（或不小于粗骨料最大粒径），长度为梁宽减保护层厚度。放置在两排主筋之间，短钢筋方向与主筋垂直，并点焊固定。

(2) 箍筋弯钩应垂直于纵向受力钢筋方向错开设置。梁纵向钢筋绑扎前，应在箍筋上按照图纸及交底技术要求施画纵筋位置控制线。

(3) 梁底面应按照要求放置质量合格的混凝土垫块，并固定牢固，以确保钢筋保护层厚度。

(4) 主筋与箍筋垂直部位应采用缠扣绑扎方式，主筋与箍筋拐角部位应采用套扣绑扎方式，梁底和梁顶面纵筋与箍筋绑扣数量不宜小于50%，梁侧应全数绑扎。钢筋绑扎铁丝头一律朝向混凝土内部，不应外露。

(5) 梁箍筋起步筋距柱边的起始距离为50mm，次梁箍筋距主梁边的起始距离为50mm。

(6) 钢筋弯起点位置偏差、钢筋间距偏差应符合《水利工程施工质量检验与评定规范第2部分：建筑工程》(DB32/T 2334.2—2013)等标准的规定。

7.4.11.3 墩墙钢筋安装不符合规定

1. 通病描述

(1) 竖向主筋插筋位置偏差较大。
(2) 竖向钢筋数量少于图纸数量。
(3) 墩墙水平筋距底板的起步筋位置偏差大。

2. 主要原因

(1) 墩墙在底板上插筋位置、间距不符合设计要求。
(2) 未按设计图纸要求安装起步筋。

3. 防治措施要点

(1) 施工人员应详细了解墩墙钢筋布置图及标准相关要求。
(2) 底板钢筋安装位置应考虑到插筋位置的准确性。竖向主筋插筋时，宜制作并安装定位支架，竖向主筋宜与底板钢筋点焊固定。插筋的数量、位置、绑扎固定应满足要求。

(3) 墩墙水平筋起步筋距底板的起始距离为50mm。

7.4.12 钢筋安装质量检验不规范

1. 通病描述

(1) 施工单位未按照《水工混凝土施工规范》（SL 677—2014）和《水利工程施工质量检验与评定规范 第2部分：建筑工程》（DB32/T 2334.2—2013）的规定进行钢筋数量、位置、间距、保护层厚度及各部分钢筋的规格、尺寸等检查。

(2) 监理单位未对钢筋安装位置、间距、保护层厚度及各部分钢筋的规格、尺寸进行复查。

2. 主要原因

未按工序质量检验要求进行钢筋安装质量检验。

3. 防治措施要点

(1) 混凝土浇筑前，施工单位对现场安装的钢筋数量、直径、位置、间距和排距、接头位置、搭接长度，各部分钢筋的大小尺寸以及钢筋保护层厚度、保护层垫块安装质量等进行检查，检查钢筋绑扎安装后的牢固性，确保无松脱、变形现象，填写检查记录和钢筋制作安装工序质量检验评定表。

(2) 监理单位对钢筋安装质量进行复查，并对施工单位钢筋安装工序质量评定结果进行复核。

(3) 经终检验收合格、监理工程师认可后方可进入下道工序。

7.5 保护层厚度控制

7.5.1 垫块质量差

1. 通病描述

(1) 施工现场采用简易工艺制作的混凝土保护层垫块。

(2) 直接用砖块、石块等做保护层垫块。

2. 主要原因

不重视垫块的质量，对保护层垫块控制保护层厚度、防止钢筋锈蚀、保证结构耐久性的重要性认识不足。

3. 防治措施要点

(1) 住房和城乡建设部已禁止使用现场简易制作混凝土保护层垫块工艺，推广使用专业化压制设备和标准模具生产的砂浆垫块，其合格证应齐全，垫块质量及使用注意事项详见《水利工程推广应用定型生产钢筋保护层混凝土垫块指导意见》（苏水科〔2013〕5号）。垫块的强度不低于使用部位结构本体混凝土的强度，并应有足够的密实性，与混凝土有良好的界面黏结；垫块进场前应抽样检查其尺寸，制作厚度不应出现负偏差。

(2) 市售垫块不满足使用要求时，可现场制作，垫块尺寸、形状应满足使用要求，强度应比混凝土设计强度等级高1级以上，垫块养护时间不宜少于14d。

（3）不宜使用塑料垫块，不应使用砖块、石块。

7.5.2 保护层厚度所指对象不准确

1. 通病描述

（1）设计文件或施工过程中对保护层厚度所指对象不正确。

（2）钢筋机械连接时保护层厚度未考虑套筒厚度的影响。

2. 主要原因

设计人员直接套用规范的规定，未根据设计使用年限确定最外层钢筋和套筒的保护层厚度。

3. 防治措施要点

（1）钢筋锈蚀总是先从最外侧的箍筋或分布筋开始，并能引起混凝土的开裂和剥落，所以在耐久性设计中，对保护层厚度的要求，首先应考虑的是箍筋或分布筋。

（2）现行混凝土结构设计或耐久性设计规范中，保护层厚度既有针对主筋的，也有指箍筋或分布筋的。设计人员应结合规范的规定合理确定最外层钢筋的保护层厚度。

（3）钢筋机械连接时，应按套筒外边缘到混凝土表面的距离确定保护层厚度。

【规范规定】

《水工混凝土结构设计规范》（SL 191—2008）

9.2.1 保护层最小厚度指纵向受力钢筋，从钢筋外边缘算起。

《水利水电工程合理使用年限及耐久性设计规范》（SL 654—2014）

保护层最小厚度指从混凝土表面到钢筋（包括纵向钢筋、箍筋和分布钢筋）公称直径外边缘之间的最小距离；对后张法预应力筋，为套管或孔道外边缘到混凝土表面的距离。

《水工混凝土结构设计规范》（SL 191—2008）

9.4.4 机械连接接头连接件的混凝土保护层厚度宜满足纵向受力钢筋最小保护层厚度的要求。

7.5.3 保护层厚度合格率低

1. 通病描述

保护层厚度不均匀，合格率偏低，甚至偏大或偏小。

2. 主要原因

（1）保护层厚度控制未考虑施工偏差的影响，仅仅是按设计厚度进行控制。

（2）钢筋骨架吊装时扭曲、变形严重；混凝土入仓时直接冲击钢筋骨架；钢筋安装、混凝土浇筑过程中人工踩踏造成面层钢筋变形、下沉。

（3）模板尺寸不准确，模板刚度不足，支撑固定不牢，导致浇筑过程中出现跑模现象。

（4）保护层垫块厚薄不一，固定绑扎不牢，布置密度不足，位置不准。保护层垫块有三个厚度尺寸，施工安装过程中未按设计厚度进行安装。

(5) 插筋位置不准确,或未进行校正。

(6) 箍筋、分布筋加工不规范、尺寸偏差大,使得保护层厚度偏大或偏小。

3. 防治措施要点

(1) 调查研究表明施工过程中保护层厚度呈正态分布规律,因此,保护层厚度施工控制值宜按公式(7.1)计算确定:

$$\delta_{nom} = \delta_{min} + 1.645\sigma \leqslant \delta_{min} + \Delta \tag{7.1}$$

式中:δ_{nom} 为保护层厚度施工控制值(也称保护层名义厚度),mm;δ_{min} 为保护层厚度设计值(也称保护层厚度最小值);σ 为保护层厚度标准差,mm;Δ 为保护层厚度施工允许偏差。

(2) 根据设计要求的保护层厚度和施工控制偏差选用成品砂浆保护层垫块,垫块的强度和耐久性能应高于结构本体,垫块的尺寸和形状应满足保护层厚度和定位要求,垫块厚度偏差 0~2mm。

(3) 钢筋安装时应严格控制混凝土净保护层厚度,满足设计文件和规范规定的要求。钢筋与模板之间,应设置数量足够的垫块,且垫块应均匀分散布置,与钢筋绑扎牢固。梁、柱等条形构件侧面和底面的垫块数量不宜少于 4 个/m²,墩、墙等面形构件的垫块数量不宜少于 2 个/m²,重要部位宜适当加密。垫块宜采用 18 号低碳铁丝绑扎,墩、墙、柱、梁等垫块固定于主筋或分布筋上。

(4) 绘制钢筋放样图,检查样架及插筋位置准确性;箍筋、分布筋加工尺寸应符合要求。

(5) 模板应根据设计图纸要求进行加工,要有足够的刚度和平整度,支撑固定牢靠,确保拼接后各个方向保护层厚度均能达到设计要求。混凝土浇筑前应认真检查钢筋的保护层厚度。

(6) 避免混凝土入仓和振捣时对钢筋骨架造成较大扰动。

(7) 钢筋网片有可能随混凝土浇捣而沉落时,应采取措施防止保护层偏差,例如用铁丝将网片吊在模板楞上。

【规范规定】

《水利工程混凝土耐久性技术规范》(DB32/T 2333—2013)

6.4.2.1 钢筋的混凝土保护层厚度应不小于设计值,且正偏差不大于 10mm。

《水利工程施工质量检验与评定规范 第 2 部分:建筑工程》(DB32/T 2334.2—2013)

8.1.4.3 钢筋保护层厚度质量要求为:允许偏差 0~10mm,且不大于 1/4 设计钢筋保护层厚度。

7.5.4 板型构件底层和面层钢筋支撑安装不规范

1. 通病描述

(1) 马凳筋、钢管或钢筋支撑数量偏少,固定不牢固。

(2) 支撑的高度不符合要求。

2. 主要原因

未按设计和规范要求安装支撑材料，钢管、钢筋等支撑材料之间未设置剪刀撑。

3. 防治措施要点

（1）板型结构面层和底层钢筋之间支撑，底板、消力池、护坦等厚大结构宜采用钢筋、钢管或工字钢等支撑，工作桥板等薄板型结构宜采用马凳支撑。

（2）支撑材料应均匀、分散布置，与面层和底层钢筋之间固定牢靠；钢管或钢筋支撑宜设置剪刀撑。

（3）支撑材料的高度应满足面层和底层钢筋保护层厚度控制要求。

第8章 混 凝 土

8.1 原材料管理

8.1.1 原材料选用不当

1. 通病描述

未根据混凝土性能要求、配制技术要求、施工环境和服役环境选用合适的原材料。

2. 主要原因

(1) 未掌握混凝土配制技术要点。

(2) 不熟悉材料性能及其对混凝土性能的影响。

3. 防治措施要点

(1) 学习混凝土和材料相关知识，根据混凝土性能、施工环境、配制技术和服役年限要求选用原材料。

(2) 原材料选用应考虑混凝土拌和物水胶比、用水量、工作性能、含气量等控制要求，选择有利于减少混凝土用水量、降低混凝土收缩和水化热的原材料。

(3) 选择品质稳定、波动小的原材料。原材料正常波动在配合比设计中已经考虑，而一旦出现不正常波动，甚至使用劣质材料，都会造成混凝土用水量增加，实际水胶比提高，必然导致混凝土强度及耐久性能降低。

(4) 混凝土有抗碳化、抗氯离子渗透、抗冻、抗渗、体积稳定性等设计要求，因此，根据混凝土性能要求选用优质常规原材料，如高品质机制砂和粗骨料、高性能减水剂、优质引气剂。

8.1.2 原材料样品不具代表性

1. 通病描述

混凝土实际使用的原材料与抽检的样品不一致，特别是预拌混凝土中水泥、粉煤灰、矿渣粉等原材料。

2. 主要原因

(1) 样品非现场抽检，由供应单位提供样品。

(2) 原材料抽样不及时；预拌混凝土中水泥、粉煤灰、矿渣粉等原材料生产线持续使用。

3. 防治措施要点

(1) 原材料抽检应在监理单位见证时现场抽样。

（2）预拌混凝土生产单位应按《水利工程预拌混凝土应用技术规范》（DB32/T 3261—2017）的规定对原材料进行检验。

（3）重要结构和关键部位混凝土生产前，预拌混凝土生产单位提前备好原材料，施工单位应提前抽样检验原材料。

8.1.3 原材料抽检频率和检验项目不符合要求

1. 通病描述

（1）原材料检验频率不够。

（2）检验项目参数不全，重要参数不检测，不能对原材料品质进行判断。如：

1）粉煤灰常规检测项目有细度、烧失量、三氧化硫含量、抗压强度比、需水量比、活性指数、安定性等，检测报告只根据对细度、烧失量、三氧化硫和含水量的检测结果判定符合Ⅰ级粉煤灰的要求。

2）外加剂常规检测项目有减水率、含气量、凝结时间差、抗压强度比等，检测报告只给出pH值、含固量、密度等匀质性指标。

3）粗骨料常规检测项目有含泥量、泥块含量、针片状颗粒含量、密度、松散体积密度、紧密堆积密度、空隙率、压碎值、坚固性、吸水率、硫化物及硫酸盐等，检测报告只给出含泥量、压碎值等指标。

4）机制砂常规检测项目有颗粒级配（累计筛余、分计筛余）、亚甲蓝值、石粉含量、泥块含量、坚固性、压碎指标、片状颗粒含量、表观密度、松散堆积密度、空隙率以及氯离子等，但检测报告只给出累计筛余、细度模数、石粉含量、泥块含量、表观密度、空隙率等指标。

5）未进行碱活性检验，或抽检频率不足。

（3）检测数据错误，检测报告无效，检测单位资质不符合要求。

2. 主要原因

（1）施工单位未根据《水利工程施工质量检验与评定规范 第2部分：建筑工程》（DB32/T 2334.2—2013）对原材料检测参数的要求进行委托，监理见证取样或跟踪检测时未核查。

（2）部分材料送不具备水利检测资质的检测单位检验。

（3）骨料碱活性检验重视不够。

3. 防治措施要点

（1）施工单位编制原材料检验试验计划，报监理单位审查批准。

（2）施工单位应按《水利工程预拌混凝土应用技术规范》（DB32/T 3261—2017）的规定进行预拌混凝土原材料抽检。

（3）施工单位抽样前应核查预拌混凝土制备所用原材料的品种、规格和型式检验报告、出厂检验报告或合格证等质量证明文件，并报监理单位审核。

（4）预拌混凝土生产单位应按《水利工程预拌混凝土应用技术规范》（DB32/T 3261—2017）的规定对原材料进行检验。

（5）施工单位应按不少于《水利工程预拌混凝土应用技术规范》（DB32/T 3261—

2017）附录 A 检验数量的 20%对混凝土原材料进行抽检，且应对重要结构和关键部位所用原材料进行抽检。

8.1.4 原材料中有害物质控制不严

1. 通病描述

（1）未对原材料中可能引入的有害物质含量进行检测，如氯离子含量、三氧化硫含量、碱含量。

（2）未对骨料碱活性进行检验。

（3）使用可能会引起混凝土体积安全性严重不良的原材料，如钢渣、镍渣。

（4）使用有碍混凝土外观质量的浮黑粉煤灰；使用影响硬化混凝土质量的脱硝灰、脱硫灰等劣质粉煤灰。

2. 主要原因

（1）原材料中有害物质对混凝土工作性能、力学性能和耐久性能的影响认识不足，重视不够。

（2）抽检和使用过程中质量检查、监督不够。

3. 防治措施要点

（1）加强原材料使用过程质量管理，重视原材料中氯离子、碱含量的检验。

（2）设计使用年限为 50 年的混凝土不宜采用碱活性骨料；设计使用年限为 100 年的混凝土未经专门论证，不应采用具有碱—硅酸盐反应的活性骨料。当骨料存在潜在碱—碳酸盐反应活性时，不应用作混凝土骨料。

（3）严禁使用钢渣、黄铁矿等骨料；限制使用镍渣，不使用山皮石等风化骨料。

（4）粉煤灰入仓前采用快速检验方法判定是否为脱硫灰、脱硝灰、浮黑灰。

（5）海砂应采用淡水淘洗的方法进行净化处理，且氯离子含量应符合《建设用砂》（GB/T 14684—2022）、《高性能混凝土用骨料》（JGJ/T 568—2019）等标准的规定。

8.1.5 矿物掺合料品质差

1. 通病描述

（1）将低品位掺合料代替高品位掺合料，如将 S75 矿渣粉当作 S95 矿渣粉使用。

（2）将不符合Ⅰ级、Ⅱ级标准的粉煤灰用于混凝土；使用原状粗灰、脱硫灰、脱硝灰、浮黑粉煤灰、假粉煤灰、磨细粉煤灰等劣质粉煤灰。

2. 主要原因

（1）矿物掺合料经销商以低品质充高品质。

（2）使用单位未把好进场验收关。

3. 防治措施要点

加强粉煤灰质量检验，可以采用快速方法检验粉煤灰、矿渣粉的性能。

8.2 原材料品质

8.2.1 水泥品质不良

1. 通病描述

（1）水泥普遍偏细，比表面积达到 380m²/kg～400m²/kg，甚至达到 400m²/kg～430m²/kg；水泥标准稠度用水量甚至高达 30% 以上。

（2）水泥 3d 强度满足要求，但 28d 强度富余不多，勉强达到标准的要求；水泥的初凝时间、终凝时间较长。

（3）水泥与减水剂适应性变差，混凝土实际用水量增大，坍落度损失加快。

2. 主要原因

（1）水泥生产企业为降低成本，多掺用混合材、甚至是低品位混合材。普通硅酸盐水泥中混合材实际掺量达到 20% 以上，采取的技术手段为增加细度、提高比表面积。

（2）水泥储存期偏短，水泥温度偏高，入机温度甚至达到 80℃ 以上。

（3）水泥生产企业使用工业废石膏、"增强剂"、"助磨剂"，导致水泥的性能变差。

3. 防治措施要点

（1）水泥宜选用质量稳定、标准稠度用水量低、强度等级不低于 42.5 级的硅酸盐水泥、普通硅酸盐水泥，且宜尽可能使用 52.5 级水泥，不宜使用早强水泥，水泥的性能应符合《通用硅酸盐水泥》（GB 175—2023）、《混凝土结构耐久性设计标准》（GB/T 50476—2019）、《混凝土结构通用规范》（GB 55008—2021）以及现行有关行业标准的规定；当混凝土结构对抗裂性有较高要求时，宜使用比表面积小、放热慢、水化热低、早期强度发展慢、收缩小的中、低热硅酸盐水泥，水泥应符合《中热硅酸盐水泥、低热硅酸盐水泥》（GB/T 200—2017）的规定，或符合《高性能混凝土技术条件》（GB/T 41054—2021）规定的硅酸盐水泥或普通硅酸盐水泥要求。水泥的应用尚应符合下列规定：

1）处于氯化物环境和化学侵蚀环境中的混凝土，水泥中的混合材宜为粉煤灰或矿渣，不应使用含石灰石粉的水泥。

2）标准稠度用水量不宜大于 28%，且水泥 28d 抗压强度宜高于《通用硅酸盐水泥》（GB 175—2023）规定的标准强度 4.0MPa 以上。

3）水泥熟料中的铝酸三钙（C_3A）含量不宜大于 10%，氯化物环境不宜大于 8%。

4）避免使用出厂时间少于 7d 的新鲜水泥，生产混凝土时水泥的入机温度不宜高于 60℃。

5）水泥碱含量（按 Na_2O 当量计）不宜大于 0.6%。

6）水泥的氯离子含量应低于 0.03%。当混凝土用细骨料的氯离子含量大于 0.003% 时，水泥的氯离子含量不应大于 0.025%。

（2）宜增加水泥储存期，优先使用船运输的水泥。

（3）温度较高季节水泥宜每车（船）测量温度，一般要求小于 65℃。当水泥温度超过 65℃ 时，应进行水泥与外加剂适应性试验，并采取适当增加外加剂用量、改进外加剂组成等措施。

【水泥性能对混凝土质量的影响】

（1）目前水泥性能按《通用硅酸盐水泥》（GB 175—2007）进行评定，仍然以 3d、28d 强度和安定性作为水泥性能主要考核指标，因此，水泥生产围绕"高 C_3S 含量、高细度、高早强"进行控制。这样的"三高"水泥对混凝土强度、耐久性能和裂缝控制带来的不利影响越来越大，也会造成与外加剂的相容性变差。

（2）施工中为了改善混凝土性能，混凝土中再掺入较多的粉煤灰等掺合料，混凝土有可能属于大掺量矿物掺合料混凝土范畴。但如果不控制粗细骨料和外加剂的质量，混凝土配合比仍采用传统的高用水量、大水胶比配制技术，往往会造成混凝土凝结时间延长、早期强度偏低，收缩增大。

【耐久混凝土对水泥品质要求】

水泥是混凝土主要胶凝材料，其品质对混凝土拌和物性能、强度、耐久性和开裂敏感性至关重要。选择水泥时既要重视强度、安定性、凝结时间，又要关注细度、标准稠度用水量、与外加剂适应性等性能指标，还应将水泥品质稳定性放在第一位。目前大型水泥企业生产高质量、高稳定性熟料技术已比较成熟，而保持水泥质量稳定性，关键是水泥生产企业保证进厂混合材等材料质量稳定、掺量稳定、有效的均化措施、合理储存期，严格出厂水泥质量控制。将水泥中混合材品质稳定及掺量是否超标作为水泥质量重要评价指标。

水泥品质除应符合《通用硅酸盐水泥》（GB 175—2007）的要求外，从提高混凝土拌和物工作性能、改善混凝土体积稳定性、提高耐久性出发，水泥品质宜符合表 8.1 的要求。

表 8.1　　　　　　　　　　　耐久混凝土对水泥的技术要求

项　目		技　术　要　求
比表面积/(m²/kg)		300～380
游离氧化钙含量/%		≤1.5
熟料中铝酸三钙含量		硫酸盐侵蚀的 D、E 环境作用等级：≤5%；氯化物环境：≤8%；其他环境：≤10%
碱含量（等效 Na_2O 当量）/%		≤0.8
标准稠度用水量/%		≤28
Cl^- 含量/%		钢筋混凝土：≤0.10；预应力混凝土：≤0.06
匀质性	实测强度	宜为标准强度的 1.1～1.2 倍
	强度标准差/MPa	≤4.0
入拌和机温度/℃		<60
胶砂流动度/mm		≥180（检验胶砂的水灰比为 0.50 时）
水化热（有温控要求时）		3d 水化热≤250kJ/kg，7d 水化热≤280kJ/kg；当选用 52.5 强度等级水泥时，7d 水化热宜小于 300kJ/kg

配置耐久混凝土、高性能混凝土和大掺量矿物掺合料混凝土宜优先选用Ⅰ型或Ⅱ型硅酸盐水泥，或 52.5 普通硅酸盐水泥，这样，更有利于混凝土质量控制，并减少水泥用量，

降低混凝土水化热。混凝土有温度控制要求时,不宜使用早强水泥,宜适当延长水泥储存期,降低水泥温度。处于氯化物环境和化学侵蚀环境中的混凝土,水泥中的混合材宜为矿渣或粉煤灰,重要结构或单体混凝土量大于500m³时,水泥宜专库专用。

8.2.2 粉煤灰与矿渣粉质量差

8.2.2.1 粉煤灰与矿渣粉品质不达标

1. 通病描述

(1) 粉煤灰的细度、需水量比和烧失量等关键指标不满足《用于水泥和混凝土中的粉煤灰》(GB/T 1596—2017)中Ⅰ级或Ⅱ级灰的质量要求。

(2) 磨细矿渣粉的7d和28d活性指数等关键指标不满足《用于水泥、砂浆和混凝土中的粒化高炉矿渣粉》(GB/T 18046—2017)的质量要求。

2. 主要原因

(1) 电厂燃煤质量出现波动,粉煤灰分选设备出现故障,引起质量波动。

(2) 矿渣来源不稳定,或粉磨时掺入石灰石等惰性材料,或比表面积偏小。

3. 防治措施要点

(1) 粉煤灰已成为混凝土重要矿物掺合料,应选用符合《用于水泥和混凝土中的粉煤灰》(GB/T 1596—2017)中F类Ⅰ级、Ⅱ级粉煤灰,烧失量不宜大于5%,每车(船)粉煤灰进场后应检查细度或需水量比,合格后才能入库。

(2) 粉煤灰宜使用F类Ⅰ级灰,或烧失量不大于5%、需水量比不大于100%的F类Ⅱ级灰。其他技术指标应符合《用于水泥和混凝土中的粉煤灰》(GB/T 1596—2017)的规定。不应使用脱硫灰、脱硝灰。

(3) 粒化高炉矿渣粉宜选择S95级,用于有温度控制要求的混凝土矿渣粉比表面积不宜大于450m²/kg,其他性能指标应符合《用于水泥、砂浆和混凝土中的粒化高炉矿渣粉》(GB/T 18046—2017)的规定。

(4) 每车(船)矿渣粉进场后应检查比表面积,比表面积≥400m²/kg;同时检测密度或烧失量,合格后才能进库。

8.2.2.2 劣质粉煤灰

8.2.2.2.1 脱硝灰

1. 通病描述

入仓混凝土振捣过程中能闻到刺激性氨气味,混凝土硬化过程中表面有气泡产生(见图8.1);有时还会出现凝结时间延长,或有胀膜现象;构件拆模后表面分布众多直径和深度较大的气孔,混凝土强度降低。

2. 主要原因

混土使用脱硝灰,在水泥水化产生的高碱环境下,粉煤灰中的铵盐与OH⁻反应释放氨气。

3. 防治措施要点

(1) 依据《水泥砂浆和混凝土用粉煤灰中可释放氨检测技术标准》(T/CECS 1032—

图 8.1 新浇筑混凝土表面气泡

2022），加强粉煤灰中氨含量检测。

(2) 采取快速检测方法辨别是否为脱硝粉煤灰，方法如下：

1) 取粉煤灰样品和水泥，加入热水中搅拌，如出现刺激性的氨气味，说明为脱硝粉煤灰，可作为一项简单的判别方法。

2) 将 5g 氢氧化钠（粉剂），完全溶解于 100g 水中；称取粉煤灰 50g，将其与氢氧化钠溶液搅拌混合。若产生大量气泡，放热并伴随刺激性气味（氨气）产生，则可判定粉煤灰氨含量超标。

【解读脱硝灰】

(1) 燃煤电厂燃煤发电过程中采用催化还原脱硝工艺，向温度 280℃～420℃ 的烟气中喷入还原剂，在催化剂的催化作用下，将 NO_x 还原成对环境无害的 N_2 和 H_2O。烟气脱硝反应过程如下：

$$4NH_3 + 4NO + O_2 \longrightarrow 4N_2 + 6H_2O \tag{8.1}$$

$$2NO + CO(NH_2)_2 + O_2 \longrightarrow N_2 + CO_2 + 2H_2O \tag{8.2}$$

(2) 烟气中掺杂的 SO_3 与脱硝过程中未反应的 NH_3（逃逸的氨）反应生成硫酸氢铵（NH_4HSO_4）和碳酸氢铵（NH_4CO_3）。

(3) 硫酸氢铵具有黏性，吸附于粉煤灰表面及其孔隙中，造成粉煤灰中硫酸盐和铵盐含量偏高。碳酸氢铵在混凝土中释放出 CO_2。

(4) 掺入脱硝粉煤灰对混凝土质量影响主要有：混凝土在搅拌、振捣和早期水化过程中均存在明显的氨气释放现象，不仅新拌混凝土含气量与黏性增加，还会带来硬化混凝土力学性能与耐久性能降低的问题。有研究表明：粉煤灰中的脱硝副产物 NH_4HSO_4 含量大于 1.5% 时，随着 NH_4HSO_4 含量增加，混凝土抗压强度逐渐降低，各龄期强度降低甚至超过 10%。

8.2.2.2.2 脱硫灰

1. 通病描述

混凝土中使用粉煤灰后，凝结时间延长，混凝土后期强度降低。

2. 主要原因

混凝土中使用的粉煤灰为脱硫灰。

3. 防治措施要点

(1) 做好脱硫粉煤灰的辨别：

1) 脱硫灰外观颜色浅，手感比粉煤灰细腻。又因其主要成分是石膏，脱硫灰放在空气中若干天就会发硬。

2) 定性鉴别法：

a. 脱硫灰中含有氧化钙（石灰），将其放入器皿中，稍加水搅拌，滴入酚酞溶液呈碱性，酚酞变红。而且因氧化钙与水反应是放热过程，水温会上升。用酚酞检验可定性鉴别粉煤灰中是否含有亚硫酸钙，粉煤灰是不是脱硫灰。

b. 盐酸滴定法、品红试纸测试法定性鉴别方法见表8.2。

表 8.2　　　　　　　　　　脱硫粉煤灰鉴别方法

鉴别方法	现　　象	鉴　　别
盐酸滴定法	亚硫酸钙＋水＋盐酸──→放出刺激性气味（SO_3）	含亚硫酸钙
品红试纸测试法	褪色	含亚硫酸钙

3) 定量鉴别法。根据《用于水泥和混凝土中的粉煤灰》(GB/T 1596—2017) 测试粉煤灰中的亚硫酸钙含量，半水亚硫酸钙含量不应大于3.0%。

(2) 加强粉煤灰质量检验，《用于水泥和混凝土中的粉煤灰》(GB/T 1596—2017) 要求检测粉煤灰的密度、半水亚硫酸钙、硅铝铁氧化物总量3个指标，有利于保证粉煤灰活性、防止混凝土产生缓凝、强度倒缩。

【解读脱硫灰】

(1) 电厂干法脱硫工艺主要分两个阶段，第一阶段以磨细石灰石作为吸收剂，将其喷入炉膛内高温区（900℃～1250℃），石灰石受热分解形成的CaO在悬浮状态下与SO_2、SO_3和O_2反应生成硫酸钙；第二阶段炉膛内没有完全反应的石灰与活化器上部喷入的雾化水反应生成氢氧化钙，氢氧化钙再与烟气中剩余的SO_2反应，生成固态的亚硫酸钙，部分亚硫酸钙会被氧化成硫酸钙，最终与粉煤灰一起由电收尘器收集下来。

(2) 脱硫灰对混凝土质量的影响：

1) 当脱硫灰中亚硫酸钙（$CaSO_3$）含量较高时，将会造成水泥和外加剂的相容性变差，混凝土体积安定性下降，干缩增大。

2) 混凝土中将脱硫灰用于矿物掺合料时，混凝土出现缓凝现象，缓凝时间可能超过48h，甚至更长；混凝土后期强度可能降低。

8.2.2.2.3　浮油灰（浮黑粉煤灰）

1. 通病描述

混凝土表面出现不规则或成片的黑斑（见图8.2），影响混凝土外观。

2. 主要原因

混凝土使用浮油灰作为矿物掺合料。

(a) 工程1排架　　　　　　　　(b) 工程2排架

图 8.2　使用浮油灰引起的混凝土表面黑斑

3. 防治措施要点

(1) 浮油灰的鉴别，可采用下述两种方法：

1) 取一定量粉煤灰样品置于烧杯中，加水搅拌后，表面出现一层黑色油状物，颜色分层明显的，可判别为浮油灰。

2) 需水量比试验过程中，跳桌跳动试验完成后，胶砂表层浮有一层黑色物质。

(2) 浮油粉煤灰不应用于有观感要求的结构部位。

【解读浮油灰】

电厂为提高煤燃烧效率、辅助劣质煤燃烧，添加重油助燃。如果重油添加过量或燃烧不充分，在粉煤灰内出现残留。

8.2.2.2.2.4　其他劣质粉煤灰

1. 通病描述

混凝土中使用某些粉煤灰后，混凝土拌和物用水量增大，混凝土工作性能降低，结构混凝土强度降低、耐久性能降低。

2. 主要原因

(1) 使用的粉煤灰非电厂风选粉煤灰，为炉底原状灰及其磨细灰。

(2) 使用 CFB 固硫灰。

(3) 使用和煤一起煅烧的城市垃圾或其他固体废弃物粉末，秸秆煅烧废弃物粉末，在焚烧炉中煅烧的工业或城市垃圾的灰渣、循环流化床锅炉燃烧收集的粉末等。

(4) 粉煤灰进场验收时，检测结果符合要求的主要原因是检测的样品是供货厂家提前准备好的合格样品或是在罐车、运输船中易取样部位装入合格粉煤灰。有些公司由于人员配备或节省成本等主要原因不能做到逐车抽检，或取样不具代表性，就导致许多劣质粉煤灰被用于混凝土中。

(5) 在罐车、运输船上半部盛装满足质量要求的粉煤灰，中、底部装入质量相对较差的粉煤灰。

(6) 将磨细的石灰石、煤渣、炉渣和煤矸石等材料与粉煤灰混合后，以合格粉煤灰销售。

（7）由于现行行业标准的局限性以及混凝土生产单位常规试验的局限性，很难判断粉煤灰的优劣。如将煤矸石等固体废弃物粉磨后充当粉煤灰，按照现行粉煤灰标准进行检测，检测结果符合指标要求，但其性能却低于合格粉煤灰应有的性能。

3. 防治措施要点

（1）根据《用于水泥和混凝土中的粉煤灰》（GB/T 1596—2017）对粉煤灰的定义：电厂煤粉炉烟道气体中收集的粉末，不包括以下情形：和煤一起煅烧的城市垃圾或其他固体废弃物时，在焚烧炉中煅烧的工业或城市垃圾时，循环流化床锅炉燃烧收集的粉末。因此，应谨防混凝土中使用上述不属于粉煤灰范围的材料。

非电厂风选粉煤灰的火山灰活性、微集料效益和颗粒形态效应远低于燃煤风选粉煤灰，导致新拌混凝土质量管控工作非常困难，影响硬化混凝土性能。因此，混凝土中不应使用非燃煤电厂烟道中收集的粉煤灰。如何快速有效地鉴别粉煤灰的优劣成为目前混凝土行业面临的一道难题。应根据《用于水泥和混凝土中的粉煤灰》（GB/T 1596—2017）的规定加强粉煤灰质量验收，包括：

1）混凝土生产单位与供货厂家签订诚信及处罚条款。
2）安排专职取样人员，严禁送货人员取样或使用其提供的样品。
3）取样应具有代表性，能反映整车（船）质量情况。
4）施工单位加大抽样频次，并做好下列检查工作：

a. 粉煤灰的出厂合格证，了解细度、需水量比、含水量、三氧化硫含量、游离氧化钙含量、硅铝铁氧化物的含量、密度、安定性、强度活性指数和半水亚硫酸钙含量等出厂检验报告反映的粉煤灰质量是否符合合格品要求。

b. 型式检验报告是否符合要求。

（2）混凝土中不应使用CFB固硫灰。对于CFB固硫灰的判别，目前还没有简单易行的方法。颜色一般发红的CFB固硫灰，比较容易辨别。但因含碳量的不同或煤种的不同，也可能与传统粉煤灰颜色相近，这就要求在应用时勤观察，多发现，以经验弥补检测手段的不足。

【解读磨细粉煤灰、原状灰、CFB固硫灰等】

（1）磨细粉煤灰。是将原状粗灰经粉磨加工得到的再生粉煤灰。磨细粉煤灰颗粒主要为表层光滑性较差的半球形颗粒，碳含量与杂质含量相对较高。

（2）原状灰。是指在火力发电厂没有进行分选，颗粒较粗，含有较多杂质，烧失量较大的粉煤灰。

（3）磨细粉煤灰、原状灰均不具备风选粉煤灰球形颗粒效应，能更多地吸附水与各种外加剂。对混凝土拌合物性能改善效果较差；需水量偏大，可能会导致混凝土用水量增加，强度、耐久性能降低。

（4）CFB固硫灰。是指含硫煤与脱硫剂按一定比例混合后在流化床锅炉850℃～900℃温度燃烧固硫后排出的飞灰。CFB固硫灰不同于传统的煤粉炉粉煤灰，由于燃煤工艺的不同，两者在矿物组成、物理性质等方面都有较大的差异。由于脱硫剂的掺入，CFB

固硫灰中含有脱硫产物 $CaSO_4$、$CaSO_3$ 及脱硫剂残留产生的 $f-CaO$ 等物质。上述物质的存在使得CFB固硫灰不论是物理特性还是火山灰活性，都与传统粉煤灰有较大差别，应用于混凝土中会出现与外加剂适应性差、需水量大、和易性及体积稳定性都比较差等问题。

（5）垃圾灰。使用和煤一起煅烧的城市垃圾或其他固体废弃物、秸秆燃烧废弃物、在焚烧炉中煅烧的工业或城市垃圾的灰渣、循环流化床锅炉燃烧收集的粉末等。

8.2.3 粗骨料品质差

1. 通病描述

（1）粗骨料含泥量、泥块超标；粗骨料针片状等不规则颗粒含量多，粒形不佳，级配不良，空隙率大；坚固性差、吸水率高。

（2）粗骨料品质不稳定，致新拌混凝土工作性能不稳定，坍落度变化较大。

（3）粗骨料碱活性检测抽检频率低。

2. 主要原因

（1）不重视粗骨料含泥量、不规则颗粒含量对混凝土工作性能、力学性能和耐久性能的影响。

（2）粗骨料来源复杂，多渠道进货，未根据混凝土性能要求选用粗骨料，重点工程未做到粗骨料专库使用。

（3）不重视碱骨料反应的预防。

3. 防治措施要点

（1）重视粗骨料品质，根据混凝土耐久性能、体积稳定性能、设计使用年限等要求选用优质常规粗骨料。

（2）不同批次、不同粒径、不同岩性的粗骨料应分别堆放，使用过程中避免混料。

（3）应选用颗粒洁净、质地均匀坚固、级配合理、粒形良好、空隙率小、吸水率低的粗骨料。不应含有风化骨料，且应选用能够降低混凝土用水量、提高体积稳定性能的骨料。粗骨料的质量宜符合《建设用卵石、碎石》（GB/T 14685—2022）中Ⅰ类或《高性能混凝土用骨料》（JGJ/T 568—2019）的规定，设计使用年限为50年的混凝土可使用Ⅱ类粗骨料。粗骨料的应用尚需做到：

1）宜选用石灰岩、大理岩制作的粗骨料，不宜使用石英岩、砂岩制作的粗骨料；未经专门论证不应使用碱活性骨料。

2）宜根据粗骨料最大粒径采用连续两级配或连续多级配；单粒粒级宜用于组合成满足要求的连续粒级；亦可与连续粒级混合使用。优化粗骨料级配，宜分粒级运输，分仓储存，分别计量，使粗骨料具有较低的空隙率，松散堆积空隙率不宜大于43%，表观密度不宜小于2600kg/m³，图8.3展示了优质粗骨料分级使

图8.3 优质粗骨料分级使用

3) 重要工程、设计使用年限为100年的混凝土，可对粗骨料进行整形、二次筛分加工处理，使针片状颗粒尽可能少，粒形更好。

4) 粗骨料最大粒径宜符合表8.3的规定。

表8.3　　　　　　　　墩墙混凝土中粗骨料最大粒径　　　　　　　单位：mm

序号	环境作用等级	环境类别	混凝土保护层厚度					
			25	30	35	40	45	50	≥55
1	Ⅰ-A、Ⅰ-B	一、二	20	25	25	31.5	31.5	31.5	40
2	Ⅰ-C、Ⅱ-C、Ⅱ-D、Ⅱ-E	二、三、四、五	16	20	25	25	31.5	31.5	31.5
3	Ⅲ-C、Ⅲ-D、Ⅲ-E、Ⅲ-F、Ⅳ-C、Ⅳ-D、Ⅳ-E、Ⅴ-C、Ⅴ-D、Ⅴ-E	三、四、五	16	16	20	20	25	25	31.5

注1　混凝土环境作用等级划分见《混凝土结构耐久性设计标准》(GB/T 50476—2019)、《水利工程混凝土耐久性技术规范》(DB32/T 2333—2013)，环境类别划分见《水利水电工程合理使用年限及耐久性设计规范》(SL 654—2014)。

注2　混凝土中掺入合成纤维时，粗骨料粒径不宜大于25mm。

5) 坚固性和吸水率是粗骨料两个重要指标，坚固性差、吸水率过高的骨料不用于工程。

6) 加强骨料含泥量控制，可在预拌混凝土生产单位上料码头增加冲水设备，将含泥量控制在标准范围内。一般而言，5mm～15mm瓜子片含泥量容易超标，使用前应冲洗处理，不合格粗骨料严禁进仓。粗骨料中不应含有泥块。

7) 加强粗骨料碱活性检验，设计使用年限为50年的混凝土不宜采用碱活性骨料；设计使用年限为100年的混凝土未经专门论证，不应采用碱—硅酸盐反应的活性骨料。当骨料存在潜在碱—碳酸盐反应活性时，不应用作混凝土骨料。

8) 严防骨料中混入石灰等碱性杂物。

【骨料对混凝土性能的影响】

(1) 砂、石骨料在混凝土六大组分中起着十分重要的作用，对混凝土用水量、胶凝材料用量以及硬化混凝土力学性能、耐久性能、体积稳定性能影响较大，其费用也占混凝土原材料总价格的50%左右。

(2) 选用优质骨料是保障与提升混凝土性能的重要原材料。骨料在混凝土中不仅仅起着骨架和传递应力作用，优质骨料还能降低混凝土用水量，减少胶凝材料用量；粗骨料还可稳定混凝土的体积，抑制收缩，防止开裂。骨料品质对混凝土性能影响见表8.4。

表8.4　　　　　　　　骨料品质对混凝土性能的影响

序号	骨料品质	对混凝土性能的影响
1	吸水率高	混凝土坍落度损失增加，硬化混凝土抗冻性能降低，收缩率增加
2	光滑的表面	骨料与水泥石界面黏结强度低
3	空隙率高	增加胶凝材料用量，增加混凝土收缩，不利于抗收缩和抗冻融

续表

序号	骨料品质	对混凝土性能的影响
4	级配差	增加胶凝材料用量和用水量
5	针片状颗粒多	增加胶凝材料用量,混凝土泵送性能降低,降低混凝土强度
6	含泥量高	黏结性差,增加干燥收缩,降低抗冻性
7	弹性模量低	增加体积收缩
8	热膨胀系数低	与浆体变形不一致
9	具有碱活性	发生碱—骨料反应

(3) 如果石子粒形和级配不合理,粗骨料中缺少 5mm～10mm 乃至 5mm～16mm 的颗粒,混凝土用水量可能会增加 20%,干缩增加 100×10^{-6},在保持水胶比不变时胶凝材料用量增大 20%,细骨料用量也将增大,混凝土的浆骨比大,水化热高,混凝土易收缩开裂,因此从耐久性角度需要重视骨料的粒形与级配。图 8.4 为碎石空隙率对混凝土拌和用水量的影响。

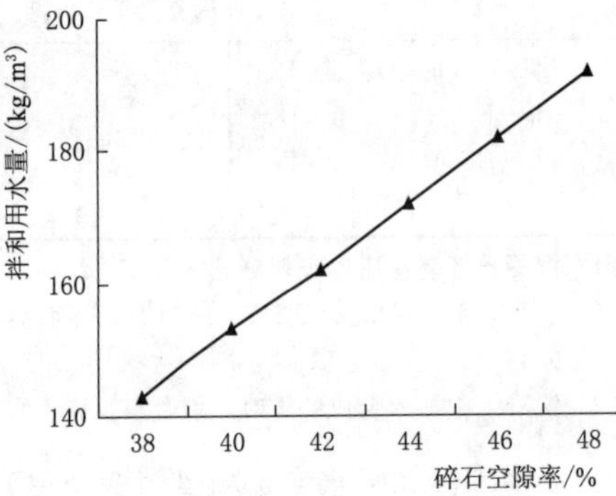

图 8.4 碎石空隙率对混凝土拌和用水量的影响

【关于碱—骨料反应】

(1) 反应类型。碱—骨料反应包括碱—硅酸盐反应 (ASR) 和碱—碳酸盐反应 (ACR) 两类,以 ASR 最为常见,它是骨料中所含的无定形硅与孔隙里含碱(钠、钾的氢氧化物)的溶液反应,生成易于吸水膨胀的碱—硅凝胶;碱与某些碳酸盐类骨料反应称为碱—碳酸盐反应。

(2) 反应条件。碱—骨料反应需同时具备下述 3 个条件,即:混凝土有较高的碱含量;骨料具有碱活性;水的参与。水工混凝土所处的潮湿环境为碱—骨料反应提供了充分的环境条件,因此,水工混凝土具有更大的发生碱—骨料反应潜在风险。

(3) 影响因素:

1) 混凝土碱含量。碱—骨料反应引起的膨胀值与混凝土中的碱含量有关,对于每一种活性骨料都可以找出混凝土碱含量与其反应膨胀量之间的关系。混凝土最大碱含量应符合表 8.5 的规定。

表 8.5 混凝土最大碱含量

环境作用等级	最大碱含量/(kg/m³)		
	100 年	50 年	30 年
Ⅰ-A、Ⅰ-B、Ⅰ-C、Ⅱ-C、Ⅱ-D、Ⅱ-E、Ⅲ-C、Ⅳ-C	3.0	3.0	3.5
Ⅲ-D、Ⅳ-D、Ⅲ-E、Ⅲ-F、Ⅳ-E、Ⅳ-F	2.5	3.0	3.5

2）混凝土的水胶比。水胶比大，则混凝土的孔隙率增大，各种离子的扩散及水的移动速率加大，会促进碱—骨料反应的发生；但另一方面，混凝土水胶比大，其孔隙量大，又能减缓碱—骨料反应。在通常的水胶比范围内，随着水胶比减少，碱—骨料反应的膨胀量有增大的趋势，在0.4时，膨胀量最大。

3）混凝土孔隙率。混凝土的孔隙率也能减缓碱—骨料反应时胶体吸水产生的膨胀压力，随着孔隙率增大，反应膨胀量减少，特别是细孔减缓效果更好。

4）环境温度。一般而言，每一种活性骨料都有一个温度限值，在该温度下，随温度升高膨胀量增大，超过该温度限值，膨胀量明显下降。环境温度对碱—骨料反应的影响，在高温下，反应速率和膨胀速率开始时会较快，但之后又会变慢；在低温下，反应速率一开始会很慢，但最终的总膨胀量会达到甚至超过高温下的总膨胀量。

8.2.4 机制砂品质差

1. 通病描述

（1）选用低品质的机制砂导致混凝土用水量增加较多，抗碳化、抗氯离子渗透性能降低，开裂敏感性增加，图8.5为使用长江砂、优质机制砂和劣质机制砂配制的混凝土刀口抗裂试验情况。

（a）长江砂混凝土　　（b）优质机制砂混凝土　　（c）劣质机制砂混凝土

图8.5 不同品质砂的混凝土抗开裂性能对比试验

（2）机制砂颗粒级配不合理，不符合《建设用砂》（GB/T 14684—2022）中2区砂级配要求。

（3）水洗机制砂与外加剂相容性差。

（4）机制砂亚甲蓝值偏大，天然砂含泥量超标。机制砂的颗粒粒形不好，针片状等不规则颗粒含量多，级配不良，空隙率大，吸水率高。部分预拌混凝土企业自行生产机制砂，未分级（见图8.6），未粉控处理。干砂离析现象突出，砂中含有较多的粒径大于4.75mm小石子。

（5）细骨料碱活性检测抽检频率低。

（6）机制砂品质不稳定，致新拌混凝土工作性能不稳定，坍落度变化较大。

图8.6 机制砂未采用分级、粉控生产工艺

(7) 使用杂烩砂，将不同岩性、不同品质的砂，混堆、混用，导致混凝土用水量（水胶比）控制难、外加剂用量控制难、坍落度控制难，影响到混凝土拌和物质量控制、硬化混凝土质量。

2. 主要原因

(1) 不重视机制砂颗粒级配、吸水率、粒形、含泥量（亚甲蓝值表示）、石粉含量等对混凝土工作性能、力学性能和耐久性能的影响。水洗砂将 0.315mm 以下颗粒冲洗掉较多，砂中粗颗粒较多；干法制砂细骨料含量偏多，含粉量高。

(2) 水洗砂絮凝剂含量超标。

(3) 机制砂来源复杂，多渠道进货，未根据混凝土性能要求选用机制砂，重点工程未做到机制砂专库使用。

(4) 不重视碱骨料反应的预防。

3. 防治措施要点

(1) 宜优先选用石灰岩、大理岩制作的机制砂，不宜使用砂岩、石英岩以及已风化的山砂或风化的母岩制成的机制砂。宜选用能够降低混凝土用水量、提高体积稳定性能的细骨料。

(2) 不同批次、不同岩性、不同细度模数的机制砂应分别堆放，使用过程中避免混料。

(3) 细骨料的质量宜符合《建设用砂》（GB/T 14684—2022）中Ⅰ类或《高性能混凝土用骨料》（JGJ/T 568—2019）的规定，设计使用年限为 50 年的混凝土可使用Ⅱ类细骨料。细骨料的应用尚需符合下列规定：

1) 细度模数宜为 2.5～3.1 的中砂，级配为 2 区；注意控制 0.315mm、0.63mm 筛孔的颗粒含量；饱和面干吸水率不宜大于 2.0%；空隙率不宜大于 43%。图 8.7 展示了优质机制砂分级筛余情况。

图 8.7　优质机制砂样品

2) 按《加强水利建设工程混凝土用机制砂质量管理的意见（试行）》（苏水基〔2021〕3 号）进行机制砂的管理。机制砂亚甲蓝值不宜大于 1.0g/kg，石粉含量按《建设用砂》（GB/T 14684—2022）检验时不宜大于 10%，按《水工混凝土试验规程》（SL/T 352—2020）或《水工混凝土试验规程》（DL/T 5150—2017）检验时不应大于 18%。

3) 天然砂的含泥量不宜大于 2.0%；应采用淡水淘洗工艺净化处理的海砂，其氯离子含量应符合《建设用砂》（GB/T 14684—2022）的规定；预应力混凝土用细骨料的氯离子含量不应大于 0.01%。

(4) 加强骨料碱活性检验。设计使用年限为 50 年的混凝土不宜采用碱活性骨料；设计使用年限为 100 年的混凝土未经专门论证，不应采用碱—硅酸盐反应的活性骨料。当骨料存在潜在碱—碳酸盐反应活性时，不应用作混凝土骨料。

8.2.5 使用钢渣细骨料引起表面爆裂

1. 通病描述

某节制闸混凝土浇筑 6 个月后，陆续发现闸墩局部表层砂浆或混凝土产生膨胀、崩解、砂浆脱落等现象，剥落深度 10mm～50mm、直径 100mm～150mm，深及粗骨料表面。仔细观察脱落混凝土中含有与粗骨料颜色不一样的褐色骨料，见图 8.8。

2. 主要原因

经钻芯取样、调查分析，判断褐色骨料为钢渣，预拌混凝土生产单位也承认当初混凝土生产时部分使用钢渣代砂和 5mm～15mm 瓜子片。

3. 防治措施要点

（1）《建设用砂》（GB/T 14684—2022）对使用矿山废石和尾矿等生产的机制砂中有害物

图 8.8 使用钢渣引起的表面混凝土局部脱落

质含量做出了具体规定，工业废渣应用于混凝土中的前提是要确保混凝土的质量与安全。目前尚无规范规定钢渣对混凝土长期性能影响的试验与评价方法，也没有钢渣粗骨料和细骨料应用于结构混凝土的质量控制标准，且钢渣膨胀反应是一个缓慢过程，因此，混凝土中不应使用钢渣骨料。

（2）预拌混凝土采购合同中，应明确原材料品质要求。

（3）混凝土生产前及生产过程中，施工单位和监理单位应按江苏省地方标准《水利工程预拌混凝土应用技术规范》（DB32/T 3261—2017）的要求，驻厂检查原材料质量情况，并收集保存有关生产资料。

【混凝土中使用钢渣的危害】

转炉炼钢过程中，钢渣出炉温度高达 1400℃ 以上，钢渣冷却后存在大量的结晶尺寸粗大、结构致密的游离 CaO 和游离 MgO。过烧的游离 CaO 水化反应系在混凝土硬化后才发生，甚至在半年乃至 2 年之后才缓慢进行；遇水反应生成氢氧化钙，体积增大 1 倍～2 倍。这种体积膨胀对钢渣周围混凝土引起的膨胀应力是不均匀的，引起局部过大的膨胀应力，使混凝土微结构发生损伤；这也是在半年至 2 年之后才发生混凝土表面"爆裂"、混凝土剥落的主要原因。钢渣中过烧的游离 MgO 在混凝土中水化反应时间更长，甚至是在数十年之后，游离 MgO 引起的膨胀反应对结构混凝土造成的影响可能更加严重。

钢渣骨料对混凝土所造成的损伤是一个长期缓慢的过程，混凝土服役阶段，结构表层与内部的钢渣与水起反应生成膨胀产物，表层混凝土会剥落，而内部的钢渣在其周围将产生很大的膨胀应力，会导致混凝土强度降低、产生微裂缝。

8.2.6 外加剂使用不当

8.2.6.1 外加剂品质与混凝土性能要求和施工环境不匹配

1. 通病描述

（1）未根据混凝土性能要求、施工环境和服役环境，选用合适的外加剂。

（2）减水剂的品质不满足配制耐久混凝土对用水量、水胶比等配合比参数控制要求。

（3）有抗冻要求或体积稳定性能要求的混凝土，未使用优质引气剂或引气型减水剂。

（4）外加剂中有害物质含量超标。

2. 主要原因

（1）预拌混凝土生产单位通常用的外加剂是集减水、缓凝、保坍、引气等多种功能的复合型外加剂，而且C40及以下的混凝土基本使用同一品种的外加剂。水工混凝土要各种性能要求，使用这样的外加剂可能不能满足混凝土配制技术及其性能要求。

（2）外加剂减水率低。

（3）预拌混凝土生产单位使用的外加剂引气效果不明显，或虽有引气作用，但引入的是大气泡，气泡间距系数不满足配制抗冻混凝土的技术要求。

（4）外加剂中氯离子、硫酸钠、总碱量等含量不符合《混凝土外加剂》（GB 8076—2008）的规定。

3. 防治措施要点

（1）外加剂性能应符合《混凝土外加剂》（GB 8076—2008）、《混凝土膨胀剂》（GB 23439—2017）、《防裂抗渗复合材料在混凝土中应用技术规程》（T/CECS 474—2017）、《混凝土用氧化镁膨胀剂应用技术规程》（T/CECS 540—2018）、《混凝土用钙镁复合膨胀剂》（T/CECS 10082—2020）等规定。

（2）外加剂的应用除应符合《混凝土外加剂应用技术规范》（GB 50119—2013）的规定外，尚需符合下列规定：

1）减水剂的减水率应不低于20%，配制100年的混凝土使用的减水剂减水率不宜低于25%。

2）外加剂品种与掺量应根据混凝土原材料质量、使用要求、施工条件和服役环境，通过试验确定。

3）减水剂宜优先使用聚羧酸高性能减水剂，且28d收缩率比不宜大于100%，泌水率比不宜大于60%，其生产过程中应采用消泡工艺。

4）有抗冻要求的混凝土宜使用引气剂，且应有良好的微气泡稳定性。

5）配制有温控要求的混凝土，可掺入具有微膨胀、减少水化热等功能的外加剂。

6）由外加剂带入混凝土中的氯离子含量、总碱量和硫酸钠含量不应超过生产单位控制值，且总碱量（以当量氧化钠计）不宜大于$1.0 kg/m^3$。

7）不同品种外加剂之间以及外加剂与水泥、矿物掺和料之间应具有良好的相容性。

【关于混凝土外加剂使用质量控制要点】

随着现代混凝土技术的发展，混凝土工作性能、抗冻性能、体积稳定性能等，都要通过外加剂来调节。混凝土外加剂正确使用控制要点如下：

（1）外加剂是混凝土的味精，种类多达几十种。正确使用，会给混凝土性能、强度、耐久性带来好处，给施工带来方便。然而，不正确的使用会给混凝土工作性能、凝结硬化、强度和耐久性能带来不利影响。应根据混凝土性能、原材料质量、服役环境、施工工艺和施工气候条件等因素，选择质量稳定的产品，并通过试验确定掺量。混凝土常用的外加剂选用见表8.6。

表 8.6　　　　　　　水工混凝土常用外加剂的作用效果和使用注意事项

类型	作用效果	适用的混凝土对象	使用注意事项
高效减水剂	有较高的减水率（＞14%）	泵送混凝土、耐久混凝土、流动性混凝土	减水剂与水泥适应性
高性能减水剂	减水率高（＞25%），对水泥适应性较好，收缩率较低	高性能混凝土、耐久混凝土、大流动性混凝土	减水剂与水泥适应性
引气剂	改善和易性，提高混凝土折压比和混凝土韧性，提高混凝土抗裂性、抗冻性	有抗冻要求的混凝土、大体积混凝土、低收缩混凝土，以及改善混凝土拌合物性能，防止泌水、离析、板结	混凝土含气量增加1%，强度降低3%，掺量过多会引起强度损失加大，混凝土含气量宜控制在2.5%～5.0%
缓凝剂	延缓凝结时间，降低水化热	大体积混凝土、长距离运输的混凝土	不同季节控制掺量，掺量过多会导致混凝土凝结时间延长
早强剂	提高混凝土早期强度，缩短养护龄期，防止早期混凝土受冻	冬季防冻混凝土、有早强要求的混凝土	控制掺量，防止混凝土中有害物质含量增大
膨胀剂	增加混凝土膨胀能，减少收缩	二期混凝土、微膨胀混凝土、补偿收缩混凝土	延长搅拌时间，加强早期湿养护，控制掺量，否则会引起收缩增加，效果相反

（2）减水剂、泵送剂、早强剂、缓凝剂和引气剂的质量应符合《混凝土外加剂》（GB 8076—2008）的规定；防冻剂的质量应符合《混凝土防冻剂》（JC 475—2004）的规定；防冻泵送剂的质量应符合《混凝土防冻泵送剂》（JG/T 377—2012）的规定；清水混凝土宜使用聚羧酸高性能减水剂，其中的消泡剂宜用聚醚类消泡剂，不宜使用有机硅类消泡剂，因有机硅类消泡剂使混凝土表面颜色变深；采用其他品种外加剂时，应经试验验证符合要求后方可使用。外加剂的应用应符合《混凝土外加剂应用技术规范》（GB 50119—2013）的规定，且外加剂使用尚需符合下列规定：

1）应根据混凝土强度等级和坍落度要求选取合适的减水剂（见表 8.7），设计使用年限为 100 年及以上的混凝土宜优先使用减水率不低于 25% 的聚羧酸高性能减水剂，且 28d 收缩率比不宜大于 100%，泌水率比不宜大于 60%，含气量不宜大于 3.0%。

表 8.7　　　　　　　　　混凝土减水剂的减水率选择

混凝土坍落度 /mm	减水剂的减水率/%		
	≤C30	C35、C40、C45	≥C50
80～120	≥15	≥15	≥20
120～180	≥20	≥25	≥25
＞180	≥20	≥25	≥30

2）有抗冻要求的混凝土应使用引气剂或引气减水剂；没有抗冻要求的混凝土宜使用引气剂或引气减水剂，改善混凝土拌和物性能，提高体积稳定性。

3）不同品种外加剂以及外加剂与水泥、矿物掺和料等材料之间应具有良好的相容性。

4）外加剂中有害物质含量控制。严禁使用对人体有害、对环境污染的外加剂。钢筋混凝土不应使用含有氯化物的早强剂和防冻剂；预应力混凝土不应使用含有亚硝酸盐、碳酸盐的防冻剂；外加剂氯离子含量不应大于混凝土中胶凝材料总量的0.02%；高效减水剂硫酸钠含量不应大于减水剂干重的15%。为预防混凝土碱—骨料反应，由外加剂带入的碱是混凝土中可溶性碱总含量的一部分，不宜超过1.0kg/m³。

5）每批减水剂应检测减水率和净浆流动度。在坍落度不变的前提下，减水率高低和净浆流动度大小直接影响到混凝土的用水量，进而影响混凝土水胶比，最终影响混凝土强度。减水率、净浆流动度不符合要求的减水剂不能投入使用。

（3）大体积混凝土可掺入功能外加剂，使用需符合下列规定：

1）抗裂防渗复合材料的质量和混凝土施工应符合《防裂抗渗复合材料在混凝土中应用技术规程》（T/CECS 474—2020）或《用于混凝土中的防裂抗渗复合材料》（T/CECS 10001—2019）的规定。

2）水化温升抑制剂的质量及受检混凝土的性能应符合《混凝土水化温升抑制剂》（JC/T 2608—2021）的规定，且混凝土初凝、终凝时间差均不宜大于300min，泌水率比不宜大于100%。

3）温控膨胀抗裂剂的质量应符合《江苏省高性能混凝土应用技术规程》（DB32/T 3696—2019）的规定。

8.2.6.2 膨胀剂不正确使用引起混凝土严重开裂

1. 通病描述

（1）工程A为防止闸墩出现温度裂缝，设计文件和招标文件中规定混凝土掺入抗裂防渗剂，由膨胀剂、合成纤维、保水组分等组成。C30混凝土配合比为：42.5普通水泥用量305kg/m³，粉煤灰用量65kg/m³，砂率39%，用水量176kg/m³，引气减水剂8.5kg/m³，抗裂防渗剂30kg/m³。闸墩混凝土8月下旬浇筑完成，7d拆模时即发现有数条裂缝，水下验收前闸墩共发现30余条竖向裂缝，裂缝长度1m～3m，表面缝宽0.05mm～0.3mm；采用钻芯法并结合墩墙两个侧面裂缝对称情况，判断裂缝已贯通。

（2）工程B为应急水源工程，泵房、集水池C30混凝土配合比为：42.5普通水泥用量320kg/m³，Ⅱ级粉煤灰23kg/m³，砂768kg/m³，5mm～31.5mm碎石用量1061kg/m³，用水量180kg/m³，减水剂用量5.6kg/m³，抗裂防渗复合材料用量30kg/m³，坍落度为130mm～160mm。泵房外墙墙身和3只集水池池壁厚度均为50cm，共产生竖向温度裂缝94条，缝宽0.05mm～0.25mm，缝长0.5m～2.5m；集水池注水试验时部分裂缝有渗水现象。

2. 主要原因

（1）混凝土水泥用量和用水量偏大，水化热温升和干缩较大。

（2）工程A闸墩8月下旬浇筑混凝土，站墩中心温度达到70℃以上，此时膨胀剂水化反应已生成的钙矾石会脱水、分解，失去补偿收缩作用。

（3）工程B混凝土2d～3d开展拆模，拆模后人工养护，养护条件不符合《混凝土外加剂应用技术规范》（GB 50119—2013）和产品说明书的要求。

3. 防治措施要点

（1）混凝土应谨慎使用膨胀剂，应根据工程环境、养护条件、使用部位、膨胀剂与胶凝材料的适应性等，进行充分试验后再使用。使用膨胀剂切忌望文生义，许多工程技术人员认为掺入膨胀剂后混凝土能产生膨胀效果，不会产生裂缝，这是基于混凝土中掺入的膨胀剂与水等产生水化反应，形成膨胀源，使混凝土产生膨胀变形。然而，膨胀剂在水化反应过程中需要耗用较多的水，如果外界补水不充分，将会与水泥水化"争"水，水泥和膨胀剂水化都有可能受到影响。使用膨胀剂时需符合下列规定：

1）不应采用氧化钙类膨胀剂。

2）使用硫铝酸钙类和硫铝酸钙—氧化钙类膨胀剂时，其质量宜符合《混凝土膨胀剂》（GB/T 23439—2017）中Ⅱ型产品的规定，宜用于施工阶段内部最高温度不大于60℃的现浇墩墙；养护条件不符合《补偿收缩混凝土应用技术规程》（JGJ/T 178—2009）规定时不应使用硫铝酸钙类、硫铝酸钙—氧化钙类膨胀剂。

3）钙镁复合膨胀剂的质量应符合《混凝土用钙镁复合膨胀剂》（T/CECS 10082—2020）的规定。

4）氧化镁膨胀剂不适用于混凝土中心温峰值小于20℃的墩墙混凝土，氧化镁膨胀剂的质量应符合《混凝土用氧化镁膨胀剂应用技术规程》（T/CECS 540—2018）、《混凝土用氧化镁膨胀剂》（CBMF 19—2017）的规定。

5）混凝土膨胀剂应单独密封存放，且不应受潮，不应使用有结块的膨胀剂。

（2）从工程技术角度，膨胀剂的使用要看工程条件和应用环境。对于大体积混凝土来说，其内部温度可能超过65℃，而使用含有硫铝酸钙膨胀剂的混凝土中心温度不宜高于60℃。这是由于硫铝酸盐膨胀剂水化反应钙矾石的生成与温度有关，已生成的钙矾石在65℃~70℃开始脱水、分解，生成低硫型水化硫铝酸钙（$C_3A \cdot 3CaSO_4 \cdot 12H_2O$），同时在此温度下新的钙矾石不再生成。在混凝土降温阶段，钙矾石反应可继续进行，形成对结构可能产生不利影响的"延迟生成钙矾石"。因此，厚大的底板、墩墙，不宜使用膨胀剂。

（3）加强湿养护。工程实践和试验研究表明掺膨胀剂的混凝土产生补偿收缩的前提是应有大量水的供给，墩墙等结构一般的洒水养护条件是远远不够的，否则混凝土收缩裂缝可能会更多。

混凝土表面应采用蓄水、覆盖、喷淋等养护措施，养护时间不宜少于21d。如果不具备湿养护的条件，不宜掺入膨胀剂。

8.2.6.3 缓凝型外加剂使用不当引起混凝土缓凝

1. 通病描述

某工程混凝土浇筑后48h才凝固。

2. 主要原因

混凝土浇筑时气温降至−2℃，预拌混凝土生产单位仍使用适用于10℃以上气温的缓凝型减水剂，致使混凝土凝结时间延长。

3. 防治措施要点

当气温降至5℃以下时，应按冬季施工技术措施，不宜使用缓凝型减水剂。

8.2.6.4 不同品牌防水剂混合使用

1. 通病描述

某工程C40P8混凝土浇筑过程中交货检验时，发现混凝土坍落度偏大。

2. 主要原因

预拌混凝土生产单位检查进货记录和产品质保书，同期进货的两种防水剂分别用于两个工程中，一种有明显减水作用，另一种没有减水作用，工人在搬运袋装防水剂时出现混杂使用的情况。

3. 防治措施要点

每批防水剂（包含膨胀剂等）进厂时应复检合格才能使用，仓库物资堆放应隔离和标识，不得混用。

8.2.6.5 不同外加剂混用

1. 通病描述

某工程到工混凝土坍落度损失较大，不满足泵送工艺要求，现场向运输搅拌车中加入萘系高效减水剂，造成混凝土和易性变差退回。

2. 主要原因

（1）混凝土生产使用聚羧酸减水剂，而现场质检员未注意配合比中外加剂品种，直接加入工地现场的萘系高效减水剂，进行二次流化。

（2）现场质检员对混凝土外加剂基础知识掌握不足，未意识到聚羧酸减水剂和萘系减水剂混用时不相容，会造成混凝土和易性变差。

3. 防治措施要点

（1）加强预拌混凝土试验室和施工现场技术人员培训，并做好技术交底。

（2）混凝土生产时，应有到工混凝土坍落度不满足要求的调整预案。

（3）外加剂应有标识，不同品种的外加剂不应混用。

【规范规定】

《水利工程预拌混凝土应用技术规范》（DB32/T 3261—2017）

5.5.3 不同品种外加剂之间、外加剂与水泥及矿物掺合料之间应具有良好的相容性。

7.4.5 卸料前需向混凝土中掺入外加剂时，应按经试验确定的方案掺入外加剂并搅拌均匀，做好记录。

8.2.7 拌和用水有害物质含量超标

1. 表现特征

拌和水中氯离子、硫酸根离子等含量超标。

2. 主要原因

（1）拌和用水未使用可饮用水，使用地下水，或部分掺用洗车水、工业废水等。

（2）拌和用水未进行取样检验。

3. 防治措施要点

（1）对拌和用水取样检测氯离子、硫酸根离子等含量。

（2）混凝土拌和用水应符合《混凝土用水标准》（JGJ 63—2006）、《水闸施工规范》（SL 27—2014）等标准的规定。

（3）当混凝土用细骨料的氯离子含量大于0.003%时，拌和用水的氯离子含量不应大于 250mg/L。

8.3 配 合 比

8.3.1 配合比参数不满足要求

1. 通病描述

（1）没有根据混凝土的特点设计配合比，强度第一思想仍然根深蒂固。

（2）预拌混凝土采购合同只提出强度要求，未提出其他设计指标要求，未对混凝土配合比参数提出控制要求。未按照混凝土的力学性能、工作性能和耐久性能要求提出组成材料的种类、性能等要求。

（3）大中型工程未根据混凝土设计性能要求、施工环境和服役环境进行配合比参数优化设计。配合比设计时施工单位仅仅是将预拌混凝土生产单位提供的配合比，送试验室进行强度指标验证，没有进行优化设计；部分工程未对混凝土抗冻和抗渗性能进行验证，对混凝土抗碳化、抗氯离子渗透、早期抗裂和收缩等性能进行检验或对比试验的较少。

（4）配合比参数不满足配制耐久混凝土的技术要求，也不满足相关规范的要求。如混凝土用水量和水胶比大于《水利工程预拌混凝土应用技术规范》（DB32/T 3261—2017）的规定；水泥用量普遍偏高；矿物掺合料掺量低、用量不合理；掺合料以粉煤灰为主，复合掺入粉煤灰和矿渣粉的比例不高。

2. 主要原因

（1）未根据混凝土用水量、水胶比等控制要求选用合适的原材料，如粗骨料、细骨料的颗粒级配不合理，粒形差；减水剂的减水率偏低（≤20%），造成混凝土用水量和水胶比居高不下，也造成水泥用量和胶凝材料用量偏高。

（2）未开展配合比优化设计，选择合适的胶凝材料用量、矿物掺合料用量和砂率。

（3）理论上说混凝土配合比都是追求满足现行标准要求的，但标准跟不上技术发展的需要。比如《水利水电工程合理使用年限及耐久性设计规范》（SL 654—2014）没有体现当前所提倡的绿色、环保和节能概念。

（4）对标准规范的要求理解不透彻。比如《水利水电工程合理使用年限及耐久性设计规范》（SL 654—2014）规定 C30 混凝土水泥用量不宜少于 340kg/m³，而《水利工程预拌混凝土应用技术规范》（DB32/T 3261—2017）规定 C30 混凝土水泥用量不宜少于 250kg/m³。标准并没有对这些规定做出详细说明，使混凝土技术人员无所适从，这制约了水工混凝土的发展，也使得规范的约束和指导作用减弱。

3. 防治措施要点

（1）现代混凝土组分多、使用外加剂、大量掺入矿物掺合料，结构体积也越来越大，如果混凝土配合比仍然采用高用水量、高水胶比、高水泥用量的配制方法，再加上施工过程中混凝土早期得不到良好的湿养护，必然导致混凝土早期强度增长慢，不能形成良好孔结构，硬化混凝土耐久性能降低。因此，配合比设计的核心是提高混凝土密实性，增强抗碳化、抗氯盐渗透能力。

（2）结构混凝土应根据工程设计要求、结构型式、施工工艺、施工气候、服役环境进行配合比设计，满足混凝土强度、工作性、耐久性的前提下，做到经济合理。现代水工混凝土配合比设计应重视 3 个指标：第一是满足最大水胶比；第二是控制最大用水量，用水量其实反映了浆骨比，少用水，就能做到少用胶凝材料、多用骨料，这样才能减小混凝土的收缩开裂，提高混凝土体积稳定性；第三是在满足和易性条件下，砂率宜取低值。

（3）一个好的配合比需要在选用优质常规原材料基础上，开展大量试验工作，设计使用年限为 100 年或设计使用年限为 50 年且受氯离子侵蚀的混凝土，宜对混凝土施工配合比和专项施工技术方案进行论证。配合比设计并不仅仅是根据《水工混凝土试验规程》（SL/T 352—2020）进行设计、试配，更重要的是通过配合比设计优选原材料，选择水胶比、用水量等满足《水利工程预拌混凝土应用技术规范》（DB32/T 3261—2017）规定，以及有抗裂要求的结构混凝土体积稳定性较好的原材料及其试验配合比。对体积稳定性有较高要求的混凝土，可选用纤维、水化温升抑制剂等控制裂缝的功能材料。使用新材料时，应对使用环境适应性、水化热、体积稳定性能等进行试验验证。

（4）目前配合比设计方法是以抗压强度、工作性为主控指标，通过试验得到设计配合比。中小型工程混凝土耐久性指标是通过验证设计配合比的方式来保证的，大型工程、设计使用年限为 100 年的混凝土，配合比参数在满足《水利工程预拌混凝土应用技术规范》（DB32/T 3261—2017）的基础上，尚应进行配合比优化设计和试验。混凝土配合比设计尚应符合下列要求：

1）一般要求混凝土水胶比、用水量、胶凝材料用量、掺和料掺量等配合比参数满足《水利工程预拌混凝土应用技术规范》（DB32/T 3261—2017）的规定，即认为混凝土耐久性能能够满足设计要求。

2）混凝土采用矿渣粉和粉煤灰复配技术，比例大致为 1∶1；有较高抗裂要求的混凝土，单掺矿渣粉时掺量不宜大于胶凝材料总质量的 20%；复掺粉煤灰和矿渣粉时，矿渣粉掺量不宜大于矿物掺和料总质量的 1/3；氯化物环境混凝土中可掺入胶凝材料总质量 3%~5% 的硅灰。

3）C25~C35、C40~C55、C60 及以上混凝土的浆骨比分别不宜大于 1∶2、1∶1.86 和 1∶1.63。

4）在满足工作性的前提下，宜选用较小的用水量。

5）宜选用较优砂率，即在保证混凝土拌合物具有良好粘聚性并达到要求的工作性时用水量最小的砂率。

6）控制粗骨料粒径、级配，增加骨料用量，粗骨料用量不宜少于 1050kg/m^3。

7）掺入矿物掺合料的混凝土，要降低混凝土用水量和水胶比；掺量应与良好的养护制度相匹配，不能实现良好的湿养护、保证湿养护时间的，应降低用量；宜将机制砂中 5% 以上的石粉计入胶凝材料。

【规范规定】

《混凝土结构通用规范》（GB 55008—2021）

3.1.6 结构混凝土配合比设计阶段应按照混凝土的力学性能、工作性能和耐久性要求确定各组成材料的种类、性能及用量等要求。

《水工混凝土试验规程》(SL/T 352—2020)

按两个强度指标进行配合比设计；或者说分别进行混凝土耐久性设计和强度设计，一般而言，按耐久性设计的混凝土水胶比≤按强度设计的水胶比。

【混凝土配合比实例】

新孟河界牌水利枢纽设计使用年限为100年，混凝土强度等级为C30，抗碳化性能等级为T-Ⅳ，28d人工碳化深度≤10mm。

(1) 满足安全要求，承载能力看强度等级，满足配制C30强度要求的混凝土配制强度可取38.3MPa，此时混凝土水胶比可以选用0.48。

(2) 通过试验得出混凝土水胶比与28d碳化深度之间拟合关系见公式(8.3)。

$$h = 144.63 w/b - 49.725 \tag{8.3}$$

式中：h 为混凝土碳化深度，mm；w/b 为混凝土水胶比。

由公式(8.3)计算混凝土水胶比为0.41，制作试件检验混凝土的抗压强度为45.8MPa。

(3) 依据混凝土28d抗压强度与28d碳化深度之间关系建立强度与碳化深度之间统计关系见公式(8.4)，相关系数为0.87，为高度相关。

$$h = -1.032 f_{cu} + 56.48 \tag{8.4}$$

式中：f_{cu} 为混凝土28d抗压强度，MPa。

(4) 根据试验结果推荐施工配合比见表8.8。

表8.8 混凝土施工配合比

部位	配合比/(kg/m³)							胶凝材料/(kg/m³)	水胶比	砂率/%	坍落度/mm	含气量/%
	水泥	粉煤灰	矿渣粉	砂	碎石	纤维素纤维	抗裂防渗剂	水	减水剂					
墩墙	210	75	75	699	1191	1	—	145	3.8	360	0.40	37	160~180	3~4
底板	210	60	60	699	1191	—	30	145	3.8	360	0.40	37	160~180	3~4

8.3.2 直接使用试验室配合比

1. 通病描述

试验室配合比直接使用，生产配合比未进行现场验证。

2. 主要原因

试验室配合比为在标准试验室通过小型拌和机拌和生产，成型试件并在标准养护条件下获得试件强度，确定试验室配合比。在混凝土实际生产过程中，现场原材料质量的变化、拌和条件、施工季节不同，因此，需要对试验室配合比在混凝土生产和浇筑过程中进行验证和调整。

3. 防治措施要点

(1) 配合比设计或验证所用的原材料应与用于工程的材料保持一致。

(2) 大型工程以及设计使用年限为100年的混凝土宜采用优化设计方法选择配合比，中小型工程可采用配合比验证方法选择配合比。

(3) 在施工现场试验室对试验室配合比进行试拌，检验其拌和物性能；如不符合施工工艺要求，应调整相关参数，直至满足设计技术要求和施工现场条件；确定目标配合比。

(4) 依据验证后的目标配合比，进行试生产，并检验混凝土拌合物性能是否满足出厂验收的技术要求；运输至现场的混凝土，应检验坍落度、扩展度等技术指标是否满足浇筑工艺要求，含气量是否满足设计要求。

(5) 通过现场工艺性验证，并根据试验结果及施工具体情况对配合比做出相应的调整，确定施工配合比。

【水工混凝土配合比设计方法】

(1) 混凝土施工配合比设计过程，见图 8.9。

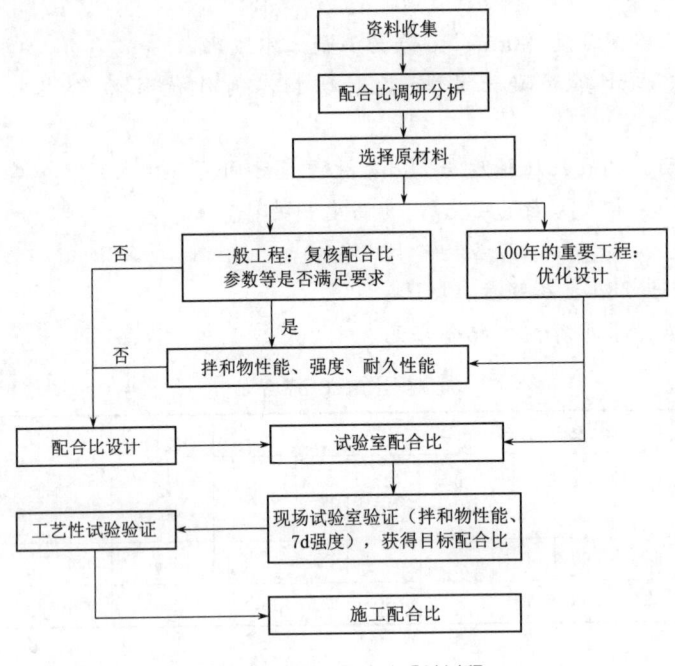

图 8.9 混凝土配合比设计过程

(2) 配合比复核：

1) 资料：包括原材料、配合比、混凝土标准差。

2) 预拌混凝土生产单位提供的配合比参数中用水量、水胶比、胶凝材料用量是否满足规范和设计要求。

3) 根据混凝土标准差、规范规定的用水量和水胶比，确定配制强度以及配合比参数是否满足设计强度和耐久性能要求。

4) 新拌混凝土性能试验，包括含气量、坍落度及其损失、黏聚性与保水性等。

5) 混凝土强度检验，设计要求的耐久性能检验。

(3) 配合比设计。预拌混凝土生产单位提供的配合比经复核不满足要求时，需要进行配合比设计，设计过程主要包括：

1) 选用原材料。

2）配制强度计算。

3）用水量选择。

4）水胶比计算。

5）砂率选择。

6）试拌，检验拌和物性能。

7）制作试件，检验混凝土强度、耐久性能。

8）根据试验结果，进行用水量、水胶比、胶凝材料用量、砂率等配合比参数调整。

（4）配合比优化。设计 100 年的重要工程，采用正交试验等配合比优化方法，进行混凝土工作性能、强度、耐久性能、早期收缩性能、抗裂性能对比试验，优选原材料，选择合适的配合比参数。

（5）配合比验证。施工单位在获得试验室提供的混凝土配合比后，应综合考虑施工现场材料、施工季节等因素，在混凝土正式生产前采用现场材料进行现场试验室试验和工艺性试生产，验证配合比能否满足设计技术要求和施工现场条件。

1）现场验证。在施工单位试验室或预拌混凝土生产单位试验室，对试验室配合比进行试拌，检验混凝土坍落度、坍落度损失、凝结时间、含气量、凝聚性和保水性，观察是否有离析、泌水、板结现象，成型试件检验混凝土抗压强度等。如果混凝土性能不符合设计技术要求或施工现场条件，应对配合比进行调整，确定目标配合比。

2）工艺性试验验证。采用混凝土试验室配合比进行试浇筑，验证到工混凝土的坍落度、扩展度、含气量、入仓温度等技术指标是否满足设计及浇筑工艺的要求，混凝土的凝聚性和保水性是否良好，是否有泌水、离析和板结现象，检验混凝土强度是否满足要求，并根据试浇筑情况进行工艺性评价、质量与外观检验，对配合比进行调整，确定施工配合比。

8.4 混凝土生产管理

8.4.1 重要结构混凝土生产不驻厂监督检查

1. 通病描述

未根据《水利工程预拌混凝土应用技术规范》（DB32/T 3261—2017）的规定，在重要结构和关键部位混凝土制备过程中，施工单位、监理单位未驻厂检查原材料、配合比、计量、拌和物质量，并收集保存有关生产资料。

2. 主要原因

对驻厂监督检查的重要性认识不足。

3. 防治措施要点

混凝土生产过程中，重点做好以下监控工作：

（1）确保配合比正确输入，避免人为失误输错配合比酿成质量事故。在正式生产前，试验人员应去搅拌楼操作间，认真复核配合比的输入，确保配合比正确输入到计算机中，并在配合比通知单上签字确认。

(2) 控制好坍落度。混凝土合格与否的信息反馈是十分滞后的，生产过程中刚搅拌出来的混凝土是无法检测其强度的。因为只要配合比输入正确，原材料使用无误，计量准确，搅拌出来的混凝土坍落度应该与试拌时相差无几，否则就说明出了问题。因此，应加强对坍落度的监控，坍落度出现异常时，应及时查找原因。

(3) 做好出厂检验，按《预拌混凝土》（GB/T 14902—2012）对混凝土进行出厂检验。混凝土拌合物的凝聚性与保水性、坍落度、含气量、出机温度等符合要求后方可出厂。

8.4.2 混凝土生产常见质量问题

8.4.2.1 未组织技术交底

1. 通病描述

混凝土制备前，监理单位未根据《水利工程预拌混凝土应用技术规范》（DB32/T 3261—2017）的规定，组织施工单位、预拌混凝土生产单位进行技术交底。

2. 主要原因

未认识到技术交底的目的、意义和作用。

3. 防治措施要点

监理单位组织施工单位、预拌混凝土生产单位进行混凝土生产技术交底，主要内容有：

(1) 混凝土性能和原材料质量要求。

(2) 混凝土出厂坍落度、含气量、温度等控制要求。

(3) 运输过程注意事项。

(4) 现场交货检验注意事项，交货检验人员。

(5) 混凝土浇筑、振捣和施工养护要求。

8.4.2.2 原材料使用管理不到位

1. 通病描述

(1) 混凝土实际使用的原材料与抽检的不一致，骨料未做到专库使用。

(2) 混凝土生产时所用原材料不符合合同要求，与配合比设计时原材料品质相差较大。

(3) 液体外加剂浓度不均匀。

2. 主要原因

(1) 原材料生产使用管理不严格，人为使用不符合合同规定的原材料。

(2) 减水剂罐搅拌器故障，造成减水剂密度不均匀，储罐下部减水剂密度偏大。

3. 防治措施要点

(1) 重要结构和关键部位混凝土生产前，宜在混凝土公司设置专用料库和料仓（见图8.10），并布置高清摄像实时监控。

(2) 减水剂应定时搅拌均匀，材料员应加强巡察，如出现搅拌器停转，应立即报修。

(3) 出厂时应逐车检查拌和物的外观，发现颜色、混凝土状态等异常情况时，应检查处理。

(a) 碎石库　　　　　　　　　(b) 黄砂库　　　　　　　　(c) 高性能混凝土用砂专库

图 8.10　骨料专库使用

8.4.2.3　配合比管理不规范

1. 通病描述

（1）由于原材料性能变化、外加剂与材料间相容性问题，混凝土生产过程中往往是通过调整用水量来满足出厂混凝土坍落度要求。

（2）未根据骨料含水率的变化及时调整配合比中粗、细骨料用量和用水量。

（3）配合比录入错误，一个搅拌楼同时供应几个工程的混凝土，混凝土配合比可能有几个，生产人员极易弄错配合比。

（4）未根据混凝土密度测试结果进行配合比调整。

（5）阴阳配合比，混凝土生产配合比与施工配合比不一致，如水泥用量低于设计值，用水量和水胶比高于设计值。

（6）随意调整配合比。某工程设计使用年限为 100 年，混凝土设计强度等级为 C30。在浇筑底板过程中施工单位制作 8 组混凝土试件，28d 抗压强度达到 41.3MPa～46.7MPa。为此，施工单位和预拌混凝土生产单位商量决定调整混凝土配合比，将水胶比从 0.40 调整为 0.45，胶凝材料用量从 400kg/m^3 调整为 370kg/m^3。

（7）未根据季节变化、结构部位、原材料品质的变化进行配合比调整。

2. 主要原因

（1）施工单位和预拌混凝土生产单位技术人员未认真领会《水工混凝土试验规程》（SL/T 352—2020）混凝土配合比设计分为强度和耐久性设计的意义，混凝土水胶比的选用没有分别满足强度、耐久性设计要求。一旦遇到混凝土强度较高时，往往通过提高水胶比、减少胶凝材料用量进行调整。

（2）拌和楼混凝土配合比输入没有复核。

（3）现代混凝土大量掺入矿物掺合料，掺合料的品种也越来越多，有粒化高炉矿渣粉、粉煤灰、沸石粉、硅灰等，但人们并不接受这些材料，认为这些材料只不过是搅拌站为了降低成本而加进去的"填充料"，对混凝土没有好处，少掺点还可接受，多掺了绝对不能容忍，只有水泥对混凝土强度有贡献。所以搅拌站给工地的开盘鉴定资料中不敢体现使用或使用过多的掺料，这与实际情况不符。于是就出现了"阴阳"配合比。

（4）不同结构部位对混凝土坍落度要求不同；不同季节对混凝土凝结时间要求不同；

材料品质发生较大变化时，用水量会发生变化。

3. 防治措施要点

（1）通过试验室试配和调整（包括密度调整），确定施工配合比。

（2）水工混凝土配合比设计时骨料以饱和面干状态为基准，然而需要注意的是，预拌混凝土生产配合比执行《混凝土配合比设计规程》（JGJ 55—2011），骨料状态以干燥状态为基准。因此，需要根据骨料含水率状态，对用水量进行相应调整。

（3）混凝土制备过程中，应根据骨料含水率的变化，调整骨料、拌和用水的称量。每1工作班骨料含水率测定不应少于2次。施工单位和监理单位应依据配合比设计报告抽查生产记录。

（4）混凝土中应掺入引气剂，使拌和物的含气量满足要求；加强混凝土交货验收管理，交货验收时应检测混凝土的含气量和坍落度。

（5）混凝土生产过程中，施工单位和监理单位应安排人员检查混凝土原材料质量，复核生产配合比。

（6）《水利水电工程合理使用年限及耐久性设计规范》（SL 654—2014）对混凝土强度设计和耐久性设计分别提出要求，如内河淡水区露天环境下二类、三类环境混凝土设计强度等级均为C25，但最大水胶比分别要求不大于0.55和0.50，《水工混凝土试验规程》（SL/T 352—2020）则要求分别按强度和最大水胶比进行配合比设计。施工过程中不能因混凝土强度较高而放松水胶比控制，随意调整水胶比。

（7）工程施工过程中，环境条件、结构部位不同，原材料品质不同，根据原材料、施工环境、施工季节等情况，调整配合比和外加剂的品种或掺量。配合比调整应在水胶比不变前提下，对用水量、砂率等进行调整。

【规范规定】

《水利工程预拌混凝土应用技术规范》（DB32/T 3261—2017）

1 出现下列情况时，应对混凝土配合比进行调整，并应经施工单位复核、监理单位审核：

1）开盘鉴定结果不符合要求；

2）细骨料细度模数、粗骨料级配等发生变化；

3）气候条件发生显著变化；

4）混凝土运输条件发生变化；

5）现场施工条件发生变化。

2 原材料的产地、品种或质量发生变化，混凝土质量出现异常，混凝土配合比6个月以上未使用，应重新进行混凝土配合比设计或验证。

8.4.2.4 混凝土供应量偏多或偏少

1. 通病描述

（1）现场多辆混凝土运输搅拌车排队等待卸料。

（2）现场混凝土供应不及时，混凝土不能连续浇筑。

2. 主要原因

（1）预拌混凝土生产单位当日生产任务不饱满，安排不当，连续生产混凝土供应一个工程，造成运输搅拌车在现场积压、排队等候卸料。

（2）预拌混凝土生产单位当日生产量饱满，需要同时供应多个工程，导致供料不及时。

（3）交通堵塞，致使混凝土运输搅拌车不能及时到达工地现场。

3. 防治措施要点

（1）工程施工前，施工单位应向生产单位提交混凝土需求计划。混凝土浇筑 24h 前，施工单位应将混凝土生产通知单送达生产单位。

（2）混凝土生产前，生产单位、施工单位应分别做好混凝土运输和接收准备工作。

（3）混凝土运输应与混凝土浇筑速度、仓面情况相适应，保持施工现场混凝土浇筑连续性。

（4）预拌混凝土生产单位根据当日生产安排，合理确定混凝土供应计划。

（5）遇交通堵塞等突发情况时，预拌混凝土生产单位和施工单位均应有相应的应急预案。

8.4.2.5 搅拌运输车罐体内残留水未排除干净

1. 通病描述

搅拌运输车到达现场时，混凝土坍落度增加较多。

2. 主要原因

装料前未将滚筒内洗车水卸净。

3. 防治措施要点

（1）搅拌运输车司机洗车后及暴雨过后，滚筒内的积水应卸净。

（2）装料前搅拌运输车司机应排尽搅拌罐内积水、残留浆液和杂物。

（3）预拌混凝土生产单位调度中心应管控所有搅拌运输车，在接到搅拌运输车司机已卸除罐内积水确认单后才能通知装料。

【规范规定】

《水利工程预拌混凝土应用技术规范》（DB32/T 3261—2017）

7.4.3 装料前应排尽搅拌罐内积水、残留浆液和杂物。

8.4.3 现场添加外加剂搅拌不均匀

1. 通病描述

卸料前因混凝土坍落度不满足施工工艺要求，需向搅拌运输车搅拌筒体内混凝土中掺入外加剂时，搅拌不均匀，导致混凝土坍落度变化较大，或局部混凝土凝结硬化时间较长。

2. 主要原因

（1）搅拌车搅拌不均匀、外加剂没有完全分散。

（2）现场添加的外加剂中含有缓凝组分，引起混凝土凝结时间延长。

3. 防治措施要点

（1）卸料前需向混凝土中掺入外加剂时，应按经试验确定的方案掺入外加剂并搅拌均匀,做好记录。

(2) 外加剂应为混凝土中使用的相同组成材料的减水剂,不应含有缓凝剂、引气剂等组分。

8.4.4 运输过程乱加水或送错混凝土

1. 通病描述

(1) 混凝土运输过程中,特别是在卸料时发现坍落度损失较大,不满足泵送施工要求时,随意向混凝土中加水。

(2) 搅拌运输车驾驶员送错混凝土。

2. 主要原因

(1) 混凝土运输距离较长、气温高、缓凝剂掺量不足,导致运输过程中坍落度损失较大,不满足泵送施工要求。

(2) 混凝土生产单位未正确告知搅拌运输车驾驶员工地信息。

3. 防治措施要点

(1) 为防止运输过程中乱加水,应重点控制出厂混凝土的坍落度,并做好下述工作:

1) 配合比设计时应考虑混凝土坍落度经时损失,尤其在夏季施工,合理确定出机坍落度控制值。例如,某工程要求混凝土浇筑时入仓坍落度为160mm,混凝土从出机口到现场浇筑入仓坍落度损失为30mm,那么,混凝土出机坍落度宜控制在190mm。

2) 运输距离较长、气温高时,应适当增加缓凝剂的用量;或适当调整胶凝材料用量,增加粉煤灰用量,减少水泥用量。

3) 运输过程中遇交通堵塞,可根据预案向搅拌运输车筒体中投入适量的缓凝剂。可在搅拌运输车上放一些装缓凝剂的塑料桶(容量2.5kg),以备需要时加入混凝土中,由于加入量很少,不至于影响水胶比,也不会影响强度。

4) 卸料前如果混凝土坍落度不能满足施工要求时,可向混凝土中掺入与混凝土外加剂成分相同的减水剂,应按经试验确定的方案掺入,并搅拌均匀,做好记录。

5) 现场添加减水剂后仍不能满足施工要求时,应做退料处理。

(2) 为防止驾驶员送错工地,应做好下述工作:

1) 混凝土生产单位应告知驾驶员工地地点、联系人、混凝土强度等级等信息。

2) 生产单位应随每辆搅拌运输车向施工单位提供发货单。发货单内容一般包括合同双方名称,发货单编号,工程名称,浇筑部位,混凝土标记,供应车次,运输车号及装载量,累计供应量,交货地点,交货日期,发车时间,到达时间,合同双方交接人员签字等内容。

3) 混凝土搅拌运输车装完混凝土后,驾驶员应及时填写车辆追踪表,标明工程名称和施工单位,避免送错工地。调度中心应密切注意GPS卫星定位系统车辆运行情况,发现问题及时纠正。

4) 施工单位应安排专人负责交货检验,核查混凝土发货单,核对混凝土强度等级、配合比,检查混凝土运输时间和混凝土拌和物外观,并及时向生产单位反馈现场混凝土浇筑情况。

【规范规定】

《混凝土结构通用规范》(GB 55008—2021)、《水工混凝土施工规范》(SL 677—2014)、《水利工程预拌混凝土应用技术规范》(DB32/T 3261—2017)等规范均要求混凝土运输、输送、浇筑过程中严禁加水。

8.4.5 混凝土性能不符合要求

8.4.5.1 混凝土强度等级不满足要求

1. 通病描述

(1) 供应某工地混凝土时，质检员发现交货单混凝土标记与设计强度等级不符。

(2) 浇筑不同强度等级混凝土时，未认真核对发货单和标识牌就卸料。

2. 主要原因

(1) 预拌混凝土生产单位业务员接到施工单位供货信息通知，调度员未认真核对、确认交货信息，就下达生产任务单。

(2) 当班调度员在输入生产任务单时，张冠李戴，错误输入混凝土强度等级及配合比。

(3) 主机操作员未认真核对交验单直接投单。

3. 防治措施要点

(1) 混凝土生产前预拌混凝土生产单位应与施工单位核对强度等级、施工部位和混凝土坍落度、含气量、出机温度等拌和物性能要求，避免强度等级或性能要求发生差错。

(2) 防止主机操作员和调度员的人为失误。预拌混凝土生产单位使用 ERP 系统，调度员将生产计划录入生产任务系统、试验室复核输入配合比，开盘前调度员与工地再次确认混凝土强度等级、坍落度以及工程使用部位。

(3) 预拌混凝土生产单位在发第一车混凝土时应与生产任务单核对正确无误后方可打印《交货单》，交货单信息应准确无误。

(4) 工程同时使用不同强度等级的混凝土时，应加强交货检验，引导车辆到指定交货地点，仔细核查交货单及强度等级标识牌，确认无误后再卸料。

【规范规定】

《水利工程预拌混凝土应用技术规范》(DB32/T 3261—2017)

7.1.3 工程施工前，施工单位应向生产单位提交混凝土需求计划。混凝土浇筑 24h 前，施工单位应将混凝土生产通知单送达混凝土生产单位。

8.4.5.2 含气量不满足要求

1. 通病描述

有抗冻要求的混凝土含气量不满足规范规定或施工配合比要求，如抗冻等级为 F100 的混凝土含气量只有 1%。

2. 主要原因

(1) 有抗冻要求的混凝土未掺入引气剂，或引气剂品质不良，混凝土含气量未达到设计要求。

(2) 担心使用引气剂会引起混凝土强度降低。

注 混凝土含气量每增加1%,强度降低2%~3%;但引气剂的减水作用相应降低了混凝土的水胶比,在一定的含气量范围内,混凝土抗压强度降低并不明显。试验认为混凝土拌合物的含气量在3%~6%范围内对抗压强度的影响并不明显。

3. 防治措施要点

(1) 混凝土应掺入优质引气剂,控制混凝土含气量。使用聚羧酸高性能减水剂时,应采用先消泡后引气生产工艺。

(2) 有抗冻要求的混凝土拌和物的含气量宜符合表8.9的规定。没有抗冻要求但有温度控制要求的混凝土拌和物的含气量宜达到2.0%~3.0%。

表8.9　　　　　　　　有抗冻要求的混凝土拌和物的含气量

粗骨料最大粒径 /mm	拌和物含气量/%	
	抗冻等级≤F150	抗冻等级≥F200
16.0	5.0~7.0	6.0~8.0
20.0	4.5~6.5	5.5~7.5
25.0	4.0~6.0	5.0~7.0
31.5	3.5~5.5	4.5~6.5
40.0	3.0~5.0	4.0~6.0

注 混凝土水胶比≤0.40时,拌和物的含气量可相应降低1%。

8.4.5.3 拌和物工作性能不满足要求

1. 通病描述

(1) 到工混凝土坍落度、扩散度偏大或偏小,和易性、可泵性不良,不满足泵送要求。

(2) 到工混凝土出现离析、泌水、板结,入仓混凝土石子与砂浆分离,石子成堆(见图8.11)。离析会导致结构混凝土表面出现砂斑、蜂窝、局部不密实;在水压力作用下,局部不密实部位混凝土会出现渗水、窨潮。

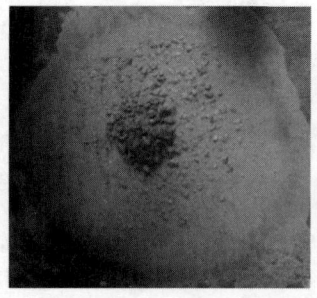

图8.11　混凝土离析

2. 主要原因

(1) 外加剂与胶凝材料以及机制砂(湿法生产,含絮凝剂)适应性不良。

(2) 机制砂品质较差，含有风化石、山皮石。机制砂、碎石吸水率偏大。

(3) 混凝土配合比中砂率较低。

(4) 未使用引气剂，或引气量不足，或引气剂品质较差。

(5) 混凝土坍落度损失偏大，出机坍落度控制值未考虑运输过程坍落度损失的影响。

(6) 聚羧酸高性能减水剂对混凝土用水量比较敏感，用水量超过临界点，会使混凝土坍落度增加较大，引起离析；聚羧酸减水剂后滞效应可能使混凝土坍落度增加较大。

(7) 粗细骨料含水率波动较大。

3. 防治措施要点

(1) 选用质量稳定的原材料；使用优质引气剂；控制粗细骨料的泥含量，不使用母岩已风化的机制砂，机制砂压碎值应不大于25%。

(2) 每批进场的外加剂需与水泥、粉煤灰、矿渣粉、机制砂（含絮凝剂时）等进行适应性检验。

(3) 粗细骨料应堆棚仓储，宜对骨料进行调湿处理，保持含水率稳定，加强骨料含水率检测。不同品种、规格和岩性的骨料应分别贮存，避免混杂。

(4) 混凝土拌和物性能应符合下列规定：

1) 坍落度应满足设计和施工要求。

2) 混凝土应具有良好的黏聚性、保水性、无离析、无严重泌水等现象。

3) 有抗冻要求时含气量应符合《水工混凝土施工规范》（SL 677—2014）等标准的规定（见表8.9），没有抗冻要求但有温度控制要求的混凝土宜达到2.0%～3.0%。

(5) 采用搅拌运输车运送混凝土时，应符合下列规定：

1) 接料前，搅拌运输车应排净罐内积水。

2) 在运输途中及等候卸料时，应保持搅拌运输车罐体正常转动，不得停转。

3) 卸料前应采用快档旋转搅拌不少于20s，进行二次搅拌。

(6) 混凝土运至浇筑地点时，应逐车进行混凝土外观目视检查及工作性能检查，并做好记录。对于不满足要求的混凝土，或现场添加适量减水剂二次流化仍不能满足要求的混凝土，一律退场。

8.4.5.4 入仓温度不满足要求

1. 通病描述

混凝土入仓温度不满足设计要求。

2. 主要原因

(1) 原材料入机温度较高。

(2) 未采取控制原材料温度的措施。

3. 防治措施要点

(1) 混凝土入仓温度不满足设计要求，会增加开裂风险，引起温度裂缝。降低入仓温度应从控制原材料温度着手，混凝土原材料入机温度不宜超过表8.10的规定。

表8.10　原材料入机温度控制

原材料种类	入机温度/℃
水泥	60
骨料、矿物掺合料、膨胀剂、减水剂	30
水	20

(2) 制定降低混凝土入仓温度的施工技术措施，具体如下：

1) 应采取以下措施：骨料仓储、遮阳；堆高骨料，料堆高度不低于6m；尽可能安排在早晚或夜间低温时段浇筑混凝土；混凝土运输工具设置隔热、遮阳措施；缩短混凝土运输及等待卸料时间，加快混凝土入仓覆盖速度。

2) 宜采取以下措施：粗骨料喷洒水雾、冷水降温；使用地下水、制冷水或冰水等低温水拌制混凝土；浇筑仓面遮阳、喷水雾等措施降低仓面温度。

3) 可采取以下措施：风冷骨料；加入片冰或冰屑，并代替部分拌和水。

(3) 低温季节应通过热水拌合等措施，提高混凝土入仓温度。

【规范规定】

《水工混凝土施工规范》（SL 677—2014）

8.1.5 混凝土浇筑温度应符合设计规定；未明确温控要求的部位，其混凝土浇筑温度不应高于28℃。

《水闸施工规范》（SL 27—2014）

7.5.4 高温季节施工应严格控制混凝土浇筑温度。混凝土出机口温度不应超过30℃，混凝土入仓温度不应超过35℃。

《水利工程混凝土耐久性技术规范》（DB32/T 2333—2013）

6.4.6.4 混凝土入仓温度应符合设计要求；设计未规定的，入仓温度宜不高于28℃，冬季应不低于5℃。

8.5 出厂检验与交货检验

8.5.1 出厂检验不符合规范规定

1. 通病描述

预拌混凝土生产单位未按《预拌混凝土》（GB/T 14902—2012）的规定进行混凝土出厂检验。

2. 主要原因

不重视出厂检验，或简单以操作员目测代替出厂检验。

3. 防治措施要点

(1) 预拌混凝土出厂检验为生产者检验，由生产单位负责出厂检验的取样、试件制作、养护和试验工作。出厂检验主要内容有：混凝土拌合物的坍落度、扩展度、含气量、出机口温度、强度（32d后补）、耐久性能（后补）。

(2) 加强对坍落度等出厂混凝土性能的监控。由于混凝土合格与否的信息反馈是十分滞后的，生产过程中刚搅拌出来的混凝土是无法检测其强度和耐久性能。监控新拌混凝土质量状况的主要指标为坍落度、扩展度、含气量、出机温度等。只要原材料使用无误、配合比输入正确、计量准确，搅拌出来的混凝土坍落度等控制指标就会基本与设计控制值相差无几，否则就说明出了问题。因此，应加强对坍落度的监控，定时抽测坍落度。坍落度出现异常时，应及时找出主要原因。

（3）预拌混凝土进场时，生产单位应提供混凝土配合比通知单、混凝土质量合格证、发货单等质量证明文件。

（4）生产单位应及时将混凝土出厂检验结果提交给施工单位。

【规范规定】

《水利工程预拌混凝土应用技术规范》（DB32/T 3261—2017）对混凝土出厂检验要求如下：

（1）混凝土出厂前，应在搅拌地点取样制作强度和耐久性试件，检测拌和物的坍落度（扩散度）、温度等，掺有引气剂的拌和物还应检测含气量。

（2）同一配合比混凝土每拌制100盘或每1工作班，混凝土强度、坍落度（扩散度）、含气量、温度的检验数量应不少于1组。

（3）同一工程、同一配合比、采用同一批次水泥和外加剂的混凝土的凝结时间应至少检验1次。同一配合比混凝土拌和物中的水溶性氯离子含量检验应至少取样检验1次。

（4）混凝土耐久性能检验的取样数量应符合《混凝土耐久性检验评定》（JGJ/T 193—2009）的规定。

（5）混凝土拌和物的坍落度、含气量、温度等性能经检验合格后方可出厂。混凝土出厂后32d内，生产单位应向施工单位提交混凝土质量检验资料。

8.5.2 交货检验不符合规范规定

8.5.2.1 交货检验不合规

1. 通病描述

（1）预拌混凝土质量控制主要由生产单位负责，混凝土质量受第三方控制倾向较重。部分施工单位将混凝土生产质量控制权转移给混凝土生产单位，甚至将预拌混凝土视为免检产品。

（2）混凝土原材料未进行留样，甚至混凝土试件制作、养护这些工作也由生产单位代劳。

（3）现场交货验收不重视，流于形式，未履行交货验收手续，未形成完整的交货检验记录。

2. 主要原因

预拌混凝土生产单位和施工单位均不重视交货检验，未充分认识交货检验的目的、作用和重要性。

3. 防治措施要点

（1）现场交货检验为使用者检验，由施工单位负责交货检验的取样、试件制作、养护和试验工作。

（2）预拌混凝土到达施工现场后，施工单位应逐车核查发货单，确认混凝土标记正确，核对混凝土强度等级、配合比；核查混凝土发货单和混凝土运输时间。

（3）混凝土卸料前施工单位应目测拌合物和易性情况，观测有无泌水、板结现象，检测粗骨料最大粒径是否满足要求，含气量、坍落度、扩展度等测试结果应满足设计要求，有温控要求的混凝土拌合物入模温度不应低于5℃，且不应高于30℃，或符合设计要求。

(4) 当拌和物出现以下情形之一时，应按不合格料处理：

1) 混凝土已失去塑性，接近初凝。
2) 混凝土塑性降低较多，已无法振捣。
3) 混凝土被雨水淋湿严重或失水过多。
4) 混凝土中含有冻块或遭受冰冻，严重影响混凝土质量。
5) 混凝土含气量、入仓温度等不满足设计要求。

【交货检验目的与作用】

(1) 防止混凝土送错工地不能及时发现。
(2) 保证入仓混凝土的工作性能、含气量、入仓温度等符合设计要求，避免可能出现质量问题，或给质量或耐久性带来隐患。
(3) 一旦出现质量问题，为质量追溯、责任判定提供依据。

【规范规定】

《水利工程预拌混凝土应用技术规范》（DB32/T 3261—2017）对交货检验的定义为：在交货地点对混凝土拌和物质量进行检验的活动。混凝土交货检验要求如下：

1) 交货检验应检测混凝土坍落度（扩散度）、含气量、强度和耐久性能等项目，检查拌和物黏聚性、保水性。

2) 交货检验取样应在同一辆搅拌运输车卸料量的1/4～3/4之间随机取样。坍落度（扩散度）、含气量、温度试验应在混凝土运送至交货地点后20min内完成，试件制作应在40min内完成。

3) 混凝土坍落度（扩散度）、含气量、入仓温度的检验每4h应不少于2次。同一配合比混凝土的水溶性氯离子含量检验应不少于1次。

4) 混凝土强度检验的取样数量应符合下列规定：

a. 每100m^3的同一配合比混凝土，取样不少于1组；
b. 每1工作班浇筑的同一配合比混凝土，取样不少于1组；
c. 当1次连续浇筑的同一配合比混凝土超过1000m^3时，每200m^3取样不少于1组。

5) 设计要求的耐久性能检验项目，同一工程具有相同设计强度等级的构件，每3000m^3混凝土为1批次，不足3000m^3的以1批次计，每批次抽检应不少于1组。

8.5.2.2 未形成交货检验记录

1. 通病描述

施工单位未形成交货检验记录。

2. 主要原因

施工单位未执行《水利工程预拌混凝土应用技术规范》（DB32/T 3261—2017）的规定。

3. 防治措施要点

《水利工程预拌混凝土应用技术规范》（DB32/T 3261—2017）附录G规定了交货检验

的内容，包括检测混凝土坍落度、扩展度、含气量、温度，观测混凝土的外观质量，预拌混凝土生产单位、监理单位和施工单位三方代表参与的情况下制作混凝土强度和耐久性能试件，三方代表应在交货检验记录上签字。

【规范规定】

《水利工程预拌混凝土应用技术规范》（DB32/T 3261—2017）规定：1次连续浇筑完成后，施工单位应形成交货检验记录。

8.5.2.3 试件制作缺少三方见证

1. 通病描述

交货检验时，混凝土拌和物性能检验以及强度、抗渗、抗冻、抗碳化、氯离子扩散系数等试件的制作，缺少预拌混凝土生产单位、监理单位的代表参与或见证，仅由施工单位现场完成。

2. 主要原因

对交货检验三方共同见证混凝土试件制作的重要性认识不足。

3. 防治措施要点

按《水利工程预拌混凝土应用技术规范》（DB32/T 3261—2017）做好交货检验，生产单位、监理单位的代表见证试件制作，形成音像资料，并在交货检验记录上签字。

8.5.2.4 现场未设置标准养护室

1. 通病描述

（1）混凝土试件制作后，直接露天放置，试件表层水分蒸发，拆模前试件的养护温度和湿度不符合《水工混凝土试验规程》（SL/T 352—2020）的规定，导致混凝土强度低于真实值。

（2）试件拆模后养护温度和湿度不符合《水工混凝土试验规程》（SL/T 352—2020）的要求。

2. 主要原因

施工现场未设置标准养护室。

3. 防治措施要点

（1）施工现场应设置标准养护室，配备温、湿度控制设备，养护室温度、湿度应符合《水工混凝土试验规程》（SL/T 352—2020）的规定，小型工程可购置混凝土养护箱。

（2）试件的养护应符合下列规定：

1）试件成型抹面后应立即用塑料薄膜覆盖表面，或采取其他保持试件表面湿度的方法。

2）试件成型后应在温度为20℃±5℃、相对湿度大于50%的室内静置1d～2d，试件静置期间应避免受到振动和冲击，静置后编号标记、拆模，当试件有严重缺陷时，应废弃处理。

3）试件拆模后应立即放入温度为20℃±2℃，相对湿度为95%以上的标准养护室养护，或在温度为20℃±2℃的不流动氢氧化钙饱和溶液中养护。标准养护室内试件应放在支架上，彼此间隔10mm～20mm，试件表面应保持潮湿，但不得用水直接冲淋试件。

4) 试件的养护龄期应从搅拌加水开始计时,养护龄期的允许偏差宜符合表 8.11 的规定。

表 8.11　　　　　　　　养护龄期允许偏差

养护龄期/d	1	3	7	28	56 (60)	≥84
允许偏差/h	±0.5	±2	±6	±20	±24	±48

8.6 混凝土施工缝

8.6.1 施工缝留设位置不合理

1. 通病描述

施工缝留设位置不合理,如在受力较大部位、地下水位较高部位随意设置施工缝。

2. 主要原因

(1) 设计未提出施工缝留设的位置。

(2) 施工时为方便施工,未按施工图的要求留设施工缝。

3. 防治措施要点

(1) 施工缝应留设在剪力较小和便于施工的部位,或按设计要求留设。

(2) 墩、墙施工缝宜留设在底板表面,做成凹凸状,或留设在高出底板表面 5mm～10mm 处。

(3) 为减轻底板对上部墩墙混凝土的约束,可在贴角部位,或距底板 1m 处留设水平施工缝,水平施工缝以下混凝土与底板同时浇筑。

(4) 闸墩、站墩、翼墙宜一次浇筑,不设置水平施工缝。

8.6.2 结合面处理不到位

8.6.2.1 结合面凿毛清理不彻底

1. 通病描述

(1) 墩墙与底板结合面,闸门槽、后浇带、预留孔洞等二期混凝土结合面未进行凿毛处理;或凿毛不彻底,仅凿成一个个小麻点;或凿毛深度不一致,未全部去除表面水泥砂浆层。

(2) 仅仅在混凝土终凝前拉毛。

(3) 凿毛后清理不干净,未清除表面碎屑、已破碎的石子。

(4) 新老混凝土结合面处理不当,影响新老混凝土界面结合强度,会降低结合面混凝土的黏结抗剪强度、抗拉强度;同时,可能会造成结合界面形成蜂窝,降低混凝土抗渗性能,在水压力作用下出现渗水、窨潮。

2. 主要原因

不重视结合面凿毛处理、清理。

3. 防治措施要点

（1）新老混凝土结合面，应采用凿毛等方法清除老混凝土表面的水泥浆层和软弱层，其目的是增大老混凝土表面的粗糙度，提高层面黏结能力。

（2）采用人工凿毛处理的，混凝土强度应达到2.5MPa以上；采用机械凿毛的，混凝土强度应达到10MPa以上。

（3）凿毛后的混凝土表面应重点检查是否去除了表面乳皮、浮浆及松动骨料，表面粗糙度及结合面清理是否干净。

（4）门槽二期混凝土、后浇带等部位可采用快易收口网，在混凝土浇筑完毕拆模后，将收口网表面黏附的砂浆等清理干净，即可进行二期混凝土浇筑。

【规范规定】

《水利工程施工质量检验与评定规范　第2部分：建筑工程》（DB32/T 2334.2—2013）

8.1.3.6.3　新老混凝土的结合面，应采用凿毛等方法清除老混凝土表层的乳皮和松弱层，并冲洗干净，排除积水；

8.1.4.1　混凝土结合面凿毛质量要求为：表面洁净，无乳皮，无积水，无积渣杂物；成毛面，微露粗骨料。

《水闸施工规范》（SL 27—2014）

7.4.25　可采用凿毛、冲洗或刷毛等方法处理，清除表层的水泥浆薄膜和松散软弱层，并冲洗干净，排除积水。

8.6.2.2　结合面浇筑前未湿润处理

1. 通病描述

浇筑前新老结合面未进行湿润处理，基底混凝土会吸收新浇筑的混凝土中水，影响结合面混凝土水化、新老混凝土结合强度，以及产生结合界面烂根现象。

2. 主要原因

（1）对结合面湿润处理将会影响新老混凝土结合面强度、可以改善新老混凝土约束的认识不到位。

（2）施工现场不具备冲洗、湿润的条件。

3. 防治措施要点

在墩墙混凝土浇筑前，使底板混凝土与墩墙结合面处于湿润状态的时间不宜少于7d。

注：结合面基层混凝土提前7d湿润养护，可以利用混凝土干缩湿胀的特性，在混凝土浇筑前让底板上新老结合表面充分吸水湿润，这样可使底板混凝土产生$20\mu\varepsilon \sim 40\mu\varepsilon$的微膨胀，可以减少与墩墙的收缩差，降低底板对墩墙的收缩约束。

8.6.2.3　结合面未浇筑过渡层砂浆或混凝土

1. 通病描述

（1）结合面未浇筑一层20mm～30mm的砂浆，或未浇筑一层过渡层混凝土。

（2）结合面出现烂根，边墩产生渗水窨潮现象。

2. 主要原因

(1) 对结合面浇筑过渡层砂浆或混凝土的重要性认识不到位。

(2) 结合面浇筑过渡层砂浆或混凝土增加一道工序，增加施工难度或成本。

3. 防治措施要点

(1) 结合面浇筑一层 20mm～30mm 的砂浆过渡层，砂浆强度等级宜比混凝土设计强度等级高 1 个等级。

(2) 结合面浇筑一层 100mm～300mm 的混凝土过渡层，混凝土强度宜提高 1 个等级，粗骨料最大粒径不宜大于 25mm，砂率宜为 45%～48%，坍落度不宜小于 200mm，水胶比不应大于墩墙上部混凝土，胶凝材料用量不宜少于 400kg/m³；或采用墩墙混凝土中粗骨料用量减少 40%～50% 的混凝土。

(3) 过渡层混凝土施工需符合下列规定：

1) 墩墙与底板结合面中心部位宜凸出底板表面 20mm～30mm；

2) 结合部位应凿毛清理干净；

3) 过渡层混凝土同条件养护试件强度大于 10MPa 方可拆模。

【规范规定】

《水利工程施工质量检验与评定规范　第 2 部分：建筑工程》(DB32/T 2334.2—2013)

8.1.3.6.3　临浇筑前，水平缝均匀铺 1 层厚 20mm～30mm 的水泥砂浆或同等级的富砂浆混凝土。

8.7　混凝土浇筑

8.7.1　润管砂浆进入仓内

1. 通病描述

现场泵送浇筑工艺，润管砂浆进入仓内。

2. 主要原因

未进行润管砂浆收集，图省事直接入仓。

3. 防治措施要点

润泵砂浆集中收集，不入仓内。

8.7.2　入仓混凝土自由下落高度偏大引起混凝土离析

1. 通病描述

(1) 混凝土未采用导管入仓，或直接通过泵车输送管入仓，入仓混凝土自由下落高度大于 2m。

(2) 混凝土入仓高度大，下料过程中碰到钢筋、模板、预埋件时，会引起混凝土离析，影响混凝土均匀性，可能导致产生蜂窝、孔洞、墩墙根部烂根等缺陷。

2. 主要原因

施工现场未安装串管、溜槽等缓降设施。

3. 防治措施要点

混凝土自由下落高度超过 2m 时，应采取导管、溜管（槽）或其他缓降措施。

【规范规定】

《水工混凝土施工规范》（SL 677—2014）

7.3.6 不论采用何种运输设备，混凝土自由下落高度不宜大于 2m，超过时，应采取缓降或其他措施，防止骨料分离。

《水利工程混凝土耐久性技术规范》（DB32/T 2333—2013）

6.4.4.2 混凝土自由下落高度宜不大于 1.5m。超过 1.5m 时，应采取导管、溜管（槽）或其他缓降措施。

8.7.3 坯层偏厚

1. 通病描述

（1）混凝土浇筑坯层厚度偏大，甚至达到 1m 以上。

（2）混凝土浇筑坯层厚度较大时，不利于混凝土振捣密实、气泡逸出，还可能导致模板侧压力过大引起模板变形。

2. 主要原因

混凝土浇筑过程控制不严。

3. 防治措施要点

（1）浇筑前在钢筋或模板上标示醒目的坯层控制标志或标线。

（2）控制浇筑坯层厚度，一般为 30cm～50cm。

【规范规定】

《水工混凝土施工规范》（SL 677—2014）

7.4.8 混凝土浇筑坯层厚度，应根据拌和能力、运输能力、浇筑速度、气温及振捣能力等确定。浇筑坯层允许最大厚度应符合表 7.4.8 的规定。如采用低塑性混凝土及大型强力振捣设备时，其浇筑坯层厚度应根据试验确定。

表 7.4.8 混凝土浇筑坯层的允许最大厚度

振捣设备类别		浇筑坯层的最大允许厚度
插入式	软轴式振动器	振动棒（头）工作长度的 1.25 倍
	振捣机	振动棒（头）工作长度的 1.0 倍
	电动或风动振捣器	振动棒（头）工作长度的 0.8 倍
平板式振捣器		200mm

《水利工程预拌混凝土应用技术规范》（DB32/T 3261—2017）

8.3.3 混凝土应分层浇筑，分层厚度宜为 300mm～500mm，上下层浇筑间歇时间应不超过混凝土初凝时间。

8.7.4 仓内混凝土加水、雨水进入仓面

1. 通病描述

(1) 混凝土浇筑过程中向仓内加水。

(2) 雨水进入仓面混凝土中。

2. 主要原因

(1) 浇筑时混凝土和易性变差，施工管理不到位，工人只图便于混凝土浇筑振捣。

(2) 模板及仓面没有防雨措施。

3. 防治措施要点

(1) 加强交货验收，坍落度不满足施工要求时，不应入仓；已入仓混凝土加强振捣。

(2) 浇筑混凝土前应注意收集天气信息，加强气象观测，不宜在雨天施工，天气预报如在浇筑期间下雨不宜进行混凝土浇筑。雨季施工应做好下列工作：

1) 监督预拌混凝土生产单位砂石提前进堆棚。

2) 运输工具应有防雨及防滑措施。

3) 浇筑仓面宜搭设防雨棚，防止雨水流入仓内。

4) 增加骨料含水率的测定次数，及时调整拌和用水量。

(3) 中雨、大雨、暴雨天气不应进行混凝土施工，底板、流道、消力池等大面积混凝土浇筑不应在雨天施工。

(4) 在小雨进行浇筑时，应采取下列措施：

1) 适当减少混凝土拌和用水量。

2) 加强仓内排水和防止周围雨水流入仓内。

3) 做好新浇筑混凝土面尤其是接头部位的保护工作。

(5) 在浇筑过程中，如突遇中雨、大雨、暴雨，应将已入仓混凝土振捣密实，立即停止浇筑，并遮盖混凝土表面。雨后应先排除仓内积水，对受雨水冲刷的部位应立即处理，如停止浇筑的混凝土尚未超过允许间隙时间或还能重塑时，应加铺至少与混凝土同标号砂浆后方可复仓浇筑；否则应停仓按施工缝处理。

【规范规定】

《水工混凝土施工规范》（SL 677—2014）、《水利工程预拌混凝土应用技术规范》（DB32/T 3261—2017）等规范均要求混凝土浇筑过程中严禁向仓内加水。

8.7.5 浇筑、振捣不规范

1. 通病描述

(1) 混凝土浇筑未按规定分层振捣，混凝土内气泡未充分排出。

(2) 混凝土浇筑分层过厚，振捣时间过长，振捣器布点不合理，插入深度不足。

(3) 预留洞口混凝土集中一侧下料，且混凝土流动性低，洞口下部出现蜂窝、孔洞、露筋。

(4) 边角区域、钢筋密集区域和止水带周边振捣不密实，混凝土局部欠振、漏振，产

生局部不密实、蜂窝、露筋。

（5）混凝土未能填充到钢筋、预埋件、预埋钢构件周边及模板内各部位。

（6）混凝土入仓后以振捣代替平仓，平仓振捣不满足要求。

2. 主要原因

（1）未按规定分层振捣，振捣不规范。

（2）混凝土坍落度或扩展度偏低，混凝土不能流动到钢筋密集、拐角、振捣棒不能伸入实施振实的部位。

3. 防治措施要点

（1）浇筑是混凝土施工中最关键的工序，浇筑与振捣不当很容易造成混凝土表面蜂窝、麻面、孔洞、露筋，混凝土浇筑振捣总体要求做到内部密实，外表光滑。

1）振捣混凝土应按要求进行，振动棒快插慢拔，适度振捣，振动时间宜控制在表面不再出现气泡；对钢筋较密处加强振捣，防止出现漏振、欠振的现象。

2）混凝土振捣应使模板内各个部位混凝土密实、均匀，混凝土表面及接茬处应平整光滑。振动棒插点要均匀排列，采用"行列式"或"交错式"的次序移动，振捣插点间距不应大于振动棒的有效作用半径的1.5倍（振动棒移动间距以500mm为宜）。每一位置的振捣时间以混凝土粗骨料不再显著下沉，并开始泛浆为准，防止欠振、漏振或过振。

3）混凝土应分层浇筑，分层厚度不应大于8.7.3的规定，对于采用插入式振捣棒的分层振捣厚度一般不大于500mm，上层混凝土应在下层混凝土初凝之前浇筑完毕。

4）混凝土按分层浇筑厚度分别进行振捣，振动棒的前端应插入前一层混凝土中，插入深度不应小于50mm，以加强上下层混凝土的结合；振动棒与模板的距离不应大于振动棒有效作用半径的50%；振动棒有效作用半径根据试验确定，或参照产品说明书确定。采用平板振动器时混凝土分层振捣最大厚度不宜大于200mm。

5）宽度大于0.3m的预留洞底部区域，应在洞口两侧进行振捣，并适当延长振捣时间；宽度大于0.8m的洞口底部，应采取在下口模板部位预留出气孔等措施，并适当加大混凝土的坍落度。

（2）底板混凝土浇筑：

1）齿坎等部位宜先浇筑填满混凝土。底板齿坎、水平止水片（带）下部等部位混凝土浇筑宜采取静置、复振等措施。

2）混凝土浇筑采用平面分层、斜面分层等方法；坯层厚度应根据拌和能力、运输能力、浇筑速度、气温及振捣能力等确定，一般不大于500mm，宜采用测杆检查分层厚度。

3）顶面混凝土的泌水、积水、浮浆宜清理、排除；应及时抹平、压实、收光，终凝前抹面宜不少于2次，抹面时不应洒水。

（3）墙体、排架、柱混凝土浇筑：

1）混凝土应通过导管、串管等缓降设施入仓，混凝土自由下落高度不宜大于1.5m。

2）浇筑前应计算分层混凝土用量，用以控制每层浇筑时的混凝土量。

3）当混凝土浇筑厚度为500mm一层时，测杆每隔500mm刷醒目标志线，测量时直立在混凝土上表面上，以外露测杆标志线检查分层厚度。

4）浇筑预留洞口周边墙体时，应在洞口两边均匀下料；振动棒应距离洞口两边

200mm 同时振捣。

（4）钢筋密集部位、难以振捣的部位混凝土浇筑，宜采用自密实混凝土浇筑工艺，按《水利工程预拌混凝土应用技术规范》（DB32/T 3261—2017）的规定执行。

8.8 混凝土养护

8.8.1 保湿养护时间偏短、养护措施不到位

1. 通病描述

（1）混凝土浇筑后未进行覆盖养护。

（2）拆模时间偏早，拆模后未采取有效养护措施。

2. 主要原因

尽管工程技术人员知道保湿养护对混凝土的作用，但普遍不重视，未将混凝土保湿养护视为一道重要工序进行考核。

3. 防治措施要点

（1）关于混凝土起始养护时间。《水工混凝土施工规范》（SL 677—2014）规定"混凝土浇筑完毕初凝前，应避免阳光暴晒"，其条文说明的解释是"由于阳光直射会导致混凝土表面水分蒸发"。《水闸施工规范》（SL 27—2014）规定"混凝土浇筑完毕后，应及时覆盖，面层凝结后，应及时养护，使混凝土面和模板保持湿润状态"。《水利工程混凝土耐久性技术规范》（DB32/T 2333—2013）规定混凝土浇筑完毕进行覆盖，6h～18h 后应进行洒水养护。《混凝土结构工程施工质量验收规范》（GB 50204—2015）规定应在浇筑完毕后的 12h 内，对混凝土加以覆盖，并保湿养护。

现代混凝土起始养护时间要求越早越好，主要缘于混凝土自收缩在初凝之前就已开始，早期发展迅速，初凝后 6h～9h 是收缩急剧增加期，1d 内可完成大部分的收缩；尤其是掺入减水剂和矿物掺合料的混凝土起始养护时间对早期收缩影响十分显著，如果继续按照浇筑完毕后 12h～18h 再进行覆盖、洒水养护，就失去了控制早期收缩裂缝的最佳时期。

（2）混凝土浇筑完毕，施工单位安排专人做好养护工作。在混凝土初凝前和终凝前宜分别对混凝土裸露表面进行抹面处理。

（3）混凝土浇筑后应及时进行保湿养护，保湿养护可采用洒水、覆盖、喷涂养护剂等方式，应符合下列规定：

1）宜在混凝土浇筑完毕 6h～12h 内对混凝土裸露表面加以覆盖和保湿养护。

2）根据气候条件，洒水、淋水次数应能使混凝土处于湿润状态。

3）用塑料布覆盖养护，应将混凝土全覆盖，并保持塑料布内有凝结水。

4）日平均气温低于 5℃时，不应浇水、洒水、淋水养护，应保温养护。

5）对不便淋水和覆盖养护的，宜粘贴自粘型养护膜，或涂刷养护剂养护，减少混凝土内部水分蒸发。养护剂应均匀喷涂在墩墙柱构件表面，不得漏喷；养护剂应具有可靠的保湿效果，养护剂品质应符合《水泥混凝土养护剂》（JC 901—2002）的规定，养护剂的有效保水率不宜少于 90%，7d、28d 抗压强度比不应小于 95%。养护剂的使用应符合产

品说明书的要求，夏季不宜用于阳光直射的部位，使用前还应进行试验，对外观有要求的构件，应选用对外观无影响的养护剂。

【规范规定】

《水工混凝土施工规范》（SL 677—2014）

7.5.1 混凝土浇筑完毕初凝前，应避免仓面积水、阳光暴晒。混凝土初凝后可采用洒水或流水等方式养护。混凝土养护应连续进行，养护期间混凝土表面及所有侧面始终保持湿润。

7.5.3 混凝土养护时间按设计要求执行，不宜少于28d，对重要部位和利用后期强度的混凝土以及其他有特殊要求的部位应延长养护时间。

江苏省地方标准《水利工程预拌混凝土应用技术规范》（DB32/T 3261—2017）

1) 混凝土浇筑完毕应对暴露面采取遮挡、挂帘等覆盖措施，6h~18h后应采取保湿养护。养护应专人负责，并做好记录。

2) 混凝土养护时间不应少于14d。重要结构和关键部位带模养护时间宜不少于7d，拆模后应采取包裹、覆盖、喷涂养护剂、喷淋、洒水等保湿养护措施。

江苏省地方标准《水利工程混凝土耐久性技术规范》（DB32/T 2333—2013）

1) 未掺矿物掺合料的混凝土养护时间应不少于14d，掺矿物掺合料的混凝土养护时间应不少于21d，大掺量矿物掺合料混凝土的养护时间应不少于28d。

2) 气温低于5℃时，不应洒水养护。

江苏省水利厅《加强水利建设工程混凝土用机制砂质量管理的意见（试行）》（苏水基〔2021〕3号）

1) 混凝土浇筑完毕收面处理后，及时覆盖保温、保湿养护，宜带模养护。

2) 设计使用年限为100年、50年的混凝土带模养护时间宜分别不少于14d、10d，养护期间可松开模板补充养护水。

3) 拆模后，养护时间宜比河砂混凝土延长2d~5d。

【养护不到位的危害】

（1）结构混凝土强度增长慢，特别是表层混凝土强度增长慢于内部混凝土。

（2）闸墩、翼墙、站墩、排架等出现温度收缩裂缝、表面龟裂缝。

（3）表层混凝土未形成良好的孔隙结构，混凝土抗碳化、抗氯离子渗透和抗冻能力降低，如C25、C30混凝土拆模28d后现场混凝土自然碳化深度达到2mm~3mm。

8.8.2 保温养护不到位

1. 通病描述

（1）混凝土未采取保温养护措施，墩墙降温速率大于2℃/d~3℃/d。

（2）混凝土拆模时间偏早，拆模后未采取表面保温措施，结构混凝土表面出现温度裂缝、龟裂缝。

2. 主要原因

保温养护投入不足。

3. 防治措施要点

(1) 混凝土保温养护，分两种情况：

1) 冬季应按低温施工技术措施进行保温养护，不进行洒水养护。

2) 有温度控制要求的混凝土，从防裂抗裂出发，对混凝土实施保温养护，提高表面温度，减少混凝土里表温差，将降温速率控制在2℃/d～3℃/d以内。

(2) 按《大体积混凝土施工标准》（GB/T 50496—2018）的规定进行保温层厚度计算。

【规范规定】

江苏省地方标准《水利工程预拌混凝土应用技术规范》（DB32/T 3261—2017）

1) 混凝土有保温养护要求时，应采取塑料薄膜、土工布等材料覆盖养护。低温季节不应洒水养护。

2) 低温施工时，施工作业面宜采取挡风等措施，混凝土输送管等应有保温措施。混凝土浇筑后，应采取防寒、保温、防风措施。

8.8.3　低温季节混凝土早期受冻

1. 通病描述

冬季施工混凝土表面受冻。

2. 主要原因

(1) 混凝土中未掺入防冻剂。

(2) 混凝土早期防冻养护措施不当。

3. 防治措施要点

(1) 施工准备：

1) 日平均气温连续5d稳定低于5℃或最低气温连续5d稳定在－3℃以下时，应根据《水工混凝土施工规范》（SL 677—2014）的规定制定混凝土低温施工技术方案。

2) 低温季节混凝土施工应密切注意天气预报，防止混凝土遭受寒潮和霜冻的侵袭，加强混凝土防冻伤的保护措施。

3) 气温低于0℃不宜浇筑混凝土，否则需采取在混凝土中掺入防冻剂、早强剂，加热水拌和、加热碎石，防止骨料冻结，混凝土运输、浇筑设备及设施采取适宜的保温措施，保证混凝土入模温度不低于5℃。

4) 仓面四周采用彩条布围挡、封闭等挡风措施，避免寒冷空气直吹刚浇筑的混凝土，必要时搭暖棚。

5) 浇筑混凝土前，清除钢筋、模板和浇筑设施上附着的冰雪和冰块，严禁将冰雪、冰块带入仓内。

(2) 保温措施：

1) 混凝土浇筑完毕，外露表面应及时采取防寒、保温、防冻、防风措施。

2) 混凝土允许受冻的临界强度需大于设计强度等级的30%。

3) 模板拆除后，应及时采用保温材料覆盖养护；保温材料接缝部位应严密、固定牢固，防止温度和热量损失；边、棱角部位的保温层厚度应增大到平面部位的2倍～3倍。

4）加强覆盖保温，底板通常覆盖一层塑料布和若干层土工合成材料、草包或保温被，保温材料铺设时应相互搭接。

5）加强混凝土质量检验，宜采用回弹法检测混凝土早期强度，确定拆模和拆模后保温养护时间，防止拆模后结构混凝土受冻，表面脱皮。覆盖保温层的底板，混凝土强度未达到1.2MPa时，不应在其上踩踏、堆放物料、安装模板或支架。

（3）混凝土养护测温应符合下列规定：

1）采用蓄热法或综合蓄热法时，达到受冻临界强度之前应每4h～6h测量一次，达到受冻临界强度后可停止测温。

2）采用加热法时，升温和降温阶段应每隔1h测量一次，恒温阶段每隔2h测量一次。

8.9 止 水

8.9.1 止水材料质量差

8.9.1.1 金属止水材料不符合要求

1. 通病描述

（1）金属止水材料的品种、规格、性能指标等不符合设计要求，未提出产品标准的名称与代号。

（2）产品规格型号不清、技术要求不明、检测项目不全。如止水铜片中板材与带材的执行规范不同，前者为《铜及铜合金板材》（GB/T 2040—2017），后者为《铜及铜合金带材》（GB/T 2059—2017），其中常用的牌号T2状态O60拉伸试验两本规范规定的性能指标不同。

（3）材料脆性大。

2. 主要原因

（1）检测与使用的材料不一致，由生产企业提供样品。

（2）未进行止水铜片化学成分分析。

3. 防治措施要点

（1）设计文件提出止水材料应达到的产品标准名称。

（2）止水材料的品种、规格、尺寸应符合设计要求，并提供出厂合格证和性能检测报告。

（3）每批进场的止水铜片均应进行抽样检验，检验合格后方可使用。检验项目应包括化学成分、外形尺寸、拉伸性能（抗拉强度、断后伸长率、弯曲指标）等。

（4）每批带材应进行力学性能检验，当力学性能、弯曲试验结果中有试样不合格时，应从该批带材（包括原检验不合格的那卷带材）中另取双倍数量的试样进行重复试验，重复试验结果全部合格，则判整批产品合格。若重复试验结果仍有试样不合格，则判该批带材不合格。

（5）止水铜片应进行化学成分分析，化学成分不合格的，判该批带材不合格。

(6) 外形尺寸及其允许偏差和表面质量不合格时，判该批带材不合格。

8.9.1.2 橡胶止水带质量差

1. 通病描述

橡胶止水带材料质量不符合要求。

2. 主要原因

(1) 生产时使用再生橡胶。

(2) 未进行质量抽检，未委托有资质的单位检测。

3. 防治措施要点

(1) 采购合同中应明确止水带不应采用或部分采用再生橡胶生产，橡胶止水带的性能应符合《高分子防水材料 第2部分：止水带》(GB 18173.2—2014)、《高分子防水材料 第3部分：遇水膨胀橡胶》(GB 18173.3—2014)的规定。

(2) 制定橡胶止水带检测计划，明确检测频次、检测内容、送检时间和检测责任人。

(3) 保存过程中应防止暴晒、损伤。

(4) 遇水膨胀性止水材料，保存过程中应防潮、防止浸水；安装后应尽快浇筑混凝土。

8.9.1.3 伸缩缝填充材料质量差

1. 通病描述

(1) 聚乙烯低发泡板性能不符合要求。

(2) 伸缩缝填充材料使用废弃胶合板等不耐久、易腐烂材料。

2. 主要原因

(1) 设计未提出伸缩缝填充材料相关技术指标要求。

(2) 市场上聚乙烯低发泡板品种繁多，价格、用途等也不一样，性能指标差异更大，施工单位未根据设计和规范要求选购伸缩缝填充材料。

(3) 不重视伸缩缝填充材料的使用，从降低造价出发使用废弃的胶合板等材料。

3. 防治措施要点

(1) 设计文件宜提出伸缩缝填充材料的技术要求需达到《给水排水工程混凝土构筑物变形缝技术规范》(T/CECS 117—2017)的规定。

(2) 按设计要求选用填充材料，并检验合格方可使用。

(3) 杜绝使用废弃胶合板等材料。

8.9.2 止水加工与安装不符合要求

8.9.2.1 金属止水加工不规范

1. 通病描述

(1) 金属止水折叠咬接或搭接长度、焊接质量不满足规范规定。

(2) 水平与垂直止水连接部位加工尺寸（见图8.12）不符合施工大样图的规定（见图8.13）。

2. 主要原因

(1) 金属止水未按设计要求制作。

(2) 金属止水未采用专用设备加工。

(3) 焊接工作马虎。

3. 防治措施要点

(1) 按规范和设计要求，严格检测止水带接头连接质量。

(2) 金属止水带按设计要求进行制作，止水带的型式、结构尺寸等应符合设计要求。紫铜止水片焊接应双面铜焊，焊前宜用紫铜铆钉铆定，焊缝无砂眼、裂纹。焊缝处应进行煤油渗漏试验，合格后方可安装。

图8.12 垂直止水短搭片宽度未达到牛鼻子沥青槽边口

(3) 防止水平与垂直止水连接时出现短路，垂直短紫铜片与垂直止水铜片在伸缩缝内宜有15mm的搭接宽度。

(4) 金属止水材料加工时，应采用精确度较高的压模压制成型；严禁钝器敲击；砂眼、钉孔等应氧焊补好。

(5) 已加工的金属止水材料应注意保护，运输、安装过程中不应产生扭曲、变形。

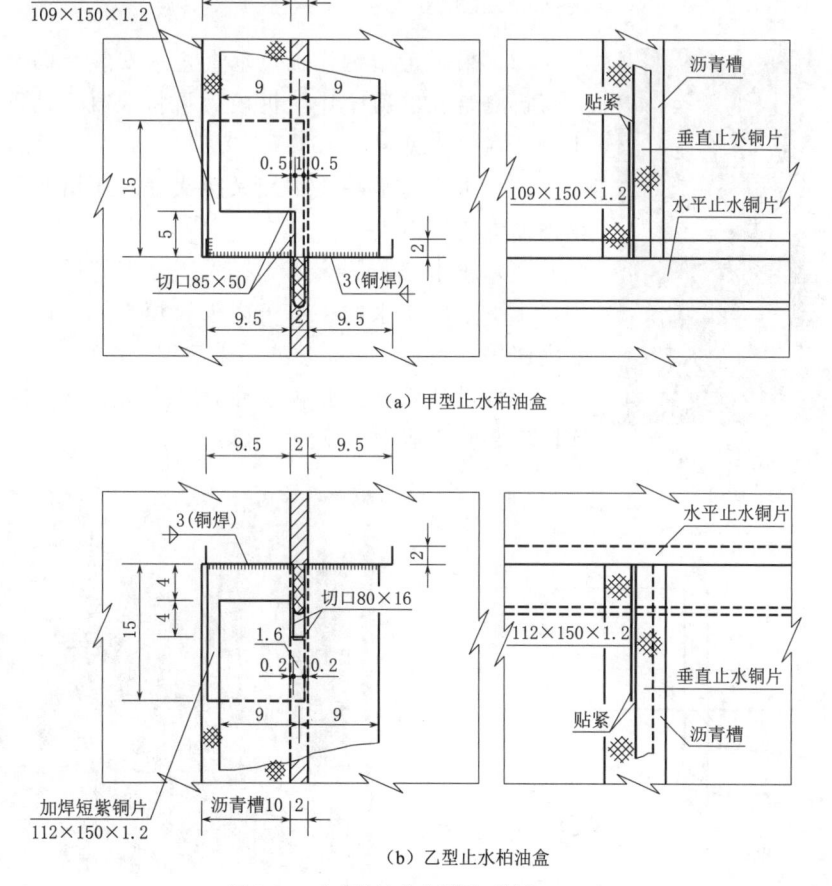

(a) 甲型止水柏油盒

(b) 乙型止水柏油盒

图8.13 止水柏油盒大样图（单位：mm）

8.9.2.2 金属止水安装不规范

1. 通病描述

（1）止水铜片未进行焊接工艺试验；安装后保护措施不到位造成损伤；止水铜片未双面搭接焊、变形（见图8.14），未进行煤油渗漏试验。

(a) 垂直止水铜片未焊接　　(b) 垂直止水铜片未双面焊接且已变形

图8.14　止水铜片焊接接头不合格

（2）采用定型钢模板，垂直止水安装在沥青井柱部分先弯折浇筑在混凝土中，拆模后再将混凝土凿除，造成止水铜片损伤（见图8.15）。

（3）水平与垂直止水交叉接头处理不满足要求，沥青槽内沥青浇灌不实。

（4）止水安装固定不牢；采用水泥钉固定，止水带受损；水平金属止水的牛鼻子内未涂填沥青等隔浆材料，或水泥浆等材料将牛鼻子填塞后未清理干净。

（5）设计要求止水铜片居于伸缩缝中心（见图8.16），实际安装时不居中（见图8.17）。

图8.15　止水铜片浇入混凝土中

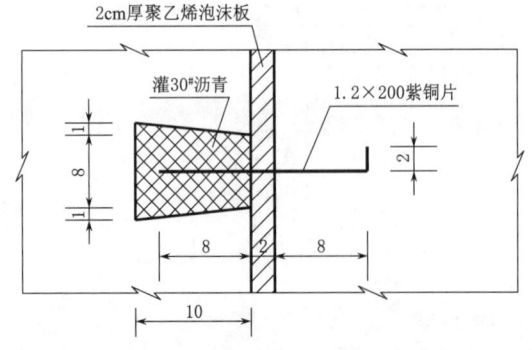

图8.16　垂直止水铜片安装大样图（单位：mm）

图8.17　垂直止水铜片安装偏位

(6) 混凝土浇筑前止水带被污染、损伤，混凝土不能与止水带良好黏结。

(7) 水平止水铜片周围没有钢筋（见图8.18），不符合设计图纸要求。

图 8.18　止水铜片处无钢筋

2. 主要原因

(1) 止水铜片安装工人技术不熟练，施工作业马虎。

(2) 施工单位质检员和监理工程师未认真仔细检查。

3. 防治措施要点

(1) 按照江苏省水利厅《加强水工建筑物止水、伸缩缝施工质量管理的若干意见》（苏水基〔2009〕21号），进行止水铜片安装质量控制。

(2) 安装前检查止水铜片厂内制作质量，应平整干净、无砂眼和钉孔，尺寸符合设计要求，焊缝搭接长度不得小于20mm，并采用双面焊接；接头煤油检查应无渗漏现象。止水在运输和安装施工中应无变形、接头破坏等情况。现场存放应防止变形、损坏、玷污。

(3) 止水铜片（带）现场安装，需符合下列规定：

1) 金属止水片连接宜采用搭接双面焊，搭接长度不小于20mm。目测检查应无裂纹、砂眼等现象，煤油检查不应有渗漏现象。采用对接焊接时应经试验论证。

2) 止水片应与混凝土接缝面垂直，中心线与接缝中心线允许偏差±5mm。

3) 水平止水片上下50cm范围内不宜设置水平施工缝。

4) 金属止水片与非金属止水片连接，宜采用螺栓接法，搭接长度不小于35cm。

5) 十字形、T形等异形接头，宜在工厂内制作定型接头。

(4) 尽量减少现场焊接接头数量。

(5) 混凝土浇筑前水平金属止水的牛鼻子内涂填沥青等隔浆材料，如有水泥浆等材料将牛鼻子填塞的，应清理干净后再灌沥青。

(6) 水平止水铜片处钢筋安装应符合施工图的要求。

(7) 接头质量检查。接头表面光滑、无砂眼或裂纹。工厂加工的接头应按20%比例抽查质量；现场焊接接头，应逐个检查外观和进行煤油渗漏试验，现场取样检验接头的抗拉强度，不应低于母材强度的75%。

【规范规定】

《水利工程施工质量检验与评定规范 第2部分：建筑工程》（DB32/T 2334.2—2013）

8.1.3.5

1 止水片（带）与伸缩缝的型式、结构尺寸及材料品种、规格、安设位置等符合设计要求。

2 紫铜止水片焊接应双面铜焊，焊前宜用紫铜铆钉铆定，焊缝无砂眼、裂纹。接头处应做渗漏试验，合格后方能安装。

3 止水带（片）应按设计要求放置，混凝土浇筑过程中注意止水片（带）周围混凝土的振捣和止水片（带）的保护。

8.9.2.3 橡胶止水带安装不符合要求

1. 通病描述

（1）橡胶止水带安装位置不准确，未居中，不在伸缩缝中心（见图8.19）。

(a) 止水带球头一侧未进入混凝土中　　(b) 止水带中心偏离伸缩缝中心

图8.19 橡胶止水带安装不规范

（2）橡胶止水带破坏。

（3）橡胶止水带接头黏结不符合设计要求，未按厂家或设计要求的方法黏接，十字接头未采用厂家定型产品。

2. 主要原因

止水带安装工艺不正确，辅助措施不当，固定不牢，保护措施不到位。

3. 防治措施要点

（1）伸缩缝止水带应固定牢固，安装时应防止止水带移位、变形和撕裂；采用钢筋卡固定在模板上，钢筋卡的间距应能确保止水带在混凝土浇筑过程中不发生位移。

（2）埋设位置应准确，止水带埋入混凝土两翼部分的尺寸，应符合设计要求；止水带中心应与伸缩缝中心线重合，允许偏差不大于±5mm。

（3）严禁在橡胶止水带上穿孔，避免金属类硬物等划破或损伤止水带。

（4）减少现场接头数量，尽可能使用厂家生产的定型接头；橡胶止水带连接宜用硫化热粘接或氯丁橡胶粘接；PVC止水带可采用电热熔粘接；拐角处应离开拐角1m以外搭接。接头处应做渗漏试验，合格后方能安装。

（5）混凝土浇筑前清理止水带上的杂物，保证与混凝土有良好的结合。

（6）做好外露止水带的保护，防止受损伤。

8.9.2.4 止水柏油沥青灌注不实

1. 通病描述

沥青井柱中沥青灌注不密实。

2. 主要原因

（1）铁皮井柱断面偏小。

（2）未分节灌注沥青。

（3）灌入井柱内的沥青温度降低，不能自由填充满井柱内。

3. 防治措施要点

（1）采用钢板制作沥青井柱时，钢板厚度不宜小于2mm；梯形断面上底、下底和高度分别不应小于50mm、100mm、100mm。

（2）垂直止水施工时，先将垂直止水的一半浇筑在伸缩缝一侧的混凝土中，再安装止水井柱，止水井柱固定，其外侧与先期浇筑的混凝土接触面用砂浆等材料封边，防止沥青灌注时沿缝隙流出；分段灌注热沥青。为保证垂直止水柏油井沥青灌注质量，施工单位应安排专人负责，控制沥青温度，柏油井中沥青冷却后收缩部分补灌填平。

（3）沥青盒和垂直止水燕尾槽内沥青的灌制施工应有监理到场见证，确保灌实。

8.9.3 止水保护不符合要求

1. 通病描述

（1）止水铜片弯折、损伤（见图8.20），橡胶止水带或止水铜片用铁钉固定，有钉眼。

（a）水平止水铜片　　　　（b）垂直止水铜片

图8.20　止水铜片变形严重

（2）混凝土浇筑过程中或拆模后，溅落在止水铜片上的砂浆未及时清理干净；外露止水铜片没有得到有效保护。

2. 主要原因

（1）施工过程中止水材料安装后未进行有效保护。

(2) 混凝土浇筑后施工单位未及时安排人员清理止水材料上溅落的砂浆。

3. 防治措施要点

(1) 水平止水材料首先埋固于先期浇筑的混凝土内，后期混凝土浇筑前，沾污到止水片上的水泥砂浆等杂物应清理干净，并仔细检查有无损坏。

(2) 拆除模板时严禁扰动已安装好的止水。

(3) 模板拆除后，在水平止水铜片下部设置支撑，保护止水铜片。

8.9.4 止水制作、安装质量检查验收不重视

1. 通病描述

(1) 止水材料制作后未组织验收。

(2) 现场止水材料安装后，未组织专项验收。

2. 主要原因

未按照规范等要求进行止水材料制作与安装工序质量检查与验收。

3. 防治措施要点

(1) 施工单位将水平与水平、水平与垂直止水接头大样图和止水盒的样品提供给监理工程师检查，符合要求后，方允许批量生产。

(2) 金属止水材料制作完成后，监理单位应组织制作质量检查。

(3) 止水安装完成后，监理单位组织安装质量验收，检查搭接长度、止水片尺寸、止水安装位置、外观、伸缩缝缝面外观、沥青止水井柱安装、涂敷沥青料及伸缩缝填充材料等质量情况，并对现场焊接接头进行煤油渗漏试验，取样进行接头抗拉强度试验。

8.10 结构混凝土性能

8.10.1 强度不合格

8.10.1.1 标准养护试件强度不合格

1. 通病描述

(1) 单组混凝土试件强度不满足设计要求。

(2) 同一评定批混凝土试件的抗压强度不能通过《水利工程施工质量检验与评定规范 第1部分：基本规定》(DB32/T 2334.1—2013) 附录D对混凝土强度评定的要求。

2. 主要原因

(1) 原材料质量波动超出正常范围，如水泥过期或受潮，活性降低；粉煤灰、矿渣粉的活性不满足要求；砂、石骨料级配不良，空隙大，粒形差；外加剂减水率低，掺量不准确。上述原因造成混凝土生产时实际用水量和水胶比偏大。

(2) 混凝土配制强度偏低，混凝土配合比不当。

(3) 未采用经批准的配合比，或生产时配合比输入计算机错误。

(4) 施工中随意加水，实际水胶比增大。

(5) 试模质量不合格；混凝土试件制作不规范，试件成型后随意放置（见图8.21），

试验环境和养护条件不符合《水工混凝土试验规程》(SL/T 352—2020)的要求。

图 8.21 制作的试件放置在施工现场

3. 防治措施要点

(1) 加强原材料质量管理，选用质量稳定的原材料：

1) 施工和监理单位安排人员进驻生产单位对混凝土生产进行监督管理，谨防用错原材料和配合比。

2) 水泥应有出厂合格证，新鲜无结块，过期水泥经试验合格方可使用；水泥储存罐应能防潮。

3) 对进场砂石骨料进行检查验收，符合要求的砂石应集中储存，专库使用；砂石料堆放场地，应硬化，并分类堆放。对含泥量较大的骨料应用高压水冲洗干净。

(2) 混凝土配合比设计时，应根据生产和施工质量控制水平，合理确定配制强度。混凝土配制强度按《水工混凝土试验规程》(SL/T 352—2020)执行。

(3) 施工时应严格按照审批的配合比施工，并根据骨料含水量的变化及时调整每盘混凝土的用水量和骨料称量。确保拌合楼计量准确，输入混凝土生产配合比准确无误。

(4) 按《水工混凝土试验规程》(SL/T 352—2020)的要求制作、养护混凝土试件：

1) 根据《预拌混凝土》(GB/T 14902—2012)混凝土检验试样应随机从同一运转车卸料量的1/4～3/4之间抽取。

2) 试件制作后表面先覆盖塑料薄膜防止表层水分散失。

(5) 混凝土试模质量应符合《混凝土试模》(JG 237—2008)的规定，并定期按《试模校准规范》(JJF 1307—2017)对试模质量进行校准，不符合规定的试模应淘汰。

(6) 结构混凝土强度检测结果不满足设计要求时，可按实际强度校核结构的安全度，研究处理方案，采取相应加固或补强措施。

8.10.1.2 同条件养护试件强度不合格

1. 通病描述

混凝土同条件养护试件强度不合格。

2. 主要原因

(1) 同条件养护试件制作不规范。

(2) 与实体结构混凝土养护条件不相同。

(3) 现场同条件养护试件等效养护龄期未达到 600℃·d。

3. 防治措施要点

(1) 按《水工混凝土试验规程》(SL/T 352—2020) 的要求制作同条件养护试件。

(2) 同条件养护试件应留置在靠近相应结构构件的适当位置，并应采取相同的养护方法。

(3) 施工单位应加强同条件养护试件管理，记录每天平均温度和累计温度。结构实体混凝土强度检验等效养护龄期可取日平均气温逐日累计达到 (600±40)℃·d 时所对应的龄期，且不应少于 14d，也不宜大于 60d，不计入日平均温度在 0℃ 及以下的龄期。

【规范规定】

《混凝土结构工程施工质量验收规范》(GB 50204—2015)

10.1.2 结构实体混凝土强度应按不同强度等级分别检验，检验方法宜采用同条件养护试件方法；当未取得同条件养护试件强度或同条件养护试件强度不符合要求时，可采用回弹—取芯法进行检验。混凝土强度检验时的等效养护龄期可取日平均温度逐日累计达到 600℃·d 时所对应的龄期，且不应小于 14d。日平均温度为 0℃ 及以下的龄期不计入。冬期施工时，等效养护龄期计算时温度可取结构构件实际养护温度，也可根据结构构件的实际养护条件，按照同条件养护试件强度与在标准养护条件下 28d 龄期试件强度相等的原则由监理、施工等各方共同确定。

8.10.1.3 结构混凝土强度不满足设计要求

1. 通病描述

(1) 结构混凝土无损检测强度推定值不满足设计要求。

(2) 回弹法检测混凝土强度时各测区强度离散较大。

(3) 芯样强度离散性大。

2. 主要原因

(1) 混凝土配制强度低，水胶比大，胶凝材料用量少。

(2) 未根据砂石含水量及时调整用水量和砂、石的用量，施工过程中向混凝土中乱加水。

(3) 拆模过早或早期受冻，养护不到位。

(4) 结构混凝土强度均匀性较差的原因有：

1) 混凝土拌和时间不足，混凝土拌和不均匀。

2) 入仓混凝土产生离析。

3) 振捣不均匀，部分位置振捣不足或过振。

4) 混凝土养护时未能保证混凝土各个部位具有相同的养护条件。

3. 防治措施要点

(1) 加强混凝土生产过程质量管理。

(2) 加强浇筑过程控制，提高混凝土浇筑质量，防止入仓混凝土离析；运输途中和施工现场严禁向混凝土中加水。

(3) 混凝土浇筑后应加强养护，尤其在夏季要保证养护湿度，冬季要保证养护温度。养护过程需尽可能使各个部位养护条件一致。

8.10.1.4 混凝土结合面强度低

1. 通病描述

混凝土结合面强度低,在水压力作用下结合面产生渗水、窨潮现象。

2. 主要原因

(1) 凿毛时间过早,或凿毛方式不当,表面凿毛不充分,混凝土初凝前拉毛代替凿毛。

(2) 凿毛后以及混凝土浇筑前结合面清理不干净。

(3) 混凝土未进行坐浆处理。

(4) 入仓混凝土离析。

3. 防治措施要点

(1) 应采用合适的方式及工艺进行凿毛处理,应凿至约1/2石子外露,严禁采用划痕或插捣等方式进行凿毛。

(2) 采用人工凿毛处理的,混凝土强度应达到2.5MPa以上;采用机械凿毛的,混凝土强度应达到10MPa以上。

(3) 结合面混凝土浇筑前,应进行坐浆处理,浇筑一层2mm～3mm厚度、与混凝土强度相同的水泥砂浆,或将首盘混凝土中粗骨料用量减少50%的混凝土。

(4) 混凝土入仓高度大于2m时,应通过串筒、溜槽等缓降设施入仓,防止混凝土离析。

8.10.2 混凝土耐久性能不符合要求

8.10.2.1 抗碳化性能不满足设计要求

1. 通病描述

(1) 混凝土28d人工碳化深度大于设计值。

(2) 结构混凝土碳化速度大,如拆模后1个月左右自然碳化深度达到2mm～3mm,某闸排架和交通桥梁5年多自然碳化深度达到22mm～27mm。

(3) 混凝土碳化至钢筋表面时间偏快,如某内河节制闸工程混凝土设计强度等级为C25,设计使用年限为50年,根据结构混凝土自然碳化深度预测碳化至钢筋表面时间见表8.12。

表8.12 混凝土自然碳化深度以及碳化至钢筋表面时间预测

结构名称	保护层设计厚度/mm	碳化深度测试值/mm 平均	最大	最小	均方差	碳化速度系数/(mm/a$^{0.5}$)	预测碳化至钢筋表面时间/a	测点布置
翼墙	50	8.8	20	3	4.14	8.86	32	常水位以上
胸墙	50	13	16	8	2.35	8.52	34	常水位以上
边墩	50	9.7	21	5	4.45	7.77	41	常水位以上

2. 主要原因

(1) 混凝土用水量和水胶比偏大,不满足相关规范的规定。

(2) 配合比设计阶段未进行混凝土人工碳化深度试验。

(3) 混凝土拆模时间过早，拆模后未进行养护，或虽进行养护但养护条件不满足《水工混凝土施工规范》（SL 677—2014）、《水闸施工规范》（SL 27—2014）的规定。

3. 防治措施要点

(1) 根据工程设计使用年限目标选用优质常规原材料，满足《水利工程预拌混凝土应用技术规范》（DB32/T 3261—2017）中最大用水量和最大水胶比的要求。

(2) 配合比设计阶段进行混凝土人工碳化深度试验。

(3) 保证混凝土带模养护时间，《加强水利建设工程混凝土用机制砂质量管理的意见（试行）》（苏水基〔2021〕3号）规定设计使用年限为100年、50年的混凝土带模养护时间分别不宜少于14d、10d，拆模后还需进行养护，养护条件满足《水工混凝土施工规范》（SL 677—2014）或《水闸施工规范》（SL 27—2014）的规定。

8.10.2.2 抗氯离子渗透性能不满足设计要求

1. 通病描述

(1) 混凝土56d电通量、28d或84d氯离子扩散系数大于设计值。如某工程混凝土56d电通量为1578C，84d氯离子扩散系数为 $(5.461\sim 8.207)\times 10^{-12}\,\mathrm{m^2/s}$。

(2) 结构混凝土氯离子渗透扩散速度偏快。

2. 主要原因

(1) 配合比设计阶段未进行混凝土电通量或氯离子扩散系数的检验。

(2) 混凝土配合比中用水量和水胶比偏大。以某泵站工程站墩为例，设计强度等级为C30，设计使用年限为50年，环境作用等级为Ⅲ-E。混凝土配合比：42.5普通水泥用量为230kg/m³，Ⅱ级粉煤灰60kg/m³，S95矿渣粉60kg/m³，用水量175kg/m³，砂率42%，水胶比为0.50。用水量和水胶比均大于《水利工程预拌混凝土应用技术规范》（DB32/T 3261—2017）中推荐的Ⅲ-E环境下50年混凝土用水量不大于160kg/m³、水胶比不大于0.45的技术要求。

(3) 混凝土拆模时间过早，拆模后未进行养护，或虽进行养护但养护条件不满足《水工混凝土施工规范》（SL 677—2014）、《水闸施工规范》（SL 27—2014）的规定。

3. 防治措施要点

(1) 根据工程设计使用年限目标选用优质常规原材料，通过配合比优化设计，使混凝土用水量满足表8.13的规定。

表8.13　　　　　　　　　　混凝土最大用水量

序号	环境作用等级	最大用水量/(kg/m³) 100年	50年	30年
1	Ⅰ-A	170	180	190
2	Ⅰ-B	165	175	185
3	Ⅰ-C、Ⅱ-C、Ⅱ-D、Ⅲ-C、Ⅲ-D、Ⅳ-C、Ⅳ-D、Ⅴ-C、Ⅴ-D	160	170	175
4	Ⅲ-E、Ⅳ-E、Ⅴ-E	155	160	165
5	Ⅲ-F	145	150	160

注　骨料的含水状态为饱和面干状态。

(2) 控制混凝土水胶比。

1)《水利工程预拌混凝土应用技术规范》(DB32/T 3261—2017) 推荐混凝土水胶比和胶凝材料用量见表 8.14。

表 8.14　　　　　　　　混凝土最大水胶比与胶凝材料用量

序号	混凝土强度等级	最大水胶比	最小水泥用量 /(kg/m³)	胶凝材料用量/(kg/m³) 最小用量	胶凝材料用量/(kg/m³) 最大用量
1	C20	0.60	210	260	360
2	C25	0.50	230	280	360
3	C30	0.45	250	300	400
4	C_a30、C35	0.40	255	300	400
5	C_a35、C40	0.40	260	320	420
6	C_a40、C45	0.38	280	340	450
7	C50	0.36	300	360	480
8	≥C55	0.34	320	380	500

注 1　带脚标 "a" 的表示引气混凝土。
注 2　水泥指 42.5 级普通硅酸盐水泥，使用 52.5 级水泥时可相应减少 10%～15%。
注 3　大掺量矿物掺合料混凝土不受本表中最小水泥用量的限制。

2)《水利水电工程合理使用年限及耐久性设计规范》(SL 654—2014) 规定设计使用年限为 50 年的海水浪溅区、重度盐雾作用区混凝土最大水胶比为 0.40，海上大气区、轻度盐雾作用区、海水水位变化区混凝土最大水胶比为 0.45；100 年的混凝土设计强度等级提高 1 级。

3) 公式 (8.5) 为朱炳喜拟合的混凝土水胶比与氯离子扩散系数之间关系，相关系数为 0.842。

$$D_{RCM} = 25.421 w/b - 6.565 \tag{8.5}$$

式中：D_{RCM} 为混凝土标准养护 84d 的氯离子扩散系数，$\times 10^{-12} m^2/s$。

根据公式 (8.5) 在混凝土配合比设计阶段可以估算最大水胶比，见表 8.15。

表 8.15　　　　　　　　氯化物环境混凝土水胶比控制值

环境作用等级	设计使用年限 100 年 P=85%	设计使用年限 100 年 P=95%	设计使用年限 50 年 P=85%	设计使用年限 50 年 P=95%
Ⅲ-D	≤0.42	≤0.42	≤0.44	≤0.43
Ⅲ-E	≤0.39	≤0.38	≤0.42	≤0.40
Ⅲ-F	≤0.34	≤0.34	≤0.39	≤0.38

注　P 为氯离子扩散系数保证率。

(3) 配合比设计阶段进行混凝土电通量或氯离子扩散系数的检验。

(4) 加强混凝土养护，保证混凝土带模养护时间，《加强水利建设工程混凝土用机制砂质量管理的意见（试行）》（苏水基〔2021〕3 号）规定设计使用年限为 100 年、50 年的混凝土带模养护时间分别不宜少于 14d、10d，拆模后还需进行养护，养护条件满足

《水工混凝土施工规范》(SL 677—2014)或《水闸施工规范》(SL 27—2014)的规定。如需提前拆模，拆模前需做好保温保湿养护准备工作，确保边拆模边养护，养护及时到位。

【规范规定】

《水利工程混凝土耐久性技术规范》(DB32/T 2333—2013)

5.3.4 混凝土抗氯离子渗透性能应符合表5.3.4的规定。

表5.3.4 混凝土抗氯离子渗透性能等级

环境作用等级	设计使用年限 100年 等级	设计使用年限 100年 氯离子扩散系数 /(84d, ×10^{-12}m²/s)	设计使用年限 50年 等级	设计使用年限 50年 氯离子扩散系数 /(84d, ×10^{-12}m²/s)
Ⅲ-D	RCM-Ⅱ	≥3.5, <4.5	RCM-Ⅰ	≥4.5, <5.0
Ⅲ-E	RCM-Ⅲ	≥2.5, <3.5	RCM-Ⅱ	≥3.5, <4.5

《水利工程合理使用年限及耐久性设计规范》(SL 654—2014)

4.4.9 氯化物环境下重要的或合理使用年限大于50年的水工建筑物混凝土结构，混凝土抗氯离子侵入性的指标宜符合表4.4.9的规定。

表4.4.9 混凝土抗氯离子侵入性指标

抗侵入性指标	环境类别	三	四	五
抗侵入性指标	电量指标（56d龄期）/C	<1500	<1200	<800
抗侵入性指标	氯离子扩散系数（28d龄期）/ (×10^{-12}m²/s)	<10	<7	<4

8.10.2.3 抗冻性能不满足设计要求

1. 通病描述

混凝土抗冻性能不满足设计要求。

2. 主要原因

(1) 混凝土含气量不满足设计要求。

(2) 未使用优质引气剂，虽然混凝土的含气量满足设计要求，但气泡间距系数大；使用聚羧酸高性能减水剂未采用先消泡后引气工艺，混凝土中引入大量的大气泡。

(3) 混凝土用水量和水胶比偏大。

(4) 混凝土配合比设计阶段未进行抗冻性能试验。

3. 防治措施要点

(1) 混凝土拌和物的含气量满足表8.16的要求。

表8.16 混凝土拌和物含气量

粗骨料最大粒径/mm	拌和物含气量/% 抗冻等级≤F150	拌和物含气量/% 抗冻等级≥F200	粗骨料最大粒径/mm	拌和物含气量/% 抗冻等级≤F150	拌和物含气量/% 抗冻等级≥F200
16	5.0~7.0	6.0~8.0	31.5	3.5~5.5	4.5~6.5
20	4.5~6.5	5.5~7.5	40	3.0~5.0	4.0~6.0
25	4.0~6.0	5.0~7.0			

（2）使用优质引气剂；聚羧酸高性能减水剂采用先消泡后引气工艺，消除合成过程中形成的大气泡。

（3）最大用水量和最大水胶比满足《水利工程预拌混凝土应用技术规范》（DB32/T 3261—2017）的要求。

（4）配合比设计阶段进行混凝土抗冻性能检验。

8.11 保 护 层

8.11.1 垫块质量不合格

1. 通病描述

使用现场简易工艺制作的混凝土保护层垫块，或直接用砖块、石块、混凝土块等材料充当保护层垫块（见图 8.22）。

(a) 现场制作的砂浆垫块　　(b) 使用废弃的混凝土块作垫块

图 8.22　垫块质量不符合要求

2. 主要原因

节约成本，不采购成品垫块。

3. 防治措施要点

（1）使用定型生产的保护层垫块，垫块强度、尺寸应符合设计要求。

（2）不能购置到形状、尺寸等满足使用要求的垫块时，可现场制作，垫块的强度、尺寸应满足设计要求，垫块养护时间不宜少于14d。

（3）不宜使用塑料垫块。

【保护层垫块质量要求】

《水利工程推广应用定型生产钢筋保护层混凝土垫块指导意见》（苏水科〔2013〕5号）对保护层垫块质量要求如下：

（1）垫块宜采用砂浆或细石混凝土制作，水胶比不大于0.40，强度、密实性、抗氯离子渗透、抗碳化和抗冻等性能应高于构件本体混凝土，且与本体混凝土具有一致的线膨胀系数。

（2）垫块的尺寸和形状应满足保护层厚度和定位要求；垫块的外形尺寸一致，垫块本身的厚度允许偏差为 0～2mm。

（3）塑料垫块应具有良好的耐碱性和耐老化性能，抗压强度不小于50MPa。

（4）垫块与混凝土黏结力高，完全能与混凝土结合成一体。

8.11.2 保护层厚度合格率低

1. 通病描述

保护层厚度超出允许偏差范围，合格率低，存在过厚、过薄保护层（见图8.23）。

图8.23 柱箍筋制作不满足设计要求 　　图8.24 混凝土浇筑人工踩踏钢筋

2. 主要原因

（1）未绘制钢筋放样图，或放样图未经审核。

（2）梁、柱箍筋样架放样错误，插筋位置不准确。

（3）未实行首件认可制，工序检查验收不认真或整改不到位。

（4）垫块布置密度不足，甚至未安装垫块；保护层垫块强度低、厚薄不一、固定绑扎不牢、位置不准确。

（5）成品保护不够，人工踩踏，垫块移位或踩翻（见图8.24）。

3. 防治措施要点

（1）绘制钢筋放样图，加强钢筋放样图审核。

（2）做好样架、首件检查认可，加强钢筋制作与安装工序检查。

（3）工作桥面板、公路桥面板、楼面板上下层钢筋宜采用直径16mm钢筋制作成马凳支撑（见图8.25），或采用成品混凝土垫块支撑（见图8.26）；厚大底板的上下层钢筋宜使用直径不小于22mm钢筋支撑，间距1200mm×1200mm（见图8.27），亦可搭设钢管支撑架。

（4）选用成品混凝土垫块，垫块绑扎牢固，垫

图8.25 面板上下层钢筋马凳支撑

图 8.26 面板上下层钢筋成品垫块支撑

图 8.27 底板上下层钢筋设支撑钢筋

块安装要求如下：

1）梁柱等条形构件侧面和底面的垫块数量不宜少于 4 个/m²，墩墙等面形构件的垫块数量不宜少于 2 个/m²，重要结构部位宜适当增加垫块数量。垫块应均匀分散布置，垫块与钢筋应绑扎牢固、紧密接触，绑扎垫块的铅丝不应伸入到混凝土保护层内；多层钢筋之间，应用短钢筋支撑以保证位置准确。

2）垫块安装后，施工单位应仔细检查垫块的位置、数量及其紧固程度，并指定专人作重复性检查以提高保护层厚度保证率。

3）混凝土浇筑前，监理单位应对模板和钢筋安装工序进行仔细检查，确认垫块与钢筋固定牢靠，保护层厚度控制在 0～10mm 允许偏差范围内，模板、脚手架、钢筋骨架固定牢固。

（5）钢筋安装后应做好成品保护，面板上搭设行走操作马道（见图 8.28）。

8.11.3 表层混凝土密实性低

1．通病描述

（1）表层混凝土密实性低，早期自然碳化速度和氯离子渗入速度偏快，1 个～2 个月碳化深度达到 2mm～3mm 以上。

图 8.28 底板上搭设行走马道

（2）表层混凝土有龟裂缝。

（3）相同施工条件下，大梁底面混凝土密实性要低于梁的侧面（见表 8.17）。

2．主要原因

（1）表层混凝土易形成有害孔结构。混凝土用水量较大，混凝土硬化过程中水分蒸发，生成较多的毛细孔隙。在混凝土浇筑与振捣过程中，胶凝材料、水和骨料中的细粒子，容易在靠近模板或水平表面聚集，粗骨料下沉，表层混凝土含有较多的水泥、含水量高，水胶比高于内部混凝土，造成表层混凝土的孔隙率增大，渗透性和扩散性加大，

Cl^-、CO_2、H_2O等外界物质更容易通过混凝土表层进入内部。混凝土浇筑拆模后，水分从表面蒸发，在特定气候条件下，水分蒸发可深及混凝土内40mm～60mm；如果不能及时补充养护水分，用于胶凝材料水化的水量不足，水泥等胶凝材料不能充分水化，甚至停止水化，将形成低质量的表层混凝土，生成粗孔隙结构，表层混凝土孔结构不合理，孔径大于100nm的有害孔、多害孔增多。混凝土若早期受冻，会使表层混凝土质量下降，增加有害孔和多害孔数量。

表8.17　　　　　　　胸墙横梁底面与侧面混凝土透气性系数比较

构件名称	部位	强度等级	龄期/d	样本数	表面透气性系数/（$\times 10^{-16}m^2$）		
					最大值	最小值	几何均值
LBZ胸墙	顶横梁底面	C35	260	6	10.110	0.205	2.299
	顶横梁侧面			6	1.374	0.035	0.367
SLZ胸墙	中横梁底面	C35	120	18	99.560	0.358	32.554
	中横梁侧面			8	1.836	0.043	0.504

（2）表层混凝土易开裂。混凝土拆模后如果养护不及时、不充分，表层混凝土自收缩、干燥收缩、化学收缩持续增加。同时，这种作用受到内部混凝土的约束，表层混凝土产生拉应力，从而导致表层混凝土开裂，产生浅层的龟裂纹或深层的收缩裂缝，既有肉眼可见的裂缝，又有肉眼不可见的裂缝。

（3）表层混凝土易形成外观缺陷。混凝土浇筑过程中模板表面聚集的气泡不易溢出，混凝土表面生成气孔、砂眼；如果模板漏浆，表面易产生蜂窝、麻面、砂线；如果模板过早拆模，混凝土会黏附在模板上而使表面产生起皮麻面甚至缺棱掉角等现象。

（4）梁底部钢筋密集、主筋数量多且间距小，混凝土浇筑过程中客观上可能造成混凝土被离析，即较大的石子留在钢筋上部，钢筋下部小石子或砂浆多；侧面混凝土表层水分可通过重力作用和振捣棒的振捣压力自上而下经模板缝渗出一部分，而梁底部混凝土中水分渗出较少，造成梁底部混凝土中水分富集程度要高于梁侧面，从而造成梁底混凝土密实性低于梁侧面。

（5）养护措施不到位，拆模时间偏早，拆模后未采取保湿养护措施。

3. 防治措施要点

（1）选用粒径小于等于25mm的粗骨料。

（2）采用优质常规原材料，适当增加混凝土胶凝材料用量、砂率；配合比采用低用水量、低水胶比、中等掺量矿物掺合料配制技术。

（3）加强混凝土制备和浇筑过程管理，控制混凝土入仓高度、坯层厚度，振捣到位，提高混凝土均质性。

（4）模板内衬透水模板布，浇筑振捣过程中排出表层部分水，降低表层混凝土的水胶比。

（5）按照低渗透高密实表层混凝土施工质量控制要求进行混凝土施工，提高保护层混凝土的密实性能。

（6）保证养护时间，养护措施到位，将养护纳入施工关键工序进行考核评定，保证混凝土带模养护时间。设计使用年限为50年、100年的混凝土带模养护时间分别不宜少于10d、14d，拆模后继续采取合适的湿养护措施。

（7）将结构实体混凝土的早期自然碳化深度、电通量、氯离子扩散系数、表面透气性系数等纳入混凝土质量验收评定的主要内容。

注：带模养护对混凝土抗碳化和抗氯离子渗透能力影响见图8.29。

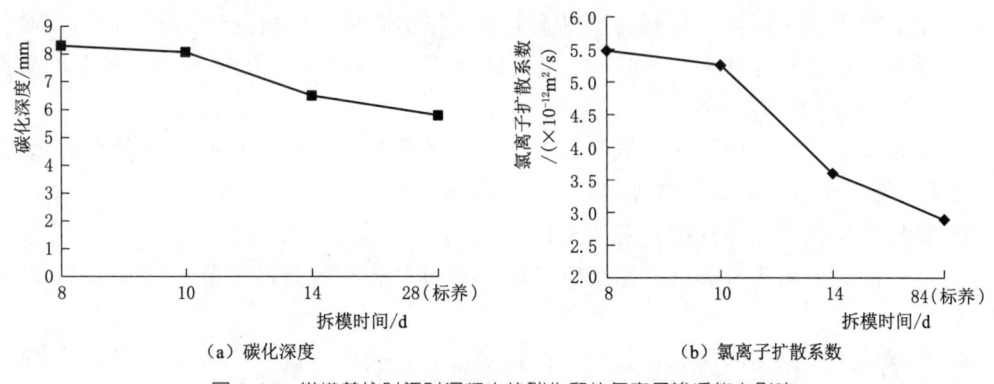

图8.29 带模养护时间对混凝土抗碳化和抗氯离子渗透能力影响

8.12 结构几何尺寸控制

8.12.1 几何尺寸偏差大

1. 通病描述

（1）闸墩、翼墙的垂直度偏差较大，前倾或后仰。
（2）混凝土结构层实际高程不满足设计要求。
（3）闸门底槛预埋件、预留孔洞的标高与施工图设计标高之间偏差较大。

2. 主要原因

（1）地基承载力不满足要求，地基未处理，或处理后承载力未达到设计要求。
（2）模板支撑系统稳定性不足；翼墙立模时为防止回填土侧向压力引起墙身前倾，墙身模板后仰预留值偏大，实际填土过程中并未引起墙身前倾。
（3）墙后回填土填筑速度偏快，压实度低于设计要求；墙后填土没有分阶段回填，一次回填高度偏大，土压力过大，引起墙身推移。墙后堆载偏多，或机械设备行走振动引起推移。
（4）水准点引用错误；高程施工放样错误；建筑物沉降偏大。

3. 防治措施要点

（1）墩墙垂直度控制要点：
1）合理确定模板预留的后仰值。
2）对模板进行设计，保证模板及其支架具有足够强度、刚度及稳定性。
3）混凝土浇筑前，对模板轴线、支架、顶撑、对拉螺杆进行认真检查、复核。

4) 混凝土浇筑时,要均匀对称下料,控制浇筑速度不大于 0.6m/h~1m/h。

5) 墙后回填土应按设计要求分阶段回填,控制回填土的压实度。

(2) 防止沉降过大控制要点:

1) 按设计要求进行地基处理,确保地基水平和垂直承载力满足设计要求;施工前加强验槽和检测。

2) 施工期间应加强基坑排水,防止基坑土层浸水软化。

3) 墙后分层填土压实,控制坯层厚度,保证压实质量;根据设计要求分阶段回填。

4) 墙后 2m 范围内回填土不得用大型机械施工,宜采用人工配合小型机械夯填密实。

(3) 高程控制要点:

1) 建设单位按最近的国家区域基点委托有资质单位引测至工地附近,移交给施工单位;如果由施工单位引测的,监理单位应进行复核。

2) 做好现场控制点的保护,定期复核。

3) 高程测量应采用水准仪,精度应满足《水利水电工程测量规范》(SL 197—2013)的要求。

4) 根据设计单位提出的沉降预估值进行底板高程放样;设计文件没有规定的,施工过程中根据建筑物地质情况、基础处理情况,合理确定结构沉降预控量,宜按 20mm 考虑。

5) 制定测量放样方案,重要结构部位应有复核,监理单位对施工单位放样成果进行复核。

6) 闸门底槛采用二期安装的,宜在墙后回填土填筑到设计高程、沉降基本稳定后进行。

7) 预埋件及预留孔洞,在安装前应与图纸对照,确认无误后准确固定在设计位置上,必要时用电焊或套框等方法将其固定。在浇筑混凝土时,应沿其周围分层均匀浇筑,严禁碰击和振动预埋件与模板。

8.12.2 轴线偏移

1. 通病描述

结构构件实际位置与建筑物设计轴线位置偏移。

2. 主要原因

(1) 轴线放样误差大。

(2) 支模时,未拉水平、竖向通线,且无竖向垂直度控制措施。

(3) 墩、墙、柱模板根部和顶部无限位措施或限位不牢固,发生偏位后又未及时发现纠正,造成误差。

(4) 模板刚度差,未设水平拉杆或水平拉杆间距过大。

(5) 对拉螺杆、顶撑使用不当,螺帽松动,造成轴线偏位。

3. 防治措施要点

(1) 模板轴线测放后,要复核验收,确认正确后立模。

(2) 支模时要拉水平、竖向通线,并设垂直度控制线。

(3) 墩、墙、柱模板根部和顶部应设可靠的限位措施。

(4) 对模板及其支架系统进行设计，保证模板及其支架具有足够强度、刚度和稳定性。

(5) 混凝土浇筑前，对模板轴线、支架、顶撑、对拉螺杆进行认真检查、复核，发现问题及时进行处理。

8.13 外 观 缺 陷

8.13.1 表面色差大

1. 通病描述

结构构件表面色差大（见图 8.30）。

2. 主要原因

(1) 混凝土中粉煤灰掺量较大，且混凝土用水量较大，入仓混凝土发生离析，振捣时粉煤灰上浮。

(2) 使用不同批次的粉煤灰，或使用了浮油灰。

(3) 混凝土搅拌时间偏短。

3. 防治措施要点

(1) 加强粉煤灰质量控制，不应使用燃油灰。

图 8.30 混凝土表面色差

(2) 适当降低混凝土的坍落度，采用粉煤灰和矿渣粉双掺技术，并采用低用水量和低水胶比配制技术。

(3) 提高拌和物性能，采用导管、串管等入仓，提高入仓混凝土均匀性，做到不离析、不泌水。

8.13.2 表面不光洁

1. 通病描述

混凝土表面毛糙。

2. 主要原因

(1) 混凝土早期强度发展慢、拆模偏早。

(2) 混凝土水胶比偏大、用水量多；入仓混凝土泌水、离析。

(3) 模板不光滑，未使用专用脱模剂，脱模剂影响表层水泥的水化。

(4) 混凝土振捣不密实。

3. 防治措施要点

(1) 延长带模养护时间，防止过早拆模后模板上黏附表层混凝土或砂浆。

(2) 选用优质常规原材料，控制混凝土用水量和水胶比；采用导管、串管等入仓，提高入仓混凝土均匀性，防止离析。

（3）立模前应对模板进行仔细检查，不应采用表面不光洁、有损伤的模板，有外观质量要求的混凝土宜采用新模板，或表面无损伤、光滑的模板

（4）脱模剂不应影响混凝土水化，宜采用专用模板脱模剂。

（5）加强混凝土振捣施工控制，确保混凝土密实均匀。

（6）加强混凝土保湿、保温养护。

8.13.3 表面云彩斑、水波纹

1. 通病描述

（1）混凝土表面有色差带，颜色深浅明显，呈不规则的水波纹状、朵状、鳞片状。

（2）墩墙下部结构混凝土立面有水平向波浪状色斑，严重的会有疑似冷缝，墩墙表面出现水波纹。

2. 主要原因

（1）墩墙混凝土入仓高度大于2m，未采用导管入仓，混凝土离析，局部位置水泥浆集中。

（2）混凝土拌和时间短，未拌和均匀。

（3）使用燃油粉煤灰。正常情况下粉煤灰颜色与水泥相近，多呈灰色，也有部分粉煤灰呈灰黑色（细度较细或含碳量较高）。电厂出于提高燃煤效率或辅助劣质煤燃烧等需要，在燃煤过程中添加重油等油性物质以助燃。如果添加过量或燃烧不充分，粉煤灰内便会吸附一部分油分，因此，就出现了燃油灰。其中含有黑色粉末状颗粒，浮于混凝土浆体表面，呈现灰黑色，振捣后更为明显，硬化混凝土表面形成黑色带。

（4）混凝土用水量大、水胶比大，或外加剂掺入过量，坍落度偏大；浇筑振实过程中粉煤灰等材料上浮，局部位置水泥浆集中，易出现水波纹。

（5）局部混凝土振捣过度，出现泌水，易出现水波纹。振捣棒平仓，或振捣时间偏长石子下沉，上部水泥砂浆中深颜色细颗粒多；上层混凝土没有或已无法与下层深颜色细颗粒多的水泥砂浆充分融合。导致上下两层两个批次混凝土接触面或接触面一定范围与其他部位有明显色差。

（6）混凝土浇筑过程中泌水现象较重，未及时排除，上层混凝土覆盖后如出现过振现象，侧面易形成水波纹。

（7）振捣棒碰到钢筋时，将会带动钢筋振动，浆液随钢筋流动较快，易出现水波纹。

（8）当箱梁底板混凝土全部依靠腹板部位振捣流动填充时，由于腹板断面尺寸偏小，使腹板部位混凝土过振，腹板下部侧面形成水波纹。

3. 防治措施要点

（1）有外观要求的混凝土，宜参照《清水混凝土应用技术规程》（JGJ 169—2009）、《水利水电工程清水混凝土施工规范》（T/CWEA 14—2020）进行施工。

（2）适当增加串筒，串筒间距不宜大于6m，控制混凝土入仓高度不大于2m，钢筋密集构件不宜大于1.5m。

（3）适当延长混凝土拌和时间。

（4）降低粉煤灰等易上浮材料的用量，不使用燃油灰。

（5）严格控制混凝土配合比，改善砂石级配和粒形，控制混凝土用水量不宜大于170kg/m³；控制混凝土坍落度不宜大于180mm，提高混凝土工作性能。

（6）防止出现泌水现象，一旦出现严重泌水应及时排除。

（7）根据构件尺寸制定合适的浇筑振捣工艺；振捣过程应快插慢拔，控制振捣时间；振动棒不碰撞钢筋，减少钢筋振动。不应使用振捣器平仓，保持混凝土均匀上升，避免某一部位形成凹势堆积较厚深颜色细颗粒多的水泥砂浆。

（8）箱梁底板混凝土的下料，可在顶板开孔采用孔槽下料，不应采用腹板振捣流动填充，或先将底板混凝土浇实，再封底板顶模继续浇筑混凝土。

8.13.4 面层起粉

1. 通病描述

工作桥桥面、底板表面、铺盖表面的混凝土出现起粉现象。

2. 主要原因

（1）混凝土出现粉煤灰上浮现象。

（2）混凝土水胶比和用水量偏大，入仓混凝土出现离析、泌水，表面浮浆多。

（3）混凝土养护不充分。

3. 防治措施要点

（1）底板等平面结构表层混凝土宜适当控制粉煤灰掺量，一般不宜大于15%；超过15%时，应采取更为严格的施工控制措施。

（2）控制水胶比，延长混凝土搅拌时间，混凝土表面实施二次抹面。

（3）浇筑完毕即开始保水养护，表面抹面完成后覆盖塑料薄膜保水养护，不少于14d；气温较低时还需采取保温措施。

8.13.5 表面平整度偏差大

1. 通病描述

（1）混凝土表面平整度偏差较大，甚至凹凸不平。

（2）墙体不呈直线状，在大模板拼接处出现折点，形成墙体微型弯折。

2. 主要原因

（1）模板多次周转使用后发生变形，模板不平整，或模板内侧表面不在同一平面上。模板安装和等待浇筑时间较长，日晒雨淋模板变形。

（2）模板厚度偏薄，刚度不足，固定不牢；对拉螺杆直径偏细、间距偏大；围檩密度不足；混凝土浇筑速度过快，模板侧压力过大，出现胀模现象。

（3）模板承重脚手架立杆未支承在坚硬土层上，或支承面不足，或支撑松动、泡水，致使支架发生不均匀下沉。

（4）模板上的孔洞未按要求处理封堵，致使浇筑后形成蜂窝；模板拼缝处使用的双面胶带未与模板内侧面平齐，致使浇筑后产生印痕；模板围檩间距过大或与模板未能紧贴，致使浇筑过程中因侧向压力模板变形混凝土面不平整。

(5) 混凝土浇筑至面层时，未采用长刮尺整面；或整面时局部区域混凝土低洼未及时填平；混凝土浇筑后，未能配备足够人员按规定时间、规定次数完成收面、找平、压光，造成表面不平整。

(6) 混凝土未达到一定强度，被踩踏或碾压，表面出现凹陷不平或印痕。

3. 防治措施要点

(1) 有外观质量要求的混凝土宜选用新模板，或表面光洁无损伤的模板，模板板材应有出厂合格证；木质胶合板厚度不宜小于16mm，竹质胶合板厚度不宜小于12mm；旧模板应进行修整，有变形、四边不齐、缺口损伤的不应使用。

(2) 模板系统进行设计计算，保证有足够的强度、刚度和稳定性；墩、墙、柱等宜选用直径不小于16mm 的对拉螺杆，纵横间距宜为600mm；控制浇筑速度不宜大于0.6m/h。

(3) 模板支架立杆应支撑在坚实地基上，有足够的支承面积，并防止浸水，以保证支架不发生下沉。现浇桥梁等重要结构支架系统宜进行预压。

(4) 模板上的孔洞等缺陷应进行修补处理，模板安装后内侧接缝应平顺，不应有错台，拼缝处双面胶带应与模板内表面平齐。

(5) 对跨度大于4m 的现浇钢筋混凝土梁、板，其模板应按设计要求起拱；当设计无具体要求时，起拱高度宜为跨度的1‰～3‰。

(6) 采用木模板、胶合板模板时宜尽可能缩短立模时间，防止日晒雨淋发生变形。

(7) 浇筑混凝土后，及时进行表面找平、压实、抹光，覆盖塑料薄膜养护。

(8) 混凝土未达到一定强度，严禁踩踏，混凝土强度达到1.2MPa 以上方可在已浇结构上行走。

(9) 结构表面平整度偏差较大时，处理方法如下：

1) 局部明显洼坑或表面严重不平整的混凝土面层采用高1个强度等级的砂浆或细石混凝土修补。

2) 表面平整度虽然超标，但不影响使用的，可不进行处理。

8.13.6 错台

1. 通病描述

(1) 混凝土出现鼓凸、凹陷或翘曲现象（见图8.31）。

(2) 墩、墙混凝土分次浇筑时，上下层在结合面上错开一定的位置，形成台阶（见图8.32）；或者不同分块的墩、墙伸缩缝处明显不在同一平面，形成相邻面错开。

2. 主要原因

(1) 对拉螺杆间距偏大，螺杆直径偏细，或对拉螺杆未拧紧，未采用双螺母，浇筑过程中松动；围檩密度不足，浇筑过程变形。

(2) 墩、墙、柱混凝土坍落度偏大、初凝时间偏长，混凝土浇筑速度过快，一次浇筑高度大，振捣过度，模板产生较大的侧压力。对拉螺杆滑丝、螺母丝扣有损伤，振捣过程中出现螺母松动脱丝。

(3) 模板四边损伤或变形严重，支模时模板垂直度控制不好，相邻两块模板错缝。

图 8.31 站墩胀模　　　　　　　　图 8.32 闸墩错台

(4) 后浇筑结构的模板与先浇筑结构混凝土接触不严密，支撑、固定不牢靠。

(5) 混凝土浇筑过程中未安排专人对模板支撑体系进行监测。

3. 防治措施要点

(1) 模板及其支撑系统应进行设计，并充分考虑模板自重、混凝土自重、施工荷载及浇捣时产生的侧向压力，保证模板及支架有足够的承载能力、刚度和稳定性。

(2) 宜采用直径 16mm 的对拉螺杆，纵横间距宜为 600mm；对拉螺杆使用前应检查质量情况，杜绝使用丝头损坏的拉杆、螺母和已变形拉杆；安排专人紧固对拉螺杆，保持松紧一致；墩墙根部 5 排对拉螺杆采用双螺母拧紧；螺母加垫减振弹簧垫片，防止拉杆崩丝，亦可用精轧螺纹钢当拉杆使用。

(3) 立上层（或相邻块）模板前，检查已浇筑块与待浇筑块接触面处的混凝土平整度，如有偏差应作修正处理。

(4) 立上层（或相邻块）模板时，利用下层（或相邻块）混凝土浇筑时预留的对拉螺杆将模板紧贴已浇筑块并固定牢固，并在上下层（或相邻块）混凝土接头的部位增加钢管支撑，防止水平钢管围檩形成悬臂端，确保混凝土浇筑过程中不发生跑模（见图 8.33）。

(5) 梁底支撑间距应能够保证在混凝土重量和施工荷载作用下不产生变形，支撑底部若为土基，应先夯实，设排水沟，并铺放通长垫木，以确保支撑不沉陷。

(6) 组合钢模拼装时，连接件应按规定安装，围檩及对拉螺杆间距、规格应按设计要求设置。

(7) 混凝土浇筑前重点检查模板安装质量，检查对拉螺杆螺母是否拧紧，浇筑过程中安排专人检查模板及其支撑系统，密切注意模板支撑稳固情况。当模板及其支撑系统发现问题时，应立即停工，分析原因，等隐患排除后再继续浇筑混凝土。

图 8.33 闸墩拆模时留置一列对拉螺杆，固定翼墙端部模板围檩

(8) 混凝土浇筑过程中，控制坍落度不宜大于180mm；同时浇筑的墩、墙混凝土保持同步上升，控制浇筑速度不大于0.6m/h，防止进料过快侧压力较大而使模板产生变形，防止拉杆伸长、崩丝，出现局部胀模。

(9) 结构混凝土产生的错台，可采取下列处理方法：

1) 错台高度小于10mm的用磨岩机磨平或者用砂轮机磨平。

2) 错台高度大于10mm的，将错台一侧凿除，然后清洗干净，用1：2砂浆修补，保湿养护不少于28d。

【规范规定】

《建筑施工脚手架安全技术统一标准》(GB 51210—2016)

1.2.11 支撑脚手架在施加荷载的过程中，架体下严禁有人。当脚手架在使用过程中出现安全隐患时，应及时排除；当出现可能危及人身安全的重大隐患时，应停止架上作业，撤离作业人员，并应由工程技术人员组织检查、处置。

《建筑施工扣件式钢管脚手架安全技术规范》(JGJ 130—2011)

9.0.6 满堂支撑架在使用过程中，应设有专人监护施工，当出现异常情况时，应立即停止施工，并应迅速撤离作业面上人员。应在采取确保安全的措施后，查明原因、做出判断和处理。

8.13.7 疏松

1. 通病描述

混凝土局部不密实。

2. 主要原因

(1) 水泥强度低，粉煤灰等矿物掺合料掺量较大时未采用低用水量和低水胶比配制技术，且未搅拌均匀。

(2) 使用脱硝灰，因大量的氨气排出，混凝土表面疏松。

(3) 混凝土漏振。

(4) 严寒天气，混凝土保温措施不到位，早期受冻，出现松散。

3. 防治措施要点

(1) 控制混凝土原材料质量，避免使用脱硝灰、金属铝含量超标的粉煤灰；掺矿物掺合料的混凝土应采用低用水量、低水胶比配制技术，适当延长混凝土搅拌时间。

(2) 加强振捣，避免漏振。

(3) 加强保温保湿养护，防止早期冻害。

(4) 结构混凝土出现疏松的，处理方法如下：

1) 大面积混凝土疏松，强度较大幅度降低，拆除重建。

2) 与蜂窝、孔洞等缺陷同时存在的疏松现象，采用水泥砂浆或细石混凝土修补。

3) 局部混凝土疏松，可采用水泥净浆、环氧树脂注浆液、油性聚氨酯等材料压力注浆，补强加固；或凿除后用水泥砂浆、细石混凝土修补。

8.13.8 烂根

1. 通病描述

闸墩、站墩、翼墙的根部，或分次浇筑的施工缝结合部位，混凝土浇筑不密实，出现露筋、蜂窝、孔洞、夹渣及疏松等症状（见图8.34）。烂根降低了新老混凝土之间黏结强度，在有水压力作用下可能会渗水、窨潮（见图8.35）。

图8.34 闸墩根部烂根

图8.35 施工缝渗水

2. 主要原因

（1）墩墙、排架、立柱等竖向构件根部因缺少水泥砂浆、石子多，石子之间形成空隙，类似蜂窝状的窟窿，这是"烂根"产生的主要原因。

（2）结合部位未进行凿毛、清理，冲洗水未排干净；或模板与钢筋安装后结合面上的垃圾杂物聚集，未进行清理或清理不干净。

（3）浇筑混凝土时未进行坐浆处理。

（4）钢筋较密，使用的石子粒径偏大，砂率低、砂浆量不足、粗骨料用量偏多。

（5）下料时未设串管，混凝土在入仓过程中碰到钢筋或模板，造成石子砂浆分离；遇钢筋或转角部位，混凝土流动受阻，砂浆向前流，粗骨料沉下来，粗骨料聚集并直接与先浇筑的混凝土接触，形成缺浆现象。

（6）混凝土振捣不实，漏振，或振捣时间不够。

（7）结合部位模板漏浆，水泥砂浆流失。

3. 防治措施要点

（1）底板混凝土浇筑时，墩墙部位混凝土浇筑面宜高出底板面5cm。结合部位按规范要求进行施工缝处理，做到凿毛、去乳皮，并清理、冲洗干净，无积渣杂物；墩、墙、柱的模板根部设置清扫孔；浇筑前清理结合部位（见图8.36）。

（2）模板缝应堵塞严密，不漏浆。墩墙模板安装时，在模板底部加贴海绵条；或在模板底部外侧用木方封口（见图8.37）。

（3）结合部位混凝土入仓、平仓和浇筑过程中防止骨料窝集，浇筑高度超过1.5m～2m时，采取导管、溜管或溜槽等缓降措施。浇筑过程中，应随时检查模板情况，发现漏浆及时处理。

（4）混凝土浇筑前基面进行坐浆处理，水平缝均匀铺1层厚20mm～30mm的水泥砂

图 8.36　闸墩浇筑前结合面清理 　　　　图 8.37　闸墩底部模板外侧木方封口

浆，或浇筑一层厚度 20cm～30cm 同等级的富砂浆混凝土（粗骨料用量减少 30%～50%）。

(5) 混凝土烂根处理方法如下：

1) 若蜂窝面积较小，可以先清理蜂窝部位的混凝土，用 1∶2～1∶2.5 水泥砂浆抹平压实（厚度大于 15mm 时分两次），做好养护工作。

2) 较大蜂窝，先凿去蜂窝处薄弱松散的混凝土和碎石等颗粒，尽量切割成规则的几何形状，形成外口大、里口小的喇叭口，并用清水冲洗干净湿润，涂刷水泥净浆后，再用高 1 个强度等级的细石混凝土（可掺入适量膨胀剂）填塞捣实、抹平，并认真养护。

3) 出现渗水窨潮烂根的，灌注聚氨酯材料。

8.13.9　烂脖子

1. 通病描述

墩、墙、柱与上层梁板连接处混凝土出现露筋、蜂窝、孔洞、夹渣及疏松等症状，俗称"烂脖子"。

2. 主要原因

(1) 下料过高，造成混凝土中石子砂浆离析。

(2) 下料过厚，或节点部位钢筋较密混凝土被卡住，振捣不密实、漏振，或振捣过度。

(3) 模板漏浆、跑浆严重。

(4) 墩、墙、柱与其上面的梁板同时浇筑，墩、墙、柱混凝土发生塑性沉降。

3. 防治措施要点

(1) 控制粗骨料最大粒径，不应大于钢筋净间距的 2/3；对双层或多层钢筋结构，不应大于钢筋最小净间距的 1/2；也不应大于混凝土板厚的 1/3。

(2) 墩、墙、柱先期浇筑的，在浇注上部梁板时先在柱头部位浇筑一层同强度等级的水泥砂浆，厚度 20mm～30mm；或浇筑一层厚度 20cm～30cm、同等级的富砂浆混凝土（粗骨料用量减少 30%～50%）。

(3) 若墙、柱、梁、板同时浇筑，在竖向构件混凝土浇筑完毕，静停等待 1h 以上，待墙、柱混凝土初步沉实后再浇筑水平构件，连接部位加强二次振捣，消除沉降裂缝。

（4）防止模板漏浆。

8.13.10 松顶

1. 通病描述

闸墩、翼墙混凝土浇筑后，在距顶面50mm～100mm高度内出现粗糙、松散，有明显的颜色变化，内部呈多孔性，粗骨料分布少，混凝土强度低。

2. 主要原因

（1）混凝土配合比不当。

（2）振捣时间过长，造成离析，粗骨料下沉，砂浆、粉煤灰、外加剂上浮，混凝土浮浆过厚。

3. 防治措施要点

（1）加强混凝土配合比管理，控制好水胶比和用水量，适当降低混凝土的坍落度。

（2）振捣不过振；泌水、表面的浮浆及时清除。

（3）混凝土二次抹面。

8.13.11 蜂窝、孔洞、局部不密实

1. 通病描述

（1）蜂窝为结构出现疏松、砂浆少、石子之间形成空隙，类似蜂窝状的窟窿。

（2）孔洞为混凝土结构内部有较大的空隙，局部没有混凝土或蜂窝特别大，钢筋局部或全部裸露；混凝土中孔穴深度和长度均超过保护层厚度。

（3）局部不密实则是由于混凝土内部孔隙较大，或有连通的毛细孔，在水压力作用下形成渗水窨潮的通道。

2. 主要原因

（1）混凝土配合比不当，用水量大，砂率偏低，粗骨料含量偏多；或计量不准，造成砂浆少、石子多。

（2）混凝土搅拌时间不足，未拌和均匀，和易性差，不易振捣密实。

（3）混凝土黏聚性、保水性不好；混凝土过于黏稠；坍落度或扩散度与结构配筋疏密程度不匹配；混凝土离析，砂浆分离，石子嵌挤。

（4）未设导管等缓降措施，自由下落高度大于2m（钢筋密集部位大于1.5m），入仓混凝土粗骨料与砂浆分离；转角部位、钢筋密集部位、预埋件处混凝土流动受阻，或预留孔、预埋件处，混凝土下料被搁住；粗骨料粒径大于钢筋间距或保护层厚度，或因混凝土离析粗骨料聚集；模板缝未堵塞；对拉螺杆设置不合理，模板变形，跑模漏浆。

（5）未按规定下料，一次下料过多、过厚，振捣不到位，漏振或振实时间过短，形成松散孔洞；过振引起粗骨料下沉，砂浆上浮。

（6）混凝土浇筑前部分杂物因冲洗堆积在一起，未能及时清除。

（7）直径大于1m的穿墙钢管下方钢筋密集、振捣棒振动半径不能保证混凝土振实的

第8章 混凝土

（见图8.38），未采用自密实混凝土浇筑工艺。

3. 防治措施要点

（1）配合比设计时，应根据结构部位浇筑振捣难易程度，合理选择混凝土的坍落度。在钢筋密集、结构复杂或狭小部位，宜采用细石混凝土、适当增加砂率和坍落度，或采用自密实混凝土浇筑工艺。

（2）降低用水量和水胶比，混凝土适当引气，提高混凝土凝聚性和保水性，防止混凝土离析、板结、泌水。

（3）在较大的预留孔洞处宜两侧同时下料；结构断面较小部位，可在侧面加开浇灌门；控制分层厚度，不宜大于0.5m；加强振捣，防止漏振、过振、欠振。

（4）模板缝应堵塞严密，在混凝土浇筑过程中，应随时检查模板支撑情况，防止跑模漏浆。

图8.38 直径大于1m穿墙钢管

（5）入仓混凝土自由下落高度超过2m时（钢筋密集部位大于1.5m），应采取导管、溜管或溜槽等缓降措施；选择有经验的工人进行振捣，不应用振捣棒平仓。

（6）结合面混凝土浇筑前进行坐浆处理，水平缝均匀铺1层厚20mm～30mm的水泥砂浆，或浇筑一层厚度20cm～30cm同等级的富砂浆混凝土（粗骨料用量减少30%～50%）。

（7）混凝土浇筑前应及时清除杂物，墩、墙、柱可预留清扫孔，浇筑前将结合面杂物清理干净。

（8）混凝土浇筑过程中掉入仓内的工具、木块、泥块等杂物，及时清除。

8.13.12 表面气泡

1. 通病描述

混凝土表面有大量气泡，部分气泡直径或深度大于10mm。

2. 主要原因

（1）原材料：

1）粉煤灰为脱硝灰，或含有金属铝，用于混凝土中分别产生氨气、氢气。

2）水泥生产过程中使用助磨剂，有的助磨剂可排出氨气（NH_3）。

3）聚羧酸高性能减水剂生产过程中未消泡，混凝土搅拌过程中引入大量的大气泡。

4）粗细骨料品质较差，粗骨料中针片状颗粒含量多，在搅拌过程中引入大量的大气泡。

（2）模板：

1）使用铝合金模板，模板中铝是活泼的金属，在空气中其表面会形成一层致密的氧化膜，使之不能与氧、水以及其他介质发生反应。但在拆模后模板清理过程中，可能会损伤表面已形成的致密氧化膜，或损伤表面保护层，模板表面的铝与混凝土中水泥水化产物氢氧化钙反应：

$$2Al + Ca(OH)_2 + 2H_2O \longrightarrow CaAl_2O_4 + 3H_2 \uparrow \qquad (8.6)$$

铝与氢氧化钙的反应在振捣过程和混凝土凝结阶段均可能产生，由于铝模板密封性能好,气泡无法透过模板溢出,产生的 H_2 会迁移到模板表面形成气泡;或表面混凝土砂浆内,形成薄弱层,造成混凝土表面起皮脱落或黏模,还有一部分 H_2 在混凝土振捣过程中随着钢筋的振动沿竖向钢筋形成向上溢出通道,或沿混凝土表面向上形成溢出通道。

2) 使用的旧模板表面粗糙或黏附的水泥砂浆等杂物未清理干净,阻止气泡排出。

3) 隔离剂选用不当,油性隔离剂黏度大、涂抹过多、涂刷不均匀,在表面张力的作用下,沿接触模板的混凝土表面出现浸润现象,并包裹其内的气体形成气泡;在振捣过程中大部分气泡逐渐溢出或直径变小,剩余部分因油性隔离剂的黏稠度较高而继续吸附于模板表面,混凝土凝结后形成气泡。

(3) 混凝土黏性大,振捣过程中气泡未能排出来。

(4) 墩墙贴角、钢筋密集等部位混凝土不易振实,气泡不能排出。

(5) 浇筑坯层厚度过大,气泡溢出路径过长,气泡不易溢出。

3. 防治措施要点

(1) 原材料:

1) 加强粉煤灰质量检测,对于氨释放量超标、含有金属铝的粉煤灰应禁用。

2) 使用先消泡后引气的聚羧酸高性能减水剂。

3) 控制粗骨料中针片状颗粒含量,保证粗骨料和细骨料的合理级配,达到紧密堆积状态。

(2) 模板:

1) 有外观要求的混凝土宜选用新模板,模板表面应清洁干净,不应粘有水泥砂浆等杂物。

2) 选择合适的隔离剂,优先选用专用脱模漆,涂刷均匀,不应漏刷。

3) 使用铝合金模板注意事项如下:①新购铝合金模板表面应喷涂牢固的隔离涂层,或经钝化处理。进场后通过涂刷饱和石灰水检查涂层是否能有效阻止模板表面的铝与氢氧化钙的反应。②选择铝合金模板专用水性脱模剂,表面均匀涂刷脱模剂后平放、静置 2h~3h,使脱模剂能在模板表面均匀成膜,形成第二道防止生成 H_2 的防线,同时便于脱模。③铝合金模板多次使用后,表面涂层可能受损,要及时修复涂层。④采取分层振捣时气孔总量和各级气孔的数量均显著下降。这是由于铝模本身气密性好,混凝土内部气泡横向散逸困难,采用分层浇筑振捣时,小气泡聚集、破裂形成大气泡向上逸出的阻力、行程减少,表面质量得到明显提升。分层浇筑高度不宜大于 500mm,并放慢浇筑速度,以便气泡及时排出。⑤适当延长振捣时间,使气孔数量减少,大气泡数量减少。

(3) 降低混凝土用水量和坍落度,拌和物和易性要好,不能过于黏稠,否则气泡不易排出。

(4) 墩墙倒角部位可采用透水模板布帮助排除表层混凝土中的气泡。

(5) 控制坯层厚度,加强浇筑振捣,振捣时遵循"快插慢抽"的方法。分层浇筑,均匀振实,防止欠振、漏振和过振。

注:结构混凝土出现气泡,可能的危害有:

(1) 降低混凝土强度。如果混凝土中有均匀细小的气泡,有助于提高混凝土的工作性能,但气泡过大,数量过多会导致混凝土内部疏松,从而降低混凝土的强度。

(2) 降低混凝土构件耐久性能。混凝土表面大量气泡减少了局部点位钢筋保护层的有效厚度。当混凝土钢筋保护层有效厚度减小时，会加速混凝土的碳化、氯离子侵蚀过程，降低混凝土构件的耐腐蚀性能。

混凝土碳化或氯离子渗透至钢筋表面时间大体上与保护层厚度的平方成正比，表8.18列出气泡直径对结构混凝土碳化至钢筋表面时间的影响。

表 8.18　　　　气泡直径对结构混凝土碳化至钢筋表面时间的影响

保护层厚度/mm	气泡直径/mm	气泡处混凝土碳化至钢筋表面时间缩短/%
40	5	23
	10	44

(3) 影响结构外观。

8.13.13　露筋

1. 通病描述

主筋、构造筋或箍筋未被混凝土包裹。

2. 主要原因

(1) 钢筋安装时保护层厚度控制不严，保护层偏小。

(2) 混凝土保护层垫块漏放、间距过大、绑扎不牢固。浇筑混凝土时，钢筋保护层垫块移位。

(3) 木模板未浇水湿润，吸水黏结或脱模过早，拆模时缺棱、掉角，导致露筋。

(4) 结构构件截面小，钢筋过密，石子卡在钢筋中间，使水泥砂浆不能充满钢筋周围，造成露筋。

(5) 混凝土配合比不当，产生离析，靠模板部位缺浆或模板漏浆。

(6) 振捣棒撞击、振动钢筋，施工人员踩踏钢筋，使钢筋移位，造成露筋。

(7) 钢筋骨架上浮。

3. 防治措施要点

(1) 加强检验，浇筑混凝土前检查钢筋和垫块安装质量，保证钢筋位置和保护层厚度准确，保护层厚度偏差控制在0~10mm。

(2) 保证混凝土配合比准确；有良好的和易性，钢筋密集构件控制粗骨料最大粒径不大于钢筋净间距的2/3，对双层或多层钢筋结构不应大于钢筋最小净距的1/2；宜选用自密实混凝土浇筑工艺。

(3) 模板应充分湿润并认真堵好缝隙。

(4) 混凝土浇筑高度超过2m时（钢筋密集部位大于1.5m），应用串管、导管或溜槽进行下料，防止混凝土离析。

(5) 采取有效固定措施避免梁、板钢筋骨架上浮。

(6) 混凝土振捣避免撞击、振动钢筋，施工人员操作时不应踩踏钢筋。

(7) 混凝土要振捣密实。

(8) 正确掌握脱模时间，防止过早拆模，损坏棱角。

8.13.14 夹渣

1. 通病描述

（1）梁底、板底、混凝土中夹有杂物，且深度超过钢筋保护层厚度。

（2）墩、墙、柱的根部夹有杂物。

2. 主要原因

（1）模板安装完成后，仓内残留的锯屑、焊渣、纸屑、碎石、小木块等杂物未清理干净，杂物被浇筑到结构中。

（2）新老混凝土结合面未凿毛，未清理干净。

（3）钢筋绑扎完毕，模板位置未用压缩空气或压力水清扫。

（4）封模前未进行清扫，或清扫不干净。

（5）墩、墙、柱的根部、梁柱接头最低处未留清扫孔，或所留位置不当，无法进行清扫。

（6）现场掉落的工具、支撑木方、小模板等杂物卡在模板中。

3. 防治措施要点

（1）墩、墙、柱等竖向构件底部结合面夹有锯屑、焊渣、浮浆、残渣、纸屑、碎石等影响结构整体性，梁、板等水平构件拆模后在梁、板底面残留杂物，影响观感和结构保护层的厚度。因此，新老混凝土结合面应凿毛、清理干净；模板安装完毕后，安排专人清理杂物，且应清理干净。

（2）钢筋绑扎完毕，用压缩空气或压力水清除结合面杂物。

（3）在模板安装前，派专人将结合面上的杂物清除干净。

（4）墩、墙、柱根部以及梁柱接头处预留清扫孔，预留孔尺寸不小于 100mm×100mm，用气泵将杂物吹出，模板内垃圾清除完毕后再将清扫孔封严。

（5）结构夹渣处理方法如下：

1）夹渣面积较大而深度较浅时，夹渣部位表面全部凿除，清水刷洗干净后在表面粉刷 1:2～1:2.5 水泥砂浆。

2）夹渣部位较深（超过构件截面尺寸的1/3时），应先做必要的支撑；将该部位夹渣全部凿除，安装好模板，用钢丝刷刷洗或压力水冲刷干净，湿润后用高 1 个强度等级的细石混凝土浇筑、捣实，或用砂浆修补。

8.13.15 露砂、砂线

1. 通病描述

（1）模板拼（合）缝处有条状析砂现象。

（2）混凝土表面露砂。

2. 主要原因

（1）模板拼缝处有缝隙，或混凝土浇筑过程中模板变形导致接缝处有缝隙，混凝土中砂浆从缝隙处漏出形成砂线。

（2）混凝土离析、泌水，引起表面露砂。

3. 防治措施要点

(1) 选用木质胶合板的板厚不宜小于 16mm，选用竹质胶合板的板厚不宜小于 12mm。

(2) 模板及其支架系统按《水闸施工规范》(SL 27—2014)、《水工混凝土施工规范》(SL 677—2014) 进行设计，对拉螺杆以及模板结构体系中龙骨、围檩的布置应符合设计要求。

(3) 模板四边应整齐，无缺口、无损伤；在拼缝处粘贴双面胶带（见图 8.39）。

(4) 宜掺入优质引气剂，保证混凝土拌和物的工作性能，混凝土不离析、不泌水。

(5) 控制混凝土浇筑速度不大于 0.6m/h。

8.13.16 表面露石、麻面

1. 通病描述

(1) 混凝土表面局部缺少水泥砂浆，石子外露。

(2) 混凝土表面脱皮。

(3) 混凝土局部表面出现许多小凹坑、麻点，形成粗糙面。

图 8.39 模板接缝粘贴双面胶带

2. 主要原因

(1) 模板拼缝不严，局部漏浆。

(2) 模板表面粗糙或不清洁，黏附水泥浆渣等杂物未清理干净，拆模时混凝土表面形成麻面。模板未浇水湿润或湿润不够，构件表面混凝土的水分被吸去，使混凝土失水过多、水泥水化不充分出现麻面。

(3) 脱模剂选用不当，油性隔离剂黏度大、涂抹过多，在表面张力作用下，沿接触模板的混凝土表面出现浸润现象，并包裹其内的气体形成气泡，在振捣过程中大部分气泡逐渐溢出或直径变小，剩余部分因油性隔离剂的黏稠度较高而继续吸附于模板表面，在混凝土凝结后形成气泡空隙；隔离剂涂刷不均匀，局部漏刷或失效；浇筑层厚度过大，气泡溢出路径过长，也易引起气泡偏多现象。

(4) 混凝土中使用的聚羧酸高性能减小剂未消泡，混凝土搅拌过程中引入大量的大气泡；混凝土黏性大，振捣过程中气泡未能排出来，停留在模板表面形成麻点。

(5) 混凝土过振导致离析泌水。

(6) 贴角、混凝土流道底面等斜面的气泡不易排出，停留在模板表面形成麻点。

(7) 浇筑后遇下雨，表面未及时覆盖，表面露石。

(8) 遇气温骤降，混凝土凝结时间延长，表层混凝土凝结硬化慢，如果拆模时间偏早，造成表面砂浆黏附在模板上，混凝土表面脱皮。

3. 防治措施要点

(1) 模板拼缝严密，不应有缝隙，若难以消除缝隙，采用油毡纸、腻子、双面胶带等止浆。

（2）有外观要求的混凝土宜选用新购模板，或表面无损伤、四边整齐的模板；周转使用的模板表面应清理干净，不应粘有干硬水泥砂浆等杂物。

（3）宜优先选用专用脱模漆，涂刷均匀，不应漏刷。

（4）聚羧酸高性能减水剂应先进行消泡处理，混凝土中宜掺入优质引气剂。

（5）浇筑前应将干燥的模板洒水湿润，现场环境温度高于35℃时，应对金属模板洒水降温。

（6）严格控制混凝土配合比、砂石材料级配和计量、混凝土搅拌时间和坍落度，改善混凝土和易性，防止离析和泌水。

（7）混凝土倾落高度不宜大于2m，超过2m时，应用串筒或溜槽下料，防止混凝土离析。

（8）控制浇筑层厚度不大于50cm，混凝土应分层均匀振捣密实，既要防止过振，又要避免欠振；振捣时间宜为15s～30s，以混凝土表面无明显塌陷、有水泥浆出现、不再冒气泡为限。

（9）墩墙倒角部位可采用透水模板布帮助排除表层混凝土中的气泡。

（10）浇筑时遇下雨的，应进行覆盖。

（11）混凝土表面抹面后及时覆盖养护。结合混凝土设计使用年限和裂缝预防要求，适当延长带模养护时间以及拆模后养护时间。

（12）结构混凝土麻面处理方法如下：

1) 混凝土表面需进行粉刷处理的，结合粉刷一并处理。

2) 混凝土表面不进行粉刷处理的，应在麻面部位浇水充分湿润后，用原混凝土配合比去石子的砂浆，或水泥净浆、1：2水泥砂浆处理，将麻面抹平压光，并认真养护。

8.13.17 混凝土破损

1. 通病描述

（1）构件表面混凝土局部掉落。

（2）缺棱掉角（见图8.40）。

2. 主要原因

（1）脱模剂影响表层混凝土水化，表层混凝土早期强度低，如果拆模时间偏早，表层混凝土中砂浆会黏附在模板上。

（2）模板吸水率大、未涂刷脱模剂，或脱模剂被水冲洗后失去作用，砂浆黏附到模板上。

（3）木模板未充分浇水湿润或湿润不够；混凝土浇筑后养护不好，木模板吸水膨胀将边角拉裂。

（4）混凝土强度过低时拆模，或拆模时工人撬、扳、敲、击等造成构件棱角被碰掉、表面受损。

（5）成品保护不好，棱角混凝土被碰掉。

3. 防治措施要点

（1）模板在使用前应清除表面黏附的水泥砂浆，均

图8.40 柱缺棱掉角

匀涂刷脱模剂，不应使用不平整、有缺陷的模板。

（2）木模板、胶合板模板在浇筑混凝土前宜湿润。

（3）确保混凝土达到规定强度后才拆除模板，一般拆除侧面非承重模板时，混凝土强度应达到 2.5MPa 以上，且能保证其表面及棱角不因拆模而损坏。尽管如此，混凝土拆模时间应考虑到带模养护对混凝土强度增长、混凝土耐久性能保证、裂缝预防等影响，应保证足够的带模养护时间，保证表层混凝土的质量。

（4）拆模时从上到下，从内到外，严禁野蛮粗暴敲击、撬、扳模板，注意保护构件棱角，分片分块拆模，避免用力过猛过急，棱角被碰掉。

（5）在金属结构和机电设备安装施工过程中，加强对混凝土成品保护，防止撞击。

（6）如果有缺棱掉角，将松散颗粒凿除，冲洗充分湿润后，视破损程度用 1∶2 水泥砂浆抹平补齐，或支模用比原来高一级的细石混凝土捣实补好，认真养护。

【规范规定】

《水工混凝土施工规范》（SL 677—2014）拆除模板的期限，应遵守下列规定：不承重的侧面模板，混凝土强度达到 2.5MPa 以上，保证其表面及棱角不因拆模而损坏时，方可拆除。

8.14 裂　　缝

8.14.1 荷载裂缝

8.14.1.1 拆模过早引起的荷载裂缝

1. 通病描述

板的底面、梁的底面和侧面产生裂缝，缝宽呈下宽上窄。

2. 主要原因

混凝土未产生足够强度即拆除底模及其支撑。

3. 防治措施要点

承重模板及支架，应按设计要求拆除。设计未提出要求时，应按《水工混凝土施工规范》（SL 677—2014）等规范执行。

【规范规定】

《水工混凝土施工规范》（SL 677—2014）

3.6.1 （此条为强制性条文）拆除模板的期限，应遵守下列规定：

1 不承重的侧面模板，混凝土强度达到 2.5MPa 以上，保证其表面及棱角不因拆模而损坏时，方可拆除。

2 钢筋混凝土结构的承重模板，混凝土达到下列强度后（按混凝土设计强度标准值的百分率计），方可拆除。

1）悬臂板、梁：跨度小于等于 2m，75%；跨度大于 2m，100%。

2）其他梁、板、拱：跨度小于等于 2m，50%；跨度大于 2m、小于等于 8m，75%；

跨度大于 8m，100%。

8.14.1.2 地基不均匀沉降引起的荷载裂缝

1. 通病描述

地基不均匀沉降引起应力集中产生裂缝。

2. 主要原因

（1）由于基础处理不当，未经夯实或必要的加固处理，造成地基土体软硬不均匀，或局部存在松软土。

（2）底板基础采取不同的处理方式，引起建筑物沉降不均匀。

3. 防治措施要点

（1）按设计要求进行地基处理。

（2）不宜采用多种地基处理形式，在地下连续墙、局部桩基加固处理时，其顶部需设置缓冲垫层。

4. 处理示例

某小型节制闸工程地基采用水泥土搅拌桩加固，因复合地基承载力不满足要求，又在底板中部顺水流向打入 2 排混凝土方桩。在墙后土方回填后在底板中部顺水流向产生 1 条裂缝，缝宽 0.3mm～0.5mm，裂缝处有渗水窨潮现象，钻芯取样裂缝已贯通底板。

在沉降稳定后采取对裂缝灌注亲水性环氧树脂注浆液，凿除表层混凝土厚度约 10mm，植筋、布置 Φ20@300mm 纵横向钢筋后，浇筑一层厚度为 200mm 的 C35 混凝土。工程已安全运行 15 年。

8.14.1.3 扬压力与边载叠加引起的底板荷载裂缝

1. 通病描述

地下水扬压力过大、回填土引起边载增大，造成底板、护坦、铺盖等水下结构裂缝。

2. 主要原因

（1）施工期未抽地下水，在过大的扬压力作用下造成底板、护坦、铺盖等水下结构裂缝。

（2）回填土速度过快、基础也未经过处理，当回填土接近设计高程时，底板中部顶面负弯矩加大，引起顺水流向裂缝。

（3）地下水扬压力和边载叠加时，引起底板、护坦、铺盖等水下结构裂缝。

3. 防治措施要点

（1）施工期间定期监测地下水位，控制地下水位，防止扬压力过大。

（2）墙后土方回填按设计要求控制填土速度，宜分阶段对称回填。

8.14.1.4 侧向绕渗引起的荷载裂缝

1. 通病描述

下游护坦、消力池等因侧向渗透压力产生裂缝。

2. 主要原因

侧向防渗长度不足。

3. 防治措施要点

（1）设计阶段应考虑地基侧向防渗长度满足规范等要求。

（2）施工过程中按设计图纸要求进行防渗施工。

8.14.2 变形裂缝

8.14.2.1 塑性收缩裂缝

1. 通病描述

混凝土凝结硬化过程中，终凝前或1d～2d在表面产生网状、线状的细微裂缝（见图8.41）。

2. 主要原因

新拌混凝土尚在塑性状态即开始收缩过程，一方面混凝土浇筑过程中，水泥已开始水化，出现泌水和体积缩小现象，这种体积缩小也是塑性收缩，导致骨料受压，水泥胶结体受拉，混凝土表面有可能产生裂缝；另一方面，如果表面失水速率超过内部水向表面迁移速率（泌水），毛细管产生负压，形成收缩应力，使浆体产生塑性收缩。环境温度、湿度及风速对塑性收缩影响较大，最大收缩量可达1%。混凝土幼年期塑性收缩导致混凝土出现网状龟裂、线状开裂，最大缝宽可达1mm～2mm。下列情况往往使混凝土塑性开裂倾向增大：

图 8.41 混凝土塑性收缩裂缝

（1）混凝土强度等级越高，水泥用量越多，体积稳定性变差，早期收缩增大。

（2）混凝土过振造成分层，粗骨料沉入底层，细骨料留在上层，混凝土强度不均匀，表层混凝土易发生裂缝。

（3）底板顶面面积大，抹面收光后未立即覆盖塑料薄膜保湿养护，遇空气干燥或风速较大，表面失水太快，产生塑性收缩裂缝几率大。

（4）遇大风、干燥天气，表层混凝土失水加快，塑性收缩大。

3. 防治措施要点

（1）混凝土配合比优化，采用低用水量、低水胶比、中等矿物掺合料配制技术，配合比设计阶段宜进行抗裂和早期收缩率对比试验，选择抗裂性能好、收缩率低的材料和配合比；底板、铺盖、消力池的顶面宜浇筑一层30cm厚的纤维混凝土。

（2）控制混凝土质量，混凝土浇筑过程中面层有较多的水泥砂浆浮浆宜刮除。

（3）加强对混凝土面层的养护。底板等结构顶面混凝土浇筑完毕后，应进行覆盖，并及时进行表面找平、压面、收光，混凝土初凝后终凝前进行二次抹压，但避免在混凝土表面撒干水泥刮抹。

（4）抹面后立即覆盖塑料薄膜等材料保湿养护，防止混凝土失水收缩。

【规范规定】

《水利工程混凝土耐久性技术规范》（DB32/T 2333—2013）

6.4.5.2 混凝土浇筑完毕应进行覆盖，6h～18h后应进行洒水养护。

《水利工程预拌混凝土应用技术规范》(DB32/T 3261—2017)

8.4.1 混凝土浇筑完毕应对暴露面采取遮挡、挂帘等覆盖措施，6h～18h后应采取保湿养护。养护应专人负责，并做好记录。

8.14.2.2 干缩裂缝

1. 通病描述

(1) 两边固支于闸墩上的胸墙产生上不到顶、下不到底的枣核形裂缝，基本上属于贯穿性裂缝。

(2) 大梁的侧面、底板的顶面和墩、墙、柱的表面产生纵横交错、龟裂网状裂缝，深度2cm～3cm，或深至钢筋，裂缝宽度较细。

2. 主要原因

(1) 混凝土内外水分蒸发程度不同而导致变形不同；在风吹日晒下，混凝土表面水分散失过快，体积迅速收缩，而内部温度变化小，收缩小，表面的收缩变形受到内部混凝土的约束，产生拉应力，引起混凝土表面裂缝。多出现在混凝土养护结束后的一段时间，或者是混凝土浇筑完毕后的一周左右。

(2) 自约束。由于混凝土温差变化大，混凝土内部温度变化滞后，结构本身相互约束所产生的温度应力过大时，也会导致裂缝出现。大梁侧面、底板四周侧面以及泵站进水流道水泵井壁、廊道侧壁出现的"上不到顶、下不到底的梭形"裂缝，由内部与表层混凝土温差应力和收缩应力叠加所致。

(3) 现代混凝土中掺入较多的矿物掺合料，水泥水化又快，要求混凝土有良好的早期养护条件。如果过早拆模，拆模后又不重视早期养护或养护不到位，特别是在炎热的夏季，混凝土水分快速散发，产生较大的干缩应力，表8.19为根据林毓梅的试验结果计算比较混凝土不同养护方式对干缩应力的影响。

表8.19　完全约束状态下两种养护方式对C25混凝土干缩应力估算

养护方式	水灰比0.55			水灰比0.60		
	7d	14d	28d	7d	14d	28d
湿度70%（较干燥）	1.25	3.43	6.86	1.5	3.29	6.92
湿度90%（潮湿）	0.24	0.71	1.23	0.33	0.92	1.60

(4) 胸墙等构件与闸墩固支，有2个约束端，属于对边约束情况。胸墙混凝土体积稳定性差，拆模过早，且拆模后又没有充分湿养护，混凝土出现较大的干缩。胸墙变形受闸墩的约束，出现竖向裂缝，有时裂缝数量还会较多。

(5) 板与梁一起浇筑时，梁的刚度大于板，板收缩后被拉裂。

3. 防治措施要点

(1) 设计：

1) 受力复杂、荷载较大、重要部位、薄弱部位、转角部位、穿墙管等部位应采取加强措施。

2) 配置温度钢筋，温度应力计算时，混凝土干缩按10℃～15℃考虑。

(2) 材料：
1) 降低混凝土的用水量和砂率，适当提高粗骨料用量。
2) 掺入抗裂纤维。
(3) 施工：
1) 底板顶面、墩墙的顶面混凝土浇筑完毕应对暴露面采取覆膜、遮挡、喷雾等覆盖措施，采用二次抹面工序，6h～18h后应采取覆盖塑料薄膜、湿麻袋、湿草袋、喷洒养护剂等方法养护，可基本消除干缩裂缝。养护应专人负责，并做好记录。
2) 墩墙和梁的侧面带模养护时间不宜少于10d，遇大风天气不应拆模；气候干燥时，没有拆模的混凝土立面也需浇水养护。
3) 拆模后采取包裹复合土工合成材料、覆盖塑料薄膜与土工合成材料、粘贴节水养护膜、喷养护剂、洒水、喷雾等有效养护措施，养护时间不少于规范的要求。

8.14.2.3 沉降收缩裂缝

1. 通病描述

(1) 水平止水铜片下部混凝土沉降后，会造成铜片与混凝土之间产生缝隙，底板、伸缩缝渗水窨潮。

(2) 现场二期混凝土在结合界面上产生沉降收缩缝，在有水压力作用下出现渗水窨潮（见图8.42）。

(3) 墩墙混凝土表面有沿水平钢筋方向短裂缝。

(4) 构件截面厚薄、高低不同，沉降差不一致，产生沉降裂缝。

2. 主要原因

(1) 混凝土中各种组分材料的密度不同，粉煤灰、外加剂会上浮，粗骨料会下沉。一般在浇筑后1h～3h的塑性阶段会发生沉降收缩，大致的收缩量为（60～200）×10^{-4}（约为浇筑高度的1‰），当下沉受到钢筋、粗骨料的阻挡或约束时也会产生裂缝；水平止水铜片下部混凝土沉降后，会造成铜片与混凝土之间产生缝隙。

图8.42 某工程二期混凝土沉降裂缝结合面渗水

(2) 混凝土采用泵送工艺入仓，坍落度较大，混凝土浇注入仓后砂石骨料密度较大的材料向下迁移，遇到钢筋阻隔，就会沿钢筋走向产生裂缝。

3. 防治措施要点

(1) 底板齿坎、水平止水片（带）下部等部位混凝土浇筑宜采取静置、复振等措施。

(2) 二期混凝土宜采用补偿收缩混凝土浇筑，混凝土强度等级宜比两侧混凝土提高1～2级；二期混凝土接缝应按施工缝要求处理；二期混凝土浇筑前，应对结合面进行清理、浇水湿润；二期混凝土养护时间不宜少于28d。

(3) 墩、墙混凝土粗骨料最大粒径应符合表8.3的规定，坍落度不宜过大，控制浇筑速度不大于 0.6m/h。

（4）梁和柱一起浇注时，柱混凝土浇筑完成后需静停等待 1.0h～1.5h，让混凝土初步沉实后再浇筑梁板水平构件，并在混凝土终凝前二次振捣。

4. 施工案例

某泵站水泵出水管道二期混凝土采用自密实混凝土浇筑，P·O42.5 水泥用量为 319kg/m³，粉煤灰 96kg/m³，JS-6 减水剂 4.5kg/m³，5mm～15mm 碎石用量 913kg/m³，中砂 845kg/m³，水 190kg/m³，水胶比 0.46；经检测混凝土强度为 36.8MPa。为防止结合面产生沉降收缩裂缝，控制浇筑速度，在模板外人工辅助敲击，在出水管顶部安装高度为 1m 的增压管。放水后新老结合部位没有出现渗水窨潮现象（见图 8.43）。

8.14.2.4 墩墙温度裂缝

1. 通病描述

（1）闸墩、站墩、翼墙等结构在墙长的 1/2、1/3 或 1/4 等分点附近产生上不到顶、下不到底的枣核形裂缝。

图 8.43 某泵站水泵出水管二期自密实混凝土浇筑

（2）墩、墙裂缝钻芯取样，芯样基本通长裂缝；超声检测裂缝深度基本为缺陷波，表明裂缝已贯通。

（3）温度监测时测温孔设置不合理，测温时间和频次不规范，未及时分析温度监测成果，未根据温度监测成果调整相应的温控措施。

2. 主要原因

（1）外因。对防裂措施认识不足，温控措施不到位、温控投入不足。

（2）内因：

1）导致混凝土开裂的影响因素是复杂的，表 8.20 揭示了墩墙混凝土早期开裂主要原因，这也是混凝土结构开裂风险较高的主要原因。

2）材料因素：

a. 水泥细度偏大、早强组分多；外加剂的使用增加了混凝土早期收缩；砂石质量变差；混凝土原材料来源和组成复杂。

b. 泵送混凝土高流动性、高砂率、高浆骨比和较小的粗骨料粒径，与较低坍落度混凝土相比，砂率高 8%～12%，用水量高 30kg/m³～45kg/m³，胶凝材料用量增加 60kg/m³～110kg/m³。

c. 混凝土水胶比大、用水量多。林毓梅等试验认为在 70% 湿度条件下，混凝土水灰比每增加 0.05，28d 龄期混凝土干缩率增加 3.8×10^{-6}，抗拉强度降低约 0.2MPa。假设 C25 混凝土 28d 抗拉弹性模量为 2.85×10^{4} MPa，则在完全约束状态下混凝土收缩应力增加 0.1MPa，混凝土抗拉强度降低与干缩应力的增加两者之和约 0.3MPa，因此，混凝土较大的水胶比增加开裂风险。

d. 现代混凝土中掺入较多的矿物掺合料，水泥水化又快，要求混凝土有良好的早期养护条件。如果过早拆模,拆模后又不重视早期养护或养护不到位,特别是在炎热的夏季,混凝土水分快速散发,产生较大的干缩应力。

e. 混凝土水泥用量多,矿渣粉用量大,浆骨比高,混凝土自收缩增大。

表 8.20　　　　　　　　　施工期混凝土开裂的主要原因

因素	主要原因	因素	主要原因
材料	未进行材料筛选	施工环境	浇筑气温高
	水泥细度大,早期水化热高,水化热释放快		浇筑后遇急骤降温
	水泥温度高,与外加剂适应性差		风速大,表面湿度下降快
	骨料的含泥量大		日夜温差大
	粗骨料粒径减小,级配不良,粒形不好	混凝土	未进行配合比优化
	外加剂减水率低,配制的混凝土收缩率大		胶凝材料用量大,水泥用量多
	胶凝材料与外加剂之间适应性差		用水量大
施工	温控投入不多		水胶比偏大或偏低
	不适当的浇筑顺序		砂率大
	浇筑速度快,未采取静停、复振措施		浆骨比大
	振捣不充分		计量不准确,水胶比和用水量控制不严
	硬化前受到振动或荷载作用		入仓温度高
	脱模太早		混凝土离析、泌水,均质性差
	养护方法不当,养护时间不足,养护不到位		未适当引气
			未掺入纤维
	保温养护不到位,降温速率偏大	结构	墩墙长度大
	与下部结构浇筑间隔时间过长		抗裂限裂钢筋设置不当
	受下部结构约束大		结构物的不均匀沉降
	保护层厚度偏大		有结构突变
	模板变形		应力集中部位抗裂钢筋配置不当
	模板支撑下沉	人	素质下降,责任心下降
	施工缝设置不当		对裂缝防治措施认识不足,温控措施重视不够,经验不足
	向混凝土中随意加水		

3) 混凝土内外约束应力。混凝土温度应力分为自生应力和约束应力两部分,自生应力是由于混凝土结构本身内部制约而产生的应力,外约束应力是由于后浇筑混凝土受先期浇筑混凝土或地基基础的约束而产生的应力,混凝土收缩变形也会产生收缩应力,这几部分应力叠加后形成温度应力。

同样的原材料和配合比,底板可能完全不裂,而底板上的墩墙却严重开裂,这是因为墩墙混凝土受到了底板的约束。底板与墩墙浇筑间隔时间越长,受到的约束会越大,越容易开裂。这是由于底板已完成大部分的收缩,墩墙由于混凝土水化热温升的作用,其内部温度和底板之间形成较大的温差,底板与墩墙收缩变形会不一致,闸墩的变形大于底板的变形。

墩墙混凝土升温阶段，表面混凝土的温升幅度小于内部混凝土，存在一定的里表温差。此时虽然墩墙内外混凝土都是膨胀变形，但相对于外部混凝土内部混凝土的膨胀更快，从而形成自身内外变形约束，墙体表面产生拉应力，内部出现压应力。由于早龄期混凝土弹性模量小，抗拉强度低，此阶段墩墙容易产生"由表及里"发展的裂缝。由于离析、振捣不均匀等因素使得结构产生薄弱部位，那么裂缝可能先从表层薄弱部位启裂，再向上、向下、向内延伸。许多工程在墩墙拆模后便发现有裂缝，裂缝出现后，在缝端集中应力和里表温差、湿度差作用下，表面裂缝有可能由小变大，向纵深发展，直至形成深层裂缝或贯穿性裂缝。

墩墙与底板浇筑间隔时间往往在 10d 以上，底板对墩墙的约束往往较大。墩墙结构厚度相对较薄，在沿其高度方向上是自由的，基本上不受约束，沿厚度方向的约束也较小；而沿长度方向，降温阶段除受自身的相互变形约束外，还受到底板的约束，限制其自由变形而产生应力，墙体中间靠近底板的部位就成为墙体拉应力最大的区域。所以，墩墙降温阶段容易产生"由里及表"的贯穿性裂缝。这类裂缝在墙体内部中间近底板处启裂，再向上、向下、向外发展。因此，在一维约束情况下，常沿墩墙长度方向 1/2、1/3 或 1/4 等分点附近，在距底板 0.2m 以上至墙高 2/3 以下产生 1 条～3 条竖向裂缝，裂缝呈"上不到顶，下不着底"的"两头窄、中间宽"的"枣核梭形"竖向裂缝，裂缝亦常贯穿；墩墙两端还容易产生 45°剪切斜裂缝。

墩墙混凝土裂缝总体上是由于温度收缩应力超过混凝土抗拉强度时产生。

4）施工因素。混凝土保温不够，温降梯度大、温差大。里表温差每增加 1℃，3d～7d 混凝土表面产生约 0.025MPa 拉应力，1m～1.5m 厚的墩墙，混凝土 2d～3d 可能达到最高温度，而混凝土散热期达 30d 甚至更长。混凝土降温阶段因保温不够、里表温差大是造成墩墙裂缝的主要原因。

混凝土表面和结构内部的干缩速度是不一样的，如果混凝土拆模后得不到良好的养护或中断养护，混凝土表面干缩快，而其内部因湿度变化较慢干缩较小，这样内部混凝土对表面混凝土干缩起约束作用，混凝土就会产生干缩裂缝。

墩墙混凝土表面系数大，表面散热、湿度降低的速率受环境温湿度和风速的影响非常大。

3. 防治措施要点

(1) 闸墩、翼墙温控防裂是一个非常复杂的系统工程，从结构设计、原材料选用、配合比优化、浇筑养护等方面采取综合技术措施，主要集中在配置适量温度应力钢筋、原材料优选、掺入抗裂纤维和膨胀剂、配合比优化、降低混凝土水化热及其温升、通水冷却、表面保温、控制里表温差、改善内外约束条件等。

根据《水工混凝土墩墙裂缝防治技术规程》（T/CSPSTC 110—2022）等标准的规定开展墩墙裂缝预防。

(2) 原材料：

1）选择水化热低的水泥品种，水泥表面积宜小于 380m²/kg、标准稠度用水量不宜大于 28%。

2）粗骨料应控制针片状颗粒含量和含泥量，松散堆积空隙率不宜大于 43%，优化粗骨料级配，尽可能减少碎石的空隙。

3）采用细度模数为 2.4~3.0 的中粗砂；机制砂采用粗细搭配，颗粒级配宜为 2 区砂，品质符合《建设用砂》（GB/T 14684—2022）Ⅰ类或Ⅱ类、《水工混凝土施工规范》（SL 677—2014）、《加强水利建设工程混凝土用机制砂质量管理的意见（试行）》（苏水基〔2021〕3 号）等规定。

4）减水剂减水率不宜小于 25%，宜复合掺入优质引气剂。

5）宜使用抗裂纤维，提高混凝土早期抗裂能力，降低早期收缩性能。

6）混凝土配合比采用低用水量、较低水胶比和较低水泥用量配制技术，掺入粉煤灰等掺合料，降低水化热及其温升，延缓混凝土水化热峰值时间，降低混凝土自收缩。

(3) 施工：

1）有防裂抗裂要求的混凝土浇筑前应进行热工计算，控制混凝土温度和浇筑间歇时间。

2）高温季节控制混凝土入仓温度不大于 30℃。可采取下述措施：

a. 避开高温天气，尽量安排在阴天、早晚和夜间浇筑，以达到控制混凝土浇筑温度的目的。

b. 拌和用水采用地下水，必要时加入冰块，以降低混凝土的入仓温度。

c. 将骨料堆高，在混凝土浇筑时，取用下层骨料，控制骨料温度。

d. 给水泥罐、粉煤灰罐、砂石料场、浇筑仓面等搭设凉棚，采用遮阳网覆盖仓面，减少阳光直接照射，粗骨料可采用深井水淋洒，降低骨料温度。宜使用船装水泥，或延长水泥储存时间。

e. 大体积混凝土宜通水冷却。

f. 宜设置自动温度监测仪器监测混凝土温度，当内外温差接近 20℃~25℃，或日降温速率大于 2℃/d~3℃/d，需采取相应保温措施。

3）加强保温保湿养护：

a. 大体积混凝土应进行保温保湿养护，在每次混凝土浇筑完毕后，除应按普通混凝土相关规定进行常规养护外，尚应及时按温控技术措施的要求进行保温养护。

b. 混凝土浇筑完成以后，混凝土面层采用 1 层塑料薄膜、1 层土工合成材料等覆盖进行保湿、保温养护。流道进出口用土工合成材料等封闭，以防串风，减小混凝土内水分散失。

c. 当混凝土浇筑体表面以内 40mm~100mm 位置的温度与环境温度的差值小于 20℃时，可结束覆盖养护。

d. 覆盖养护结束但尚未达到养护时间要求时，可采用洒水、喷雾等养护方式直至养护结束。

e. 做好测温工作，以便及时采取应对措施。

f. 按《水工混凝土施工规范》（SL 677—2014）的要求，混凝土养护时间不宜少于 28d。冬季施工宜在闸室搭设保温暖棚（见图 8.44）。

图 8.44 闸室搭设保温暖棚图

g. 严格控制拆模时间，在混凝土内部温度逐步降低并与外部最低气温相差20℃以内并且带模养护时间不少于14d才能拆除墩墙、流道模板；拆模后立即覆盖包裹双层复合土工合成材料（见图8.45）、节水养护膜等材料（见图8.46）。

图8.45 双层复合土工合成材料养护　　图8.46 节水保湿养护膜养护

4) 改善混凝土约束条件：

a. 合理安排施工工序，尽可能缩短施工分层之间的混凝土浇筑时间，以减轻混凝土的约束作用。

b. 在墩墙根部设置低弹模超缓凝混凝土过渡层等减轻底板外约束，减少开裂风险。

（4）温度监测：

1) 测温点应布置在有代表性的结构部位。

2) 宜采用自动温度监测仪进行温度自动监测，传感器与钢筋间用绝热材料隔开，防止钢筋导热造成测温不准。

3) 人工测温时，测温孔采用铁皮或薄壁钢管等制作，提前预留在混凝土中，且测温孔应用保温材料封堵。墙体宜在两侧面保护层钢筋位置、墙厚的1/2部位布置测温孔。

4) 测温项目与频次，宜符合下列规定：

a. 混凝土入模温度每一工作班不少于2次。

b. 混凝土浇筑体里表温差、降温速率及环境温度的监测，应符合有关标准的规定。其中，采用无线温度监测仪自动监测混凝土温度时，宜0.5h～1h监测1次。人工测试时，混凝土开始浇筑至第7d每4h不应少于1次，第8d～第14d每6h～12h不应少于1次，第15d至测温结束每24h不应少于1次；气温骤降、拆模前后、中止通水冷却、撤除保温层时，宜增加温度监测频次。冷却水管进、出口水温宜6h～12h监测1次。温度监测过程中宜描绘各点温度变化曲线和断面温度分布曲线。

（5）混凝土裂缝的处理：

1) 检查裂缝的长度、宽度和深度，观察裂缝变化情况。

2) 分析裂缝产生的主要原因及裂缝的性质，判断是受力裂缝还是温度裂缝、约束裂缝等；是表层裂缝还是深层裂缝或贯穿缝。

3) 受力裂缝要进行结构加固处理；变形裂缝可采取灌浆处理。

【规范要求】

《水利工程混凝土耐久性技术规范》(DB32/T 2333—2013)

6.4.6 对混凝土温度控制要求如下：

1) 有温度控制要求的混凝土施工前，宜对混凝土内部温度、温度应力进行计算，参照《大体积混凝土施工标准》(GB 50496—2018)、《水工混凝土施工规范》(SL 677—2014)的规定制定温度控制技术措施，并在施工过程中进行温度监测。

2) 有温度控制要求的混凝土，可采取控制混凝土入仓温度、水管冷却、埋入块石等措施。

3) 混凝土入仓前，模板、钢筋温度以及附近的局部气温不宜超过35℃；新浇混凝土与接触的模板、邻接的已硬化混凝土或岩土介质之间的温差不宜大于15℃。

4) 混凝土入仓温度应符合设计要求。设计文件未规定的，入仓温度不宜大于28℃，冬季不应低于5℃。

5) 混凝土内部最高温度不宜大于65℃，且温升值不宜大于50℃。混凝土内部温度与表面温度之差不宜大于25℃，表面温度与环境温度之差不宜大于20℃，混凝土表面温度与养护水温度之差不宜大于15℃。混凝土内部温度降温速率不宜大于2℃/d。

6) 遇突然降温、急剧干燥天气，应采取暖棚保温、包裹保湿等措施。

【海港引河南闸站工程墩墙根部设置低弹模超缓凝混凝土过渡层预防裂缝技术】

(1) 工程概况。南通市海港引河南闸站工程节制闸单孔净宽16m；泵站双向引水排涝，设计流量48m³/s。工程设计使用年限为100年，主体结构混凝土设计强度等级为C35；闸墩长38m，厚2m，高9.73m；泵站空箱层站墩（高程−1.8m～4.0m）长38m，厚1.2m，高5.8m；泵站空箱层（高程−1.8m～4.0m）上下游挡水墙为固支结构，两端与站墩相连，墙长26m，厚0.75m；出水池导流墩长19m，厚1.2m，高9.73m～13.73m。

施工过程中在闸墩、泵站空箱层站墩与挡水墙、出水池导流墩（清污机桥墩）等结构构件的根部设置过渡层防裂技术，即先浇筑一层低弹模超缓凝混凝土，再继续浇筑C35普通混凝土，与通水冷却、掺入抗裂防渗剂联合使用，有效降低了开裂风险。

(2) 原材料。水泥为42.5普通硅酸盐水泥；粗骨料为5mm～25mm碎石；细骨料为长江中砂；粉煤灰为F类Ⅱ级灰；矿渣粉为S95级粒化高炉矿渣粉；外加剂为PCA-10型聚羧酸高性能减水剂，与引气剂复合组成引气型减水剂；拌和用水为自来水；抗裂防渗剂为HME-V抗裂防渗剂，由膨胀剂和聚丙烯纤维复合组成；超缓凝剂为HLC-SRT混凝土缓凝剂；橡胶粉由废旧轮胎加工处理制成。

(3) 配合比。闸墩、泵站站墩和出水池导流墩混凝土以及根部低弹模超缓凝混凝土施工配合比与性能见表8.21。

(4) 闸墩。南侧闸墩和北侧闸墩的根部分别浇筑平均厚度为33cm、22.5cm的低弹模超缓凝混凝土过渡层，分别在南侧闸墩和北侧闸墩距离底板1.4m、2m中心安装振弦式应变计。闸墩混凝土在入仓34h～40h达到最高温度80℃左右（见图8.47）。应变监测结果（见图 8.48）可见南侧闸墩拉应变小于北侧闸墩，其中，距底板 1.4m 中心在 40h～50h 拉应变相差 111$\mu\varepsilon$～113$\mu\varepsilon$，距底板 2m 中心在 27h～50h 拉应变相差 43$\mu\varepsilon$～53$\mu\varepsilon$。分析认为由于南侧闸墩根部过渡层厚度大于北侧闸墩，能够更好地减轻底板对闸墩上部混凝土的约束。

表 8.21 混凝土施工配合比与性能

类型	配合比/(kg/m³)										坍落度/mm	初凝时间/h	强度/MPa		
	水泥	粉煤灰	矿渣粉	细骨料	粗骨料	水	减水剂	抗裂防渗剂	缓凝剂	橡胶粉	纤维			7d	28d	72d
低弹模超缓凝混凝土	300	90	60	790	950	165	6.2	—	5	20	1	180～220	58.9	16.5	40.5	48.6
C35 普通混凝土	280	50	60	760	1060	150	6.3	30	—	—	—	150～180	15.8	32.8	42.2	47.9

注 细骨料、粗骨料为饱和面干状态。

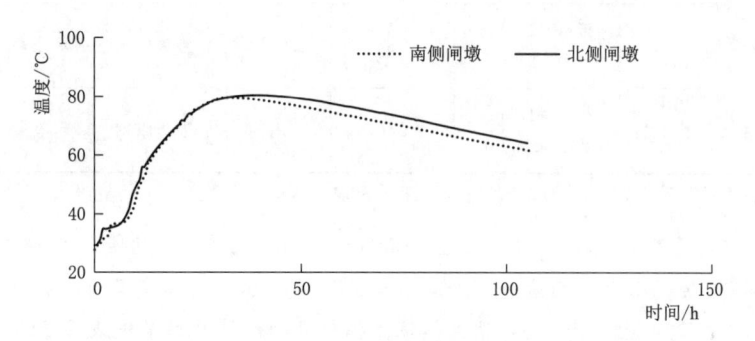

图 8.47 闸墩中心温度发展曲线

闸墩裂缝情况检查结果见表 8.22，表 8.22 同时列举部分对比工程闸墩、站墩裂缝情况。表 8.22 说明海港引河南闸站闸墩设置过渡层技术后裂缝发生率低于对比闸墩或站墩，早期开裂面积降低 47%～87%。

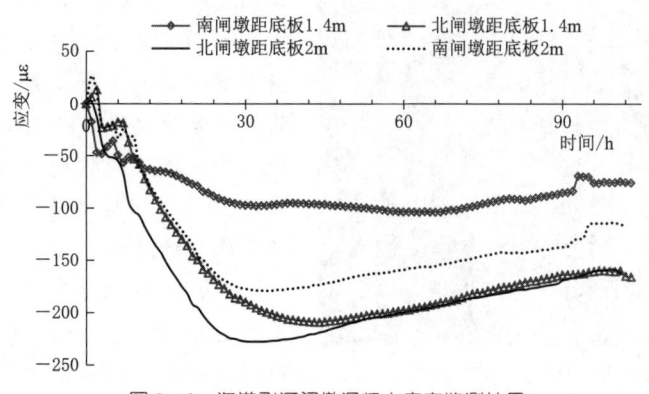

图 8.48 海港引河闸墩混凝土应变监测结果

第8章 混凝土

表8.22　闸墩/站墩温度裂缝发生情况统计

工程名称			结构尺寸（长度×厚度）	强度等级	浇筑季节	裂缝预防措施	单位体积裂缝面积/(mm²/m³)
海港引河南闸站	闸墩		38m×2m	C35	8月	根部过渡层+掺膨胀剂+通水冷却	4.2
	站墩	流道层	38m×1.2m	C35	6月	掺膨胀剂+通水冷却+混凝土芯墙	6.36
		空箱层	38m×1.2m		7月	根部过渡层+掺膨胀剂+通水冷却	2.64
	出水池导流墩	南侧	19m×1.2m	C35	8月	根部过渡层	2.54
		北侧				—	8.93
	空箱层挡水墙		26m×0.75m	C35	7月	根部过渡层（厚度0.6~0.8m)+掺膨胀剂	0.6
某泵站空箱岸墙			33m×1.25m	C35	7月	掺膨胀剂+带模养护	19.5
JP泵站站墩			27m×1.15m（边/缝墩）	C30	11月	掺膨胀剂+通水冷却	8.94
JXH闸墩			20m×1.5m、20m×1.2m	C40	12月	掺膨胀剂+通水冷却	7.95

注　单位体积裂缝面积指裂缝最大宽度和裂缝长度之积与墩墙的体积之比值。

（5）泵站空箱层站墩。在泵站空箱层（高程-1.8m~4.0m）站墩的根部浇筑一层0.3m厚度的低弹模超缓凝混凝土。经检查，除站墩与上下游挡水墙固结交叉部位产生0.15mm的裂缝外，其余部位没有产生裂缝。泵站站墩单位体积裂缝面积计算结果见表8.22，空箱层与流道层混凝土相比，开裂面积减少58%；与类似工程相比，开裂面积减少67%~86%。

（6）泵站空箱层挡水墙。泵站长江侧和内河侧空箱层挡水墙为固支结构，两端与站墩相连，挡水墙中间还与小隔墩相连，在挡水墙根部浇筑一层厚度0.6m~0.8m的低弹模超缓凝混凝土过渡层（见图8.49）。经检查，长江侧挡水墙没有裂缝，内河侧挡水墙仅有一条缝宽0.08mm、缝长2.2m的微细裂缝。目前长度20m左右的扶壁式翼墙墙身、挡水墙一般出现1条~3条缝宽0.15mm~0.25mm的温度裂缝，严重的可能产生5条~8条裂缝。挡水墙单位体积裂缝面积计算结果见表8.22，说明挡水墙采用过渡层技术能有效降低裂缝发生。

图8.49　泵站挡水墙根部设置低弹模超缓凝混凝土过渡层

（7）出水池导流墩。在南侧出水池导流墩的根部浇筑一层厚度为0.25m的低弹模超缓凝混凝土过渡层，作为对比，北侧出水池导流墩未设置过渡层。南侧导流墩上部普通混凝土34h最高温度为79.4℃，北侧出水池导流墩40.5h最高温度为77.6℃。在出水池导流墩分别距离底板0.8m和3.2m中心安装振弦式应变计，应变监测结果见图8.50。由图8.50可见：①南侧出水池导流墩设置过渡层后，混凝土早期产生的拉应变低于未设置过渡层的北侧出水池导流墩，其中0.8m高度中心拉应变降低135$\mu\varepsilon$，3.2m高度中心拉应变降低83$\mu\varepsilon$。②北侧出水池导流墩在200h左右拆模后混凝土出现应变突变；南侧出水池导流墩254h左右拆模后也出现应变突变，表明拆模后对混凝土温度裂缝的发展可能带来影响。③掺入膨胀剂随着水化膨胀产物的产生，后期产生压应变。

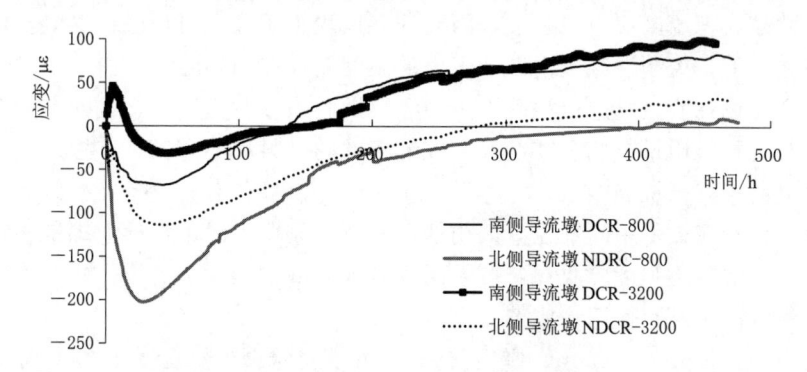

图8.50 出水池导流墩混凝土应变监测结果

南侧出水池导流墩设置过渡层后，在距离东侧伸缩缝8m处产生1条缝宽0.1mm、缝长7.1m的竖向微细裂缝；北侧出水池导流墩未设置过渡层，在墩中心产生1条缝宽0.25mm、缝长10m的竖向裂缝。出水池导流墩实际裂缝发生情况说明根部采用过渡层技术后，早期温度裂缝开裂面积降低72%，并将有害裂缝转变为无害裂缝。

（8）小结。

1）海港引河南闸站工程闸墩、泵站空箱层站墩与挡水墙、南侧出水池导流墩的根部设置低弹模超缓凝混凝土过渡层预防裂缝施工技术。现场温度、应变和开裂情况检测结果表明：闸墩、出水池导流墩中心最高温度为77.6℃~80℃；南、北两侧对比的出水池导流墩拉应变降低83$\mu\varepsilon$~135$\mu\varepsilon$，开裂面积降低72%；与对比工程相比，闸墩、泵站空箱层站墩、南侧出水池导流墩的开裂面积降低47%~87%，并将有害裂缝转变为无害裂缝。

2）南北两侧闸墩根部过渡层平均厚度从22.5cm增加到33cm，开裂面积降低56.4%，距底板1.4m、2m中心拉应变分别减少111$\mu\varepsilon$~113$\mu\varepsilon$、43$\mu\varepsilon$~53$\mu\varepsilon$，说明增加墩墙根部过渡层厚度能够更好地减轻底板对上部混凝土的约束。

3）墩墙根部设置低弹模超缓凝混凝土过渡层，能够减少墩墙混凝土早期受到的底板外约束，降低温度应力，减少开裂风险，为墩墙预防温度裂缝提供一种新的技术方法。

8.14.2.5 底板温度裂缝

1. 通病描述

底板产生贯穿性温度裂缝，常见于岩基上的底板，位于沉井和软基上的底板偶见温度裂缝。

2. 主要原因

（1）底板体积较大，水化热大，中心温度高，温度变形受到约束产生的收缩应力超过混凝土抗拉强度。即使是位于土基上的厚大底板，温度应力仿真计算3d～28d抗裂安全系数有可能小于1.15，不采取温控措施有可能会引起底板产生裂缝。

（2）施工期间地下水较高时产生的扬压力较大，回填土对底板边荷载作用，特别是回填的砂性土固结速度快，比回填的黏性土产生的边荷载大；当与温度收缩应力产生叠加效应时，会增加底板开裂风险，可能使底板产生顺水流向的裂缝。

3. 防治措施要点

（1）对于大体积混凝土底板，其形成的温度应力与结构尺寸有关；在一定尺寸范围内，结构尺寸越大，温度应力也越大，因而开裂风险也越大。防止底板混凝土出现裂缝最重要的措施之一就是控制混凝土内部和表面的温度差、控制降温速率。

（2）配合比设计阶段宜进行混凝土抗裂和早期收缩率对比试验，选择有利于降低混凝土用水量和胶凝材料用量、抗裂性能好、收缩率低的材料和配合比；宜掺入优质引气剂和抗裂纤维，提高混凝土抗裂能力。

（3）厚大体积底板的中间部位宜采用低用水量、较低水泥用量的大掺量矿物掺合料混凝土配制技术，混凝土强度验收评定可采用45d或60d的强度。

（4）底板混凝土不宜使用膨胀剂。

（5）底板长边尺寸大于25m、厚度大于1.2m、浇筑最低气温大于25℃时，控制入仓温度不大于30℃，宜通水冷却。

（6）开展混凝土自动温度监测，当内外温差接近20℃～25℃，或日降温速率大于2℃/d～3℃/d，需采取相应保温措施。底板测温点宜为距板底面或顶面50mm、板厚度的1/2，分别测量上、中、下等不同部位的温度。

（7）连续保湿养护时间不宜少于14d。

（8）位于岩基、老混凝土、沉井上的底板混凝土，宜在接触面设置低弹模超缓凝混凝土过渡层、滑动层等减轻外约束措施。

（9）底板裂缝处理：从恢复底板结构整体性出发，底板温度裂缝宜采用化学灌浆方法补强加固处理（见图8.51），灌浆材料为亲水性环氧类浆材，一般要求灌浆浆材的黏结强度不低于结构混凝土设计抗拉强度的标准值，如C30混凝土不低于2.0MPa。

8.14.2.6 混凝土路面裂缝

1. 通病描述

（1）某路面施工过程中，表层混凝土起壳、开裂，而下部混凝土还未硬化。

（2）某市政道路混凝土出现细长裂缝，裂缝走向垂直于长度方向或呈一定的角度。

2. 主要原因

（1）混凝土凝结时间偏长，表面未覆盖和洒水，在大风天气表层混凝土结硬，内部混凝土尚未硬化，形成糖心混凝土。

（2）路面施工完毕，割缝时间偏迟，将表面已硬化的混凝土拉裂。

图8.51 底板裂缝注浆

3. 防治措施要点

（1）控制混凝土凝结时间不宜过长；混凝土浇筑后注意施工抹面、覆盖养护。

（2）切缝时间宜在混凝土达到设计强度 25%～30%时进行。

8.14.3　施工冷缝

1. 通病描述

（1）翼墙、闸墩、站墩等结构分两次或多次浇筑，新老结合面出现水平向冷缝。

（2）混凝土浇筑过程中因暂时停止浇筑，结合面出现冷缝。

（3）底板分层浇筑，层间产生冷缝。

2. 主要原因

（1）天气炎热，混凝土初凝时间缩短。

（2）混凝土供料受阻、现场混凝土浇筑暂停，混凝土浇筑间断时间较长，接茬部位先期浇筑的混凝土已凝结硬化才浇筑上一层的混凝土，形成低强度的夹层，出现冷缝。

（3）大体积混凝土浇筑顺序布置不当，时间控制不严，造成接茬不连续，混凝土内部产生冷缝。

3. 防治措施要点

（1）闸墩、翼墙宜一次浇筑到顶；混凝土浇筑前根据施工环境、气温情况、混凝土浇筑的部位，适当调整混凝土中缓凝剂掺入量，并在混凝土供应通知中告知生产单位。

（2）闸墩、翼墙因施工工艺要求需要分次浇筑的，结合面应按照施工缝进行处理，混凝土浇筑应坐浆或先浇筑一层粗骨料用量减少 40%～50%的混凝土。

（3）合理安排混凝土浇筑顺序；合理确定大体积底板和闸墩等分层浇筑坯层厚度，大体积底板宜采用斜面分层浇筑法。做好混凝土生产、运输、浇筑协调，做到浇筑的间断时间小于前层混凝土的初凝时间。

（4）制定混凝土浇筑过程可能出现停电、交通堵塞、设备故障等应急预案。当混凝土不能及时供应时，宜采用间歇泵送方式，放慢现场混凝土浇筑速度。

（5）浇筑过程、混凝土设备或运输出现问题需要暂停浇筑混凝土时，可在现场添加适量缓凝剂延缓混凝土凝结时间；必要时设置施工缝。

（6）混凝土浇筑出现"冷缝"时，应暂停浇筑，冷缝部位按"施工缝"要求处理。

8.15　渗 水 窨 潮

8.15.1　结合面（施工缝）渗水窨潮

1. 通病描述

（1）闸边墩、站边墩、翼墙的新老混凝土结合面（施工缝），墙后回填土后出现渗水窨潮。

（2）后浇带、二期混凝土的结合面出现渗水窨潮。

2. 主要原因

（1）结合面（施工缝）处理虽然简单，但往往不受重视。由于结合面（施工缝）的下部混凝土浇筑过程中可能会出现松顶、表面浮浆集中，表层混凝土未凿毛，或凿毛后未清理干净，形成渗水窨潮通道。

（2）上部混凝土浇筑过程中离析、遇到钢筋刮浆等现象，会造成结合部位混凝土疏松，水泥砂浆量不足，石子堆集，结合部位混凝土密实性能降低，混凝土抗渗性能低。

（3）混凝土浇筑过程中未进行坐浆处理。

（4）后浇带、二期混凝土部位钢筋密集，又有埋件，如混凝土浇筑不实，在墙后水压力作用下将会产生渗水窨潮。

（5）墙后水压力较大情况下，结合面未安装止水材料，或止水带安装质量不符合要求，焊接不良或受损，混凝土与止水带结合不紧密。

（6）混凝土养护不充分，养护时间不足。后浇带或二期混凝土收缩大，或发生沉降收缩，在结合界面形成裂缝。

（7）后浇带封闭时间不满足设计要求。

3. 防治措施要点

（1）翼墙、闸墩、站墩等宜一次浇筑到顶，墙身避免设置水平施工缝。

（2）宜沿水平施工缝中心线铺设金属止水带，连接接头应双面搭接焊，拐角处接头应离开拐角1m以外搭接。

（3）加强结合面（施工缝）凿毛，清除表面松散的混凝土、浮浆，并冲洗干净。

（4）混凝土浇筑前，应再次清理施工缝结合面的杂物，并宜保持结合面处于湿润状态7d左右；水平施工缝混凝土浇筑时宜先铺一层30mm～50mm厚度的1∶1水泥砂浆，或混凝土中粗骨料用量减少30%～40%的混凝土，目的是防止出现烂根。

（5）入仓混凝土高度超过2.0m（钢筋密集部位超过1.5m时），应采用导管、溜管等缓降设施。

（6）钢筋密集、难以振捣的部位，可采用自密实微膨胀混凝土。

（7）后浇带设计，做好以下工作：

1）结构设计时，应根据结构形态、荷载、地质条件等，合理设置后浇带；后浇带宜留设在结构受剪力较小且便于施工的位置；并应明确后浇带的封闭时间、封闭时的气温条件等要求。

2）底板设计的后浇带，宜在后浇带下设抗水压垫层，通常做法如下：宽度超出后浇带每侧30cm以上，厚度不小于250mm，上下双层钢筋网，配筋不低于Φ12@200mm，混凝土强度等级与底板相同。

3）后浇带内设置金属止水材料。

4）后浇带、二期混凝土宜用微膨胀混凝土，防止新老混凝土之间出现结合缝隙，其强度等级宜比两侧混凝土高出1级～2级，其膨胀性能、防渗性能应满足设计要求，并宜采用减少收缩的技术措施。

（8）后浇带施工做好以下工作：

1）底板后浇带浇筑间隔时间应符合设计及规范要求。除满足后浇带浇筑的一般规定外，还宜在主体结构荷载基本到位、墙后回填土按设计要求回填到位、地基变形基本稳定后再浇筑。

2）后浇带留置时宜采用独立的模板支撑体系，或采用快易收口网。两侧混凝土浇筑后，模板等应及时清理干净。后浇带混凝土浇筑前，应对结合面进行处理，凿去后浇带两侧面浮浆、松动石子、软弱混凝土层，用压力水冲洗干净，并将后浇带内锯末、铁钉等杂物清理干净。

3）后浇带混凝土施工前，后浇带部位应采取有效的保护措施，防止落入杂物和损伤后浇带内的止水材料。浇筑前结合面处应洒水湿润，但不应有积水。

4）后浇带宜采用微膨胀混凝土浇筑。微膨胀混凝土施工可按照《水利工程预拌混凝土应用技术规范》（DB32/T 3261—2017）的规定执行。

5）混凝土浇筑后，宜进行二次振捣，并在混凝土初凝前和终凝前分别对混凝土表面进行抹面处理。

6）加强混凝土养护，后浇带混凝土覆盖保湿养护时间不应少于28d。

【规范要求】

《建筑工程裂缝防治技术规程》（JGJ/T 317—2014）

5.2.13 后浇带混凝土应一次浇筑，不应留设施工缝；混凝土浇筑后应及时养护，养护时间不应少于28d。

8.15.2 伸缩缝渗水窨潮

1. 通病描述

垂直或水平伸缩缝渗水窨潮（见图8.52），垂直与水平止水转角处渗水窨潮（见图8.53）。

图8.52 底板伸缩缝渗水窨潮　　图8.53 底板转角处渗水窨潮

2. 主要原因

（1）止水铜片有砂眼或钉孔，止水接头焊接不饱满或未双面焊接，加工成型后未做煤油渗漏试验。止水铜片安装质量检验不到位，止水接头未全面进行煤油渗漏检验，或现场防护不到位止水遭到损坏。

（2）垂直止水铜片和水平止水铜片连接处安装、焊接未按设计和规范要求施工，存有缺陷、隐患。水平与垂直止水交接部位渗水还与水平铜止水牛鼻子处沥青未灌实、燕尾槽内短垂直铜片与长铜片搭接宽度或高度不足等有关（见图8.54）。

(a) 垂直止水短搭片搭接长度偏短

(b) 垂直止水短搭片伸入混凝土中

(c) 垂直止水短搭片局部焊缝断裂

(d) 垂直止水短搭片搭接短路、有缝隙

图 8.54　垂直止水铜片安装缺陷

(3) 水平止水铜片安装位置偏差较大，牛鼻子浇筑在底板混凝土中（见图8.55）。

(4) 垂直止水铜片安装位置偏差较大，埋入先浇筑混凝土内的铜片多，伸入沥青柏油槽内的铜片宽度少。沥青柏油盒断面偏小（见图8.56），沥青不能灌实。

图 8.55　水平止水牛鼻子不居中

图 8.56　垂直止水柏油盒断面偏小

(5) 施工现场不注重止水材料保护，外露的水平止水铜片变形严重（见图 8.20），校正时损坏铜片未认真修复。

(6) 在浇注柏油槽沥青或混凝土前，未将沾污到垂直止水片上的混凝土浆、泥浆等杂物清理干净，没有将铜片调整到柏油槽中间；柏油槽内沥青未灌实或铜片已不在沥青内。相邻建筑物底板不均匀沉陷时将铜片拉坏，或柏油槽内的铜片与沥青局部脱空。

(7) 混凝土浇筑过程中溅在水平止水铜片上已失去塑性的混凝土、砂浆以及石子未清理干净。

(8) 水平止水铜片下部混凝土产生塑性沉降收缩；止水铜片下部混凝土未振实、未进行二次复振；混凝土离析，止水铜片附近粗骨料集中。

3. 防治措施要点

(1) 止水铜片安装应符合下列要求：

1) 加工后的紫铜片止水应平整、干净、无砂眼和钉孔，紫铜片止水焊接采用双面搭接焊的方式，其搭接长度不应小于 20mm，搭接部位为双面铜焊，采用煤油渗漏试验对接头部位进行焊接质量检查；尽量减少现场止水铜片接头数量，现场焊接的止水铜片应作煤油渗漏试验检查。

2) 水平止水铜片埋固于先期浇筑的混凝土内，位置应准确，确保"鼻子"在伸缩缝范围内；混凝土浇筑完毕，应将溅到止水片上的混凝土和砂浆等杂物清理干净，柏油井在浇注沥青前，应清除灰尘、杂物。

3) 水平与垂直止水制作安装时，短垂直止水搭片应伸入伸缩缝内，垂直止水铜片与短垂直搭片之间在伸缩缝内应相互搭接，不应形成渗水短路（见图 8.57）。

4) 垂直止水铜片安装时，止水铜片应居于伸缩缝中心线（见图 8.58）；在安装柏油槽灌注沥青时，应分段安装柏油槽，分段灌注已完全融化的热沥青，确保止水铜片在柏油槽中部，确保热沥青灌注连续、灌满。

图 8.57 水平与垂直止水安装　　图 8.58 分段安装灌注垂直止水沥青槽

5) 加强成品保护，对已安装的止水材料，及时加以固定和保护，以防损坏；因保护不慎引起变形和损伤的铜片，修整时应仔细操作；修补后应作煤油渗漏试验检查。

6) 遇水膨胀橡胶止水条的连接采用重叠连接、斜面对接等方法。根据止水条的不同种类，选择不同的粘贴方法。

7）安装止水带/板时，位置应准确，居伸缩缝中心线设置，并采取必要的防移位措施。

（2）混凝土浇筑应符合下列规定：

1）混凝土浇筑前应将止水带止水铜片表面污染物清理干净，使混凝土与止水带良好黏结。

2）浇筑到水平止水铜片位置后静停等待1h左右，让混凝土初步沉实，清除散落在止水铜片上面已失去塑性、干燥的砂浆或混凝土，再继续浇筑混凝土。

3）止水部位浇筑混凝土时，谨慎振捣，二次振实，使混凝土能充填于止水带（片）两翼，振动棒不应触及止水铜片。

【规范要求】

《水利工程施工质量检验与评定规范 第2部分：建筑工程》（DB32/T 2334.2—2013）

8.1.3.5 对止水片（带）及伸缩缝制作与安装工序要求如下：

1）止水片（带）与伸缩缝的型式、结构尺寸及材料品种、规格、安设位置等符合设计要求。

2）紫铜止水片焊接应双面铜焊，焊前宜用紫铜铆钉铆定，焊缝无砂眼、裂纹。橡胶止水连接宜用硫化热粘接或氯丁橡胶粘接；PVC止水带可采用电热熔粘接。接头处应做渗漏试验，合格后方能安装。

3）止水带（片）应按设计要求放置，混凝土浇筑过程中注意止水片（带）周围混凝土的振捣和止水片（带）的保护。

8.1.4.5 对止水片（带）及伸缩缝制作与安装工序质量要求如下：

1）铜止水片的现场连接宜用双面搭接焊接（包括"牛鼻子"部分），搭接长度不小于20mm。焊接接头表面应光滑、无砂眼或裂纹，不渗水。

2）在现场焊接的接头，应对外观和煤油渗漏逐个进行检查，对接头抽样进行强度试验，不小于母材强度的75%。

3）底板水平铜止水片安装应准确、牢固，其鼻子中心线与接缝中心线误差为±5mm，牛鼻子在伸缩缝内不应浇入混凝土中，定位后应在鼻子空腔内满填塑性材料。

8.15.3 对拉螺杆孔眼渗水窨潮

1. 通病描述

对拉螺杆孔渗水窨潮（见图8.59）。

2. 主要原因

（1）采用无套管、无止水片的普通式对拉螺杆进行模板架立。这种施工工艺，拆除模板、凿成孔眼和割除螺杆时，对拉螺杆及周围混凝土常因受到扰动而易形成渗水通道。

（2）混凝土浇筑速度偏快，入仓混凝土离析，对拉螺杆下部的混凝土沉降在螺杆下部形成微细缝隙或蜂窝。

（3）螺杆孔眼砂浆封堵不规范，砂浆配合比、封堵工艺以及砂浆养护不好，砂浆收缩大。

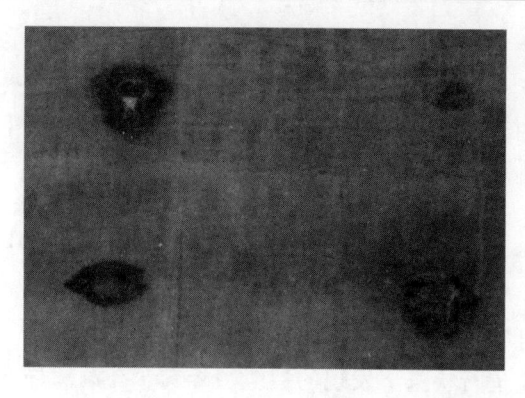

图 8.59　对拉螺杆处混凝土渗水窨潮

（4）采用二次利用的对拉螺杆（外套 PVC 管），砂浆封堵不好，更易渗漏水。

（5）回填土前未对临土面的对拉螺杆孔眼封堵砂浆，表面未采用优质封闭材料封闭处理，仅仅用柏油、柏油粘贴沥青油毡等材料封闭，密实性较差，起不到封堵密封作用。

3. 防治措施要点

（1）采用组合式对拉止水螺杆。

（2）控制混凝土浇筑速度，不宜大于 0.6m/h。

（3）对拉螺杆圆台螺母拆卸后，清理孔眼表面，并洒水湿润处理。孔眼封堵砂浆宜采用 1∶2 预缩水泥砂浆（拌和 30min 后再使用），分 2 层～3 层进行封堵处理，砂浆稠度以手握成团，1m 高度自由落至钢板或混凝土地面基本不散为宜；粉刷第一层时用水灰比为 0.5 的水泥净浆作界面剂，粉刷面层时宜在砂浆中掺入适量的滑石粉、矿渣粉进行调色处理；孔眼砂浆封堵完毕，应进行保湿养护至少 14d，宜采用表面粘贴节水养护膜进行养护。

（4）回填土前对临土面孔眼封堵砂浆表面采用优质环氧涂料涂刷 2 度，进行表面封闭处理。

8.15.4　墙体渗水窨潮

1. 通病描述

（1）闸墩、翼墙局部混凝土产生渗水窨潮现象，见图 8.60。

（a）闸墩　　　　　　　　（b）翼墙墙身

图 8.60　闸墩/翼墙局部渗水窨潮

(2) 裂缝、施工缝等部位渗水窨潮。

2. 主要原因

(1) 混凝土内部孔隙较大,或有连通的毛细孔,或内部存在蜂窝,在水压力作用下形成渗水窨潮的通道。

(2) 混凝土内可见或不可见裂缝,在水压力作用下通过裂缝溢出。

(3) 裂缝、施工缝未进行处理。

3. 防治措施要点

(1) 采取有效措施防止混凝土产生裂缝、蜂窝、孔洞和局部不密实。

(2) 在墙后回填土前对结构混凝土外观进行检查,发现的裂缝、蜂窝、孔洞和局部不密实部位进行有效处理。

(3) 对墙后迎土面出现的裂缝、蜂窝、孔洞和局部不密实部位,除修补处理外,还宜采用优质环氧涂料或防水材料进行封闭处理。

8.16 其 他

8.16.1 砂浆强度不符合要求

1. 通病描述

同一强度等级 28d 龄期的砂浆试块强度评定结果不满足合格等级要求,即最低 1 组试块强度低于设计强度的 85%,试块强度的平均值低于设计强度的 110%。

2. 主要原因

(1) 原材料质量不符合要求,如水泥质量不合格,砂的含泥量大,有抗冻要求的砂浆中未掺入引气剂。

(2) 砂浆未进行配合比设计。

(3) 砂浆拌和原材料称量不准,不采用称量法配料,实际用水量和水灰比偏大。

(4) 人工拌和遍数偏少;机械拌和搅拌不均匀,有砂团、灰团。

(5) 砂浆试块制作不规范,养护不符合标准养护条件。

(6) 砂浆抗冻性不符合设计要求。

3. 防治措施要点

(1) 选用符合要求的原材料,有抗冻要求的砂浆应掺入优质引气剂;水泥、砂、外加剂等材料应抽样检验合格。

(2) 施工前进行砂浆配合比试验,确定施工配合比以及砂浆稠度、含气量等控制指标。

(3) 施工过程中采用重量法计量,计量器具定期校验;根据砂的含水率变化情况及时调整拌和用水量和砂的计量。

(4) 人工拌和至少干拌 3 遍、湿拌 3 遍,机械拌和时间应符合要求,保证砂浆拌和均匀,稠度满足要求。

(5) 砂浆运输过程中不应出现泌水、漏浆或初凝现象;出现离析的需人工二次拌和均匀。出现稠度降低不满足施工要求的，不应向砂浆中加水。

(6) 按《水工混凝土试验规程》（SL/T 352—2020）进行砂浆强度和抗冻性能检验。

8.16.2 沉降观测钉设置不符合设计要求

1. 通病描述

(1) 沉降观测钉的数量、安装位置不符合设计要求。

(2) 沉降观测钉材质不符合设计要求，如采用短钢筋等易锈蚀的材料做沉降钉。

2. 主要原因

施工单位未重视沉降观测钉的设置。

3. 防治措施要点

(1) 按施工图纸要求的位置和数量设置沉降观测钉。

(2) 沉降观测钉应采用不锈钢、紫铜等不易锈蚀材料制作，应对沉降观测钉编号，并安装保护装置。

8.16.3 预埋钢板未进行防腐处理

1. 通病描述

预埋钢板（如缝墩顶撑预埋钢板）未进行防腐处理，或防腐处理不合格。

2. 主要原因

(1) 设计未提出防腐处理技术要求。

(2) 施工单位未根据设计要求进行防腐处理。

3. 防治措施要点

(1) 设计提出防腐处理技术要求。

(2) 施工单位按设计文件要求进行防腐处理。

(3) 监理单位对预埋件防腐处理效果进行检查验收。

8.16.4 桥面泄水管设置不规范

1. 通病描述

(1) 工作桥、公路桥、人行便桥等泄水管位置设置不合理，易发生堵塞，导致排水不畅。

(2) 泄水管泄水至桥梁的侧面、排架等下部结构表面（见图 8.61）。

2. 主要原因

(1) 泄水管材料选用不合理，易损坏。

(2) 泄水管布设数量不足，孔径偏小，外露长度偏短。

(3) 泄水管分布位置不合理，影响排水

图 8.61 桥面泄水孔水流入混凝土表面

效果。

(4) 泄水管设置高程不合理,造成进出口水流不畅或易堵塞。

(5) 泄水管周围防水处理不到位,导致管口周围桥面渗水。

3. 防治措施要点

(1) 泄水管选用应考虑坚固性和耐久性,宜选用优质PVC管。

(2) 严格按照设计要求布设泄水管,孔径应符合要求,不应漏设、少设或减小孔径。同时,应注意伸出桥面部分有足够长度和下倾角,以免泄水管排水时水流入下部结构混凝土的表面。

(3) 控制管口高程,防止因管口过高导致水流不畅和积水,或管口过低造成堵塞。

(4) 管底防水层施工要严格控制,泄水管安装牢固,周边混凝土浇筑密实,并与泄水管紧密结合,不应出现脱空、松动。

【泄水管设置不合理的危害】

(1) 工作桥、公路桥、人行便桥等泄水管位置设置不合理、发生堵塞,导致排水不畅,桥面积水。

(2) 桥面排水泄至下部混凝土表面,将会引起局部混凝土干湿循环、碳化速度加快;冬季还会加快混凝土冻蚀破坏,影响混凝土耐久性。

8.16.5 对拉螺杆孔眼封堵质量不良

1. 通病描述

(1) 对拉螺杆封堵砂浆与基体混凝土颜色相差较大(见图8.62)。

(2) 边墩、缝墩、翼墙采用的对拉螺杆未设置止水片,或采用抽芯螺杆,拆模后因对拉螺杆孔封堵不密实,出现渗水窨潮。

(3) 对拉螺杆封堵砂浆脱落(见图8.63),螺杆端头锈蚀(见图8.64)。

图8.62 对拉螺杆封堵砂浆颜色偏深 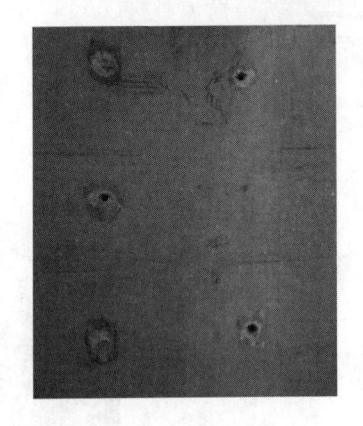　　图8.63 排架对拉螺杆封堵砂浆脱落 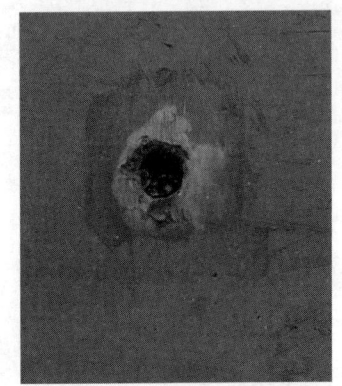　　图8.64 对拉螺杆端头锈蚀

2. 主要原因

(1) 对拉螺杆封堵砂浆未调色。

(2) 对拉螺杆孔眼深度偏浅，砂浆未养护，收缩大。

3. 防治措施要点

(1)《水利建设工程推广应用组合式对拉止水螺杆的指导意见》（苏水基〔2016〕4号）提出对拉螺杆封堵工艺如下：

1) 清理孔眼表面并涂刷界面剂，采用同配合比除去石子的补偿收缩水泥砂浆进行分次封堵，并做好养护。

2) 迎水侧孔眼表层封堵砂浆宜掺入适量白水泥调整色差。

3) 处理后，应检查孔眼封堵和封闭质量。

(2) 孔眼进行清理，孔眼内对拉螺杆端头距表面不宜少于30mm。

(3) 封堵砂浆宜采用防水砂浆，孔眼堵塞专人负责，并及时办理隐蔽工程验收。

(4) 孔眼砂浆封堵处理后进行养护不少于14d，防止封堵砂浆收缩，导致对拉螺杆端头锈蚀，钢筋锈胀力使封堵砂浆脱落。

8.16.6 缺陷处理不规范

1. 通病描述

(1) 结构混凝土产生的施工缺陷未进行有效处理，处理程序不符合有关规定，处理方法不当。

(2) 混凝土抗碳化性能、抗氯离子渗透性能、抗冻性能等耐久性能检验项目以及钢筋保护层厚度不符合设计和规范要求时，未采取补救措施，或采用性能不良的材料进行处理。

(3) 裂缝未进行处理，或未根据裂缝特点、所处环境，选用合适的处理材料与方法。

2. 主要原因

(1) 未确定缺陷处理目的。

(2) 未根据缺陷处理目的选择合适的修补材料、处理方法。

3. 防治措施要点

(1) 根据缺陷性质、所处环境确定处理目的，缺陷处理目的主要有：

1) 保护。防止CO_2、H_2O、Cl^-等腐蚀介质向混凝土内渗透扩散。

2) 补强加固。恢复或部分恢复构件承载能力，保持构件的完整性，恢复结构使用功能。

3) 防渗堵漏。防止渗漏水，提高混凝土防水、防渗功能。

4) 改善结构外观，消除人们对施工缺陷恐惧心理。

(2) 根据缺陷处理目的，选用合适的修补材料，修补材料选择原则有：

1) 有结构补强加固要求的修补材料固结体的抗压强度、抗拉强度应高于被修补的混凝土基体。

2) 裂缝修补材料应符合《混凝土结构加固设计规范》（GB 50367—2013）和《混凝土裂缝修复灌浆树脂》（JG/T 264—2013）的规定。

3) 服役阶段混凝土长期浸水的部位，裂缝处理材料不宜使用遇水溶胀的防水涂料。

4) 室内防水工程宜使用聚氨酯防水涂料、聚合物乳液防水涂料、聚合物水泥防水涂料和水乳型沥青防水涂料或反应型防水涂料，不应使用溶剂型防水涂料。

5）环氧胶泥宜用于稳定、干燥裂缝的表面封闭。

6）成膜涂料宜用于大面积的浅层裂缝和微细裂缝的表面封闭。

7）渗透性防水材料遇水后能化合结晶为稳定的不透水结构，宜用于微细渗水裂缝迎水面的表面处理。

8）用于密封防水活动性裂缝，填充密封材料应采用柔性材料，应选用极限变形值大的弹性体密封剂。

9）有渗水窨潮的裂缝处理，宜灌注亲水性环氧浆材或聚氨酯类浆材；对于活动性裂缝，应选用延伸率大的弹性材料。

（3）露筋、蜂窝、孔洞、夹渣、疏松等一般性外表缺陷处理：凿除缺陷部分的混凝土，并清理表面、洒水湿润后，用1：2～1：2.5水泥砂浆修补，养护时间不少于14d。

（4）露筋、蜂窝、孔洞、夹渣、疏松等有严重的外表缺陷处理：①凿除缺陷部分的混凝土至密实部位，清理表面，洒水湿润，涂抹混凝土界面黏结剂，采用比原混凝土强度等级提高1级的细石混凝土或水泥修补砂浆进行修补，养护时间不应少于14d；②清水混凝土的外形和外表严重缺陷，应先进行试修补，进行调色处理，且宜在水泥砂浆或细石混凝土修补后用磨光机械磨平。

（5）混凝土抗碳化性能、抗氯离子渗透性能、抗冻性能等耐久性能检验项目以及钢筋保护层厚度不符合设计和规范要求时，经论证后参照表8.23进行处理。

表8.23　　　　混凝土耐久性能检验项目与保护层厚度不合格处理方法

不合格项目	处理方法	使用材料示例	保护年限/年
抗碳化性能	表面涂层封闭	优质环氧厚浆涂料	20～25
抗氯离子渗透性能	表面涂层封闭	优质环氧厚浆涂料	20～25
	硅烷浸渍	硅烷材料	15～20
	阴极保护	—	设计保护年限
抗冻性能	表面涂层封闭	优质环氧厚浆涂料	20～25
保护层厚度小于设计或规范要求	表面涂层封闭（碳化或氯盐环境）	优质环氧厚浆涂料	20～25
	硅烷浸渍（氯盐环境）	硅烷材料	15～20
	阴极保护	—	设计保护年限

（6）裂缝修补方法。混凝土裂缝应按设计要求进行处理，应根据工程所处环境条件、裂缝的性质和危害，确定裂缝处理方案。修补方法分为表面封闭法、压力注浆法、填充密封法，各种裂缝修补方法可组合使用，以求达到较好的修补效果。受温度影响的裂缝，宜在低温季节修补；不受温度影响的裂缝，宜在裂缝已稳定情况下修补。

《水闸施工规范》（SL 27—2014）条文说明指出：对于承载力不足引起的裂缝或缝隙，需采用适当的加固方法进行加固。一般静止裂缝仅需作表面封闭处理即可达到修补目的；考虑采用填充密封法的情形有2种：一是当裂缝宽度较大，需先做填充处理后才能进行封闭；二是被修补的结构构件对裂缝的任何变化极为敏感，加固设计人员为慎重考虑，采用先做弹性填充,再进行表面封闭的双控做法;压力注浆法则起到结构补强、恢复构件整体性、封闭裂缝、防渗加固等目的。

1) 表面封闭法。适用于微细裂缝、水下结构裂缝、或对外观不做要求的水上构件裂缝。表面封闭法施工过程如下:

a. 清除表面附着污物,用水冲洗干净;油污处用丙酮、二甲苯等有机溶剂擦洗,潮湿裂缝表面应清除积水。

b. 用环氧胶泥、聚合物水泥砂浆等修补混凝土表面损伤部位。

c. 采用人工、机械的方法进行表面封闭施工,封闭材料可选用环氧厚浆涂料、聚氨酯涂料、聚合物水泥砂浆、渗透结晶防水材料等,涂覆厚度及范围应符合设计及材料使用的规定。

d. 对于缝宽小于0.2mm的裂缝,利用混凝土表层微细裂缝的毛细作用吸收低黏度且具有良好渗透性的修补浆液,封闭裂缝通道;也可采用弹性涂膜防水材料、聚合物水泥砂浆、渗透性防水剂、水泥基渗透结晶型防水材料等,涂刷于裂缝表面,以达到恢复裂缝防水性和耐久性等目的。对于细而密的裂缝,可采用全面涂覆修补,对稀疏的裂缝,可骑缝涂覆修补。

2) 注浆法。目前常用压力注入法,以一定的压力将灌浆液注入裂缝内,根据灌浆压力大小分为低压灌浆法和中压灌浆法。注浆材料要求具有良好的可灌性,性能应满足《混凝土结构加固设计规范》(GB 50367—2006)及相关规程、规范的要求。对于防渗堵漏的裂缝处理,可灌注聚氨酯浆液,聚氨酯灌浆材料具有良好的亲水性能,水既是稀释剂,又是固化剂;浆液遇水后先分散乳化,进而凝胶固结,体积膨胀,填充于缝隙中。

压力注入法施工工艺如下:

a. 表面处理。裂缝灌浆前,先清除裂缝两侧的灰尘、浮渣和松散混凝土。

b. 设置灌浆嘴。根据灌浆嘴的类型和埋设方法,分为表面贴嘴、开槽埋嘴、斜孔埋嘴、垂直钻孔埋嘴等方法。埋嘴间距一般为100mm~500mm,根据裂缝宽度和裂缝深度综合确定。采用低压灌浆法处理裂缝的宜在表面粘贴塑料灌浆嘴,对于大体积混凝土或大型结构上的深层裂缝,或裂缝数量较多时,宜采取钻孔埋嘴灌浆;当裂缝形状或走向不规则时,宜加钻斜孔。对于较宽的裂缝,沿缝凿成V形槽,槽内嵌填封缝胶泥,再设置灌浆嘴。

c. 裂缝表面封闭。沿裂缝表面采用封缝胶泥封闭,裂缝内形成一个密闭空腔。

d. 密封检查。采用注水或压缩空气进行表面密封效果检查,不密封部位应进行处理。

e. 灌浆。垂直裂缝宜从下向上逐个灌浆嘴注浆,水平裂缝依次注浆;表面缝宽较大、深层贯穿性裂缝,混凝土自身对灌浆液吸入量较大的裂缝,宜进行二次注浆,时间间隔不宜超过浆液的凝固时间。

f. 表面修复处理。裂缝灌浆结束、灌浆液凝固后,拆除灌浆嘴,铲除表面封闭材料,对裂缝表面进行修饰处理。

3) 填充密封法。沿裂缝走向骑缝凿出槽深和槽宽分别为10mm~30mm的V形或U形槽;清除缝内松散物,在槽中充填修补材料,直至与结构表面持平。充填材料可用环氧砂浆、弹性环氧砂浆、聚合物水泥砂浆、粘钢胶、封边胶等。

4）补强加固。受力裂缝除进行化学灌浆外，还宜采取相应的加固补强措施，如粘钢加固、粘贴碳纤维加固，增补钢筋增大截面、预应力加固，可参考《混凝土结构加固设计规范》（GB 50367—2013）、《水闸施工规范》（SL 27—2014）等规范。

【规范要求】

《水闸施工规范》（SL 27—2014）

7.4.44 混凝土的表面裂缝应按设计要求进行处理；当设计无要求时，混凝土的表面裂缝宽度小于表8.24中所列数值可不予处理。（作者注：小于裂缝宽度允许值的浅层裂缝由项目法人视情况组织处理，贯穿裂缝应当进行处理）。

表8.24　　《水闸施工规范》对钢筋混凝土结构最大裂缝宽度允许值

部　位	水上区/mm	水位变动区、浪溅区/mm	水下区/mm
内河淡水区	0.20	0.15	0.20
沿海海水区	0.10	0.10	0.15

《水利工程混凝土耐久性技术规范》（DB32/T 2333—2013）

6.5.2 缝宽未超出《水工混凝土结构设计规范》（SL 191—2008）规定的非荷载裂缝，经论证后采用灌浆、填充密封、表面封闭等方法处理。

6.5.3 结构荷载裂缝及缝宽超出《水工混凝土结构设计规范》（SL 191—2008）规定的非荷载裂缝，应制定专项处理方案。

《水利工程施工质量检验与评定规范　第2部分：建筑工程》（DB32/T 2334.2—2013）

8.1.3.1.5 混凝土贯穿性裂缝及缝深大于混凝土保护层厚度的深层裂缝应处理。

第9章 砌 石 工 程

9.1 材 料

9.1.1 混凝土预制块质量不合格

1. 通病描述

(1) 强度不达标,强度离散性大。

(2) 抗冻性能不合格。

(3) 边长、厚度等外观尺寸偏差大,大小不一,四角不方正,厚薄不均,平均厚度达不到设计要求。

(4) 外观质量缺陷多,包括表面裂纹、局部缺棱掉角、麻面、气泡,底面凹凸不平。

2. 主要原因

(1) 预制场地不平整,未硬化,模板刚度、强度达不到要求。

(2) 钢模不使用脱模剂,导致预制块边角露骨松散。

(3) 强度不足,过早搬运,随意翻倒,造成预制块边角破损严重。

(4) 混凝土材料选用不当、配合比不良、黏性大,表面易产生气泡。

3. 防治措施要点

(1) 严格采购管理,从生产企业质量管理体系、原材料、配合比、成型、养护等各个环节以及实际质量情况等方面考察,择优选择生产企业。

(2) 加强进场前的检查验收,包括预制块外观、尺寸、强度等。

9.1.2 土工织物质量差

1. 通病描述

(1) 材料使用差错。设计要求选用长丝土工织物,实际使用短丝土工织物。

(2) 土工织物的物理力学性能抽检结果不符合设计要求。

2. 主要原因

(1) 未按设计要求选用土工织物。

(2) 未先抽检后使用。

3. 防治措施要点

(1) 土工织物按制造方式分为有纺土工织物和无纺土工织物。有纺土工织物由纤维纱或长丝按一定方向排列机织的土工织物;无纺土工织物由短纤维或长丝或定向排列制成的薄絮垫,经机械组合、热黏合或化学黏合而成的土工织物。因此,应按设计要求选用土工织物。

(2) 进场的土工织物应有厂家提供的合格证书、型式检验报告、性能及特性指标抽检报告。土工织物外观上不允许有针眼、疵点和厚薄不均现象。

(3) 土工织物应进行抽检，物理力学性能应符合《土工合成材料　短纤针刺非织造土工布》（GB/T 17638—2017）、《土工合成材料　长丝纺粘针刺非织造土工布》（GB/T 17639—2023）和《土工合成材料　长丝机织土工布》（GB/T 17640—2008）的规定。

9.1.3　石料质量不符合规定

1. 通病描述

(1) 石料中含有风化石、锈石、山皮石。

(2) 石料的物理力学性能不满足设计要求，石料规格偏小或偏大，规格与单块质量不符合规范或设计要求。

(3) 进场石料未按规定频次检测。

2. 主要原因

(1) 前期石料选择深度不够，石料场山体存在裂隙、风化现象；或者表层清理不彻底，导致不合格料混入。

(2) 未进行质量检测或检测不合格。

(3) 砌筑过程中，未按要求对石料进行加工。

3. 防治措施要点

(1) 石料的规格和质量应满足设计要求，单块质量、最小边长应符合设计和规范要求，不应使用薄片、条状、尖角等形状的石料。风化石、泥岩等不应作抛填、护砌石料。

(2) 石料应质地坚硬，无风化剥落，抗风化能力较强，在水中或受冻后不崩解。

(3) 对进场石料进行分批验收，按要求进行质量检测，不合格石料不得使用并清退出场。对拟选定的石料取样试验，只有石料的抗压强度、软化系数、密度以及石料的块径、块重等指标满足设计要求，才能用于护砌工程。

(4) 砌筑过程中，按要求对石料进行加工。

(5) 根据《水利水电工程岩石试验规程》要求，按批次取样，每 20000 m^3 抽检 1 组，不足 20000 m^3 按 1 组计。

【规范要求】

《水利工程施工质量检验与评定规范　第 2 部分：建筑工程》（DB32/T 2334.2—2013）

块石单块质量宜大于 25kg，最小边长不小于 15cm。

9.1.4　生态格网网垫、网箱材料质量不合格

1. 通病描述

生态格网网垫、网箱材料不合格。

2. 主要原因

生态格网网垫和网箱材料未按设计要求选购，进场后未进行抽检。

3. 防治措施要点

生态格网网垫、网箱的材料为热镀锌低碳钢丝，或镀铝锌低碳钢丝，也可以在此基础上外涂树脂保护膜。钢丝材质应符合《工程机编钢丝网用钢丝》（YB/T 4221—2016）关于镀锌钢丝的规定，抽样测试钢丝的抗拉强度、断裂伸长率、镀层重量、镀层中铝含量等。为保证钢丝保护层涂料均匀并不受损伤，保证材料使用寿命，严禁使用多边形或异形截面钢丝。生态格网网垫、网箱应符合《工程用机编钢丝网组合体》（YB/T 4190—2018）的规定。

网垫、网箱应为由专用机械编织成的热镀锌或镀铝锌低碳钢丝多绞六边形格网片组装而成。网孔应均匀，不应扭曲变形。网孔孔径偏差应小于设计孔径的5%。网垫一般采用60mm×80mm网孔基材，网箱一般采用80mm×100mm或者100mm×120mm网孔基材。

9.2 滤层与垫层

9.2.1 砂石垫层级配、厚度不符合要求

1. 通病描述

（1）砂、石级配不符设计要求。

（2）砂石垫层厚度不满足设计要求，或厚度不均匀，含有杂质。

2. 主要原因

（1）未按施工图和规范要求选购砂和碎石。

（2）垫层铺设过程中厚度控制不严。

3. 防治措施要点

（1）垫层的砂、石级配应良好，含泥量不大于5%，碎石的粒径不大于50mm。

（2）反滤层滤料的粒径、级配应符合设计要求。相邻层面平整，层次清楚。分段铺筑时，接头处各层应铺成阶梯状衔接。

（3）坡面砂、石垫层铺设时，应自下而上分层铺设，做到垫层铺设平整、密实、厚度均匀。为保证砂石垫层的效果，施工过程中应做到按设计要求铺设砂石垫层，砂石垫层每层厚度偏差不大于±15%设计厚度，垫层总厚度偏差不大于±15%设计总厚度，平均值不大于±5%设计总厚度。

（4）坡面砂石垫层铺设后，在后序工序施工时应进行找平。

9.2.2 土工织物铺设不符合要求

1. 通病描述

（1）土工织物锚固、拼接、摊铺不满足《水利工程施工质量检验与评定规范　第2部分：建筑工程》（DB32/T 2334.2—2013）的要求。

（2）缝合针脚距离较大；在格埂中锚固搭接深度不足；坡面沉降后土工织物拉坏（见图9.1）。

（3）铺设中表面有破损，搭接宽度不符合要求。

(a)　　　　　　　　　　　　　　(b)

图9.1　现场铺设的土工合成材料损坏

(4) 土工织物松脱或滑动。

(5) 坡面过大的沉降拉断土工织物。

2. 主要原因

(1) 垫层基面整修不到位，达不到相应的平整度要求。

(2) 土工织物常受到尖锐物体刺破或撞击；坡面不均匀沉降出现过度的拉扯和撕裂。

(3) 拼接方法、搭接宽度不符合设计要求。

3. 防治措施要点

(1) 护坡、护底土方开挖前，应降低地下水位至基底面以下。

(2) 坡面整修平整，表面平整度偏差为30mm；基面无草根、树根、硬土、石块等坚棱硬物；无凹坑，软弱基础处理符合要求。

(3) 土工织物铺设工艺应符合设计或施工方案要求。其铺设长度方向应与边坡方向一致，铺设时土工织物与格埂周边宜延长回折下压，防渗土工织物应做成压枕型式。土工织物铺设应做到平顺、松紧适度、无皱褶，与土面密贴。

(4) 相邻片（块）拼接可用搭接或缝接，搭接要求如下：

1) 场地平整时搭接宽度不小于30cm；不平整场地、松软土和水下铺设搭接宽度应适当增大，不宜小于50cm。

2) 采用缝接时，缝接宽度不小于10cm；水下及受水流冲击部位应采用缝接，缝接宽度不小于25cm，且双道缝合。

3) 水流处上游土工织物应铺在下游片上。

(5) 土工织物锚固型式以及坡面防滑钉设置符合设计要求。

9.3　砌石施工

9.3.1　坡面修整不符合要求

1. 通病描述

(1) 坡面局部不平顺，坡面有浮土、弹簧土、软弱土层。

(2) 坡面出现坍塌，不能进行格埂等施工（见图9.2）。

2. 主要原因

(1) 基土扰动。

(2) 地下水位较高，土质松软。

3. 防治措施要点

(1) 护坡、护底土方开挖前，应降低地下水位至基底面以下。

(2) 如果地下水位高、土体含水率高、为淤泥质土、边坡开挖后可能出现边坡不稳等情况，可在边坡上设一排轻型井点降水，采用木桩加固坡面（见图9.3），木桩规格为120mm，长3m，间距为0.8m×0.8m，梅花形布置；底槛处设排水垄沟（见图9.4）。

图9.2 河道坡面滑坡

(3) 坡面软弱土层、坚硬土层、草根、树根等杂物清理干净。

图9.3 护坡轻型井点降水、木桩加固

图9.4 坡底设排水垄沟、木桩加固

【规范要求】

(1) 基面清理密实，无草根、树根、硬土、石块等坚棱硬物；无凹坑，软弱基础处理符合要求。

(2) 表面平整度偏差为30mm；土工织物坡面的坡度偏差为1：(1±3%)n（1：n为设计坡度）；砂石垫层坡面的坡度偏差为1：(1±2%)n。

9.3.2 干砌块石护坡质量不符合要求

1. 通病描述

(1) 石料材质缺陷。块石含有风化石，块石强度不符合要求，规格、尺寸不符合设计和规范的要求。部分块石厚度过小，片石较多，面石最小边厚度及单块质量不满足设计和招标文件要求。

(2) 砌筑工艺缺陷。缝隙过大，局部平整度不符合要求。叠砌（见图9.5）、浮石较多，小石过于集中，干砌石块未紧靠密实，石块之间未垫塞稳固，面石镶嵌不紧（见图9.6），可轻易搬动，局部空洞较大，表面有通缝。

图 9.5 干砌石叠砌　　　　　　　　图 9.6 干砌石孔洞未填塞

(3) 块石厚度不足，表面平整度偏差大。
(4) 护坡顶面和底面高程不符合设计要求。
(5) 坡面沉降，产生沉降裂缝。

2. 主要原因

(1) 干砌石质量与施工单位的管理水平、施工人员的质量责任心及砌筑工艺水平有直接关系，也与监理人员的责任心及质量控制力度密不可分，因此，验收把关不严格是主要原因之一。
(2) 砌筑时未进行测量放样。
(3) 石料质量不合格，面石尺寸不符合规范要求。

3. 防治措施要点

(1) 块石质量需达到要求，从选定的石矿进料，石料应坚硬、无裂纹、无风化石。
(2) 按设计要求进行底槛、格埂施工，进行整坡，坡面软弱层应清除，必要时应采取降水、增设木桩加固坡面等措施。
(3) 纵横向格埂混凝土浇筑质量须符合设计及有关规范要求，特别要控制好格埂表面平整度、直线度和断面尺寸。
(4) 干砌石护坡，应由下向上逐步铺砌，要嵌紧、整平，铺砌厚度应达到设计要求，干砌石缝口应砌紧，底部应垫稳填实，严禁架空；不应使用翘口石和飞口石，应采用立砌法，不应叠砌和浮塞；石料单块质量不小于 25kg，最小边厚度不应小于 15cm。
(5) 控制护坡厚度偏差不大于±50mm，平均值不小于设计厚度；坡面表面平整度小于 50mm。
(6) 按《水利工程施工质量检验与评定规范　第 2 部分：建筑工程》（DB32/T 2334.2—2013）的要求进行坡面整修、土工织物铺设、砂石垫层铺筑、干砌石铺筑等工序质量检验和单元工程质量评定。

9.3.3 浆砌块石护坡质量不符合要求

1. 通病描述

(1) 未按设计要求在土工织物或砂石垫层上铺隔离层。

(2) 块石材质、规格尺寸不符合设计和规范的要求；使用表面风化块石或表面有污渍、水锈的块石。

(3) 浆砌石砌筑前未洒水湿润，表面干燥。

(4) 浆砌石砂浆未填充密实，不饱满，存在孔洞、通缝；浆砌石缝面结合处砂浆少，不密实；浆砌块石护坡存在断裂现象；砌石平整度不符合要求。

(5) 未按设计要求做好排（冒）水孔施工，排水孔布置不合理，管后反滤料处理不当。

(6) 护坡厚度不满足设计要求；欠养护，砂浆强度达不到设计要求。

(7) 护坡面上产生裂缝；勾缝砂浆开裂、脱落，护坡下面填土流失，出现空洞。

2. 主要原因

(1) 进场块石质量未组织验收。

(2) 施工前未进行砂浆配合比试验，施工过程中没有根据砂子含水量的变化及时调整拌和用水量。

(3) 砌筑砂浆的拌制不符合要求，砂浆计量不准确，配合比控制不严，现场采用人工拌制或非自动计量搅拌机生产砂浆工艺（属于落后淘汰工艺）。

(4) 砌筑前未进行干摆试放；浆砌石未采用坐浆法施工；未进行插捣或插捣不密实，水平缝砂浆不饱满，石块竖缝无砂浆；丁石数量不够，分层砌筑没有错缝；施工间隙处未留阶梯形斜槎；继续砌筑前，未清除原砌体表面的浮渣。

3. 防治措施要点

(1) 按设计要求进行整坡，清除坡面软弱层，必要时采取降水、增设木桩等措施。

(2) 按设计要求进行土工织物或砂石垫层施工。

(3) 选用的块石质量应符合设计和规范要求。

(4) 施工前进行砂浆配合比试验；施工过程中严格按称量法配料，根据细骨料含水量的变化及时调整用水量。现场拌制宜采用砂浆拌和机，拌和时间应符合要求；少量砂浆采用人工拌和时，最少应干拌 3 遍，湿拌 3 遍，达到砂浆稠度均匀。砂浆使用过程中出现稠度降低、已失去塑性的，不应使用。

(5) 砌筑前应进行干摆试放。

(6) 每层砂浆应铺筑饱满且插捣密实，其厚度：料石宜为 20mm～30mm，块石宜为 30mm～50mm。

(7) 砌筑时石料大面朝下，相邻两层、两排应错缝交接。

(8) 施工间歇处应按规定留阶梯形斜槎，不应留马牙槎；在继续砌筑前，应将原砌体表面的浮渣清除。

(9) 控制浆体块石厚度偏差不大于±30mm，平均值应大于设计值，表面平整度为 30mm。

（10）按《水利工程施工质量检验与评定规范 第2部分：建筑工程》（DB32/T 2334.2—2013）的要求进行坡面整修、土工织物铺设、砂石垫层铺筑、浆砌石铺筑等工序质量检验和单元工程质量评定。

9.3.4 灌砌块石护坡质量不符合要求

1. 通病描述

（1）石块安置不平稳，未大面朝下。

（2）灌砌石净间距小于石子粒径，甚至石块之间直接接触，灌入的混凝土无法插捣密实。

（3）护坡厚度不符合设计和规范要求。

（4）同一砌筑层内，相邻石块未错缝摆放，存在通缝的可能。

（5）灌砌混凝土养护不及时，冬季施工未采取保温防冻措施。

（6）坡面沉降，产生沉降裂缝。

2. 主要原因

（1）灌砌石未按设计和规范要求施工。

（2）坡面基层存在软弱土层，会引起坡面沉降。

3. 防治措施要点

（1）灌砌石护坡施工质量控制要点，除符合干砌块石对格埂、块石质量和垫层铺设的质量控制要点外，要求坡面块石应大面在下，小面在上，块石净距应大于石子粒径，灌入的混凝土应插捣密实。

（2）混凝土的粗骨料粒径不宜大于20mm，坍落度160mm～200mm，混凝土浇筑前用水冲洗，待积水排干后再浇筑混凝土。

（3）混凝土采用小型振捣棒振实。

（4）混凝土养护时间不宜少于14d。

（5）控制灌体块石厚度偏差不大于±30mm，平均值应大于设计值，表面平整度为30mm。

（6）按《水利工程施工质量检验与评定规范 第2部分：建筑工程》（DB32/T 2334.2—2013）的要求进行坡面修整、土工织物铺设、砂石垫层铺筑、灌砌石铺筑等工序质量检验和单元工程质量评定。

9.3.5 护坡预制块断裂、沉降

1. 通病描述

（1）预制块强度、抗冻性能达不到设计要求。

（2）厚度偏差超标，不符合设计或规范要求。

（3）混凝土预制块铺砌不规范，表面平整度超标，缝隙过大，缝线不顺直，铺设不平稳，缺棱掉角，与格埂衔接不到位，沉降变形等。

（4）预制块表面勾缝砂浆与砌体黏结不牢，从砌体表面脱落。

（5）坡面沉降、预制块断裂、损坏（见图9.7）。

(a) 预制块断裂　　　　　　　　　　　　(b) 坡面不均匀沉降

图 9.7　预制块护坡损坏

2. 主要原因

(1) 预制块预制质量不符合要求；搬运过程中损坏。

(2) 坡面土方沉降，导致预制块沉降不均匀。

(3) 垫层料铺设不均匀，不平整。

3. 防治措施要点

(1) 采用预制构件干压成型工艺，已列入《江苏省公路水运工程落后工艺淘汰目录清单（第一批）》（苏交质〔2018〕24号），因此，水利工程不宜使用干压成型工艺制作的预制块。

(2) 加强预制块进场验收，按要求进行质量检测，合格后再使用。

(3) 控制护坡基面处理质量，护坡填土按要求分层夯实；坡面土体含水率较高时，应采取降排水措施。

(4) 坡面整形、格埂、土工织物铺设、垫层铺设质量应符合设计和规范要求，垫层铺设应厚度均匀、平整。

(5) 按设计要求设置排水孔和反滤层，孔内先填粗砂再放细骨料，遇排水孔堵塞的应先疏通再放滤料。

(6) 坡顶设置纵向排水沟，防止雨水冲刷边坡。

9.3.6　护坡冒水孔设置不规范

1. 通病描述

(1) 坡面冒水孔未按设计要求设置。

(2) 冒水孔内滤料未按设计要求充填。

(3) 冒水孔堵塞，地下水从格埂等处冒出，冒水孔不排水。

2. 主要原因

未按设计要求设置冒水孔。

3. 防治措施要点

(1) 冒水孔下面的垫层按设计要求设置，混凝土浇筑过程中防止水泥浆渗入垫层。

(2) 用PVC管做冒水孔时，管底用土工布裹好。混凝土浇筑后进行疏通检查，再放滤料。

(3) 除干砌块石护坡外，坡面成型后可采用钻机钻冒水孔，再放置滤料。

9.3.7 格埂断面尺寸、混凝土强度等不符合要求

1. 通病描述

(1) 断面尺寸（宽度、深度）不符合设计要求（见图9.8）。

(2) 格埂混凝土强度不满足设计要求。

(3) 格埂两侧回填土不实。

(4) 土工织物未压到格埂下面（见图9.9）。

(5) 格埂断裂、移位（见图9.10）。

2. 主要原因

(1) 未按施工图浇筑格埂。

(2) 坡面及格埂施工过程中，未进行降水。

3. 防治措施要点

(1) 格埂特别是底槛开挖时如果土体含水量大，不能保证格埂断面尺寸，应降低地下水位，保持底基面无积水。

图9.8 格埂深度不满足设计要求

(2) 做好格埂土方开挖底高程控制，高程偏差控制在±30mm以内。开挖立模后尽快浇筑混凝土。

图9.9 土工合成材料未放入格埂中

图9.10 坡面滑坡、底格埂变形

(3) 选用合适的原材料，做好混凝土配合比设计与验证，加强混凝土浇筑后的养护。

(4) 格埂两侧回填土人工夯实。

(5) 遇基底土质较差、含水量较高时，除做好降低地下水位工作外，还宜采取抛填块石、换土、打木桩等措施，防止格埂断裂、移位。

(6) 按设计要求将土工织物压到格埂侧面以下。

9.3.8 砌体表面不平整

1. 表现特征

面层石料平整度差,墙面整体凹凸不平,上下层有错缝。

2. 主要原因

(1) 砌石基面高程控制、工艺控制方法错误,不分段拉线,仅凭砌工肉眼判断。

(2) 面层石料未修整,未拉线控制平整度。

(3) 一次砌筑高度过大,引起变形。

3. 预防措施

(1) 认真放样,树标准杆,施工中随时检查,挂线稳定。

(2) 面层的块石,应挑选一侧有平面的石料,做到正面平整,宽度、厚度不应小于 20cm。

(3) 墩、墙每日砌筑高度不宜大于 1.2m。

9.3.9 砌体不均匀沉陷

1. 表现特征

砌体滑移及倾斜、砌体断裂或坍塌。

2. 主要原因

(1) 基坑开挖后未认真验槽,未进行清基、找平和夯实。

(2) 底部石块过小,未坐浆就直接干摆砌筑,石块小面朝下,使块石压入土中。

(3) 基础砌完后未及时回填土,基底土受雨水浸泡,造成墙基下沉。

3. 预防措施

(1) 砌石前,认真验槽和夯实基坑并找平,基面应坐浆。

(2) 基础最下一层块石,应选用比较大的石块,石块大面朝下,摆平放稳。

(3) 在砌石砌体达到一定强度后,及时进行土方回填并夯实。

9.3.10 水上抛体质量差、数量不足、厚度不均匀

1. 通病描述

(1) 块石、透水框架、钢丝网石笼、扭王字块等抛投材料,材质不符合设计或规范要求,如块石有裂纹、风化石;块石级配不满足要求,块石粒径过大或偏小;混凝土强度、抗冻性能等不符合设计要求。

(2) 抛投厚度不均匀;位置与设计要求偏差较大。

(3) 抛石数量不足,抛投断面增厚率不符合设计要求,未按设计轮廓将抛石、混凝土块等块体整理成型。

2. 主要原因

(1) 施工准备不充分,不了解抛投区的水深、流速、断面形状等基本情况。

(2) 施工方法不正确,未根据抛投区的水深、流速编制抛投方案。

3. 防治措施要点

（1）抛石石质应材质良好、坚硬、无裂纹、无风化石，抛石粒径宜大于 0.3m，最小不低于 0.2m，用于防冲槽的抛石粒径大于 35cm。

（2）根据有关要求检验块石强度、密度等质量指标。混凝土块的强度、抗冻性能、尺寸等应符合设计要求。

（3）抛石前检查抛石位置、土工织物缝制与下放位置。采取划分抛区、趸船定位、分次抛匀的施工作业方式。施工单位应做到定位准确，抛投均匀，根据水流流速、流向、水深等情况，掌握块石、混凝土块的落距，先深后浅，分层投抛，经常检查抛石或混凝土块的厚度。抛投过程中详细检查记录抛投位置、数量、水深等情况，抛投前后固定断面检查抛投块体的厚度，要求每隔 100m 设置固定断面，测量抛前抛后固定断面平均增厚率，必要时请专业检测单位检测。

（4）陆域软基地段或浅水域抛石、抛混凝土块时，可用自卸车辆载料以端进法向前延伸立抛；立抛时可根据现场情况采用不分层或分层阶梯方式抛投。在软基上的立抛厚度，以不超过地基土的相应极限承载高度为原则。在深水域抛石或混凝土块时，宜用驳船在水上定位后分层平抛，每层高度不宜大于 2.5m。

（5）抛投数量应符合设计要求，允许偏差为 0～10%。抛投前、后抛投体每 20m～50m 测 1 个横断面，每个横断面 5m～10m 测 1 个点，应符合设计断面要求。

（6）水下抛投隐蔽性强，监理检查过程中要严格控制，加强计量检查，杜绝虚吨位。

第10章 金属结构制作与安装

10.1 材料与部件

10.1.1 原材料不合格

1. 通病描述

制作金属结构的材料,包括板材、型钢、铸钢、铸铁、锻件、特种材料及外购件质量不符合设计要求,具体表现在:

(1) 材料的力学性能、化学成分不满足设计或规范要求。

(2) 板材表面有裂纹、灰夹等缺陷。

(3) 实际使用的材料材质不符合设计要求,如设计为球墨铸铁,实际使用灰口铸铁;氯化物环境、污水环境铸铁闸门的门板、门框、导轨等未使用 $STNi_2Cr$、$STNi_2CrCuRE$ 等耐腐蚀铸铁材料。

(4) 铸件表面有蜂窝、裂纹、砂孔等铸造缺陷。

(5) 板材厚度不符合要求。

2. 主要原因

(1) 质检人员把关不严,未按规定对购进的材料进行检查、检测;原材料仅进行力学性能检验,未进行化学成分分析。

(2) 铸铁闸门铸件未附随炉试棒,不能对铸件的力学性能和化学成分进行检测。

(3) 轴、滚轮、人字门拉杆、承压条等锻件材料未按设计和规范要求进行质量检查。

3. 防治措施要点

(1) 金属结构用主要材料、零(部)件、成品件、标准件等产品应进行进场验收。做好金属材料和外购件的检查、检测和验收。钢板、型材、管材、铸钢件应按规定进行力学性能和化学成分见证抽样复验,其复验结果应符合国家现行标准的规定并满足设计要求。

(2) 铸铁闸门铸件应附随炉试棒,试棒的化学和力学性能检测结果应符合要求。

(3) 监造工程师加强金属结构监造工作,审查钢材的质量合格证明文件、检验报告,钢材的品种、规格、性能等应符合国家现行标准的规定并满足设计要求。

【规范规定】

《水利工程铸铁闸门设计制造安装验收规范》(DB32/T 1712—2011)

6.1.3 工作水头、孔口尺寸均较小的铸铁闸门,门板、门框和导轨材料宜采用 HT200、HT250 等灰铸铁;工作水头、孔口尺寸均较大的铸铁闸门,门板、门框和导轨材料宜采用 QT400、QT450 等球墨铸铁。

6.1.4 海水、污水环境下的铸铁闸门,门板、门框、导轨材料宜采用耐腐蚀铸铁。

《水利工程施工质量检验与评定规范　第3部分：金属结构与水力机械》（DB32/T 2334.3—2013）

5.1.4　金属结构制造所用材料应符合设计和规范要求，具有质量证书，并按规定进行检验。铸铁闸门铸件应附随炉试棒，试棒的化学和力学性能检测结果应符合要求。

10.1.2　部件加工质量不符合要求

1. 通病描述

（1）滚轮轴、蘑菇头、支承条等运转件镀铬或堆焊不锈钢的厚度不符合设计要求。

（2）拉杆硬化处理不符合设计或规范要求。

（3）铸铁加工表面有蜂窝、裂纹、砂孔等缺陷。

2. 主要原因

（1）制造企业人为减少生产工序。

（2）采购质量不符合要求的坯件。

3. 防治措施要点

（1）制造企业按加工工艺要求进行部件加工，加强运转件镀铬、堆不锈钢的厚度检测。

（2）加强运转件硬化处理和工序质量验收。

（3）铸件加工面有裂纹的，应报废；加工面有浅层蜂窝、砂孔的，用铸铁焊条补焊处理。

10.2　钢闸门制造

10.2.1　闸门结构尺寸不符合设计要求

1. 通病描述

（1）闸门及其埋件制造加工误差不满足《水利水电工程钢闸门制造、安装及验收规范》（GB/T 14173—2008）第7.3条、7.4条、7.5条、7.6条的规定。

（2）闸门吊耳板安装位置偏差超标。不符合《水利水电工程钢闸门制作、安装与验收规范》（GB/T 14173—2008）第7.4.6条的规定。

2. 主要原因

（1）施工人员操作不当、看错图样尺寸、测量不准确。

（2）收缩量计算误差。

（3）焊后应力收缩变形。

3. 防治措施要点

（1）加强图纸审核和施工技术交底。

（2）编制焊接方案，合理确定焊接收缩变形。

（3）加强制造过程结构尺寸控制。

（4）做好吊耳板安装位置控制。

10.2.2 焊缝缺陷

10.2.2.1 焊脚尺寸不满足要求、漏焊

1. 通病描述

(1) 角焊缝焊脚尺寸不符合要求，主要包括焊缝下塌、焊脚不对称、表面不规则等。

(2) 对接焊缝未焊满，焊缝余高不满足要求；焊缝对口错边超标。

(3) 焊缝表面形状高低不平、宽窄不一、尺寸过大或过小。

(4) 闸门及埋件的通长焊缝不连续，为间断焊缝；个别节点板、槽钢与纵梁腹板或边梁腹板等部位漏焊。

2. 主要原因

(1) 焊接人员未持证上岗。

(2) 焊接台车及焊机调试不符合要求。

(3) 主要部位焊接工艺未按规范进行评定。焊接工艺执行不严格，特别是对有焊前预热、焊后保温要求的工艺执行不严格。

(4) 焊接工序安排不当，闸门组装后有的构件不易进行施焊操作。

3. 防治措施要点

(1) 充分了解设计意图，熟悉设计图纸后再制定焊接工艺。

(2) 焊接人员持证上岗，加强培训，提高工艺师的技术水平。重要部位焊工应具有立、仰等全位置焊接水平。

(3) 焊接台车及焊机在使用前应调试到良好状态。

(4) 按焊接工艺规程进行焊接作业；按设计图纸以及厂方工艺要求作倒角处理。

(5) 吊耳板、加强板、边梁腹板等不便于进行施焊作业的，合理安排焊接工序，设计时应考虑焊接操作的方便，可行。

(6) 加强焊缝外观质量检收和验收评定。

【规范规定】

《水利工程施工质量检验与评定规范 第3部分：金属结构与水力机械》（DB32/T 2334.3—2013）

5.1.5 金属结构的焊接和检验应符合《水利水电工程钢闸门制造、安装及验收规范》（GB/T 14173—2008）、《水工金属结构焊接通用技术条件》（SL 36）、《水电水利工程钢闸门制造安装及验收规范》（DL/T 5018）和《水运工程质量检验标准》（JTS 257）的要求。焊条、焊丝、焊剂具有出厂质量证书。主要部位焊接工艺评定符合规范要求。焊缝应进行外观质量检验；一类、二类焊缝内部质量应采用超声波法或射线法进行检测，每个部位的检测比例符合设计和规范要求。

10.2.2.2 咬边、夹渣

1. 通病描述

(1) 咬边。沿焊趾的母材部位产生的沟槽或凹陷（见图10.1）。

（2）夹渣。焊后溶渣残存在焊缝中的现象。

2. 主要原因

（1）焊接人员未持证上岗。

（2）焊接时习惯使用大电流，焊接电弧大，产生咬边。

（3）焊机调试不符合要求。

（4）焊接工艺执行不严谨。

3. 防治措施要点

（1）制定有效、严格的焊接工艺方案。

（2）焊机使用前调试到良好状态。

（3）使用合格的、满足工艺要求的焊条、焊丝。

图10.1 焊缝咬边

（4）加强培训，提高焊接人员的技术水平，重要部位选用焊接水平高、经验丰富的焊工，按焊接工艺评定报告施焊。

（5）加强焊接过程质量检查，不符合要求的及时处理。

10.2.2.3 裂纹

1. 通病描述

在焊接应力及其他致脆因素共同作用下，焊接接头中局部地区的金属原子结合力遭到破坏而形成的新界面所产生的缝隙。它具有尖锐的缺口和大的长宽比的特征。

2. 主要原因

裂纹可能源于焊接时冷却或应力效果，包括：

（1）热裂纹。电压过低，电流过高，在焊缝冷却收缩时焊道的断面产生裂纹；弧坑处的冷却速度过快，弧坑的凹形未充分填满。

（2）冷裂纹。焊接金属中含氢量较高；焊接接头约束力较大；母材含碳量较高，冷却速度快。

从裂纹形态又可分为纵向裂纹、横向裂纹、放射状裂纹、弧坑裂纹、间断裂纹群和枝状裂纹等。

3. 防治措施要点

（1）热裂纹：

1）选择适当的焊接电压和电流。

2）在焊缝两端设置引弧板和收弧板。

（2）冷裂纹：

1）选用低氢或超低氢焊材。

2）焊条和焊剂等进行必要的烘焙，注意保管，防止受潮。

3）焊前应将焊接坡口及附近的水分、油分、铁锈等杂质清理干净。

4）选择正确的焊接顺序和焊接方向，焊接时宜采用由中间向两端对称施焊。

10.2.2.4 未焊透

1. 通病描述

焊接时母材金属未熔透，焊缝金属没有进入接头根部，是实际熔深与公称熔深之间的差异。根部未焊透是指根部的一个或两个熔合面未熔化的现象。

2. 主要原因

（1）焊接电流偏小，熔深浅，焊接速度过快。

（2）未按设计文件和工艺条件选用坡口形式和尺寸，坡口不到位；焊接坡口钝边过大，坡口角度和坡口间隙偏小。

（3）焊条运条角度不当或电弧发生磁偏吹。

（4）焊条偏芯度太大。

（5）层间及焊道根部清理不干净。

3. 防治措施要点

（1）在焊接过程中，应根据设计文件和工艺条件选用合适的坡口形式和尺寸，除应符合《气焊、焊条电弧焊、气体保护焊和高能束焊的推荐坡口》（GB/T 985.1—2008）、《埋弧焊的推荐坡口》（GB/T 985.2—2008）的规定外，还应保证接头焊透的要求。

（2）选用合适的焊接电流和速度，适当增加焊接电流，控制运条速度。

（3）定位焊应由持相应合格证的焊工施焊；定位焊时使用与正式焊相同的焊接材料，焊接材料上的垃圾、杂质需要彻底清除。要求清根的焊缝应在接头坡口的外侧进行定位焊接；焊缝上有气孔和裂纹时，铲除后重新焊接。

（4）焊角焊接时，用交流代替直流以防止磁偏吹。

（5）用短弧焊。

10.2.2.5 未熔合

1. 通病描述

熔焊时，焊缝金属与母材之间或焊缝金属各焊层之间，未完全熔化结合（见图10.2），可能是侧壁未熔合、焊道间未熔合或根部未熔合等某种形式。

2. 主要原因

（1）运条速度过快，角度不当以及电弧产生的偏吹。

（2）坡口形状设计不当，未采用机械开剖口，有死角，坡口侧壁有锈垢及污物。

（3）焊接电流过小，电弧过短，焊接速度快。

（4）坡口与焊道层间熔渣清理不彻底。

3. 防治措施要点

（1）选用稍大的焊接电流和火焰能率，焊接速度不宜过快，以使热量集中，焊缝金属间充分熔化结合。

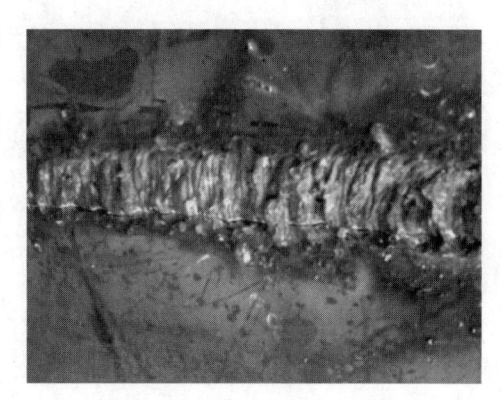

图 10.2 焊缝未熔合

（2）操作时要注意焊条或焊距的角度，注意坡口两侧的熔化情况，焊接过程中发现焊条偏心，应调整焊条角度或及时更换焊条。

（3）清理坡口前一焊道上的熔渣杂物。

10.2.2.6 气孔

1. 通病描述

焊接时,因熔池中的气泡在凝固时未能逸出,而在焊缝金属内部(或表面)所形成的空穴(见图10.3)。

2. 主要原因

(1) 焊条或焊剂受潮,或者未按要求进行焙烘。

(2) 气体保护焊时,未进行防风遮挡。

(3) 焊件表面及坡口有水、油、锈等污物存在。

(4) 焊接电流偏低或焊接速度过快。

(5) 埋弧焊时,使用过高的电弧电压。

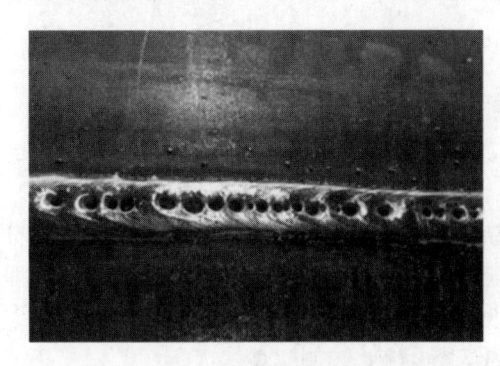

图 10.3 焊缝表面气孔

3. 防治措施要点

(1) 焊件材料应适当焙烘。焊条和焊剂的保存、烘干应符合《钢结构焊接规范》(GB 50661—2011)的规定。

(2) 在风速大的环境下施焊应采取防风措施。

(3) 焊前应将焊缝坡口表面杂质清理干净。

(4) 合理选择焊接方法,控制焊接电流和焊接速度。

10.2.2.7 焊瘤、焊疤

1. 通病描述

焊瘤是指金属物焊接过程中,通过电流造成金属焊点局部高温熔化,液体金属凝固时,在自重作用下金属流淌形成的微小疙瘩。

2. 主要原因

(1) 熔池温度过高,凝固较慢,在铁水自重作用下下坠形成焊瘤。

(2) 坡口立焊、帮条立焊或搭接立焊中,如焊接电流过大,焊条角度不对或操作手势不当也易产生这种缺陷。

3. 防治措施要点

(1) 熔池下部出现"小鼓肚"时,可以利用焊条左右摆动与挑弧动作加以控制。

(2) 在搭接或者帮条接头立焊时,焊接电流应当比平焊适当减少,焊条左右摆动时在中间部位走快些,两边稍慢些。

(3) 焊接坡口立焊接头加强焊缝时,宜选用直径3.2mm的焊条,并且适当减小焊接电流。

(4) 焊缝表面有焊瘤、焊疤的,应打磨处理。

10.2.2.8 飞溅

1. 通病描述

构件焊缝外母材上出现众多焊材飞出的钢渣。

2. 主要原因

电弧电流电压过大引起飞溅;气体析出引起飞溅;由于引弧或送丝过快造成焊丝与熔

池固体短路，焊丝发生成段爆断，引起飞溅。

3. 防治措施要点

(1) 碱性焊条按规定焙烘。

(2) 注意反接极和接地电缆的接法。

(3) 施焊前焊缝两侧涂刷焊接防飞溅剂。完工报验前用砂轮将飞溅打磨干净。

10.3 铸铁闸门制造

10.3.1 设计责任未落实

1. 通病描述

(1) 设计文件只提出制造材料、水头、结构尺寸等要求，门板厚度、框架梁、柱尺寸等基本上由制造企业设计，项目法人未组织设计审查。

(2) 铸铁闸门设计不满足《铸铁闸门技术条件》(SL 545—2011) 等规范的要求。

2. 主要原因

相关合同中未落实铸铁闸门设计文件审查责任。

3. 防治措施要点

(1) 铸铁闸门由制造企业设计的，建设单位应组织铸铁闸门设计审查。按规定程序经总监理工程师签发的设计文件和图纸进行铸铁闸门制造。

(2) 闸门设计荷载应按最大工作水头计算，并应考虑最大工作水头方向、双向水头、检修水位以及荷载动力系数等情况。

(3) 使用的铸件材料、止水密封条及容许应力应符合《水利工程铸铁闸门设计制造安装验收规范》(DB32/T 1712—2011) 的规定。

(4) 面板、梁格、门框和导轨、止水密封条、吊耳、吊块螺母匣、楔紧装置、地脚螺栓和条状钢板埋件等结构设计应符合《铸铁闸门技术条件》(SL 545—2011)、《水利工程铸铁闸门设计制造安装验收规范》(DB32/T 1712—2011) 的规定。

10.3.2 制造质量不符合要求

1. 通病描述

(1) 铸件有裂纹、夹渣、疏松等缺陷超标（要求表面缺陷深度应不超过该处壁厚的 1/8 且不大于 3mm，单个缺陷直径应不大于 10mm；表面缺陷总面积应不超过其所在面面积的 3%；在 100mm×100mm 范围内缺陷应不多于 2 处，且不能呈蜂窝状）。

(2) 面板厚度、横肋的厚度与高度、横肋间距、门叶高度与宽度、轨道长度等不满足设计要求，尺寸偏差不符合《水利工程铸铁闸门设计制造安装验收规范》(DB32/T 1712—2011) 的规定。

2. 主要原因

(1) 在铸件浇铸过程中产生裂纹、夹渣、疏松等缺陷。

(2) 模具制作尺寸偏差较大；未考虑铸件收缩率的影响。

3. 防治措施要点

（1）铸件超标的气孔、缩孔和渣眼等缺陷应进行焊补和修整，但面板表面不得焊补。

（2）按照《水利工程铸铁闸门设计制造安装验收规范》（DB32/T 1712—2011）进行铸造、机械加工、装配、涂装等制造过程质量检查验收，并按《水利工程施工质量检验与评定规范　第 3 部分：金属结构与水力机械》（DB32/T 2334.3—2013）进行铸铁闸门外观和结构尺寸等质量检验与评定。

10.4　回转式清污机制造

10.4.1　未针对工程运行特点进行设计

1. 通病描述

清污机运行过程中齿耙弯曲变形大、链条断开脱轨、滑动轴承轴瓦磨损大。

2. 主要原因

（1）建设单位未组织回转式清污机设计文件审查。

（2）未针对工程运行特点进行设计。

3. 防治措施要点

（1）招标文件应提出工程运行特点、清污机应达到的性能指标。

（2）项目法人组织回转式清污机设计文件审查。

（3）设计时齿耙管材料应有足够的直径和壁厚，一般 6m 以下跨度的清污机宽度，齿耙管按 10kN·m 集中载荷校核，其挠度不大于 1/250，钢管壁厚不宜小于 6mm。对于更大尺寸的回转清污机，可考虑使用多道牵引链条以改善齿耙受力情况，或者通过对齿耙管中部进行局部加强使之成为变截面受力构件。

（4）长节距板式滚子链是清污机（回转式机械格栅）主要的运动部件，对于链条圆弧过渡处，设计时应尽量把直径加大，以保证其过渡的平滑，减少其对圆弧轨道面压力，对于常用的节距 125 的板式滚子链而言，此过渡半径不宜小于 350mm。

（5）轴瓦与轴承座之间使用定位销定位防止相对滑动，采用自润滑轴承以提高其润滑效果。使用强制自动注油系统对轴瓦进行润滑。

（6）回转式清污机制造质量应符合《水利工程施工质量检验与评定规范　第 3 部分：金属结构与水力机械》（DB32/T 2334.3—2013）的规定。

10.4.2　清污机制造质量不符合要求

1. 通病描述

（1）材料规格与质量不符合招标文件的要求。

（2）运转件加工精度、焊缝内部质量不符合要求。

（3）过程控制和质量验收失控。

2. 主要原因

（1）采购质量不符合要求的材料与配件。

(2) 运转件加工过程质量控制不严。
(3) 未进行工序质量检验，监理单位监造把关不严，监造人员业务水平不高。
(4) 出厂验收前未进行整机空载试运行。

3．防治措施要点

(1) 制造企业按加工工艺要求进行部件加工。
(2) 加强部位加工质量检验和工序质量验收。
(3) 监理单位加强部件加工质量监造。
(4) 出厂验收时，加强部位加工质量验收，进行整机空载运行检验。

10.5 金属结构防腐

10.5.1 表面预处理不合格

1．通病描述

(1) 母材喷砂除锈预处理不合格，未达到《涂装前钢材表面锈蚀等级和除锈等级》（GB 8923—2011）中 Sa2.5 级的要求。
(2) 喷砂除锈前母材表面有锈迹。

2．主要原因

(1) 除锈用砂的硬度、粒径等质量不满足要求。
(2) 喷砂除锈与喷锌间隔时间较长。

3．防治措施要点

(1) 按厂方喷砂除锈工艺实施，适时更换新砂。
(2) 使用粗糙度比较样块目视对照评定。除锈后表面粗糙度数值应达到表 10.1 的规定。

表 10.1　　　　　涂层类别与表面粗糙度选择范围的参考关系

涂层类别	非厚浆型涂料	厚浆型涂料	超厚浆型涂料	金属热喷涂
表面粗糙度/μm	40~70	60~100	100~150	60~100

(3) 闸门除锈后，应用干燥的压缩空气吹净，如在喷涂前，发现钢材表面出现污染或返锈，应重新处理到原除锈等级。

【规范要求】

《水工金属结构防腐蚀规范》（SL 105—2007）中规定：母材粗糙度等级应达到 Sa2.5 级，表面粗糙度数值应达到 $40\mu m$~$150\mu m$。

10.5.2 金属涂层质量不满足要求

1．通病描述

(1) 闸门及其门槽埋件金属涂层厚度达不到设计厚度。
(2) 金属涂层颗粒比较粗，均匀性不好，致密性不佳。

(3) 金属涂层与闸门金属母材的附着力比较差，划格法或粘贴法检测锌层与母材结合强度不满足要求，甚至出现剥落现象（见图 10.4）。

图 10.4　锌层脱落

2. 主要原因

(1) 施工人员操作不规范，不符合工艺要求。

(2) 施工环境不满足规定要求。

(3) 母材表面预处理粗糙度不符合《水工金属结构防腐蚀规范》（SL 105—2007）的要求。喷涂金属或油漆前未清除表面砂粒和浮尘。

(4) 质量控制不到位，检验不及时。

3. 防治措施要点

(1) 加强施工人员的质量意识教育，严格执行操作工艺。

(2) 改善施工环境条件，在环境温度和湿度等符合金属热喷涂情况下进行施工。

(3) 喷砂除锈后进行金属热喷涂。金属喷涂在除锈后，金属表面应尽快喷涂，一般宜在 2h 内喷涂，最长也不应超过 8h。喷涂宜优先采用电弧喷涂。涂层检查合格后表面清理干净，金属涂层结合强度不低于 3.5MPa。

(4) 如出现表面不平整、流挂、针孔、未固化等现象，应铲除防腐层后重新处理。

(5) 加强喷涂质量的检测。做好金属涂层与母材结合力检测，采用划格器、胶带进行检测，要求胶带粘起不剥离，每扇门至少测 1 个测区。

(6) 闸门及其埋件现场拼装时，单边应预留 20cm 以上不喷涂金属涂层，现场涂层喷涂前按规范要求进行喷砂除锈、涂层施工。构件埋入面预处理后的清洁度不应低于 Sa2 级，并洽苛性钠水泥浆保护。

10.5.3　复合涂层厚度不符合要求、外观有缺陷

1. 通病描述

(1) 复合涂层厚度达不到设计厚度。

(2) 涂层表面出现皱纹、鼓泡、回黏、流挂、裂纹、局部脱落、表面不平整等现象。

2. 主要原因

(1) 喷砂除锈、喷涂金属、涂刷油漆等作业环境不符合要求，金属喷涂后未能及时进

行喷涂油漆作业；表面不平整是由于喷涂金属或油漆前未清除表面砂粒和浮尘，或涂层出现流挂。

(2) 施工操作不符合工艺要求。

(3) 质量控制不到位，检查不及时。

3. 防治措施要点

(1) 对作业人员进行技术交底，加强质量意识教育，操作人员应持证上岗。

(2) 按设计图纸和规范要求选用合适的涂料。封闭涂料应与金属涂层相容，黏度较低，能够填充金属涂层中的毛细孔隙。封闭涂料应具有一定的耐蚀性。氯化物环境封闭涂料固化层毛细孔径应小于氯离子粒径，能够阻止氯离子渗入涂层。

(3) 涂料封闭宜在金属涂层尚有余温时进行。

(4) 加强防腐工序质量检测，每一层漆膜涂装前，都应对上一层涂层进行外观检查，有漏涂、流挂、起皱等缺陷应进行处理。采用涂层测厚仪进行涂层厚度检测。测区最小局部厚度应达到设计要求。

(5) 对现场焊缝的喷涂，因工作量小，施工条件较差，喷涂有一定难度，设计单位需根据部位的重要性确定合适的防腐处理方法。

【规范规定】

《水工金属结构防腐蚀规范》（SL 105—2007）

4.3.2 涂料涂装在下述施工条件下不得进行涂装：空气相对湿度大于88%；施工现场环境温度低于10℃；金属表面温度低于大气露点3℃以上。涂装后应对涂层进行外观检查，表面应均匀一致，无流挂、皱纹、鼓泡、针孔、裂纹等缺欠。

4.4.2 漆膜厚度用测厚仪测定，85%以上测点厚度应符合设计要求。漆膜最小厚度值不低于设计厚度的85%。

10.6 闸门安装

10.6.1 闸门埋件安装不符合要求

1. 通病描述

(1) 埋件与预埋钢筋采用点焊固定，未按规定进行搭接焊，或未满焊。

(2) 门槽埋件主轨接头焊接时变形，表面直线度、垂直度达不到要求。

(3) 底槛和门楣安装高程偏差较大。

(4) 门槽二期混凝土浇筑后门槽埋件产生变形、位移。

(5) 弧形闸门铰座埋板中心对孔口中心距离、铰座埋板工作面平面度、两铰座埋板中心高程相对差等控制值不能满足规范要求。支铰座轴孔倾斜度、两铰座轴孔的同轴度、铰轴中心至面板外缘的曲率半径R、两侧曲率半径相对差、铰座中心对孔口中心线的距离、里程、高程等偏差大，不符合规范要求。

(6) 底槛、门楣、侧止水埋件的工作面扭曲、工作表面平面度、工作表面组合处错位等偏差较大。

2. 主要原因

(1) 埋件安装有关尺寸控制偏差大。

(2) 未按工艺规定或环境要求施焊，埋件固定不牢靠。

(3) 二期混凝土浇筑时埋件移位、变形。

3. 防治措施要点

(1) 闸门埋件安装分二期预埋、同步预埋两种方式，在不影响施工进度情况下，闸门埋件安装宜与闸墩立模扎筋同时进行（同步预埋）。

(2) 闸门埋件安装前，应根据设计图纸绘制埋件安装方案。

(3) 门槽内插筋应符合设计图要求，门槽插筋位置应准确，防止影响门槽埋件安装。

(4) 二期埋件安装前门槽中的模板等杂物清理干净，一、二期混凝土结合面全部凿毛，二期混凝土的断面尺寸符合图纸规定。

(5) 安装前应对埋件做单件或整体复测，各项尺寸应符合设计图纸和规范要求。同步预埋法需注意埋件固定牢固，安装位置符合要求。

(6) 埋件安装位置应与土建孔口中心线和门槽中心线采用同一测量基准线。

(7) 弧形闸门铰座的基础螺栓中心和设计中心的位置偏差不大于1mm。埋件安装调整后，应将调整螺栓与锚板或锚栓焊牢，埋件在浇筑二期混凝土过程中不应变形或移位。弧形闸门底槛、门楣、支铰座预埋件、侧止水埋件与侧轨安装的偏差应符合《水利水电工程钢闸门的制造、安装及验收规范》（GB/T 14173—2008）、《水利工程施工质量检验与评定规范 第3部分：金属结构与水力机械》（DB32/T 2334.3—2013）的规定，工序质量应评定为合格或优良等级。

(8) 平面闸门底槛、门楣、主轨、反轨、侧轨、侧止水埋件等安装尺寸偏差应符合《水利水电工程钢闸门的制造、安装及验收规范》（GB/T 14173—2008）、《水利工程施工质量检验与评定规范 第3部分：金属结构与水力机械》（DB32/T 2334.3—2013）的规定，工序质量应评定为合格或优良等级。

(9) 闸门门槽埋件开脚钢筋和钢板焊接连接的焊缝应符合下述要求：

1) 焊缝高度大于等于 $0.35d$，且不应小于 4mm。

2) 焊缝宽度大于等于 $0.5d$，且不应小于 6mm。

3) 焊缝长度大于等于 $5d+20$mm。

(10) 混凝土浇筑前进行复查，混凝土拆模后对埋件进行复测，埋件表面焊碴、砂浆等杂物应清除干净。埋件表面防腐处理，涂料涂装应符合规范要求。

10.6.2 闸门分节安装局部焊缝和防腐质量不符合要求

1. 通病描述

(1) 分节闸门安装现场焊缝质量不符合规范规定。

(2) 气温较高时去除锌层引起工人锌中毒。

(3) 分节闸门现场安装焊缝处防腐质量不符合要求。

2. 主要原因

(1) 闸门分节制作时未开剖口，现场施焊工人无焊工操作证书。

(2) 闸门边梁、腹板靠近边墩，现场未提起闸门进行焊接。

(3) 厂内闸门喷锌防腐施工时，未预留现场焊接、喷锌位置；厂内防腐时已将现场焊缝两侧进行防腐处理。

(4) 现场喷锌防腐施工不规范。

3. 防治措施要点

(1) 闸门制造、安装的运输单元应具有必要的刚度，外形尺寸和重量应满足运输要求。

(2) 分节闸门一般要求工厂整体拼接、制作，再拆开。分节闸门组装成整体后，除应按《水利水电工程钢闸门制造、安装及验收规范》(GB/T 14173—2008) 第8.2.2条、第8.2.3条有关规定对各项尺寸进行复测外，并应满足下列要求：

1) 节间如采用螺栓连接，则螺栓应均匀拧紧，节间橡皮的压缩量应符合设计要求。

2) 节间如采用焊接，应根据焊缝等级、板材厚度等情况开剖口；现场施焊工人应有焊工操作证书，且应具备全位置焊接操作经验；应采用已经评定合格的焊接工艺，进行焊接和检验，焊接时应采取措施控制变形。

3) 现场焊缝两侧各预留20cm现场防腐。

(3) 现场闸门安装设置胎模或平台；现场安装严禁割孔，吊装时可焊接临时吊耳。

(4) 现场提起闸门对边梁、腹板靠近边墩侧面进行焊接。

10.6.3 弧形闸门安装不符合规范要求

1. 通病描述

(1) 两铰座轴线同轴度、轴孔倾斜度偏差较大。

(2) 铰座孔中心至面板外缘曲率半径、两侧曲率半径相对差、支臂中心与铰链中心吻合值等不符合规范要求。

(3) 弧形闸门支臂前端板与抗剪板未顶紧、边梁翼板存在对接错位。不符合《水利水电工程钢闸门制作、安装与验收规范》(GB/T 14173—2008) 第8.3.3条的规定。

(4) 弧形闸门铰座螺栓位置与牛腿支撑预埋钢板位置不对应，存在偏差。

2. 主要原因

(1) 土建施工时预埋件位置偏差较大。

(2) 安装时未认真校核各部件位置及高程。

3. 防治措施要点

(1) 弧形闸门安装应在主体结构沉降基本稳定、上部荷载以及边墩后回填土基本到位后再开始安装。

(2) 圆柱铰和球铰及其他形式支铰铰座安装公差或极限偏差应符合《水利水电工程钢闸门制造、安装及验收规范》(GB/T 14173—2008) 第8.3.1条、第8.3.3条的规定。

(3) 铰轴中心至面板外缘的曲率半径 R 的极限偏差：露顶式弧形闸门为±8mm，两侧相对差应不大于5mm；潜孔式弧形闸门为±4mm，两侧相对差应不大于3mm；采用充压式、压紧式水封弧形闸门为±3mm，其偏差方向应与埋件的止水座基面的曲率半径偏差方向一致，埋件的止水座基面至弧形闸门外弧面的间隙公差应不大于3mm，同时两侧半径的相对差应不大于1.5mm。

（4）分节弧形闸门门叶组装成整体后，应按《水利水电工程钢闸门制造、安装及验收规范》（GB/T 14173—2008）第8.3.2条、第8.3.3条有关规定对各项尺寸进行复测合格后，按焊接工艺规定对门叶结构进行焊接和检验，焊接时应采取措施控制变形。当门叶节间采取螺栓连接时，应遵照螺栓连接有关规定进行紧固。

（5）支臂两端的连接板若需要在安装时焊接，应采取措施减少焊接变形，以保证焊接后其组合面符合有关标准要求。

（6）抗剪板应和连接板顶紧施焊。

（7）连接螺栓应遵照螺栓连接有关规定进行紧固和检验，连接螺栓紧固后用0.3mm塞尺检查其塞入面积应小于25%。

10.6.4 铸铁门安装质量差

1. 通病描述

（1）铸铁闸门安装尺寸偏差较大。

（2）铸铁闸门渗漏量不符合规范要求。

（3）螺杆不垂直。

2. 主要原因

（1）土建尺寸偏差大；铸铁闸门安装过程中轴线等控制偏差大。

（2）铸铁闸门出厂验收未进行渗漏试验。

（3）铸铁门重心位置不正确。

3. 防治措施要点

（1）铸铁闸门安装宜采用二期混凝土方式。

（2）一期混凝土中设置的闸门安装槽口尺寸应满足闸门安装调整和二期混凝土浇筑的需要。条状钢板在一期混凝土中埋设的位置应与门框和导轨安装位置相对应，且与导轨等高。闸门地脚螺栓应与条状钢板埋件焊接牢固。

（3）按《水利工程施工质量检验与评定规范 第3部分：金属结构与水力机械》（DB32/T 2334.3—2013）进行铸铁闸门门框底平面高程与两端相对高差、门框导轨平行度与垂直度、闸门中心线与孔口中心线、止水封间隙等安装质量控制与检验。

（4）在门板无下压力的状态下，用临时连接螺栓保持门板和门框楔紧。

（5）铸铁闸门出厂验收时，应按照《水利工程铸铁闸门设计制造安装验收规范》（DB32/T 1712—2011）的规定检查铸造企业对铸件、主要部件、装配等检验资料，并进行渗漏试验，整扇闸门平放注水渗漏试验渗水量应小于1.25L/(min·m)。并注明门的重心。

（6）闸门试运行过程中在全程2次～3次运行后，检查止水密封面间隙应不大于0.1mm，否则应进行处理。

10.6.5 止水安装不符合要求

1. 通病描述

(1) 闸门止水平面度及支承平面度不满足要求。

(2) 闸门入槽无水状态下检查时透光。

(3) 闸门止水橡皮接头未采用生胶热压工艺（个别采用钢丝连接，或未连接），或接头胶合不紧密，有错位、凹凸不平和疏松现象。

(4) 止水橡皮破裂、扭曲、接头错位。

(5) 止水密封不紧密。

(6) 止水螺栓品质不符合设计要求。

2. 主要原因

(1) 安装单位对闸门止水平面度未进行复核。

(2) 止水橡皮安装不规范。

(3) 安装后未对止水橡皮的压缩量进行检测。

3. 防治措施要点

(1) 止水橡皮的物理力学性能应符合《水利水电工程钢闸门制造、安装及验收规范》(GB/T 14173—2008)的规定。

(2) 止水橡皮的螺栓孔位置应与门叶和止水压板上的螺栓孔位置一致，孔径应比螺栓直径小1mm。应采用专用空心钻头制孔，不应烫孔，均匀拧紧螺栓后，其端部至少应低于止水橡皮自由表面8mm。水平与垂直止水橡皮交接处宜采用整块浇铸成型。

(3) 闸门安装前，应检查门槽埋件安装质量，铲除埋件工作面踏面板上的焊瘤、焊渣、飞溅以及砂浆，结合处有错位的应进行处理。

(4) 止水橡皮可采用生胶热压等方法胶合连接，结合面成45°角连接；胶合接头处不得有错位、凹凸不平和疏松现象；若采用常温黏接剂胶合，抗拉强度应不低于止水橡皮抗拉强度的85%。

(5) 平面闸门和弧形闸门止水橡皮安装后，两侧止水中心距离和顶止水中心至底止水底缘距离的极限偏差应小于±3mm，止水表面的平面度为2mm。闸门处于工作状态时，止水橡皮的压缩量应符合图样规定，允许偏差为−1.0mm～+2.0mm。

(6) 闸门安装合格后，应在无水情况下做全行程启闭试验。无水状态下闸门全部处于工作部位后，应用灯光或其他方法检查止水橡皮的压缩程度，不应有透亮或有间隙。如闸门为上游止水，则应在支承装置和轨道接触后检查。采用冲水检查不应漏水。

(7) 止水橡皮的安装质量应符合《水利水电工程钢闸门制造、安装及验收规范》(GB/T 14173—2008)的规定。

【规范规定】

《水利水电工程钢闸门的制造、安装及验收规范》(GB/T 14173—2008)

8.5.4 闸门在承受设计水头的压力下，通过任意1m长度的水封范围内漏水量不应超过0.1L/s。

《水利工程施工质量检验与评定规范 第3部分：金属结构与水力机械》（DB32/T

2334.3—2013)。

6.1.5 闸门止水橡皮接头宜采用生胶热压，接头胶合应紧密，无错位、凹凸不平和疏松现象。闸门安装后应进行透光检查或充水检查。

10.6.6 闸/阀门漏水

1. 表现

闸、阀门边缘或底部漏水。

2. 主要原因

(1) 闸门、阀门门叶自身变形，门叶安装质量偏差。

(2) 埋件止水工作面直线度超标。

(3) 埋件的安装尺寸、高程偏差，门槽埋件焊接变形，水平度、垂直度超标。

(4) 止水工作面接头焊接后未经打磨处理，或打磨处理后表面仍然不平整，组合处错位超标。

(5) 门槽二期混凝土回填后门槽产生变形。

(6) 埋件止水工作面黏附杂物未清理干净，或在试运行阶段未在止水橡皮处浇水湿润，或止水橡皮压缩量过大，闸门运行一段时间后止水橡皮磨损或损坏。

(7) 止水橡皮接头粘接不牢。闸门底水封与侧水封之间未黏结密封，存在缝隙。

(8) 止水橡皮压缩量偏小；侧止水橡皮、顶止水橡皮和底止水橡皮与止水工作面踏面板局部接触有间隙，达不到要求的压缩量。

(9) 顶止水上翻撕裂。

3. 防治措施要点

(1) 安装前对运到现场的闸、阀门及部件在运输和转运过程中是否产生变形进行检查，如有变形应及时矫正处理。

(2) 加强埋件制作质量检查，止水面直线度满足要求。

(3) 按工艺规定对埋件接头合理施焊；止水工作面接头焊接后应打磨处理，接头处表面应平整。

(4) 三角门、人字门的底支承座、顶拉杆、门槛的高程、宽度、角度、旋转中心、开关门位置线、底槛预埋控制线等应重点控制，按图纸、工艺要求和规范标准严格检查。

(5) 门槽埋件固定稳固，二期混凝土回填后对门槽埋件进行检测。

(6) 闸门安装前止水工作面表面杂物清理干净。

(7) 止水橡皮和止水工作面接触良好，止水橡皮压缩量满足设计要求。

(8) 拧紧止水固定螺栓。

(9) 顶、底止水和侧止水橡皮接头处，采用模具进行热粘接。

(10) 闸门安装后再次调整止水橡皮压缩量。

(11) 止水橡皮螺孔采取配钻，孔径小于螺栓直径1mm，避免扩孔，增加密封垫片，拧紧螺栓。

10.6.7 闸门启闭异常

1. 通病描述

闸门在有水状态下运行异常，如不能下沉到底，提升过程有抖动现象。

2. 主要原因

（1）闸门配重设计不合理，或未按设计重量、位置等要求布置。

（2）启闭机配套电机选型不合理，电机功率偏小。

（3）闸门启闭过程中有卡阻，滚轮不能正常转动。

（4）止水橡皮压缩量偏大。

3. 防治措施要点

（1）进行配重设计与调整。

（2）配套电机应根据闸门启门力计算结果选型。

（3）检查闸门启闭过程中产生卡阻原因，并进行处理；检查滚轮是否转动，不能转动的滚轮进行处理。

（4）调整止水橡皮压缩量。

10.6.8 闸门开度显示器与荷载显示器不准确

1. 通病描述

显示器的指示与实际情况不符。

2. 主要原因

（1）显示器质量不合格。

（2）开度显示器、荷重显示器现场调试工作不到位。

3. 防治措施要点

（1）选用质量好的传感器，出厂前进行试验及检查。

（2）开度传感器的配置、荷重传感器与实际荷载的相对位置关系应通过计算确定，再进行调试。

10.7 启闭机制造

10.7.1 外购件质量不符合要求

1. 通病描述

（1）电机、减速器、制动器等外购件质量不符合设计要求。

（2）启闭机运行时噪声超过规范要求。

2. 主要原因

（1）未按设计要求采购启闭机。

（2）未对外购件进行检查。

3. 防治措施

(1) 严格按设计要求检查验收外购件。

(2) 加强启闭机监造与出厂验收工作。

10.7.2 启门力不满足要求

1. 通病描述

闸门开启过程中有抖动等异常。

2. 主要原因

(1) 启闭机启闭门力设计错误。

(2) 电机功率偏小。

(3) 止水橡皮压缩量偏大，启闭过程中有卡阻现象。

3. 防治措施

(1) 按设计要求进行启闭机设计。

(2) 选择符合设计要求的电机。

(3) 止水橡皮安装的压缩量应符合规范要求；闸门埋件工作面踏面平整、光滑、无附着物。

10.7.3 启闭机安全装置设置不规范

1. 通病描述

(1) 启闭机安全装置设计不符合《水电工程启闭机设计规范》(SL 41—2018) 第 3.3 节安全保护装置的要求。

(2) 液压启闭机行程限制器设计不符合《水电工程启闭机设计规范》(SL 41—2018) 第 7.1.16 条的规定。

2. 主要原因

(1) 制造单位启闭机安全装置的设计疏忽，未经设计单位审核。

(2) 制造单位对强制性条文执行不到位。

3. 防治措施要点

(1) 启闭机和其他起重机械相比，对起升机构的安全保护特别重要。这主要是因为其工作对象大部分在水中，工作情况不易摸清。如果启闭机发生意外，不仅影响闸门的启闭，有时后果不堪设想。因此，启闭机应装设安全装置。应根据不同型式的启闭机采用制动器、荷载限制器、力矩限制器、行程或扬程限制器、缓冲器、防风夹轨器、锚定、液压保护和电气保护等安全装置。

(2) 液压启闭机应设置行程限制器，严禁采用溢流阀代替行程限制器。安全溢流阀主要用于偶然发生的过压保护，频繁用于行程限制易损坏而失去保护作用，可能引发过载、爆管、环境污染和人身伤害事件，影响闸门安全运行，需强制执行。同时，为了确保上下极限位置保护的可靠性，要求另设一套与行程检测装置原理不同的极限位置保护开关。

10.7.4 液压启闭机制造质量不符合要求

1. 通病描述

（1）活塞杆表面硬度、镀层厚度不符合设计要求，表面粗糙度不合格，镀铬后活塞杆尺寸偏大。

（2）密封件不达标，液压油渗漏。

（3）空载运行试验项目不满足要求。

2. 主要原因

（1）制造单位人为减少生产工序，检验人员不认真。

（2）采购质量不符合要求的密封件。

（3）制造单位未按规范要求进行液压启闭机制造质量空载试运行检验。

3. 防治措施要点

（1）启闭机应按《水利水电工程启闭机设计规范》（SL 41—2018）进行设计，生产企业进行启闭机设计时，建设单位应组织审查设计文件审查，注意启闭机与动力站、闸门、自动化之间接口关系的协调。

（2）按《水利水电工程启闭机制造、安装及验收规范》（SL/T 381—2021）的技术要求进行液压启闭机制造质量控制。缸体、缸盖、活塞、活塞杆、导向套、紧固件、油箱等制造质量应检验合格。主要控制内容包括：

1）缸体、活塞杆、密封件等材质应符合承包合同、设计及规范要求；液压元件、密封件、电气设备的电气元件等外购件有质量证明书、产品合格证；缸体、活塞杆等化学成分分析结果应符合要求；液压元件抽样检验应合格。

2）缸体、活塞杆超声波探伤检测无缺陷。

3）缸体与活塞杆加工精度应符合设计要求。

4）活塞杆表面镀铬（或陶瓷层）厚度应符合要求。

5）所有焊缝焊接质量应符合要求，焊接工艺符合要求，焊缝无损检测应合格。

6）液压油缸装配质量直接影响整机质量，要求严格按工艺规范执行，做到精心装配，装配质量合格。

7）要求所有阀件、管路均要清洗干净后再组装，做好管路接头渗漏检查。

（3）启闭机所有焊缝应进行外观检查，外观质量应符合《水工金属结构焊接通用技术条件》（SL 36—2016）的规定。同时，一类和二类焊缝应按规定进行无损检测。

（4）液压启闭机出厂前，应进行液压系统组装，按《水利水电工程启闭机制造、安装及验收规范》（SL/T 381—2021）的规定进行厂内试验，检查合格后方可出厂。

监造工程师审查出厂前耐压试验方案，见证启闭机出厂检验试验过程，要求：空载试验不得出现外部漏油及爬行等现象，最低动作压力试验符合设计要求，耐压试验不允许有外泄漏、永久变形破坏现象，外泄漏试验合格，最大行程符合设计要求；模拟启门闭门动作，按启门按钮，活塞杆缩回过程中油缸无抖动、爬行，系统运行平稳、无异常；启门到位行程开关或开度仪发讯并停机；闭门动作油缸无抖动、爬行系统运行平稳、无异常，闭门到位行程开关或开度仪发讯，并停机。

(5) 油箱应进行渗漏试验，试验结果应合格。

(6) 启闭机出厂验收时，应同时按《水利水电工程启闭机制造、安装及验收规范》(SL/T 381—2021) 的规定对制造资料进行检查验收。

(7) 承包人做好启闭机、液压缸保护工作，防止保管、运输过程中变形。

10.7.5 卷扬式启闭机制造质量不符合要求

1. 通病描述

(1) 启闭机大、小开式齿轮有铸造缺陷，接触斑点不够，齿轮单边受力磨损。

(2) 启闭机大、小开式齿轮和制动轮表面硬度不足。

(3) 启闭机制动轮与闸瓦接触面积偏小，影响制动效果。启闭机闸瓦打开时与制动轮间隙不满足规范要求，间隙过大或过小，制动效果差，或闸瓦容易碰擦制动轮。

2. 主要原因

(1) 制造单位未对齿轮制造质量进行检验。

(2) 制动器、大小式开式齿轮安装后未进行调整。

3. 防治措施要点

(1) 按《水利水电工程启闭机制造、安装及验收规范》(SL/T 381—2021) 的制造技术要求进行卷扬式启闭机制造质量控制。机架、钢丝绳、滑轮、卷筒、联轴器、制动轮与制动器、开式齿轮副与减速器等所有零部件应检验合格，外购件应有合格证明文件。

(2) 启闭机所有焊缝不应间断焊接，应进行外观检查，外观质量应符合《水工金属结构焊接通用技术条件》(SL 36—2016) 的规定。同时，一类和二类焊缝应按规定进行无损检测。

(3) 固定钢丝绳所用压板用螺孔应完整，螺纹不允许出现破碎、断裂等缺陷，钢丝绳固定卷筒的绳槽，其过渡部分的顶峰应铲平磨光。

(4) 厂内应进行机架、电机和减速器、制动器、齿轮副、卷筒等部件的整体组装，出厂前按《水利水电工程启闭机制造、安装及验收规范》(SL/T 381—2021) 的规定进行空载运行试验、电气设备试验，试验结果应合格。

(5) 启闭机运到现场后，应对开式齿轮的侧、顶间隙，齿轮齿合接触点百分值、轴瓦与轴颈间的顶、侧间隙等进行复测，其结果应符合规范要求；必要时，应对设备进行分解、清扫、检查。

10.8 启闭机安装

10.8.1 液压启闭机安装不符合要求

1. 通病描述

(1) 机架中心线安装偏差超过规范要求，如机架纵向、横向中心线与实际起吊中心线偏差超过±2mm，机架高程偏差超过±5mm。双吊点液压启闭机支承面的高差超过±0.5mm。

（2）机架钢梁与推力支座安装偏差不满足规范要求，如机架钢梁与推力支座的组合面有大于 0.05mm 的通隙，其局部间隙大于 0.1mm，局部间隙深度超过组合面宽度的 1/3，局部间隙累计长度超过周长的 20%，推力支座顶面水平偏差大于 0.2/1000。

（3）启闭闸门时两侧活塞杆不同步。

（4）液压油型号、油量及油位不满足要求，液压油清洁度不满足规范要求。

（5）管路系统安装冲洗、耐压试验不符合规范要求。

（6）限位开关、高度指示器显示位置不正确，高度指示装置显示的数据不能正确表示出闸门所处位置。

（7）液压启闭机安装后未进行闸门沉降试验，或试验不合格，闸门 24h 沉降量大于 100mm。

2. 主要原因

（1）设备安装前未核对相关土建与安装尺寸。安装过程中，未按《水利水电工程启闭机制造安装及验收规范》（SL/T 381—2021）等规范进行液压缸和液压系统安装单元工程质量检验。

（2）未按规范或产品说明书的要求采购液压油。

（3）施工人员未按规范要求清洗管路。

（4）安装单位未按规定进行检查试验。

3. 防治措施要点

（1）液压启闭机出厂前，应进行整机组装和试验，经检查合格，方可出厂。出厂产品应有合格证和产品说明书。

（2）启闭机到达现场，监理单位应组织进场检查、开箱验收，并对出厂验收资料、产品合格证、制造图纸、安装图样、相关技术文件和维护说明书、发货清单等进行检查。

（3）液压启闭机安装过程中按《水利水电工程启闭机制造安装及验收规范》（SL/T 381—2021）、《水利工程施工质量检验与评定规范　第 3 部分：金属结构与水力机械》（DB32/T 2334.3—2013）的要求，进行质量控制与验收，启闭机机架的纵向、横向中心线与实际起吊中心线的偏差不应大于 2.0mm，机架高程偏差不应超过±5mm；双吊点液压启闭机的支承面高差不应大于±0.5mm。

（4）机架钢梁与推力支座的组合面不应有超过 0.05mm 的通隙，其局部间隙不应大于 0.10mm，局部间隙深度不应超过组合面宽度的 1/3，局部间隙累计长度不超过周长的 20%，推力支座顶面水平偏差不应大于 0.2/1000。

（5）现场安装油路管道清洗应符合要求。管道冲洗应使用专用液压泵站，冲洗时管道内流速应达到紊流状态，滤网过滤精度应不低于 $10\mu m$，冲洗时间应以冲洗液固体颗粒污染物等级达到设计要求为准。

（6）管道安装垂直度、水平度和平面度符合规范要求，且固定良好，阀件与管道角向接头无渗漏。电磁阀动作灵敏正确。

（7）同一扇闸门两侧的油路管道长度基本相等。

（8）管路系统应按图纸要求进行耐压试验；图纸未规定时，可按 1.25 倍工作压力试压。管件接头处不应有渗漏现象。阀件漏油量应符合设计要求。

(9) 用软管时，不应使软管拉紧、扭转，软管在活动时不应与其他物体摩擦。软管接头至起弯处的直线段长度不应小于软管外径的 6 倍，弯曲半径不应小于软管外径的 10 倍。

(10) 现场注入的液压油型号、油量及油位应符合设计要求，液压油过滤精度应不低于 $20\mu m$。

(11) 液压启闭机限位开关、高度指示器显示数据能正确反映闸门所处位置，否则，调整上下限位点及充水接点。

(12) 油箱上设置的空气过滤器应具有排水和干燥功能。

(13) 液压启闭机电气设备安装、试验、质量等级评定，应按国家和行业现行的有关标准和规范执行。电接点压力表的电气接点整定值应符合"规范"或设计要求。

(14) 油箱安装高程、水平度、垂直度应符合《水利工程施工质量检验与评定规范 第 3 部分：金属结构与水力机械》（DB32/T 2334.3—2013）的要求。

(15) 按《水利工程施工质量检验与评定规范 第 3 部分：金属结构与水力机械》（DB32/T 2334.3—2013）进行液压启闭机安装质量检验，每套液压系统安装为 1 个关键部位单元工程，监理单位组织关键部位单元工程验收签证。

【规范规定】

《水利水电工程启闭机制造安装及验收规范》（SL/T 381—2021）

7.4.5 现场安装管路进行整体循环油冲洗，冲洗速度宜达到紊流状态，滤网过滤精度应不低于 $10\mu m$，冲洗时间不少于 30min。

《水利水电工程启闭机制造安装及验收规范》（SL/T 381—2021）

10.5.7 无水联调试验，液压启闭机将闸门提起进行沉降试验，闸门下滑应符合设计要求；当设计无要求时，提升闸门后，在 48h 内，闸门下滑量不应大于 200mm。

10.8.2 卷扬式启闭机安装不符合规范要求

1. 表现

(1) 纵向、横向中心线与起吊中心线偏差较大，机架水平度偏差大。

(2) 机架固定不符合设计要求，垫铁接触面小。

(3) 启闭机未按规范要求接地，接地电阻大于 4Ω。

(4) 启闭机养护不到位，如启闭机开式齿轮未加黄油，减速箱油位低于设定要求，轴承部位未加黄油。

(5) 启闭机卷筒钢丝绳安全圈数不足 4 圈，钢丝绳缠绕至卷筒绳槽之外。不符合《水利水电工程启闭机制造、安装及验收规范》（SL/T 381—2021）第 5.2.2.6 条的规定。

2. 主要原因

(1) 启闭机设备安装前未核对相关土建与安装尺寸；机架固定不牢固，在浇筑二期混凝土过程中移位。

(2) 对荷载和震动通过垫铁均匀传递给基础的重要性认识不足。

(3) 未按照《电气装置安装工程接地装置施工及验收规范》（GB 50169—2016）进行设备接地施工，启闭机接地未与建筑物接地网相连。

(4) 钢丝绳长度放样错误。

3. 防治措施要点

(1) 启闭机安装过程中,重点控制检查启闭机平台纵横中心线、高程、水平度。

(2) 机架固定牢固,保证垫铁接触面积。

(3) 启闭机接地与建筑物接地网相连,用接地电阻仪测量接地电阻≤4Ω。

(4) 启闭机开式齿轮和轴承应加黄油润滑,减速箱油位不低于设定位置要求。

(5) 卷筒预留钢丝绳圈数越少,固定绳头端受力越大,绳头越容易滑出。当吊点在下限时,留在卷筒上的圈数不应少于4圈,其中2圈为固定圈,2圈为安全圈。当吊点处于上限位置时,钢丝绳不得缠绕到卷筒绳槽以外,应缠绕在绳槽内。

(7) 按《水利工程施工质量检验与评定规范 第3部分:金属结构与水力机械》(DB32/T 2334.3—2013)进行卷扬式启闭机安装质量检验。

10.9 验 收

10.9.1 出厂验收不符合要求

1. 通病描述

闸门、启闭机出厂验收未完成工序和单元工程质量评定,未进行制造质量和资料检查,未形成出厂验收记录。

2. 主要原因

出厂验收过程草率,未按相关要求进行。

3. 防治措施要点

根据《水利工程施工质量检验与评定规范 第3部分:金属结构与水力机械》(DB32/T 2334.3—2013),金属结构应进行出厂验收,验收合格方可出厂,并附产品合格证。出厂验收应按合同和规范的要求,对制造质量和应交付文件进行全面检查和清点,出厂验收由建设单位或委托监理单位组织,金属结构出厂验收主要工作如下:

(1) 对制造单位在闸门、启闭机制造过程中形成的技术资料进行验收,审查其合格性。制造单位应按《水利水电工程钢闸门制造、安装及验收规范》(GB/T 14173—2008)、《水利水电工程启闭机制造安装及验收规范》(SL/T 381—2021)的规定提供下列技术资料:设计文件、设计图、设计修改通知单和零件材料代用通知单、主要材料、标准件、外购件、外协加工件的质量证明文件、复验报告和检验记录,外购件型式试验合格证,大型铸件、锻件的无损探伤检验报告和热处理报告,金属结构的焊接工艺评定报告及制造工艺文件,焊缝质量检验报告及有关记录,对重大缺欠处理记录和报告,闸门和埋件产品质量检验记录、闸门单元工程质量检验评定报告,启闭机出厂试验报告,产品合格证及发货清单等。

(2) 对相关零部件的质量进行检验,对启闭机性能进行试验,对总体尺寸、接口尺寸、关键尺寸进行复测,对零部件和备品备件进行检查清点。

(3) 检查闸门和埋件、启闭机的制造是否符合设计要求。

(4) 检查闸门和埋件、启闭机的制造是否符合相关技术标准的要求。
(5) 听取制造单位制造报告、监理单位监造报告、第三方检测单位检测报告。
(6) 对遗留问题提出处理意见。
(7) 验收完成后，验收各方形成验收会议纪要。

10.9.2 到工验收不规范

1. 通病描述

(1) 闸门、启闭机运抵工地，未进行到工验收检查。
(2) 安装单位未参加设备到工验收。
(3) 未形成现场验收和检查记录，或记录不详细。

2. 主要原因

闸门和启闭机到工验收流于形式。

3. 防治措施要点

(1) 到工验收主要内容如下：

1) 根据《水利工程施工质量检验与评定规范 第 3 部分：金属结构与水力机械》(DB32/T 2334.3—2013) 第 6.1.4 条，金属结构到工后应进行检查验收，产品合格证、试验报告和说明书等资料应齐全，验收合格后方可安装。

2) 根据《水利水电工程施工质量检验与评定规程》(SL 176—2007) 第 4.3.4 条，水工金属结构、启闭机及机电产品进场后，有关单位应按有关合同进行交货检查和验收。安装前，安装单位应检查产品是否有出厂合格证、设备安装说明书及有关技术文件，对在运输和存放过程中发生的变形、受潮、损坏等问题应作好记录，并进行妥善处理。无出厂合格证或不符合质量标准的产品不得用于工程。

3) 安装单位应对闸门、启闭机制造质量、安装现场有关结构尺寸等进行复测，发现问题及时处理。

(2) 监理单位按照《水利工程施工监理规范》(SL 288—2014) 第 6.2.6 条组织闸门和启闭机到工验收，形成验收记录。

10.9.3 闸门与启闭机试运行验收不符合规定

1. 通病描述

(1) 未根据《水利工程施工质量检验评定规范 第 3 部分：金属结构与水力机械》(DB32/T 2334.3—2013) 的规定，在闸门和启闭机安装后，分别在无水状态和有水状态下对闸门和启闭机进行试运行验收。

(2) 监理单位在闸门和启闭机安装单元工程质量等级复核时，未根据《水利工程施工质量检验与评定规范 第 3 部分：金属结构与水力机械》(DB32/T 2334.3—2013) 的规定，先在安装完成后提出初步复核意见，根据试运行情况复核质量等级。

2. 主要原因

不了解《水利工程施工质量检验评定规范 第 3 部分：金属结构与水力机械》(DB32/T 2334.3—2013) 将闸门和启闭机安装后，分别在无水状态和有水状态下对闸门和启闭机进行试运行验收的目的、意义和质量复核程序。

3. 防治措施要点

闸门、启闭机安装完成后需按先后顺序进行三个独立的工序检查与验收：安装完后的检查验收、闸门无水状态检查验收、闸门有水状态检验验收。

（1）闸门和启闭机安装完成后，分别按《水利工程施工质量检验与评定规范 第3部分：金属结构与水力机械》（DB32/T 2334.3—2013）进行工序和单元工程质量检验与评定。

（2）监理单位组织闸门和启闭机无水状态试运行检验，检验结果应满足设计和规范的要求，并对闸门和启闭机安装质量等级进行复核，提出初步评定等级。

（3）放水后，监理单位组织闸门和启闭机有水状态试运行检验，检验结果应满足设计和规范的要求，并对闸门和启闭机安装质量等级进行评定。

（4）闸门和启闭机在试运行过程中出现的问题，应进行处理，并对处理结果进行验收。

第 11 章 机电设备制造与安装

11.1 水泵制造及采购

11.1.1 主要部件材质不符合要求

1. 通病描述

水泵主要部件的材质、规格、型号与设计图纸或招标文件不符,如:

(1) 某工程水泵叶轮外壳、导叶体、喇叭口等招标文件规定材质为铸钢件,而实际采用铸铁件。

(2) 叶片不锈钢牌号与招标文件不符合。

2. 主要原因

(1) 中小型水泵基本由施工单位自行采购,往往选用价格相对便宜的产品,忽视水泵的质量。

(2) 采购人员对招标文件理解不透彻,没有专业人员把关,与制造单位签订的采购合同未对水泵主要零部件的材质、规格、型号提出要求,致使制造单位未按设计或招标文件要求使用材料。

(3) 制造单位未按合同要求使用材料。

3. 防治措施要点

(1) 招标文件对轮毂、叶片、叶轮外壳、导叶体、水导轴承、主轴、叶片调节装置等关键部件具体说明所用材料的规格、型号等质量要求。

(2) 水泵等设备在签订采购合同前应加强对制造单位的考察,必要时由项目法人、监理单位共同考察,重点了解制造单位的资质、业绩和生产能力、质量控制水平、检测能力、售后服务等情况。采购合同应对泵轴、叶片、轮毂、叶轮外壳、水导轴承等关键零部件的材质提出具体要求。

(3) 制造过程中做好关键零部件、材料的力学性能、化学成分质量检验,必要时进行探伤检验。

(4) 监理单位做好监造工作,加强水泵关键部件材质检查验收,核验质量保证文件、检验报告等质量证明文件。

【规范要求与有关规定】

《设备工程监理规范》(GB/T 26429—2022)

9.3.2.1 对制造过程应实施以下监理活动:

a) 对重要的原材料、外购件、外协件进行检查;

b) 对关键的制造工序和特殊过程进行监督;

c）对重要的检验、试验活动进行见证；

d）对制造不合格输出的控制进行监督。

《水利工程质量管理规定》（水利部令第52号，2023年1月12日）

第三十六条 施工单位必须按照经批准的设计文件、有关技术标准和合同约定，对原材料、中间产品、设备以及单元工程（工序）等进行质量检验，检验应当有检查记录或者检测报告，并有专人签字，确保数据真实可靠。对涉及结构安全的试块、试件以及有关材料，应当在项目法人或者监理单位监督下现场取样。

11.1.2 水泵铸件质量欠缺

1. 通病描述

（1）铸件尺寸偏差大。

（2）水泵铸件坯料存在气孔、砂眼、粘砂、夹砂等制造缺陷，严重的孔洞直径大于20mm，深度大于25mm（见图11.1）。

（a）叶片铸件表面气孔、砂眼　　　　（b）轮毂铸件表面气孔

图11.1 铸件制造缺陷

2. 主要原因

（1）水泵制造时铸件一般由外协厂家生产，质量控制不到位，外协件尺寸偏差大。

（2）在浇铸过程中，气体在金属液结壳之前未及时逸出，在铸件内生成孔洞类缺陷。

3. 防治措施要点

（1）制造厂在采购铸件时要把好质量检查关。

（2）存在缺陷的铸件应进行处理，处理仍不能满足使用要求的应报废。

11.1.3 随意更改配件型号、规格

1. 通病描述

配件规格、型号不符合招标文件的规定，或不符合制造图纸、图集以及经监理批准的制造方案、构配件批复文件。

2. 主要原因

（1）制造单位质量和合同意识不强，未经项目法人或设计单位同意擅自更改、代换

配件。

(2) 监理单位对配件的验收把关不严。

3. 防治措施要点

(1) 选用满足招标文件、设计文件要求的配件；需要改变配件生产单位或型号的，应履行变更手续。

(2) 监理单位做好配件验收工作。

11.1.4　零部件加工与装配质量不满足要求

1. 通病描述

(1) 部件加工精度不满足设计要求。如水泵叶片与轮毂螺栓连接改焊接连接；水泵轮毂钻孔安装配重块影响其结构强度；水泵叶片表面加工精度不符合设计要求；叶轮外壳内表面加工精度不符合要求。

(2) 导叶体水导轴窝与叶轮外壳同心度不符合规定要求。

2. 主要原因

(1) 制造企业人为减少生产工序，或是采购不符合质量要求的坯件。

(2) 水导轴承轴窝与导叶体下法兰面止口同心度不符合要求，叶轮外壳上端法兰止口与壳体内腔同心度不符合要求，装配时未安装定位销。

(3) 大中型水泵叶片未采用三轴或五轴联动数控加工技术。

3. 防治措施要点

(1) 招标文件列出制造过程中应遵循的技术标准；提出关键零部件加工精度要求，如：加工表面的粗糙度，叶片及导叶的线型偏差及厚度偏差，单叶片质量和同台泵叶片质量允许偏差，静平衡校正时最大外圆处允许偏差，叶轮与转子体装配后的各叶片安放角偏差，任一安放角下叶片与叶轮外壳之间的单边间隙及与转子体球面之间的间隙等允许值。招标文件对轮毂、叶片、叶轮外壳、导叶体、水导轴承、主轴、叶片调节装置等关键部件提出加工方法、加工设备及其精度和检验办法等要求。

(2) 加强部件加工过程中人员培训，检查加工设备和作业环境是否满足零部件加工精度要求，加强部件加工质量检验。

(3) 监理单位应按照《设备工程监理规范》(GB/T 26429—2022) 的规定，识别设备制造过程中的重要过程，包括特殊过程、关键工序、重要的检验试验活动等，确定并实施监督控制；应对关键工序、重要活动的实施方法、实施过程和结果的符合性进行检查；监理控制的方式包括但不限于：

1) 确立监理控制点并实施见证、检验、审核。

2) 针对重要过程、关键工序进行巡检，必要时可通过复测手段进行检验试验。

3) 采用抽样的方式实施监督控制活动等。

(4) 导叶体、叶轮体、叶轮外壳加工完成后，制造厂家应在厂内进行预装，确保水导轴窝与叶轮外壳内壁同心度，叶片角度以及叶片和叶轮外壳不同相对位置下叶片间隙满足招标文件和规范要求。预装完成后需对导叶体和叶轮外壳连接法兰面至少配打定位销 2 只。

(5) 设备运输过程中需加强保护，防止泵轴及叶轮外壳等部件变形。叶轮外壳和叶轮体到工后，安装单位须对其进行预装，以确保设备质量符合要求。

【规范规定】

《水利工程施工质量检验与评定规范 第 3 部分：金属结构与水力机械》（DB32/T 2334.3—2013）

7.1.4 设备出厂前应进行出厂验收，制造厂应提供相关质量证明文件，验收合格后方可出厂。

《设备工程监理规范》（GB/T 26429—2022）

9.3.2.2 制造过程的主要监理活动，包括但不限于：

1) 向被监理单位进行监理交底；约定需被监理单位配合的相关事项，可包括见证通知要求，监理工作中的沟通方式和渠道，监理控制点及控制方式和内容；

2) 检查适用的外部供方清单，审查分承包人的资质和能力；适用时可核查被监理单位的采购计划和生产计划，以确认选定或拟选定的外部供方符合要求；

3) 审查设备设计文件、制造标准和规范、工艺文件，质量检验计划文件等，必要时对重要工艺方案的验证与重要工艺的评定实施监督；

4) 识别设备采购技术要求与现行规范、强制性标准的偏差，设备设计文件、工艺文件与设备采购技术要求，现行规范、强制性标准的偏差；对技术要求存在的偏差，可分别向监理委托人、被监理单位提出建议；

5) 审查人员资格；检查测量仪器/装置的有效性和适用性；检查加工、装配、检测、试验等过程中对质量有重要影响的环境条件；

6) 适用时检查生产设备和工艺装备的能力及状态；

7) 识别设备制造过程中的重要过程，包括特殊过程、关键工序、重要的检验试验活动等，确定并实施监督控制；应对关键工序、重要活动的实施方法、实施过程和结果的符合性进行检查；

8) 识别制造技术要求，尤其是关键技术要求和涉及接口的技术要求，并检查其符合性；

9) 采用适当方式见证被监理单位的检验试验过程（包括阶段性检查和验收、出厂最终检查和试验等）；

10) 见证生产，检验和试验过程原始记录和（或）放行记录；

11) 检查不合格控制，验证不合格处置结果和纠正措施，检查设备制造过程的改进工作；

12) 适用时检查设备最终的外观质量，清洁度，防异物控制情况，防腐处理情况等；

13) 适用时检查包装过程和包装质量。

11.2 电 机 制 造

11.2.1 电机制造质量不符合要求

1. 通病描述

(1) 电机原材料、元器件质量不符合要求。

(2) 电机定子铁芯内径、转子外径的圆度偏差超出规范要求。

(3) 电机定子铁芯与轴承座不同心。

2. 主要原因

(1) 制造单位质量和合同意识不强，未按合同技术条款要求进行材料、元器件采购以及制造过程质量控制。

(2) 监理单位对配件的验收把关不严。

3. 防治措施要点

(1) 电机制造前，建设单位组织电机设计图纸和制造方案审查，确认有关的试验检查项目和厂内试验参数，确认见证点和待检点。

(2) 监理单位应按照《设备工程监理规范》（GB/T 26429—2022）的规定，对驻厂监造的电机，在生产过程中检查原材料、外协件质量情况，检查轴承瓦、冷却器、加热器等质量情况，见证检查电机轴法兰端超声波探伤，对电机轴等材料抽样送当地检测单位检测力学性能或化学成分。对电机定子与转子嵌线质量、定转子线圈铁芯平衡试验情况及有关检验数据、转子磁极单组试验、轴加工精度、定子线圈加工过程以及定子组装后空气间隙、绝缘电阻、耐压试验、外观质量等进行检查与控制，见证转子动静平衡试验等过程。检查转子外径圆度、定转子铁芯高度、定子内径圆度、推力头与电机轴颈配合尺寸、键与键槽配合尺寸、卡环与卡环槽配合间隙、镜板等重要部件的尺寸及配合公差。检查轴承润滑油密封试验、润滑油的油质、冷却器压力试验以及设备组合缝间隙等情况。

(3) 监理单位应按照《设备工程监理规范》（GB/T 26429—2022）的相关规定，对电机装配质量进行旁站监理，对零件间的配合质量进行检查，对整机的性能试验进行旁站监理，如见证电机绝缘电阻、直流耐压试验和泄漏电流测量、交流耐压试验等各项参数的测试，对试验结果予以确认。

11.2.2 电机油箱渗油

1. 通病描述

电机上下油缸渗油，电机冷却器渗漏。

2. 主要原因

焊缝焊接质量有缺陷。

3. 防治措施要点

(1) 加强焊接过程质量控制。

(2) 对油缸进行煤油渗漏试验，要求 4h 无渗漏现象。

(3) 安装前对冷却器进行压力试验，要求试验压力符合设计和规范要求，且不低于 0.35MPa，保持 60min，冷却器无渗漏。

11.2.3 电机定子绝缘电阻不满足要求

1. 通病描述

(1) 电机定子绝缘电阻不满足设计和规范要求。

(2) 运行时电机线圈对地或相间绝缘击穿，产生短路烧坏电机。

2. 主要原因

(1) 电机线圈材料质量较差；电机受潮。
(2) 电机线圈绝缘材料绝缘性能差。
(3) 电机线圈受损绝缘破坏，绝缘层表面起皮开裂，或制造时绕组有缺陷。
(4) 线圈裸露表面（接头）有灰尘等杂物。
(5) 定子线圈浸漆工艺过程不符合质量要求。

3. 防治措施要点

(1) 电机出厂及进场验收时做好外观质量检查；做好出厂试验、交接试验。
(2) 保持环境干燥，必要时加除湿机或通过电机加热器保持绕组干燥。
(3) 做好防护确保电机运输和安装过程中绕组不受外力损伤。
(4) 运行过程中保持通风冷却，避免温度偏高。
(5) 运行前检查、测量定子绝缘电阻。
(6) 做好设备清理和防护工作。

11.3 电气设备制造与采购

11.3.1 开关柜主要电气元器件型号、规格不符合要求

1. 通病描述

开关柜内主要电气元器件的规格、型号、参数不符合设计文件或招标文件的要求。

2. 主要原因

制造单位质量意识、合同意识不强，未经建设单位、设计单位和监理单位同意，擅自更改、使用未经批准的制造厂家生产的元器件，或擅自更改使用不满足要求的元器件。

3. 防治措施要点

(1) 选取信誉良好、品牌企业生产的电气元器件。
(2) 把握好电气元件采购质量，按合同要求的相关品牌及质量标准进行采购，采购合同签订前选定的元器件生产企业应得到项目法人和监理单位的书面同意。
(3) 加强电气元器件质量验收，验收时重点检查主要元器件的品牌是否与招标文件或投标文件承诺相符合，否则需要履行变更审批手续。

11.3.2 出厂试验项目不全

1. 通病描述

未按招标文件和规范要求进行设备出厂试验、漏做主要试验项目或试验项目不全。

2. 主要原因

制造单位质量意识不强，为减少成本，往往会减少质量检验项目。

3. 防治措施要点

(1) 电气设备生产过程中不仅要对各个零部件进行检测，出厂前还要对整个设备进行出厂检验，考核各个元器件是否符合制造标准，设备性能是否满足招标文件或规范的

要求。

(2) 以开关柜为例，出厂检验试验项目及要求如下（包括但不限于）：

1) 高压开关柜。回路电阻，绝缘电阻，整体交流耐压试验及开关断口耐压试验，辅助回路和控制回路耐压试验，开关特性试验，机械性能、机械操作及机械防误操作装置或电气联锁装置功能试验，仪表元件校验及接线正确性检查，设备型号检查，使用中可以互换的具有同样额定值和结构的组件其互换性检查。

2) 低压开关柜。设备的质量、结构、防护等级和涂层质量；所有手动功能、插头系统、门板等的机械操作；所有控制、保护设备的电气操作；所有保护系统在预定变化范围和整定值内的模拟试验（外加电压和电流）；功能性试验包括模拟操作和所有的自动试验；熔断器的型式及额定值的视觉检查；设备型号检查；工频耐压和直流耐压试验。

(3) 监理单位应按照《水利工程施工监理规范》（SL 288—2014）的规定，参加制造单位的厂内组装、整机调试和设备出厂检验，符合规定要求的予以签认。

(4) 制造单位应将制造过程资料收集整理后提交给项目法人。

(5) 出厂验收时，验收组要做好试验资料的检查和核对工作。

【规范要求】

《水利工程施工质量检验与评定规范 第3部分：金属结构与水力机械》（DB32/T 2334.3—2013）

7.1.4 设备出厂前应进行出厂验收，制造厂应提供相关质量证明文件，验收合格后方可出厂。设备出厂应有设备清单、产品合格证、相关资料和图纸、产品安装使用说明书等。

11.3.3 电气设备进场验收不规范

1. 通病描述

电气设备进场后，开箱检查、验收未形成记录。

2. 主要原因

监理单位未组织制造单位、安装单位进行电气设备进场开箱检查验收。

3. 防治措施要点

监理单位应按照《水利工程施工监理规范》（SL 288—2014）的规定，审查制造单位报送的电气设备交货清单是否符合合同要求。设备到工后，查验是否与发货清单一致并签认，查验随机附件、专用工（夹）具是否与配套设备同步发运到工地；开箱检查验收形成记录。

【规范要求】

《建筑电气工程施工质量验收规范》（GB 50303—2015）

3.2.6 变压器、箱式变电所、高压电器及电瓷制品的进场验收应包括以下内容：

1 查验合格证和随带技术文件；变压器应有出厂试验记录。

2 外观检查：设备应有铭牌，外表涂层应完整，附件应齐全，绝缘件应无缺损、裂纹，充油部分不应渗漏，充气高压设备气压指示应正常。

《水利工程施工质量检验与评定规范 第3部分：金属结构与水力机械》（DB32/T 2334.3—2013）

7.1.6 安装前应对机组设备和现场安装条件进行检查，符合要求后方可安装。

11.4 主 机 组 安 装

11.4.1 安装质量控制不严

1. 通病描述

（1）未针对水泵、电机的特点编制安装方案，或安装方案不合理。

（2）安装前监理单位未组织机组设备和现场安装条件检查。

（3）未根据《水利工程施工质量检验与评定规范 第3部分：金属结构与水力机械》（DB32/T 2334.3—2013）的规定，对各工序质量进行检测、验收。

2. 主要原因

（1）安装单位根据经验安装机组，对安装方案不重视，技术负责人未认真进行把关。

（2）监理单位未按《水利工程施工监理规范》（SL 288—2014）的规定组织机组设备和现场安装条件检查。

3. 防治措施要点

（1）机组安装前，安装单位应编制安装方案，并获监理单位批准；大型泵站宜组织专家论证。

（2）主机组应由具有相应资质的单位安装；大中型机组安装技术负责人应有同类机组安装经历。

（3）安装单位和监理单位应按《水利工程施工质量检验评定规范 第3部分：金属结构与水力机械》（DB32/T 2334.3—2013）进行相关工序质量检查与验收，并形成工序检查验收记录和评定表。

（4）水泵安装前做好叶轮与叶轮室预装叶片间隙等检查工作；电动机安装前做好电气绝缘、定子铁芯中心高度、转子磁极中心高度、推力头轴孔与轴颈配合、上油槽渗漏试验、油槽冷却器和空气冷却器耐压试验、轴瓦研刮与水泵导轴承预装间隙等检验工作。

（5）做好机组固定部件、转动部件等安装质量检验。

（6）按《泵站设备安装及验收规范》（SL 317—2015）的规定，安装过程中重点控制内容如下：预埋件清理、安装、二期混凝土浇筑，设备组合面组合缝间隙、叶轮安装高程、叶片角度、轴瓦研括、上下导瓦间隙、镜板水平、叶片间隙、水导轴承间隙、电机空气间隙、主机泵垂直同心度、摆度、承压设备及连接件的耐压试验、油缸煤油渗漏试验以及电机绝缘、直流电阻、直流泄漏、耐压试验等。检查电气设备安装质量，做好继电保护调试整定、仪表校验、励磁调试，见证电气设备的耐压、绝缘电阻等电气项目试验。做好各设备试运行与联合调试。

（7）监理单位应做好下述项目的旁站检测：

1）水泵：泵轴、叶片等关键部件材质、加工尺寸，叶片线型，叶轮头等部件严密性试验、叶轮头部件静平衡试验，厂内装配质量检查，叶轮与叶轮外壳组装间隙等。

2) 电机：电机定子、转子等关键零部件加工质量，电机定子、转子 VIP 浸漆，电机型式试验等。

3) 机电设备安装：高程、中心位置、轴线垂直度、同心度、主轴摆度等。

（8）项目法人委托检测单位应按照《水利工程施工质量项目法人委托检测规范》（DB32/T 2707—2014）的规定，在水泵现场组装过程中派检测人员进行检测，并对水泵安装的同轴度、主轴摆度、间隙、高程、水平、轴线倾斜等进行检测分析。泵站机组试运行期间，项目法人宜委托检测单位对主机组振动、噪声、温度、电气参数、水力参数等进行检测。

11.4.2 埋件安装不符合要求

1. 通病描述

（1）预埋件的材料、型号、形状尺寸与位置尺寸不符合安装图的要求。

（2）机组安装垫铁设置不规范，表现为垫铁搭接长度不够，垫铁与基础接触面积小。

（3）不使用调整垫铁，直接放置在混凝土面上安装，设备固定达不到要求。

（4）每一垫铁组块数超过 5 层，且接触面积达不到要求，未进行点焊固定。

2. 主要原因

（1）基础螺栓孔预埋偏差较大，土建尺寸控制误差大于机电设备安装控制误差，设备安装前未核对相关土建与机组安装尺寸；安装过程中未严格按规范或产品说明书的要求进行埋件安装质量控制。

（2）对泵荷载和振动通过垫铁均匀传递给基础的重要性认识不足。

（3）机泵在就位时没有对基础表面铲平，基础表面高低不平，垫铁与基础不能保证接触面积大于 50%。

3. 防治措施要点

（1）预埋件的材料、型号、形状尺寸及位置尺寸应符合安装图的要求。

（2）设备安装前应认真核对相关土建与机组安装尺寸，检查泵座中心线对土建中心线、其他埋件与泵座同轴度、泵座高程对设计高程、电动机及其他埋件高程对推算高程、地脚螺栓预留孔尺寸及位置尺寸等尺寸偏差；根据水泵叶轮中心安装高程设计值与泵体实测值，初步确定水泵、电机基础高程。

（3）地脚螺栓的加工及安装应符合《泵站设备安装及验收规范》（SL 317—2015）的规定。

（4）设备基础垫板的加工面做到平整、光洁、无毛刺及卷边，控制基础垫板埋设高程偏差为 −5mm~0，中心和分布位置偏差不大于 3mm，水平偏差不大于 1mm/m。

（5）互相配对的楔子板之间的接触面应密实；重要部件楔子板安装后用 0.05mm 的塞尺检查接触情况，每侧接触长度应大于 70%。

（6）基础板支垫稳妥，基础螺栓紧固后，基础板不应松动；基础螺栓、拉紧器、千斤顶、楔子板、基础板等部件安装后均应进行点焊固定，基础板与预埋钢筋焊接连接。

11.4.3 联轴器间隙偏差大

1. 通病描述

机组联轴器间隙不均匀且间隙偏差偏大，不符合《机械设备安装工程施工及验收规范》(GB 50231—2009)对联轴器装配的要求。

2. 主要原因

设备安装前未对土建与机组安装基准线、基准点和水准标高点等进行复核；安装过程中未按规范或产品说明书的质量要求进行控制。

3. 防治措施要点

(1) 设备安装前应认真对土建与机组安装基准线、基准点和水准标高点等进行复核，根据水泵叶轮中心安装高程设计值与泵轴、电机轴长度及其他参数实测值，再根据联轴器设计要求间隙，计算水泵、电机基础安装高程。

(2) 根据《泵站设备安装及验收规范》(SL 317—2015)第 2.1.4 条规定，对与安装有关的尺寸及配合公差进行校核，部件装配注意配合标记。多台同型号设备同时安装时，每台设备应使用标有同一序列标记的部件进行装配。

(3) 经盘车检查，联轴器两轴心径向位移、两轴线倾斜应符合《机械设备安装工程施工及验收规范》(GB 50231—2009)的要求。端面间隙经钢直尺和塞尺检查应符合《机械设备安装工程施工及验收规范》(GB 50231—2009)、《泵站设备安装及验收规范》(SL 317—2015)的要求。

11.4.4 填料函处漏水量偏大

1. 通病描述

水泵运行时填料函处漏水量过大。

2. 主要原因

(1) 填料选用不合适。选用的填料不耐介质腐蚀、不耐高压或真空、不耐高温或低温等。如果所用填料太细，当受到填料压盖的挤压作用时，它本身所能产生的径向形变就很有限，不能起到很好的密封作用。

(2) 填料压盖未压紧。

(3) 填料切得太短，两切面不能密合。

(4) 填料安装圈数太少，达不到使用要求。

(5) 填料切口角度过大或过小，填料切面的接合方式不正确，各圈填料的切口没有错开。

3. 防治措施要点

(1) 选用合适的填料。

(2) 检查并调整压盖的预紧间隙，适当拧紧压盖螺母，使预紧间隙缩小；填料压盖应松紧适当，宜有稍许滴水，与泵轴之间的径向间隙均匀。如止漏效果不明显就要对填料密封装置进行拆卸检查，并重新安装填料。

(3) 按《泵站设备安装及验收规范》(SL 317—2015)进行填料密封的安装。填料函内侧挡环与轴套的单侧径向间隙宜控制在 0.25mm～0.50mm；填料接口应严密，两端搭接的切口角度宜切成 45°的剖口，相邻两层填料接口宜相互错开 120°～180°；填料要切得长短合适，并逐圈将其压入填料腔，不允许填料连续缠绕或多圈一起安放后再压紧；在安装带有切口的填料圈时，不能剧烈地、反复地扭转切口，更不能向两侧用力拉大切口的缝距。

（4）安装、拆卸填料时应使用专用工具，不得划伤填料腔内壁和轴的表面；对表面受损的填料筒内壁或泵轴（阀杆）进行修复或更换，对弯曲的泵轴（阀杆）应校正取直。安装填料前应当彻底清洗填料筒内壁及泵轴表面，并且在安装时要保持填料的清洁。

11.4.5 轴承渗漏油

1. 通病描述

机组轴承渗油、漏油。

2. 主要原因

（1）油封材料不满足要求。

（2）油封结构不合理，制造质量差。

（3）轴或轴承质量差。

（4）安装质量不满足要求。

3. 防治措施要点

（1）选购符合招标文件要求的油封，安装前对油封质量进行检查验收。

（2）轴承油封安装时，若轴颈外表面粗糙度不满足要求，或有锈斑、锈蚀、毛刺等缺陷，要用油石打磨光滑。在轴承油封口或轴颈对应位置涂上清洁机油或润滑油脂。轴承油封外圈涂上密封胶，轴键槽部位用硬纸包裹，避免划伤轴承油封口；用专用工具将轴承油封向里旋转压进，不应硬砸硬冲，防止油封变形失效。

（3）导轴承安装应在机组轴线摆度、推力瓦受力、磁场中心、轴线中心及电动机空气间隙等调整合格后进行，导轴承密封装置的安装应符合《泵站设备安装及验收规范》（SL 317—2015）的规定。

（4）轴承油封使用时要勤检查、保养和维护，如发现轴颈和轴承磨损严重、油封橡胶老化等，应及时进行修理、更换。

11.4.6 螺栓预紧力不符合要求

1. 通病描述

（1）机组运行中螺栓断裂、螺纹变形，检修时螺栓拆卸困难。

（2）螺栓长度、螺栓锁定不满足规范或设计要求。

2. 主要原因

（1）螺栓材质不符合要求。

（2）机组设计时对螺栓未提出预紧力要求。

（3）螺栓安装过程中仅凭操作者经验，易出现螺栓预紧力过大或不足等情况。

3. 防治措施要点

（1）在设备制造技术协议和设计文件中，应提出螺栓预紧力要求，提出螺栓规格和安装要求。使用扭力扳手进行螺栓紧固与检查。

（2）设备制造单位未提出预紧力要求的螺栓，安装方案中应明确各类螺栓的预紧力要求。

（3）加强安装过程质量控制与工序质量检验，加强安装、调试、检验和检测等过程质量控制，检查检验应做好记录。

11.4.7 轴承瓦温超过允许值

1. 通病描述

轴承的瓦温超过设计或规范的允许值。

2. 主要原因

（1）轴瓦质量存在缺陷；导轴瓦间隙不符合要求。

（2）推力轴瓦受力不均匀。

（3）机组安装质量控制不严，盘车检查机组摆度超标，或调整间隙时未考虑轴颈处摆度值。

（4）油冷却器容量偏小，油质不符合要求。

（5）冷却器供排水管路不畅，或供水量不足。

3. 防治措施要点

（1）更换存在严重缺陷的轴瓦；调整轴瓦间隙。

（2）调整推力轴瓦，使其受力均匀。

（3）加强安装过程质量控制与工序质量检验，确保机组轴线摆度满足设计和规范要求。

（4）改进油冷却器的设计与安装，增加冷却器过水流量，使用合格的润滑油。

（5）冷却器安装时清理干净管路内杂物。

11.4.8 主机组安装验收不规范

1. 通病描述

（1）设备进场验收不规范。

（2）各工序安装质量验收不严格，检查记录数据失真。

（3）试运行验收未严格按有关标准的规定执行。

2. 主要原因

（1）监理单位未按《水利工程施工监理规范》（SL 288—2014）的规定组织设备制造单位、安装单位进场验收，做好验收手续。

（2）对设备安装各工序检查验收不认真。

（3）项目法人未按《水利水电建设工程验收规程》（SL 223—2008）组织试运行验收各项准备工作，试运行验收过程不规范。

3. 防治措施要点

（1）监理单位组织主机组设备开箱检查验收，并形成验收记录。

（2）机组安装各工序质量控制是决定安装质量的基础，《水利工程施工质量检验与评定规范 第3部分：金属结构与水力机械》（DB32/T 2334.3—2013）将机组安装分为下述工序的质量检验：水泵安装前检查、电动机安装前检查、轴瓦研刮与轴承预、机组埋件安装、机组固定件安装、机组转动部件安装、水泵其他部件安装、电动机其他部件安装、水泵调节机构安装、充水试验、进出水管路安装、电动机电气检验与试验等，施工单位和监理单位应严格工序质量检查，上道工序检查验收合格后方可进入下道工序安装，并形成安装工序质量评定表、机组安装单元工程质量评定表。

（3）项目法人组织机组安装分部工程、单位工程、合同工程完工验收，检查安装质量是否符合合同、设计和规范的要求。

（4）项目法人委托检测单位应按照《水利工程施工质量项目法人委托检测规范》（DB32/T 2707—2014）的规定，对电动机电气试验1次，对主机组安装相关的同轴度、摆度、间隙、高程、水平、垂直度、轴线倾斜等进行检测分析，对耐压试验、严密性试验、电动机电气试验等进行评价。泵站机组试运行期间，项目法人宜委托检测单位对主机组振动、噪声、温度、电气参数、水力参数等进行检测，对主机组进行定性评价。

（5）机组试运行验收属于政府组织的验收。应检查机组开机与停机过程、机组断流装置、各部位温度和油位、机组各部位振动、电气参数（功率、电流、电压、频率、功率因素、励磁电流、励磁电压）、水力参数（流量、效率）、噪声、叶片调节装置、水系统、油系统、气系统、通风系统、填料密封部件、机组各部位密封等是否符合设计、规范以及合同的要求。机组试运行过程中施工单位和监理单位还应形成泵站机组试运行检验评定表。当机组振动、噪声、温升等不符合设计和有关标准的要求时，应研究处理措施。

11.4.9 机组运行振动、噪声偏大

1. 通病描述

机组运行时振动超出《泵站设备安装及验收规范》（SL 317—2015）的要求，机组运行时噪音高于《泵站设计标准》（GB 50265—2022）或设计允许值。

2. 主要原因

（1）设计原因引起的机组振动：与水泵配套的电机选型不合理；水泵淹没深度不当；水泵的进水流道设计不合理。

（2）制造原因引起的机组振动：电机内部磁力、质量不平衡和其他电气系统的失调；转子的机械强度和刚度不够；水泵转动部件质量不平衡。

（3）安装引起的机组振动：水泵安装中心不正；水泵内部间隙没按要求调整合格；机座的水平超出要求；水泵和电机的地脚螺栓未按要求紧固；流道清理不干净，异物落入流道内。

3. 防治措施要点

（1）抓好设计文件审查，机组进水流道和出水流道设计应合理，与机组相配套，水泵淹没深度满足要求。

（2）抓好机组制造质量。首先做好原材料质量检查，对水泵、电机设备制造所需要的

原材料、铸件、铸钢件、锻件及焊接件均要满足招标文件或设计文件的要求，并提供机械性能和化学分析报告。其次做好水泵的泵座、叶轮外壳、泵轴部件、叶轮体装配，电机定子铁芯、转子铁芯、推力头、转子轴等主要零部件的制造质量检查检测，以及装配质量检验；第三是做好出厂试验，包括电机空载试验、稳态短路试验、测量振动与噪声，水泵出厂转轮静平衡试验等。

（3）抓好安装工序质量检验。控制机组固定部件、转动部件安装质量，特别是转动部件的同轴度、摆度、叶片间隙以及电机内部磁力平衡等应符合要求。

11.5 电气设备安装

11.5.1 电缆电线敷设不规范

1. 通病描述

（1）柜体内电缆标志、标识不全，接线凌乱，电缆进出孔没有防火封堵措施（见图11.2）。

（a）接线凌乱、电缆进出孔未封堵　　（b）不按设计图纸接线

图11.2　配电箱接线不规范

（2）电缆、电线质量不符合规范要求。交流单芯电缆或分相后的每相电缆单根独穿于钢导管内，固定用的夹具和支架形成闭合磁路。

（3）电缆安装不符合规范要求，如弯曲半径不够、电缆接头不符合要求等。

（4）电缆引至设备时未穿管，电缆未穿保护管。

（5）金属管未做跨接接地线。

（6）配电房内未设电缆支架。

（7）电缆接线不整齐，少设或未设标志牌。

（8）电缆未固定、填充率太大、弯曲半径不足。竖井电缆填充率过大，竖向敷设时没采用固定及保护措施。

2. 主要原因

（1）施工单位未按《电气装置安装工程电缆线路施工及验收标准》（GB 50168—

2018）组织施工、质量检查。

（2）监理单位缺乏检查。

3. 防治措施要点

（1）设计：

1）槽盒内的绝缘电线总截面积不应超过槽盒内截面积的40%；当控制和信号等非电力线路敷设于同一槽盒内时，绝缘导线总截面积不应超过槽盒内截面积的50%。

2）强电和弱电线缆宜分别设置竖井。当受条件限制需合用时，强电和弱电线缆应分别布置在竖井两侧或采取隔离措施。

（2）施工：

1）施工单位按《建筑电气与智能化通用规范》（GB 55024—2022）、《建筑电气工程施工质量验收规范》（GB 50303—2015）、《电气装置安装工程电缆线路施工及验收标准》（GB 50168—2018）等规范的要求组织施工，监理单位进行质量验收。

2）镀锌钢导管采用螺纹连接时，连接处两端用专用接地卡固定跨接接地线。

3）配电箱内配线整齐，无绞接现象，安装标识牌（图11.3）。导体连接紧密，不伤线芯，不断股。垫圈下螺丝两侧所压导线截面积相同，同一端子上导线连接不多于2根，防松垫圈等零件齐全。

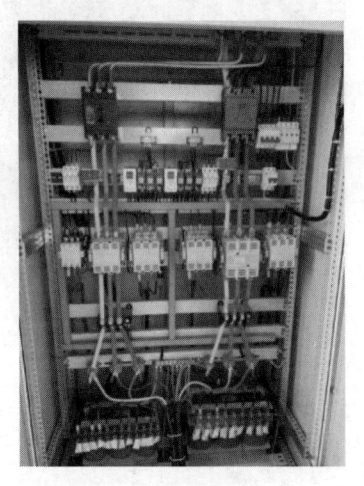

(a) 配电柜1　　　　　　　　(b) 配电柜2

图11.3　电缆安装排列整齐、标识牌齐全

4）插座接地线连接严禁串连。若接地线接头搭接，搭接时绕线匝数不应少于5匝，并用手钳拧紧，把余头并齐折回压在缠绕线上，搪完锡的线头用绝缘胶带和黑胶布包扎，各螺旋缠绕一层。也可用合规的导线连接器进行连接。

5）照明回路配电线路应配置PE线，灯具的外露可导电部分应与PE线连接。Ⅰ类灯具均应带有接PE线的接线端子并附安全认证标识。

6）电缆敷设应排列整齐，不宜交叉。外露电缆应有足够机械强度的保护管或加装保护罩。敷设在建筑物顶棚内、墙体内或装饰层内，应配管到位，不出现裸线。在电缆终端头、电缆接头处装设标识牌。在电缆进出盘、柜的底部或顶部以及电缆管口处，应进行防火封堵，封堵应严密。

7）电缆在桥架内无间隔敷设时，电缆总截面面积与托盘内横断面积的比值不应大于40%（控制电缆应大于50%），电缆垂直敷设或超过30°倾斜敷设时，每个支架处应固定牢固，水平敷设时，首、尾、转弯及每隔5m~10m处应固定，在首、尾、转弯及每隔50m处加标志牌，电缆桥架转弯处应选择与电缆弯曲半径相适应的配件。

11.5.2 配电箱（柜）选型与安装不符合要求

1. 通病描述

（1）未按设计要求进行配电柜和配电箱的选型。

（2）配电箱柜安装不符合设计要求。

2. 主要原因

（1）安装单位采购人员不熟悉图纸，未按设计图纸进行采购。

（2）安装配电箱时与土建配合不够，箱体安装时未调水平。

3. 防治措施要点

（1）设计。配电线路应装设短路保护和过负荷保护；配电线路装设的上下级保护电器，其动作特性应具有选择，且各级之间应能协调配合。过负载断电将引起严重后果的线路，其过负荷保护不应切断线路，可作用于信号。

（2）材料。照明配电箱应采用不燃材料。

（3）施工。配电箱控制开关及保护装置的规格、型号、数量应满足设计要求，回路编号应齐全，标识应正确；户内配电箱内开关动作灵活可靠，剩余电流动作保护装置动作电流不大于30mA，动作时间不大于0.1s，并逐一测试，形成记录。

【规范要求】

《建筑电气与智能化通用规范》（GB 55024—2022）

8.4.1 配电箱（柜）的机械闭锁、电气闭锁应动作准确、可靠。

8.4.2 变电所低压配电柜的保护接地导体与接地干线应采用螺栓连接，防松零件应齐全。

8.4.3 配电箱（柜）安装应符合下列规定：室外落地式配电箱（柜）应安装在高出地坪不小于200mm的底座上，底座周围应采取封闭措施；配电箱（柜）不应设置在水管接头的下方。

8.4.4 当配电箱（柜）内设有中性导体（N）和保护接地导体（PE）母排或端子板时，应符合下列规定：

1 N母排或N端子板应与金属电器安装板做绝缘隔离，PE母排或PE端子板应与金属电器安装板做电气连接；

2 PE线应通过PE母排或PE端子板连接；

3 不同回路的N线或PE线不应连接在母排同一孔上或端子上。

8.4.5 电气设备安装应牢固可靠，且锁紧零件齐全。落地安装的电气设备应安装在基础上或支座上。

11.5.3 设备保护不到位

1. 通病描述

（1）安装过程中缺乏对设备的保护，如开关柜前堆满装修材料，开关室门窗未封闭，交叉施工时未使用彩条布等材料对设备进行包裹、覆盖等。

（2）盘、柜设备设施变形、受潮、锈蚀或损坏。

（3）盘面涂层有破损。

2. 主要原因

施工人员缺乏对设备保护的意识。

3. 防治措施要点

（1）施工单位应做好对设备的保护，开关柜、水泵电机等设备安装与其他工序交叉施工时，需用彩条布或其他防护布覆盖，做好设备的保护。

（2）开关室门窗未封闭的，项目法人、监理单位应做好相关监督、协调工作，采取临时封闭措施，防止雨水进入开关室、电机层。

11.5.4 电缆桥架安装不规范

1. 通病描述

（1）电缆桥架、支架未可靠接地。主要表现为：跨接地线较细，截面积小于要求的 $4mm^2$，镀锌电缆桥架在连接板的两端没有安装防松螺帽或垫圈；

（2）母线槽与分支母线槽未与保护导体可靠连接。

2. 主要原因

施工人员操作不规范。

3. 防治措施要点

按《建筑电气与智能化通用规范》（GB 55024—2022）的要求组织电缆桥架安装，镀锌电缆桥架应有不少于两个有防松螺帽或防松垫圈的连接固定螺栓，全长应有不少于可与接地干线相连的长度，常采用镀锌圆钢或扁钢沿桥架外侧全长敷设。

11.5.5 接地安装不规范

1. 通病描述

（1）电气装置金属底座、外壳、箱体、框架等未按规范要求接地，未做两点接地。

（2）接地装置的材料规格、型号不符合设计要求，利用金属软管、管道保温层的金属外皮或金属网、低压照明网络的导线铅皮以及电缆金属护层作为接地线。

（3）主接地网安装不符合要求。如接地极打入深度不够；接地极之间距离不满足设计和规范要求；接地极之间连接时接地扁铁与接地极的连接面不足，未搭接焊接，或焊缝长度与高度不满足规范要求。

（4）接地没有标识。

2. 主要原因

施工单位未按照《电气装置安装工程接地装置施工及验收规范》（GB 50169—2016）

进行电气设备接地施工。

3. 防治措施要点

（1）配电、控制、保护屏（柜、箱）及操作台等电气装置的下列金属框架和底座，均应按设计要求接地或接零：电气设备的金属底座、框架及外壳和传动装置；携带式或移动式用电器具的金属底座和外壳；箱式变电站的金属箱体；互感器的二次绕组；配电、控制、保护用的屏（柜、箱）及操作台等的金属框架和底座；电力电缆的金属护层、接头盒、终端头和金属保护管及二次电缆的屏蔽层；电缆桥架、支架和井架；变电站（换流站）构、支架；装有架空地线或电气设备的电力线路杆塔；配电装置的金属遮栏；电热设备的金属外壳。

（2）设备（动力柜、发电机、水泵等）的接地端子应与接地干线直接连接，其基础槽钢应跨接接地，且有接地标识，有振动的地方接地线应有防松措施。

（3）金属管应在保证不受机械、化学或电化学损蚀及完整的电气通路的情况下做接地线，当设计注明 PE 线规格时，应按图施工。

（4）明敷接地线，在导体的全长度或区间段及每个连接部位附近的表面，应涂以 15mm～100mm 宽度相等的绿色和黄色相间的条纹标识。

（5）接地扁铁和接地极的接触面应保证焊接长度和高度。

（6）桥架（金属管、带电器的柜或箱门）跨接地线须用截面积不小于 $4mm^2$ 的铜芯软导线。

（7）接地材料应符合设计要求，质量应合格。

（8）按照《电气装置安装工程接地装置施工及验收规范》（GB 50169—2016）第 4.2.7 条、第 4.2.8 条、第 4.2.9 条进行接地施工和质量检验。

【规范要求】

《电气装置安装工程接地装置施工及验收规范》（GB 50169—2016）

4.1.4 接地装置材料选择应符合下列规定：

1 除临时接地装置外，接地装置采用钢材时均应热镀锌，水平敷设的应采用热镀锌的圆钢和扁钢，垂直敷设的应采用热镀锌的角钢、钢管或圆钢。

2 接地（PE）或接零（PEN）支线应单独与接地（PE）或接零（PEN）干线相连接。

4.2.9 电气装置的接地应单独与接地母线或接地网相连接，严禁在一条接地线中串接两个及两个以上需要接地的电气装置。

11.5.6 防雷系统安装不规范

1. 通病描述

（1）避雷带用普通圆钢。

（2）避雷带及引下线连接采用电弧焊搭接长度不足，焊接处锈蚀明显。

（3）避雷带变形严重、支架脱落，引下点间距偏大。

（4）屋面金属物（管道、爬梯、设备外壳等）没有与防雷系统相连等。

2. 主要原因

（1）对施工规范、设计要求没有掌握，对使用材料规格、型号不重视，认为用普通圆钢等材料焊接即可。

(2) 焊接工人非专业电焊操作人员，没有做到持证上岗。

(3) 现场交底不到位、监控不严格。

3. 防治措施要点

(1) 避雷带用镀锌圆钢。

(2) 避雷带应采用双面焊，搭接长度大于 $6d$，焊接处应防腐。

(3) 支架间距不应大于 1m，一、二、三级防雷引下点间距分别应小于 12m、18m、25m。

(4) 屋面金属物应与防雷引下线相连通。

(5) 按照《建筑电气与智能化通用规范》（GB 55024—2022）的规定，接闪器与防雷引下线、防雷引下线与接地装置应可靠连接。

11.5.7 电气试验不规范

1. 通病描述

(1) 电气试验资料内容不全。

(2) 电气交接试验项目不全，未按《电气装置安装工程电气设备交接试验标准》（GB 50150—2016）的要求进行交接试验；特别是低压开关柜的交接试验，基本未按要求进行试验。

2. 主要原因

(1) 试验人员未按规范和合同的要求对设备内元器件进行试验；

(2) 试验人员未按《电气装置安装工程电气设备交接试验标准》（GB 50150—2016）要求试验项目进行试验。

3. 防治措施要点

(1) 气体绝缘金属封闭开关、断路器、变压器、隔离开关、互感器、避雷器、电气盘柜、电缆线路等交接试验应严格执行《电气装置安装工程电气设备交接试验标准》（GB 50150—2016），进行电气设备交接试验。

(2) 试验资料整理后交项目法人。

(3) 项目法人委托检测单位应按照《水利工程施工质量项目法人委托检测规范》（DB32/T 2707—2014）的规定，对气体绝缘金属封闭开关、六氟化硫断路器、变压器、电气盘柜、电缆线路、防雷与接地装置等安装质量进行检测，并对检测结果进行评价。

11.6 辅机设备安装

11.6.1 油、水管路渗漏

1. 通病描述

辅机设备油、水管道、阀门、法兰渗漏水，供水泵密封处渗漏水。

2. 主要原因

(1) 焊接质量差。管道焊缝有夹渣、气孔等焊接缺陷。
(2) 法兰接口在放橡皮垫圈时不干净或垫圈损坏。
(3) 没有按法兰盘孔数及紧固方式上螺栓，导致受力不均等。
(4) 阀门质量差，导致阀杆处常少量漏水。
(5) 管路未进行压力试验。

3. 防治措施要点

(1) 根据设计文件选择管材、管件，同时有合格的证明文件，管材与管件匹配，并按设计和规范要求进行抽检。
(2) 采用丝接方式连接的管道，套丝时不能出现断丝、缺丝、乱丝，连接后，外露2～3扣丝。
(3) 采用焊接方式连接的管道，不能有夹渣、气孔或焊缝不均匀等严重焊接缺陷。法兰接口在放橡皮垫圈时应干净，垫圈不应损坏。
(4) 按法兰盘孔数及紧固方式上螺栓，使各螺栓受力均匀。
(5) 选择质量好的阀门。
(6) 使用前按规范要求进行压力试验。

11.6.2 辅助设备及管道内部清理不合格

1. 通病描述

辅助设备和管道内部清理不干净，存在杂物。

2. 主要原因

(1) 设备及管道安装前，未进行必要的解体检查。
(2) 设备及管道内遗留的铁屑、棉丝等杂物未清理干净。

3. 防治措施要点

(1) 设备及管道安装前，应解体检查、清理并记录。
(2) 严格执行辅助设备系统安装标准、工艺要求和设计规定。
(3) 严格工序过程质量检查，加强安装、调试、检验和检测等过程控制，并做好工序质量检验评定。

11.7　计算机监控系统

11.7.1　设备规格型号不符合要求

1. 通病描述

计算机监控系统设备规格型号与设计或招标文件要求不符，用低档次产品替换高档次产品，施工单位未经项目法人或设计单位同意擅自更改使用不符合要求的设备。

2. 主要原因

施工单位质量意识、合同意识不强，为节省造价未经项目法人和设计单位同意擅自更改使用低价劣质设备。

3. 防治措施要点

选择信誉高的施工单位,加强采购过程质量控制,在采购自动化设备的过程中要把握好质量,以免在采购中产生一些问题,造成产品质量不过关。在进行电气设备采购时,要注意按合同要求相关的品牌及质量标准进行采购。项目法人和监理单位验收时重点检查主要设备的品牌是否与招标文件或投标文件承诺的相符合,如不符合应更换符合要求的设备并履行变更审批手续。

11.7.2 上位机软件显示与现场设备状态、数据不一致

1. 通病描述

计算机监控系统上位机显示与现场设备如 PLC、温度巡检仪、电力监测仪、压力传感器、水位传感器、控制电源等设备状态、显示的数据不一致。

2. 主要原因

(1) RS485 通信转换器以及 RS485 设备损坏。
(2) 串口通信服务器供电电源不正常。
(3) PLC 输入点和与之连接的相关线路接点接触不良。
(4) PLC 损坏。
(5) 现场传感器损坏。

3. 防治措施要点

(1) 选择质量优良的元器件。
(2) 按规范要求做好现场安装工作。
(3) 做好现场传感器与上位机显示数据的校核。

11.7.3 上位机监控画面不完整

1. 通病描述

(1) 监控画面未按招标文件及设计要求提供齐全。
(2) 监控画面图符及显示颜色不符合规范要求。
(3) 监控报表内容不全。

2. 主要原因

施工单位对招标文件及相关规范要求不熟悉。

3. 防治措施要点

施工单位应仔细研究招标文件及相关规范要求,按规范及招标文件的要求提供正确反映设备运行状态和运行参数的画面,图符及显示颜色符合规范要求,报表数据正确、内容符合规范及设计要求。

11.7.4 视频监控系统安装不规范

1. 通病描述

(1) 视频前端设备稳定性较差,刮风时图像抖动明显。

(2) 图像信息中清晰度不高,图像编号、记录时间等信息不全。
(3) 接地不规范。

2. 主要原因

(1) 设备或部件本身的质量差。
(2) 安装单位未认真对设备进行调试。

3. 防治措施要点

(1) 选择使用符合设计和合同要求的设备或部件。
(2) 认真对设备软件与硬件进行调试。

参 考 文 献

[1] 中华人民共和国水利部.关于印发水利建设工程质量监督工作清单的通知（水监督〔2019〕211号）.2019.

[2] 中华人民共和国水利部.水利工程建设质量与安全生产监督检查办法（试行）（水监督〔2019〕139号）.2019.

[3] 中华人民共和国水利部.关于印发水利工程建设项目法人管理指导意见的通知（水建设〔2020〕258号）.2020.

[4] 中华人民共和国水利部.水利工程责任单位责任人质量终身责任追究管理办法（试行）（水监督〔2021〕335号）.2021.

[5] 中华人民共和国水利部住房和城乡建设部.关于实施危险性较大的分部分项工程安全管理规定有关问题的通知（建办质〔2018〕31号）.2018.

[6] 中华人民共和国国家标准.混凝土结构耐久性设计标准：GB/T 50476—2019 [S].北京：中国建筑工业出版社，2019.

[7] 中华人民共和国国家标准.混凝土结构加固设计规范：GB 50367—2006 [S].北京：中国建筑工业出版社，2006.

[8] 中华人民共和国国家标准.预防混凝土碱骨料反应技术规范：GB/T 50733—2011 [S].北京：中国建筑工业出版社，2011.

[9] 中华人民共和国国家标准.混凝土结构工程施工质量验收规范：GB 50204—2015 [S].北京：中国建筑工业出版社，2015.

[10] 中华人民共和国水利行业标准.水闸施工规范：SL 27—2014 [S].北京：中国水利水电出版社，2014.

[11] 中华人民共和国水利行业标准.水工混凝土结构设计规范：SL 191—2008 [S].北京：中国水利水电出版社，2008.

[12] 中华人民共和国水利行业标准.水工混凝土结构缺陷检测技术规程：SL 713—2015 [S].北京：中国水利水电出版社，2015.

[13] 中华人民共和国建材行业标准，混凝土裂缝用环氧树脂灌浆材料：GB/T 1041—2007 [S].北京：中国建筑工业出版社，2007.

[14] 中国建筑标准设计研究院.国家建筑标准设计图集·建筑工程施工质量常见问题防治措施要点（混凝土结构工程，20G908—1）.北京：中国计划出版社，2020.

[15] 中华人民共和国住房和城乡建设部.房屋市政工程禁止和限制使用技术目录（2022版）.2022.

[16] 中华人民共和国住房和城乡建设部.房屋建筑和市政基础设施工程危及生产安全施工工艺、设备和材料淘汰目录（第一批）.2021.

[17] 江苏省地方标准.水利工程混凝土耐久性技术规范：DB32/T 2333—2013 [S].南京：江苏人民出版社，2013.

[18] 江苏省地方标准.水利工程预拌混凝土应用技术规范：DB32/T 3261—2017 [S].南京：江苏人民出版社，2017.

[19] 江苏省工程建设标准.住宅工程质量通病控制标准：DGJ32/J 16—2015 [S].南京：江苏凤凰科学出版社，2015.

[20] 住房和城乡建设部标准定额司，工业和信息化部材料工业司. 高性能混凝土应用技术指南 [M]. 北京：中国建筑工业出版社，2015.

[21] 中国科技产业化促进会. 水工混凝土墩墙裂缝防治技术规程：T/CSPSTC 110—2022 [S]. 北京：中国标准出版社，2023.

[22] 中国科技产业化促进会. 表层混凝土低渗透高密实化施工技术规程：T/CSPSTC 111—2022 [S]. 北京：中国标准出版社，2023.

[23] 江苏省水利厅. 关于开展水利工程建设质量安全通病专项治理工作的通知（苏水基〔2022〕2号）. 2022.

[24] 朱炳喜，等. 水工混凝土耐久性技术与应用 [M]. 北京：科学出版社，2020.

[25] 顾文菊，朱炳喜. 江苏沿海涵闸混凝土耐久性分析与提升措施探讨 [J]. 粉煤灰综合利用，2016 (4)：34-37.

[26] 朱炳喜，章新苏，颜国林，等. 施工期涵闸粉煤灰混凝土温度裂缝主要原因分析与控制措施 [J]. 粉煤灰综合利用，2008 (2)：12-14.

[27] 朱炳喜，胡明凯，李琳，等. 基于盐水浸泡法混凝土氯离子渗透深度控制值试验研究 [J]. 混凝土世界，2022 (9)：30-33.

[28] 朱炳喜，夏祥林，王小勇，等. 混凝土表层致密化技术在水利工程试点应用 [J]. 粉煤灰综合利用，2016 (4)：11-13.

[29] 朱炳喜，王琰，姜西坤，等. 墩墙根部设置延性超缓凝混凝土过渡层预防温度裂缝技术在海港引河南闸站工程应用 [J]. 江苏水利，2022 (7)：1-5.

[30] 林毓梅. 泗阳复线船闸混凝土裂缝浅析——混凝土干缩与沉降的影响试验研究 [J]. 江苏水利科技，1987 (2).

[31] 黄振兴，薛东旭，盛大成. 使用铝合金铝板混凝土表面容易产生气泡和麻布的主要原因及其防治措施要点 [J]. 商品混凝土，2021 (8)：44-46.

[32] 王铁梦. 混凝土裂缝控制 [M]. 北京：中国建筑工业出版社，1999.

[33] 朱炳喜. 墩墙根部设置延性混凝土过渡层施工技术研究与应用 [R]. 2021.

[34] 朱炳喜. 试论沿海水工建筑物低渗透高密实表层混凝土施工质量控制要点 [J]. 江苏水利，2017 (11)：1-8.

[35] 陈锡林，沈长松. 江苏水闸技术 [M]. 北京：中国水利水电出版社，2013.

[36] 朱炳喜. 南京九乡河闸站工程高性能混凝土应用总结报告 [R]. 南京：江苏省水利科学研究院，2018.

[37] 安徽省交通建设工程质量监督局. 公路水运工程质量通病防治手册 [M]. 北京：人民交通出版社，2012.

[38] 交通运输部工程质量监督局. 公路隧道工程质量通病防治手册 [M]. 北京：人民交通出版社，2014.

[39] 吴忠，戴健，朱炳喜. 新孟河界牌水利枢纽工程高性能混凝土应用实践 [J]. 江苏水利，2020 (11)：25-32，34.

[40] 中华人民共和国水利行业指导性技术文件. 水利水电工程施工质量通病防治导则：SL/Z 690—2013 [S]. 北京：中国水利水电出版社，2013.

[41] 王振友，宋意勤，凌晓梅，等. 南水北调东线一期工程江苏省境内膨胀土特征及改良 [J]. 资源环境与工程，30 (3)：436-441，509.